高校土木工程专业规划教材

建筑工程概预算

（第二版）

吴贤国　主编

陈跃庆　杜　婷　王俊红
宋协清　覃亚伟　编

中国建筑工业出版社

图书在版编目（CIP）数据

建筑工程概预算/吴贤国主编. —2 版. —北京：中国建筑工业出版社，2007
高校土木工程专业规划教材
ISBN 978-7-112-09409-7

Ⅰ. 建… Ⅱ. 吴… Ⅲ. ①建筑概算定额-高等学校-教材②建筑预算定额-高等学校-教材 Ⅳ. TU723.3

中国版本图书馆 CIP 数据核字（2007）第 121067 号

本书在第一版的基础上，以全国和地方最新的建筑工程概预算定额和《建筑工程工程量清单计价规范》（GB 50500—2003）为依据，按《建筑工程建筑面积计算规范》（GB/T 50353—2005）对建筑面积计算规则进行了调整。根据建设部（2003）206 号文，对建筑安装费用项目构成和建筑安装费用计算方法进行调整，对工程量清单计价内容进行扩充，对涉及的地方新定额内容进行调整，并且按清单计价扩充了实例。

本书主要内容包括：绪论、工程造价构成与计算、工程建设定额原理、工程计价依据、建筑工程定额计价、工程量清单计价、设计概算、投资估算、建设工程招投标、工程价款结算和竣工决算、计算机在工程估价中的应用等。

本书可作为高校土木工程、工程管理及相关专业的教材，也可作为预算、造价等岗位的培训教材，还可以作为建设工程的建设单位、设计单位、监理单位、施工单位的工程造价编制人员和管理人员工作和学习的参考书。

* * *

责任编辑：王 跃 吉万旺
责任设计：董建平
责任校对：陈晶晶 孟 楠

高校土木工程专业规划教材
建筑工程概预算
（第二版）
吴贤国 主编
陈跃庆 杜 婷 王俊红
宋协清 覃亚伟 编
*
中国建筑工业出版社出版、发行（北京西郊百万庄）
各地新华书店、建筑书店经销
霸州市顺浩图文科技发展有限公司制版
北京建筑工业印刷厂印刷
*
开本：787×1092毫米 1/16 印张：20½ 字数：500千字
2007年9月第二版 2014年11月第二十四次印刷
定价：**35.00**元
ISBN 978-7-112-09409-7
(20785)

第二版前言

《建筑工程概预算》第一版自出版以来，得到了广大读者的喜爱和支持，非常感谢读者朋友对我们工作的支持和帮助。

自2003年以来，一些新的标准、法规、规范相继颁布执行，清单计价的运用也取得了许多成绩和经验，为了反映工程计价的最新内容，有必要对原书部分内容进行修订。

本书基本保持了第一版的篇章结构，在第一版的基础上，根据建设部（2003）206号文，对建筑安装费用项目构成进行调整；按新规定调整了建筑安装费用计算方法；扩充了工程量清单计价内容；对涉及定额的按新定额进行了调整；增加了投资估算内容；按建筑工程建筑面积计算规范（GB/T 50353—2005）修改了建筑面积计算规则；同时按新定额和清单计价规范修改完善了实例。

本书全面系统地介绍了建筑安装工程施工定额、预算定额、概算定额和概算指标的编制原理和方法；详细介绍了建筑安装工程施工图预算、工程量清单计价、设计概算、投资估算的编制步骤、方法和审查；对建设工程招标投标预算、计算机辅助概预算基本知识进行专门论述。为了便于对基本知识的学习和掌握，书中列举了大量的例题，并在附录中给出施工图预算实例和工程量清单计价实例。本书系统性、逻辑性强，内容新颖，具有简明、实用的特点。

本书第一、二、三章、附录Ⅰ由吴贤国、王俊红编写，第四、五章由陈跃庆、王俊红编写，第六章、附录Ⅲ由宋协清编写，第七、九章由杜婷编写，第十章由宋协清、覃亚伟编写，第八、十一章、附录Ⅱ由覃亚伟编写。

本书在编写过程中得到了武汉市造价管理站的支持和帮助，在此表示诚挚的谢意。在编写过程中参阅了许多文献，谨向有关作者表示感谢。

由于时间和水平所限，书中缺点和错误之处，恳请读者批评指正。

* * *

为更好地支持本课程的教学，我们可以向选用本书作为教材的教师提供教学课件，请有需要者与本出版社联系，邮箱：jiangongkejian@163.com。

第一版前言

《招标投标法》颁布两年来，我国建筑工程招投标发展迅速，建筑工程招投标及计价方法发生了很大变化，对建筑工程概预算提出了许多新的要求和变革。在一些地方尝试及运用工程量清单招标和无标底招标等新的招标方法后，取得了许多成绩和经验，同时也反映出一些新的问题，加之《建筑工程工程量清单计价规范》已于2003年2月颁布，因此迫切需要编写出版新的教材。本书以全国和地方最新的建筑工程概预算定额、《建筑工程工程量清单计价规范》（GB 50500—2003）为依据，参阅大量资料并结合编著者多年的教学和工程造价工作的实践经验编写的。

该教材系统地介绍了建筑安装工程施工定额、预算定额、概算定额和概算指标的编制原理和方法；详细介绍了建筑安装工程施工图预算、设计概算的编制步骤和方法。力求反映实际工程中的最新做法和当前建筑市场中造价管理的改革情况，增加了工程量清单计价等新内容。对概预算的审查、建设工程造价管理、建设工程招标投标预算、计算机辅助概预算基本知识进行专门论述。为了便于对基本知识的学习和掌握，书中列举了大量的例题，并在附录中给出施工图预算实例和工程量清单计价实例。本书系统性、逻辑性强，内容新颖，具有简明、实用的特点。

本书第1章至第7章由吴贤国编写，第8章、第11章由王耀华编写，第9章由章胜平编写，第10章由章胜平、王耀华编写，附录1由杜婷、李勇编写，附录2由覃亚伟编写。全书由吴贤国统稿，李惠强主审。

由于时间和水平所限，书中缺点和错误之处，恳请读者批评指正。

编著者
2003年6月

目　录

第一章　绪　　论

第一节　工程建设概预算概述

一、工程建设及其内容

1. 工程建设

工程建设（过去通常称为基本建设）是指固定资产扩大再生产的新建、扩建、改建、恢复工程及与之相连带的其他工作。它是把一定的资金、建筑材料、机械设备等，通过购置、建造与安装等活动，转化为固定资产的过程，以及与之相连系的工作（如征用土地、勘察设计、培训生产职工等）。固定资产是指使用年限在一年以上、且单位价值在规定限额以上的劳动资料和消费资料。凡不符合上述使用年限、单位价值限额两项条件的，一般称为低值易耗品。低值易耗品与劳动对象统称为流动资产。

2. 工程建设的内容

工程建设的内容包括：

（1）建筑工程。指永久性和临时性建筑物（包括各种厂房、仓库、住宅、宿舍等）的一般土建、采暖、给水排水、通风、电器照明等工程；铁路、公路、码头、各种设备基础、工业炉砌筑、支架、栈桥、矿井工作平台、筒仓等构筑物工程；电力和通信线路的敷设、工业管道等工程；各种水利工程和其他特殊工程等。

（2）安装工程。指各种需要安装的机械设备、电器设备的装配、装置工程和附属设施、管线的装设、敷设工程（包括绝缘、油漆、保温工作等）以及测定安装工程质量、对设备进行的各种试车、修配和整理等工作。

（3）设备、工器具及生产家具的购置。指车间、实验室、医院、学校、车站等所应配备的各种设备、工具、器具、生产家具及实验仪器的购置。

（4）勘察设计和地质勘探工作。

（5）其他工程建设工作。指上述以外的各种工程建设工作，如征用土地、拆迁安置、生产人员培训、科学研究、施工队伍调迁及大型临时设施等。

二、工程建设的项目划分

1. 建设项目

建设项目是指有一个设计任务书，按照一个总体设计进行施工的各个工程项目的总体。建设项目可由一个工程项目或几个工程项目所构成。建设项目在经济上实行独立核算，在行政上具有独立的组织形式。在我国建设项目的实施单位一般称为建设单位，实行建设项目法人负责制。如新建一个工厂、矿山、学校、农场，新建一个独立的水利工程或一条铁路等，由项目法人单位实行统一管理。

2. 单项工程

单项工程是建设项目的组成部分。单项工程又称工程项目，是指具有独立的设计文件、独立施工、竣工后可以独立发挥生产能力并能产生经济效益或效能的工程，如工业建设项目中的生产车间、办公室和职工住宅。

3. 单位工程

单位工程是单项工程的组成部分。单位工程是指不能独立发挥生产能力，但具有独立设计的施工图纸，并能独立组织施工的工程。如土建工程（包括建筑物、构筑物）、电气安装工程（包括动力、照明等）、工业管道工程（包括蒸汽、压缩空气、燃气等）、暖卫工程（包括采暖、上下水等）、通风工程和电梯工程等。

4. 分部工程

分部工程是单位工程的组成部分。它是按照单位工程的各个部位由不同工种的工人利用不同的工具和材料完成的部分工程。例如土方工程、桩基础工程、砌筑工程、混凝土及钢筋混凝土工程等。

5. 分项工程

分项工程是分部工程的组成部分，它是将分部工程进一步更细地划分为若干部分，如土方工程可划分为基槽挖土、土方运输、回填土等分项工程。分项工程是建筑安装工程的基本构成因素，是工程预算分项中最基本的分项单元。

综上所述，一个建设项目是由一个或几个工程项目所组成，一个工程项目是由几个单位工程组成，一个单位工程又可划分为若干个分部、分项工程，而工程预算的编制工作就是从分项工程开始。正确地划分概预算编制对象的分项，是正确编制工程概（预）算造价的一项十分重要的工作。建设项目的这种划分，既有利于编制概预算文件，也有利于项目的组织管理。建设项目的划分如图 1-1 所示。

三、概预算分类

（一）按工程对象分类

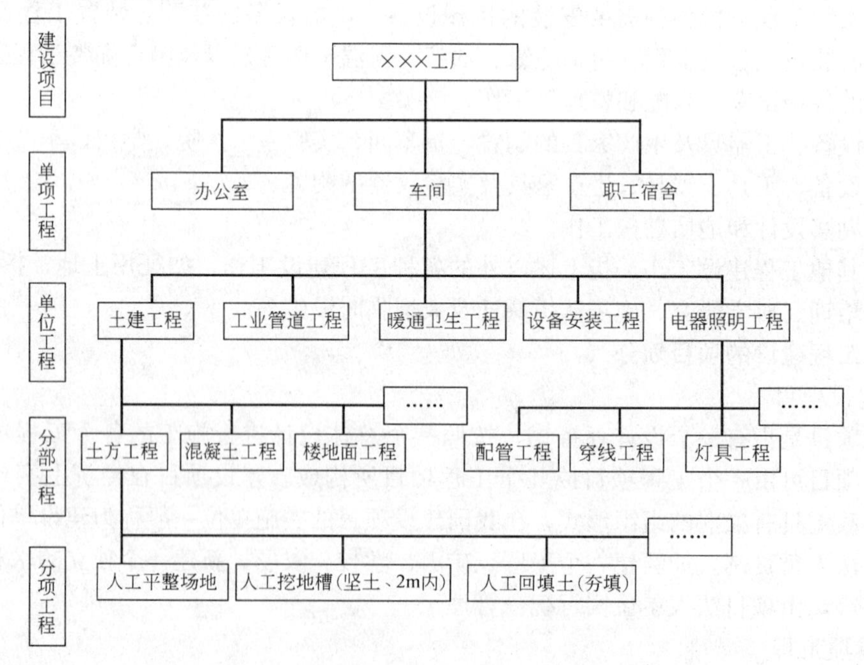

图 1-1　建设项目的划分

1. 单位工程概预算

单位工程概预算是以单位工程为编制对象编制的单位工程建设费用的文件，即确定一个独立建筑物或构筑物中的一般土建工程、卫生工程、工业管道工程、特殊构筑物工程、电气照明工程、机械设备及安装工程、电气设备及安装工程等各单位工程建设费用。它是根据设计图纸和概算指标、概算定额、预算定额、费用定额和国家有关规定等资料编制的。

2. 工程建设其他费用概预算

工程建设其他费用概预算是以建设项目为对象，根据有关规定应在建设投资中支付的，除建筑工程、设备及其安装工程之外的一些费用，如征地费、拆迁工程费、工程勘察设计费、建设单位管理费、生产工人技术培训费、科研试验费、试车费、固定资产投资方向调节税等费用。这些费用是根据设计文件和国家、地方主管部门规定的取费标准以及相应的计算方法进行编制的，工程建设其他费用概预算以独立的费用项目列入单项工程综合概预算或建设项目总概算中。

3. 单项工程综合概预算

单项工程综合概预算是确定各个单项工程（如某一生产车间、独立建筑物或构筑物）全部建设费用的文件，它是由该工程项目内的各单位工程概算书综合而成。当一个建设项目只包含有一个单项工程时，则与该项工程有关的其他工程费用一起，列入该工程项目综合概算书中。

4. 建设项目总概算

建设项目总概算书是确定建设项目从筹建到竣工验收交付使用全过程的全部建设费用的文件，它由该建设项目的各个工程项目的综合概算书，以及其他工程和费用概算书综合而成。

（二）按工程建设阶段分类

1. 投资估算

投资估算是指在可行性研究阶段对建设工程预期造价所进行的优化、计算、核定及相应文件的编制。一般可按规定的投资估算指标、类似工程的造价资料、现行的设备材料价格并结合工程实际情况，进行投资估算。投资估算是判断项目可行性和进行项目决策的重要依据之一，并作为工程造价的目标限额，为以后编制概预算做好准备。

2. 设计概算

设计概算是在初步设计或扩大的初步设计阶段，设计单位根据初步设计图纸、概算定额（或概算指标）、各项费用定额等资料编制的。

设计概算是国家确定和控制建设项目总投资、编制基本建设计划的依据。每个建设项目只有在初步设计和概算文件被批准之后，才能列入基本建设计划，才能开始进行施工图设计。经批准的设计总概算是确定建设项目总造价、编制固定资产投资计划、签订建设项目承包总合同和贷款总合同的依据，也是控制基本建设拨款和施工图预算以及考核设计经济合理性的依据。

3. 施工图定额计价

施工图定额计价是根据施工图、预算定额、各项取费标准、建设地区的自然及技术经济条件等资料编制的建筑安装工程预算造价文件。施工图定额计价是签订建筑安装工程承包合同、实行工程预算包干、拨付工程款、进行竣工结算的依据；实行招标的工程，施工图定额计价是确定标底的基础。

4. 工程量清单计价

工程量清单计价是根据工程量清单（表现拟建工程的分部分项工程项目、措施项目、其他项目和相应数量的明细清单）、综合单价、企业定额编制的建筑安装工程造价文件。工程量清单计价是工程实行工程量清单招标的依据。

5. 招投标标价

在招投标过程中，建筑工程的价格是通过标价来确定的。标价分为标底、投标报价、定标价和合同价。

6. 施工预算

施工预算是施工企业根据施工图、单位工程施工组织设计和施工定额等资料编制的。施工预算是施工企业计划管理，内部经济核算的依据。

7. 结算价

在合同实施阶段，对于影响工程造价的设备、材料价差及设计变更等，应按合同规定的调整范围及调价方法对合同进行必要的修正，确定结算价。

8. 竣工决算

建设项目的竣工决算，是当所建项目全部完工并经过验收后，由建设单位编制的从项目筹建到竣工验收、交付使用全过程中实际支付的全部建设费用的经济文件。它是反映建设项目实际造价和投资效果的文件。

四、工程概预算与建设程序

在建设程序的各个阶段，应采用科学的计算方法和切合实际的计价依据，合理确定投资估算、设计概算、施工图预算、承包合同价、结算价、竣工决算。由于工程造价计价的多次性特点，工程造价的确定与工程建设阶段性工作的深度相适应。

建设程序与相应各阶段概预算关系示意图见图 1-2。

五、工程造价计价的特点

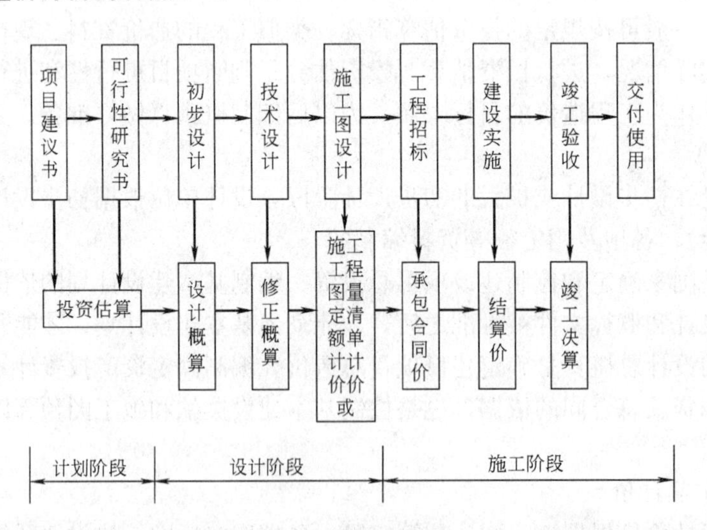

图 1-2　建设程序和各阶段工程造价确定示意图

工程造价除具有一切商品价值的共同特点以外，具有其自身的特点，即单件性计价、多次性计价和按构成的分部组成计价。

1. 单件性计价

每一项建设工程都有指定的专门用途，所以也就有不同的结构、造型和装饰，不同的体积和面积。即使是用途相同的建设工程，技术水平、建筑等级和建筑标准也有差别。建设工程要采用不同的工艺设备和建筑材料，施工方法、施工机械和技术组织措施等方案的选择也必须结合当地的自然和技术经济条件。这就使建设工程的实物形态千差万别，再加上不同地区构成投资费用的各种价值要素的差异，最终导致工程造价的千差万别。因此，对于建设工程就不能像对普通产品那样按照品种、规格、质量成批的定价，只能就各个项目，通过特殊的程序（编制估算、概算、预算、合同价、结算价及最后确定竣工决算价等）计算工程造价。

2. 多次性计价

建设工程的生产过程是一个周期长、数量大的生产消费过程。包括可行性研究在内的设计过程一般较长，而且要分阶段进行，逐步加深。为了适应工程建设过程中各方经济关系的建立，适应项目管理、工程造价控制和管理的要求，需要按照设计和建设阶段多次进行计价。

从投资估算、设计概算、施工图预算，到投标承包合同价，再到各项工程的结算价和最后在结算价基础上编制的竣工决算，整个计价过程是一个由粗到细、由浅到深、最后确定工程实际造价的过程，计价过程各环节之间相互衔接，前者制约后者，后者补充前者。

3. 组合性计价

工程建设项目有大、中、小型之分，由建设项目、单项工程、单位工程、分部工程、分项工程组成。其中分项工程是能用较为简单的施工过程生产出来的、可以用适量的计量单位计量并便于测算其消耗的工程基本构造要素，也是工程结算中假定的建筑产品。与前述工程构成相适应，建筑工程具有分部组合计价的特点。计价时，首先要对建设项目进行分解，按构成进行分部计算，并逐层汇总。例如，为确定建设项目的总概算，要先计算各单位工程的概算，再计算各单项工程的综合概算，最终汇总成总概算。

第二节　我国注册造价工程师和工程造价咨询制度

一、造价工程师注册考核制度

为加强对建设工程造价的管理，提高工程造价专业人员的素质，确保建设工程造价管理工作的质量，人事部、建设部于1996年颁布了《造价工程师执业资格制度暂行规定》。

（一）申请报考条件

《造价工程师执业资格制度暂行规定》规定，凡中华人民共和国公民，遵纪守法并具备以下条件之一者，均可申请参加造价工程师执业资格考试：

1. 工程造价专业大专毕业后，从事工程造价业务工作满五年；工程或工程经济类大专毕业后，从事工程造价业务工作满六年；

2. 工程造价专业本科毕业后，从事工程造价业务工作满四年；工程和工程经济类本科毕业后，从事工程造价业务工作满五年；

3. 获上述专业第二学士学位或研究生毕业和获硕士学位后，从事工程造价业务工作满三年；

4. 获上述专业博士学位后，从事工程造价业务工作满二年。

（二）考试内容

按照建设部、人事部的设想，造价工程师应该是既懂工程技术又懂经济、管理和法律并具有实践经验和良好职业道德的复合型人才。因此考试内容主要包括：

1. 工程造价的相关知识，如投资经济理论、经济法与合同管理、项目管理等知识；

2. 工程造价确定与控制，除掌握造价基本概念外，主要体现全过程造价确定与控制思想，以及对工程造价管理信息系统的了解；

3. 工程技术与工程计量，这一部分分两个专业考试，即建筑工程与安装工程，主要掌握两专业基本技术知识与计量方法；

4. 案例分析，考察考生实际操作的能力，含计算或审查专业单位工程量计算，编制和审查专业工程投资估算、概算、预算、标底价、结（决）算，投标报价评价分析，设计或施工方案技术经济分析，编制补充定额的技能等。

（三）注册

造价工程师执业资格实行注册登记制度。建设部及各省、自治区、直辖市和国务院有关部门的建设行政主管部门为造价工程师的注册管理机构。考试合格人员在取得证书三个月内，到当地省级或部级造价工程师注册管理机构办理注册登记手续。造价工程师注册有效期为三年，有效期满前三个月，持证者应到原注册机构重新办理注册手续，再次注册者，应经单位考核合格并有继续教育、参加业务培训的证明。遇下列情况之一者，要由所在单位到注册机构办理注销手续：

1. 死亡；

2. 服刑；

3. 脱离造价工程师岗位连续两年（含两年）以上；

4. 因健康原因不能坚持造价工程师岗位的工作。

（四）造价工程师的权利和义务

1. 造价工程师享有权利

造价工程师享有以下权利：

（1）有独立依法执行造价工程师岗位业务并参与工程项目经济管理的权利；

（2）有在所经办的工程造价成果文件上签字的权利；凡经造价工程师签字的工程造价文件需要修改时应经本人同意；

（3）有使用造价工程师名称的权利；

（4）有依法申请开办工程造价咨询单位的权利；

（5）造价工程师对违反国家有关法律法规的意见和决定，有提出劝告、拒绝执行并有向上级和有关部门报告的权利。

2. 造价工程师应履行义务

造价工程师应履行以下义务：

（1）必须熟悉并严格执行国家有关工程造价的法律、法规和规定；

（2）恪守职业道德和行为规范，遵纪守法，秉公办事，对经办的工程造价文件质量负有经济的和法律的责任；

（3）及时掌握国内外新技术、新材料、新工艺的发展应用，为工程造价管理部门制订、修订工程定额提供依据；

（4）自觉接受继续教育，更新知识，积极参加职业培训，不断提高业务技术水平；

（5）不得参与与经办工程有关的其他单位事关本项工程的经营活动；

（6）严格保守执业中得知的技术和经济秘密。

二、我国工程造价咨询服务

工程造价咨询是指面向社会接受委托，承担建设项目的可行性研究投资估算，项目经济评价，工程概算、预算、工程结算、竣工决算、工程招标标底、投标报价的编制和审核，对工程造价进行监控以及提供有关工程造价信息资料等业务工作。

工程造价咨询单位必须是取得工程造价咨询单位资质证书、具有独立法人资格的企业、事业单位。工程造价咨询单位的资质是指从事工程造价咨询工作应备的技术力量、专业技能、人员素质、技术装备、服务业绩、社会信誉、组织机构和注册资金等。

全国工程造价咨询单位的资质管理工作由建设部归口管理。省、自治区、直辖市建设行政主管部门负责本行政区的工程造价咨询单位的资质管理工作，国务院有关部门负责本部门所属的工程造价咨询单位的资质管理工作。

建设部把我国工程造价咨询单位的等级分为甲、乙、丙三级，并规定各个等级的资质标准。其中，甲级单位可跨地区、跨部门承担各类建设项目的工程造价咨询业务；乙级单位可以在本部门、本地区内承担各类大中型以下建设项目的工程造价咨询业务；丙级单位可承担的业务范围由各省、自治区、直辖市建设主管部门和国务院有关部门制定。

工程造价咨询单位的资质实行分级审批和管理。建设部负责甲级单位的资质审批和发证工作，省、自治区、直辖市建设主管部门和国务院有关部门负责本地区、本部门内乙、丙级单位的资质审批和发证工作，并报建设部备案。经审核合格，发给工程造价咨询单位资质证书。

甲级单位的资质每三年核定一次，乙、丙级单位的资质每两年核定一次。各级资质管理部门根据单位提供的资质等级申请书，对其人员素质、专业技能、资金数量和实际业绩审核后，发给相应的资质等级证书。对于不符合原资质等级的咨询单位予以降级，并收回原资质等级证书。工程造价咨询单位发生分立或合并，停业半年以上、宣布破产或因其他原因终止业务，企业变更名称、地址、法人代表、主要技术负责人等时，应按规定办理手续，再向工商行政管理部门申请办理变更登记。

工程造价咨询单位的咨询收费标准应根据受委托工程的内容、深度要求等，在国家规定的收费范围内确定并在委托合同内约定。

复习思考题

1. 什么是工程建设，工程建设的内容包括哪些？
2. 工程建设的项目如何划分？
3. 概预算分类有哪些？
4. 简述建设程序各阶段的工程造价的确定。
5. 简述工程造价计价的特点。

第二章　工程造价构成与计算

第一节　工程造价的含义及构成

一、工程造价的含义、特点及作用

（一）工程造价的含义

工程造价的直意就是工程的建造价格。工程造价有如下两种含义：

1. 工程投资费用

从投资者（业主）的角度来定义，工程造价是指建设一项工程预期开支或实际开支的全部固定资产投资费用。投资者选定一个投资项目，为了获得预期的效益，就要通过项目评估进行决策，然后进行设计招标、工程招标，直至竣工验收等一系列投资管理活动。在投资活动中所支付的全部费用形成了固定资产，所有这些开支就构成了工程造价。

2. 工程建造价格

从承包者（承包商），或供应商，或规划、设计等机构的角度来定义，为建成一项工程，预计或实际在土地市场、设备市场、技术劳务市场、以及承包市场等交易活动中所形成的建筑安装工程的价格和建设工程总价格。

3. 两种含义的差异

工程造价的两种含义是对客观存在的概括。它们既共生于一个统一体，又相互区别。最主要的区别在于需求主体和供给主体在市场追求的经济利益不同，因而管理的性质和管理目标不同。因此，降低工程造价是投资者始终如一的追求。作为工程价格，承包商所关注的是利润和高额利润，为此，他追求的是较高的工程造价。不同的管理目标，反映他们不同的经济利益，但他们都要受那些支配价格运动的经济规律的影响和调节。他们之间的矛盾是市场的竞争机制和利益风险机制的必然反映。

（二）工程造价的特点

1. 工程造价的大额性；

2. 工程造价的个别性、差异性；

3. 工程造价的动态性；

4. 工程造价的层次性；

5. 工程造价的兼容性。

（三）工程造价的作用

1. 工程造价是项目决策的依据；

2. 工程造价是制定投资计划和控制投资的依据；

3. 工程造价是筹集建设资金的依据；

4. 工程造价是评价投资效果的重要指标的手段。

二、我国现行工程造价的构成

工程造价包含工程项目按照确定的建设内容、建设规模、建设标准、功能和使用要求等全部建成并验收合格交付使用所需的全部费用。

按照原国家计委审定（计办投资［2002］15号）发布的《投资项目可行性研究指南》规定，我国现行工程造价构成主要内容为建设项目总投资（包含固定资产投资和流动资产投资两部分），建设项目总投资中的固定资产投资与建设项目的工程造价在量上相等。也就是说，工程造价由建筑安装工程费用、设备及工、器具购置费用、工程建设其他费用、预备费、建设期贷款利息、固定资产投资方向调节税等费用构成，具体构成内容见图2-1。

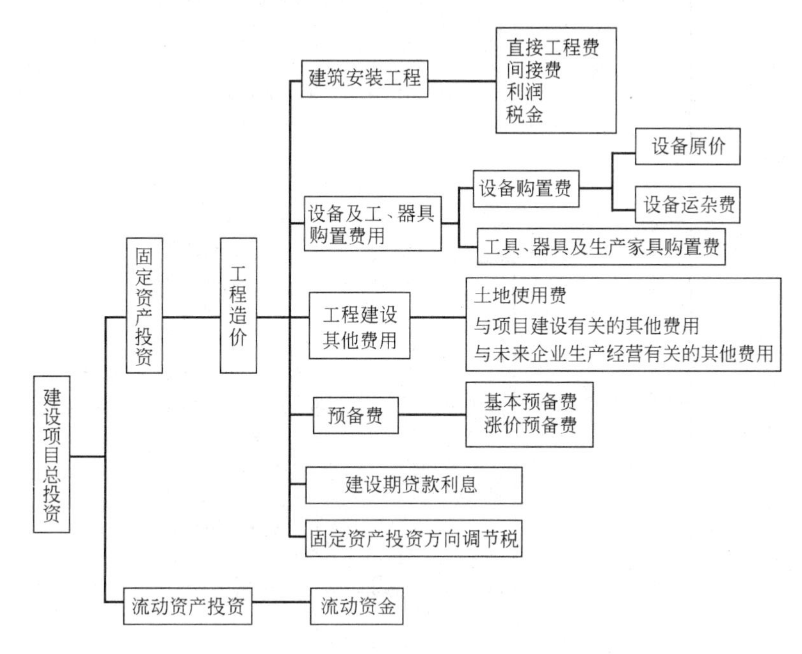

图2-1 我国现行建设项目总投资及工程造价的构成

第二节 建筑安装工程费用

我国现行建筑安装工程费用由直接费、间接费、利润和税金四大费用组成。其具体构成如图2-2所示。

一、直接费

直接费由直接工程费和措施费组成。

（一）直接工程费

直接工程费是指在工程施工过程中直接耗费的构成工程实体或有助于工程形成的各种费用，包括人工费、材料费和施工机械使用费。

直接工程费＝人工费＋材料费＋施工机械使用费

1. 人工费

人工费是指直接从事建筑安装工程施工的生产工人开支的各项费用，内容包括基本工

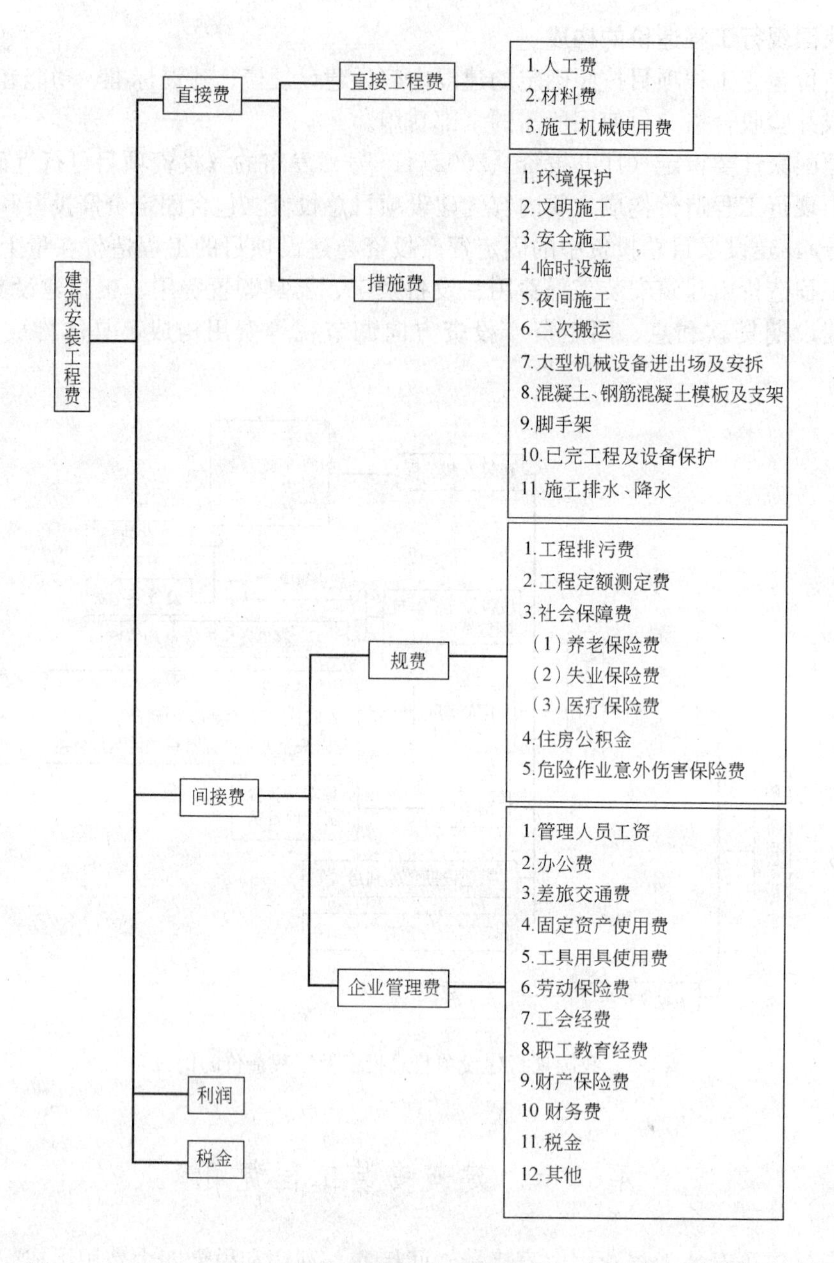

图 2-2　建筑安装工程费用组成

资、工资性补贴、生产工人辅助工资、职工福利费、生产工人劳动保护费。

$$人工费=\sum(工日消耗量\times日工资单价)$$

$$日工资单价(G)=\sum_1^5 G$$

（1）基本工资：是指发放给生产工人的基本工资。

$$基本工资（G_1）=\frac{生产工人平均月工资}{年平均每月法定工作日}$$

（2）工资性补贴：是指按规定标准发放的物价补贴，煤、燃气补贴，交通补贴，住房补贴，流动施工津贴等。

$$工资性补贴(G_2)=\frac{\sum 年发放标准}{全年日历日-法定假日}+\frac{\sum 月发放标准}{年平均每月法定工作日}+每工作日发放标准$$

(3) 生产工人辅助工资：是指生产工人年有效施工天数以外非作业天数的工资，包括职工学习、培训期间的工资，调动工作、探亲、休假期间的工资，因气候影响的停工工资，女工哺乳时间的工资，病假在六个月以内的工资及产、婚、丧假期的工资。

$$生产工人辅助工资(G_3)=\frac{全年无效工作日\times(G_1+G_2)}{全年日历日-法定假日}$$

(4) 职工福利费：是指按规定标准计提的职工福利费。

$$职工福利费(G_4)=(G_1+G_2+G_3)\times 福利费计提比例(\%)$$

(5) 生产工人劳动保护费：是指按规定标准发放的劳动保护用品的购置费及修理费，服装补贴，防暑降温费，在有碍身体健康环境中施工的保健费用等。

$$生产工人劳动保护费(G_5)=\frac{生产工人年平均支出劳动保护费}{全年日历日-法定假日}$$

2. 材料费

材料费是指施工过程中耗用的构成工程实体的原材料、辅助材料、构配件、零件、半成品的费用。

材料费的内容包括：

(1) 材料原价（或供应价格）。

(2) 材料运杂费：是指材料自来源地运至工地仓库或指定堆放地点所发生的全部费用。

(3) 运输损耗费：是指材料在运输装卸过程中不可避免的损耗。

(4) 采购及保管费：是指为组织采购、供应和保管材料过程中所需要的各项费用。包括：采购费、仓储费、工地保管费、仓储损耗。

(5) 检验试验费：是指对建筑材料、构件和建筑安装物进行一般鉴定、检查所发生的费用，包括自设试验室进行试验所耗用的材料和化学药品等费用。不包括新结构、新材料的试验费和建设单位对具有出厂合格证明的材料进行检验，对构件做破坏性试验及其他特殊要求检验试验的费用。

$$材料费=\sum(材料消耗量\times 材料基价)+检验试验费$$

$$材料基价=[(供应价格+运杂费)\times(1+运输损耗率(\%))]\times(1+采购保管费率(\%))$$

$$检验试验费=\sum(单位材料量检验试验费\times 材料消耗量)$$

3. 施工机械使用费

施工机械使用费是指施工机械作业所发生的机械使用费以及机械安拆费和场外运费。

施工机械台班单价应由下列七项费用组成：

(1) 折旧费：指施工机械在规定的使用年限内，陆续收回其原值及购置资金的时间价值。

(2) 大修理费：指施工机械按规定的大修理间隔台班进行必要的大修理，以恢复其正常功能所需的费用。

(3) 经常修理费：指施工机械除大修理以外的各级保养和临时故障排除所需的费用。包括为保障机械正常运转所需替换设备与随机配备工具附具的摊销和维护费用，机械运转中日常保养所需润滑与擦拭的材料费用及机械停滞期间的维护和保养费用等。

(4) 安拆费及场外运费：安拆费指施工机械在现场进行安装与拆卸所需的人工、材料、机械和试运转费用以及机械辅助设施的折旧、搭设、拆除等费用；场外运费指施工机械整体或分体自停放地点运至施工现场或由一施工地点运至另一施工地点的运输、装卸、辅助材料及架线等费用。

(5) 人工费：指机上司机（司炉）和其他操作人员的工作日人工费及上述人员在施工机械规定的年工作台班以外的人工费。

(6) 燃料动力费：指施工机械在运转作业中所消耗的固体燃料（煤、木柴）、液体燃料（汽油、柴油）及水、电等。

(7) 养路费及车船使用税：指施工机械按照国家规定和有关部门规定应缴纳的养路费、车船使用税、保险费及年检费等。

施工机械使用费＝∑(施工机械台班消耗量×机械台班单价)

机械台班单价＝台班折旧费＋台班大修费＋台班经常修理费＋台班安拆费及场外运费＋台班人工费＋台班燃料动力费＋台班养路费及车船使用税

（二）措施费

措施费是指为完成工程项目施工，发生于该工程施工前和施工过程中非工程实体项目的费用。

措施费的内容包括：

1. 环境保护费

环境保护费是指施工现场为达到环保部门要求所需要的各项费用。

环境保护费＝直接工程费×环境保护费费率（%）

环境保护费费率(%)＝本项费用年度平均支出/［(全年建安产值×直接工程费占总造价比例(%)］

2. 文明施工费

文明施工费是指施工现场文明施工所需要的各项费用。

文明施工费＝直接工程费×文明施工费费率（%）

文明施工费费率(%)＝本项费用年度平均支出/［(全年建安产值×直接工程费占总造价比例(%)］

3. 安全施工费

安全施工费是指施工现场安全施工所需要的各项费用。

安全施工费＝直接工程费×安全施工费费率（%）

安全施工费费率(%)＝本项费用年度平均支出/［(全年建安产值×直接工程费占总造价比例(%)］

4. 临时设施费

临时设施费是指施工企业为进行建筑工程施工所必须搭设的生活和生产用的临时建筑物、构筑物和其他临时设施费用等。临时设施包括：临时宿舍、文化福利及公用事业房屋与构筑物，仓库、办公室、加工厂以及规定范围内道路、水、电、管线等临时设施和小型临时设施。

临时设施费用包括：临时设施的搭设、维修、拆除费或摊销费。临时设施费由以下三部分组成：

(1) 周转使用临建（如，活动房屋）；

(2) 一次性使用临建（如，简易建筑）；

(3) 其他临时设施（如，临时管线）。

临时设施费＝(周转使用临建费＋一次性使用临建费)×(1＋其他临时设施所占比例)

5. 夜间施工费

夜间施工费是指因夜间施工所发生的夜班补助费、夜间施工降效、夜间施工照明设备摊销及照明用电等费用。

夜间施工增加费＝(1－合同工期/定额工期)×(直接工程费中的人工费合计
×每工日夜间施工费开支/平均日工资单价)

6. 二次搬运费

二次搬运费是指因施工场地狭小等特殊情况而发生的二次搬运费用。

二次搬运费＝直接工程费×二次搬运费费率（%）

二次搬运费费率(%)＝年平均二次搬运费开支额/[(全年建安产值
×直接工程费占总造价比例(%)]

7. 大型机械设备进出场及安拆费

大型机械设备进出场及安拆费是指机械整体或分体自停放场地运至施工现场或由一个施工地点运至另一个施工地点，所发生的机械进出场运输、转移费用及机械在施工现场进行安装、拆卸所需的人工费、材料费、机械费、试运转费和安装所需的辅助设施的费用。

大型机械进出场及安拆费＝一次进出场及安拆费
×年平均安拆次数/年工作台班

8. 混凝土、钢筋混凝土模板及支架费

混凝土、钢筋混凝土模板及支架费是指混凝土施工过程中需要的各种钢模板、木模板、支架等的支、拆、运输费用及模板、支架的摊销（或租赁）费用。

(1) 模板及支架费

模板及支架费＝模板摊销量×模板价格＋支、拆、运输费

摊销量＝一次使用量×(1/施工损耗)×[1/(周转次数－1)
×补损率/周转次数－(1－补损率)×50%/周转次数]

(2) 租赁费

租赁费＝模板使用量×使用日期×租赁价格＋支、拆、运输费

9. 脚手架费

脚手架费：是指施工需要的各种脚手架搭、拆、运输费用及脚手架的摊销（或租赁）费用。

(1) 脚手架搭拆费

脚手架搭拆费＝脚手架摊销量×脚手架价格＋搭、拆、运输费

脚手架摊销量＝[单位一次使用量×(1－残值率)]/(耐用期/一次使用期)

(2) 租赁费

租赁费＝脚手架每日租金×搭设周期＋搭、拆、运输费

10. 已完工程及设备保护费

已完工程及设备保护费是指竣工验收前，对已完工程及设备进行保护所需费用。

已完工程及设备保护费=成品保护所需机械费+材料费+人工费

11. 施工排水、降水费

施工排水、降水费是指为确保工程在正常条件下施工，采取各种排水、降水措施所发生的各种费用。

$$排水降水费=\sum 排水降水机械台班费\times 排水降水周期+排水降水使用材料费、人工费$$

二、间接费

间接费由规费、企业管理费组成。

（一）规费

1. 规费的组成

规费是指政府和有关权力部门规定必须缴纳的费用。包括：

（1）工程排污费：是指施工现场按规定缴纳的工程排污费。

（2）工程定额测定费：是指按规定支付工程造价（定额）管理部门的定额测定费。

（3）社会保障费：社会保障费一般包括以下费用：

1）养老保险费：是指企业按规定标准为职工缴纳的基本养老保险费。

2）失业保险费：是指企业按照国家规定标准为职工缴纳的失业保险费。

3）医疗保险费：是指企业按照规定标准为职工缴纳的基本医疗保险费。

（4）住房公积金：是指企业按规定标准为职工缴纳的住房公积金。

（5）危险作业意外伤害保险：是指按照建筑法规定，企业为从事危险作业的建筑安装施工人员支付的意外伤害保险费。

2. 规费费率

（1）有关数据

一般根据本地区典型工程发承包价的分析资料综合取定，规费计算中所需数据如下：

1）每万元发承包价中人工费含量和机械费含量。

2）人工费占直接费的比例。

3）每万元发承包价中所含规费缴纳标准的各项基数。

（2）规费费率计算公式

1）以直接费为计算基础

$$规费费率(\%)=\frac{\sum 规费缴纳标准\times 每万元发承包价计算基数}{每万元发承包价中的人工费含量}\times 人工费占直接费的比例(\%)$$

2）以人工费和机械费合计为计算基础

$$规费费率(\%)=\frac{\sum 规费缴纳标准\times 每万元发承包价计算基数}{每万元发承包价中的人工费含量和机械费含量}\times 100\%$$

3）以人工费为计算基础

$$规费费率(\%)=\frac{\sum 规费缴纳标准\times 每万元发承包价计算基数}{每万元发承包价中的人工费含量}\times 100\%$$

（二）企业管理费

1. 企业管理费组成

企业管理费是指建筑安装企业组织施工生产和经营管理所需费用。包括：

（1）管理人员工资：是指管理人员的基本工资、工资性补贴、职工福利费、劳动保护费等。

（2）办公费：是指企业管理办公用的文具、纸张、账表、印刷、邮电、书报、会议、水电、烧水和集体取暖（包括现场临时宿舍取暖）用煤等费用。

（3）差旅交通费：是指职工因公出差、调动工作的差旅费、住勤补助费，市内交通费和误餐补助费，职工探亲路费，劳动力招募费，职工离退休、退职一次性路费，工伤人员就医路费，工地转移费以及管理部门使用的交通工具的油料、燃料、养路费及牌照费。

（4）固定资产使用费：是指管理和试验部门及附属生产单位使用的属于固定资产的房屋、设备仪器等的折旧、大修、维修或租赁费。

（5）工具用具使用费：是指管理使用的不属于固定资产的生产工具、器具、家具、交通工具和检验、试验、测绘、消防用具等的购置、维修和摊销费。

（6）劳动保险费：是指由企业支付离退休职工的易地安家补助费、职工退职金、六个月以上的病假人员工资、职工死亡丧葬补助费、抚恤费、按规定支付给离休干部的各项经费。

2. 企业管理费费率

企业管理费费率计算公式

1）以直接费为计算基础

$$企业管理费费率(\%)=\frac{生产工人年平均管理费}{年有效施工天数\times人工单价}\times人工费占直接费比例(\%)$$

2）以人工费和机械费合计为计算基础

$$企业管理费费率(\%)=\frac{生产工人年平均管理费}{年有效施工天数\times(人工单价+每一工日机械使用费)}\times100\%$$

3）以人工费为计算基础

$$企业管理费费率(\%)=\frac{生产工人年平均管理费}{年有效施工天数\times人工单价}\times100\%$$

（三）间接费的计算方法

间接费的计算方法按取费基数的不同分为以下三种：

（1）以直接费为计算基础

间接费＝直接费合计×间接费费率（%）

（2）以人工费和机械费合计为计算基础

间接费＝人工费和机械费合计×间接费费率（%）

间接费费率(%)＝规费费率(%)＋企业管理费费率(%)

（3）以人工费为计算基础

间接费＝人工费合计×间接费费率（%）

三、利润

利润是指施工企业完成所承包工程获得的盈利，是施工单位劳动者为社会和集体劳动所创造的价值。依据不同投资来源或工程类别，利润一般实施差别利润率。

利润是按相应的计取基础乘以利润率确定。计算公式为：

利润＝(直接工程费＋措施费＋间接费)×相应利润率

利润＝(人工费＋机械费)×相应利润率

利润＝人工费×相应利润率

四、税金

税金是指按国家税法规定应计入建筑工程造价内的营业税、城市维护建设税及教育费附加。

1. 营业税

营业税是指对从事建筑业、交通运输业和各种服务业的单位和个人，就其营业收入征收的一种税。营业税应纳税额的计算公式为：

$$营业税应纳税额=营业额\times适用税率$$

其中，营业额是指从事建筑、安装、修缮、装饰及其他工程作业收取的全部收入（即工程造价），还包括建筑、修缮、装饰工程所用原材料及其他物资和动力的价款；当安装的设备的价值作为安装工程产值时，亦包括所安装设备的价款。但建筑业的总承包方将工程分包或转包给他人的，其营业额中不包括付给分包或转包人的价款。

建筑业适用营业税的税率为3%。

2. 城市维护建设税

城市维护建设税，是国家为了加强城市的维护建设，扩大和稳定城市维护建设资金来源，而对有经营收入的单位和个人征收的一种税。城市维护建设税与营业税同时缴纳，应纳税额的计算公式为：

$$应纳税额=营业税应纳税额\times适用税率$$

城市维护建设税实行差别比例税率。建设工程所在地为市区的，适用税率为7%；所在地为县城、镇的，适用税率为5%；所在地不在市区、县城或镇的，适用税率为1%。

3. 教育费附加

教育费附加是指对加快发展地方教育事业，扩大地方教育资金来源的一种地方税。教育费附加应纳税额的计算公式为：

$$应纳税额=营业税应纳税额\times适用税率$$

教育费附加一般为营业税的3%，并与营业税同时缴纳。

在工程造价计算程序中，税金计算在最后进行。将税金计算之前的所有费用之和称为税前造价，税前造价加税金称为含税工程造价。

$$税金=税前造价\times不含税工程造价税率$$

$$不含税工程造价税率=\frac{含税工程造价税率}{1-含税工程造价税率}$$

例如，工程所在地在市区的税率：

$$含税工程造价税率=3\%+3\%\times7\%+3\%\times3\%=3.3\%$$

$$不含税工程造价税金率=\frac{3.3\%}{1-3.3\%}=3.41\%$$

建设工程处在不同地点的工程造价税率如表2-1所示。

工程造价税率 　　　　表2-1

工程所在地	含税工程造价税率	不含税工程造价税率
市区	3.30%	3.41%
县城或镇	3.24%	3.35%
其他地点	3.12%	3.22%

第三节　设备及工、器具购置费用

设备及工、器具购置费用是固定资产投资中的积极部分。在生产性工程建设中，设备及工、器具购置费用占工程造价比重的增大，意味着生产技术的进步和资本有机构成的提高。

一、设备购置费

设备购置费用是指为工程建设项目购置或自制的达到固定资产标准的设备、工具、器具的费用。确定固定资产的标准是：使用年限在一年以上，单位价值在一定数目以上（具体标准由各主管部门规定）。

设备购置费＝设备原价＋设备运杂费

上式中，设备原价指国产设备或进口设备的原价；设备运杂费指除设备原价之外的关于设备采购、运输、途中包装及仓库保管等方面支出费用的总和。

1. 国产设备原价的构成及计算

国产设备原价一般指的是设备制造厂的交货价，即出厂价，或订货合同价。它一般根据生产厂或供应商的询价、报价、合同价确定，或采用一定的方法计算确定。国产设备原价分为国产标准设备原价和国产非标准设备原价。

（1）国产标准设备原价。国产标准设备是指按照主管部门颁布的标准图纸和技术要求，由我国设备生产厂批量生产的，符合国家质量检测标准的设备。有的国产标准设备原价有两种，即带有备件的原价和不带有备件的原价。在计算时，一般采用带有备件的原价。

（2）国产非标准设备原价。国产非标准设备是指国家尚无定型标准，各设备生产厂不可能在工艺过程中采用批量生产，只能按一次订货，并根据具体的设计图纸制造的设备。非标准设备原价有多种不同的计算方法，如成本计算估价法、系列设备插入估价法、分部组合估价法、定额估价法等。

2. 进口设备原价的构成及计算

进口设备的原价是指进口设备的抵岸价，即抵达买方边境港口或边境车站，且交完关税为止形成的价格。

（1）进口设备的交货类别可分为内陆交货类、目的地交货类、装运港交货类。

1）内陆交货类，即卖方在出口国内陆的某个地点交货。在交货地点，卖方及时提交合同规定的货物和有关凭证，并负担交货前的一切费用和风险；买方按时接受货物，交付货款，负担接货后的一切费用和风险，并自行办理出口手续和装运出口。货物的所有权也在交货后由卖方转移给买方。

2）目的地交货类，即卖方在进口国的港口或内地交货，有目的港船上交货价、目的港船边交货价（FOS）和目的港码头交货价（关税已付）及完税后交货价（进口国的指定地点）等几种交货价。它们的特点是：买卖双方承担的责任、费用和风险是以目的地约定交货点为分界线，只有当卖方在交货点将货物置于买方控制下才算交货，才能向买方收取货款；这种交货类别对卖方来说承担的风险较大，在国际贸易中卖方一般不愿采用。

3）装运港交货类，即卖方在出口国装运港交货，主要有装运港船上交货价（FOB），习惯称离岸价；运费在内价（C&R）和运费、保险费在内价（CIF），习惯称到岸价格。它们的特点是：卖方按照约定的时间在装运港交货，只要卖方把合同规定的货物装船后提供货运单据便完成交货任务，可凭单据收回贷款。

装运港船上交货价（FOB）是我国进口设备采用最多的一种货价。采用船上交货价时卖方的责任是：在规定的期限内，负责在合同规定的装运港口将货物装上买方指定的船只，并及时通知买方；负担货物装船前的一切费用和风险；负责办理出口手续；提供出口国政府或有关方面签发的证件；负责提供有关装运单据。买方的责任是：负责租船或订舱，支付运费，并将船期、船名通知卖方；负担货物装船后的一切费用和风险；负责办理保险及支付保险费，办理在目的港的进口和收货手续；接受卖方提供的有关装运单据，并按合同规定支付货款。

（2）进口设备抵岸价的构成及计算。进口设备抵岸价的构成为：

$$\begin{aligned}\text{进口设备抵岸价}=&\text{货价}+\text{国际运费}+\text{运费保险费}+\text{银行财务费}\\&+\text{外贸手续费}+\text{关税}+\text{增值税}+\text{消费税}\\&+\text{海关监管手续费}+\text{车辆购置附加费}\end{aligned}$$

1）货价。一般指装运港船上交货价（FOB）。设备货价分为原币货价和人民币货价，原币货价一律折算为美元表示，人民币货价按原币货价乘以外汇市场美元兑换人民币中间价确定。进口设备货价按有关生产厂商询价、报价、订货合同价计算。

2）国际运费。即从装运港（站）到达我国抵达港（站）的运费。我国进口设备大部分采用海洋运输，小部分采用铁路运输，个别采用航空运输。

3）运输保险费。对外贸易货物运输保险是由保险人（保险公司）与被保险人（出口人或进口人）订立保险契约，在被保险人交付议定的保险费后，保险人根据保险契约的规定对货物在运输过程中发生的承保责任范围内的损失给予经济上的补偿。这是一种财产保险。计算公式为：

$$\text{运输保险费}=\frac{[\text{原币货价}+\text{国外运费}]\times\text{保险费率}}{1-\text{保险费率}}$$

式中，保险费率按保险公司规定的进口货物保险费率计算。

4）银行财务费。一般是指中国银行手续费，可按下式简化计算：

$$\text{银行财务费}=\text{人民币货价(FOB 价)}\times\text{银行财务费率}$$

式中，银行财务费率一般为0.4%～0.5%。

5）外贸手续费。指按对外经济贸易部规定的外贸手续费率计取的费用。计算公式为：

$$\begin{aligned}\text{外贸手续费}=&[\text{装运港船上交货价(FOB)价}+\text{国际运费}+\text{运输保险费}]\\&\times\text{外贸手续费率}\end{aligned}$$

式中，外贸手续费率一般取1.5%。

6）关税。由海关对进出国境或关境的货物和物品征收的一种税。计算公式为：

$$\text{关税}=\text{到岸价格(CIF)}\times\text{进口关税税率}$$

式中，到岸价格（CIF）包括离岸价格（FOB价）、国际运费、运输保险费等费用，它作为关税完税价格。

7）增值税。是对从事进口贸易的单位和个人，在进口商品报关进口后征收的税种。我国增值税条例规定，进口应税产品均按组成计税价格和增值税税率直接计算应纳税额。即：

$$进口产品增值税额=组成计税价格\times增值税税率$$

$$组成计税价格=关税完税价格+关税+消费税$$

增值税税率根据规定的税率计算，目前进口设备适用税率为17%。

8）消费税。对部分进口设备（如轿车、摩托车等）征收。计算公式为：

$$应纳消费税额=\frac{到岸价+关税}{1-消费税税率}\times消费税税率$$

式中，消费税税率根据规定的税率计算。

9）海关监管手续费。指海关对进口减税、免税、保税货物实施监督、管理、提供服务的手续费。对于全额征收进口关税的货物不计本项费用。其公式如下：

$$海关监管手续费=到岸价\times海关监管手续费率$$

式中，海关监管手续费率一般为0.3%。

10）车辆购置附加费。进口车辆需缴进口车辆购置附加费。其公式如下：

$$进口车辆购置附加费=(到岸价+关税+消费税)\times进口车辆购置附加费率$$

3. 设备运杂费的构成及计算

（1）设备运杂费的构成。设备运杂费通常由下列各项构成：

1）运费和装卸费。国产设备由设备制造厂交货地点起至工地仓库（或施工组织设计指定的需要安装设备的堆放地点）止所发生的运费和装卸费；进口设备则由我国到岸港口或边境车站起至工地仓库（或施工组织设计指定的需安装设备的堆放地点）止所发生的运费和装卸费。

2）包装费：在设备原价中没有包含的，为运输需进行的包装支出的各种费用。

3）设备供销部门的手续费。按有关部门规定的统一费率计算。

4）采购与仓库保管费。指采购、验收、保管和收发设备所发生的各种费用，包括设备采购人员、保管人员和管理人员的工资、工资附加费、办公费、差旅交通费，设备供应部门办公和仓库所占固定资产使用费、工具用具使用费、劳动保护费、检验试验费等。这些费用可按主管部门规定的采购与保管费费率计算。

（2）设备运杂费的计算。设备运杂费按设备原价乘以设备运杂费率计算，其公式为：

$$设备运杂费=设备原价\times设备运杂费率$$

其中，设备运杂费率按有关部门的规定计取。

二、工、器具及生产家具购置费

工、器具及生产家具购置费，是指新建成扩建项目初步设计规定的，保证初期正常生产必须购置的没有达到固定资产标准的设备、仪器、工卡模具、器具、生产家具和备品备件的购置费用。一般以设备购置费为计算基数，按照部门或行业规定的工具、器具及生产家具费率计算。计算公式为：

$$工具、器具及生产家具购置费=设备购置费\times定额费率$$

第四节　工程建设其他费用

一、土地使用费

土地使用费是指通过划拨方式取得土地使用权而支付的土地征用及迁移补偿费，或者通过土地使用权出让方式取得土地使用权而支付的土地使用权出让金。

（一）土地征用及迁移补偿费

土地征用及迁移补偿费，是指建设项目通过划拨方式取得无限期的土地使用权，依照《中华人民共和国土地管理法》等规定所支付的费用。其总和一般不得超过被征土地年产值的20倍，土地年产值则按该地被征用前3年的平均产量和国家规定的价格计算。其内容包括：

（1）土地补偿费。征用耕地（包括菜地）的补偿标准，为该耕地年产值的6～10倍，具体补偿标准由省、自治区、直辖市人民政府在此范围内制定。征用园地、鱼塘、藕塘、苇塘、宅基地、林地、牧场、草原等的补偿标准，由省、自治区、直辖市人民政府制定。征收无收益的土地，不予补偿。

（2）青苗补偿费和被征用土地上的房屋、水井、树木等附着物补偿费。这些补偿费的标准由省、自治区、直辖市人民政府制定。征用城市郊区的菜地时，还应按照有关规定向国家缴纳新菜地开发建设基金。

（3）安置补助费。征用耕地、菜地的，每个农业人口的安置补助费为该地每亩年产值的3～4倍，每亩耕地的安置补助费最高不得超过其年产值的15倍。

（4）缴纳的耕地占用税或城镇土地使用税、土地登记费及征地管理费等。县市土地管理机关从征地费中提取土地管理费的比率，要按征地工作量大小，视不同情况，在1%～4%幅度内提取。

（5）征地动迁费。包括征用土地上的房屋及附着构筑物、城市公共设施等拆除、迁建补偿费、搬迁运输费，企业单位因搬迁造成的减产、停工损失补贴费，拆迁管理费等。

（6）水利水电工程水库淹没处理补偿费，包括农村移民安置迁建费，城市迁建补偿费，库区工矿企业、交通、电力、通信、广播、管网、水利等的恢复、迁建补偿费，库底清理费，防护工程费，环境影响补偿费用等。

（二）土地使用权出让金

土地使用权出让金是指建设项目通过土地使用权出让方式，取得有限期的土地使用权，依照《中华人民共和国城镇国有土地使用权出让和转让暂行条例》规定，支付的土地使用权出让金。

（1）明确国家是城市土地的唯一所有者，并分层次、有偿、有限期地出让、转让城市土地。

第一层次是城市政府将国有土地使用权出让给用地者，该层次由城市政府垄断经营。出让对象可以是有法人资格的企事业单位，也可以是外商。第二层次及以下层次的转让则发生在使用者之间。

（2）城市土地的出让和转让可采用协议、招标、公开拍卖等方式。

1）协议方式是由用地单位申请，经市政府批准同意后双方洽谈具体地块及地价。该方式适用于市政工程、公益事业用地以及需要减免地价的机关、部队用地和需要重点扶持、优先发展的产业用地。

2）招标方式是在规定的期限内，由用地单位以书面形式投标，市政府根据投标报价、所提供的规划方案以及企业信誉综合考虑，择优而取。该方式适用于一般工程建设用地。

3）公开拍卖是指在指定的地点和时间，由申请用地者叫价应价，价高者得。这完全是由市场竞争决定，适用于盈利高的行业用地。

（3）在有偿出让和转让土地时，政府对地价不作统一规定，但应坚持以下原则：

1）地价对目前的投资环境不产生大的影响；

2）地价与当地的社会经济承受能力相适应；

3）地价要考虑已投入的土地开发费用、土地市场供求关系、土地用途和使用年限。

（4）关于政府有偿出让土地使用权的年限，各地可根据时间、区位等各种条件作不同的规定，一般可在30～99年之间；按照地面附属建筑物的折旧年限来看，以50年为宜。

（5）土地有偿出让和转让，土地使用者和所有者要签约，明确使用者对土地享有的权利和对土地所有者应承担的义务。

1）有偿出让和转让使用权，要向土地受让者征收契税；

2）转让土地如有增值，要向转让者征收土地增值税；

3）在土地转让期间，国家要区别不同地段、不同用途向土地使用者收取土地占用费。

二、与项目建设有关的其他费用

（一）建设单位管理费

建设单位管理费是指建设项目从立项、筹建、建设、联合试运转、竣工验收交付使用及后评估等全过程管理所需费用。内容包括：建设单位开办费、建设单位经费。

（1）建设单位开办费。指新建项目为保证筹建和建设工作正常进行所需办公设备、生活家具、用具、交通工具等购置费用。

（2）建设单位经费。包括工作人员的基本工资、工资性补贴、职工福利费、劳动保护费、劳动保险费、办公费、差旅交通费、工会经费、职工教育经费、固定资产使用费、工具用具使用费、技术图书资料费、生产人员招募费、工程招标费、合同契约公证费、工程质量监督检测费、工程咨询费、法律顾问费、审计费、业务招待费、排污费、竣工交付使用清理及竣工验收费、后评估等费用。不包括应计入设备、材料预算价格的建设单位采购及保管设备材料所需的费用。

建设单位管理费＝单项工程费用之和(包括设备工器具购置费和建筑安装工程费用)×建设单位管理费率

建设单位管理费率按照建设项目的不同性质、不同规模确定。有的建设项目按照建设工期和规定的金额计算建设单位管理费。

（二）勘察设计费

勘察设计费是指为本建设项目提供项目建议书、可行性研究报告及设计文件等所需费用。内容包括：

（1）编制项目建议书、可行性研究报告及投资估算、工程咨询、评价以及为编制上述文件进行勘察、设计、研究试验等所需费用；

（2）委托勘察、设计单位进行初步设计、施工图设计及概预算编制等所需费用；

（3）在规定范围内由建设单位自行完成的勘察、设计工作所需费用。

（三）研究试验费

研究试验费是指为建设项目提供和验证设计参数、数据、资料等所进行的必要的试验费用以及设计规定在施工中必须进行试验、验证所需费用。研究试验费按照设计单位根据本工程项目的需要提出的研究试验内容和要求计算。

（四）建设单位临时设施费

建设单位临时设施费是指建设期间建设单位所需临时设施的搭设、维修、推销费用或租赁费用。

临时设施包括临时宿舍、文化福利及公用事业房屋与构筑物、仓库、办公室、加工厂以及规定范围内的道路、水、电、管线等临时设施和小型临时设施。

（五）工程监理费

工程监理费的确定，一般由建设单位与工程监理企业协商确定。计算方法主要有：

1. 按建设工程投资的百分比计算法

这种方法是按委托监理工程概（预）算的百分比计收工程监理费。当工程结算时，再按实际工程投资进行调整。这种方法是国家制定监理取费标准的主要形式，建设单位和工程监理企业也易接受。

2. 固定价格计算法

这种方法是建设单位与工程监理企业在协商一致的基础上形成的监理合同固定价格，实践中可进一步分为固定总价和固定单价计算法。

3. 工资加一定比例的其他费用计算法

这种方法是以项目监理机构监理人员的实际工资乘以一个大于1的系数，此系数通过综合考虑应有的其他直接费、间接成本、税金和利润来确定。由于建设单位与工程监理企业很难对监理人员数量和实际工资额达成一致，此方法较少采用。

4. 按时计算法

这种方法是按建设单位和工程监理企业双方约定的单位时间监理费，乘以约定的监理服务时间来计算工程监理费总额。单位时间监理费一般以监理人员基本工资为基础，加上适当的管理费和利润而得到。这种方法适用于临时性的、短期的监理业务，或者不宜按其他方法计算监理费的监理业务。

（六）工程保险费

工程保险费是指建设项目在建设期间根据需要实施工程保险所需的费用，包括以各种建筑工程及其在施工过程中的物料、机器设备为保险标的的建筑工程一切险，以安装工程中的各种机器、机械设备为保险标的的安装工程一切险，以及机器损坏保险等。工程保险费根据不同的工程类别，分别以其建筑、安装工程费乘以建筑、安装工程保险费率计算。民用建筑（住宅楼、综合性大楼、商场、旅馆、医院、学校）占建筑工程费的0.2%～0.4%；其他建筑（工业厂房、仓库、道路、码头、水坝、隧道、桥梁、管道等）占建筑工程费的0.3%～0.6%，安装工程（农业、工业、机械、电子、电器、纺织、矿山、石油、化学及钢铁工业、钢结构桥梁）占建筑工程费的0.3%～0.6%。

（七）引进技术和进口设备的其他费用

引进技术及进口设备其他费用包括出国人员费用、国外工程技术人员来华费用、技术引进费、分期或延期付款利息、担保费以及进口设备检验鉴定费。

（1）出国人员费用。指为引进技术和进口设备派出人员在国外培训和进行设计联络、设备检验等的差旅费、制装费、生活费等。这项费用根据设计规定的出国培训和工作的人数、时间及派往国家，按财政部、外交部规定的临时出国人员费用开支标准及中国民用航空公司现行国际航线票价等进行计算，其中使用外汇部分应计算银行财务费用。

(2) 国外工程技术人员来华费用。指为安装进口设备，引进国外技术等聘用外国工程技术人员进行技术指导工作所发生的费用。包括技术服务费、外国技术人员的在华工资、生活补贴、差旅费、医药费、住宿费、交通费、宴请费、参观游览等招待费用。这项费用按每人每月费用指标计算。

(3) 技术引进费。指为引进国外先进技术而支付的费用。包括专利费、专有技术费(技术保密费)、国外设计及技术资料费、计算机软件费等。这项费用根据合同或协议的价格计算。

(4) 分期或延期付款利息。指利用出口信贷引进技术或进口设备采取分期或延期付款的办法所支付的利息。

(5) 担保费。指国内金融机构为买方出具保函的担保费。这项费用按有关金融机构规定的担保费率计算（一般可按承保金额的5‰计算)。

(6) 进口设备检验鉴定费用。指进口设备按规定付给商品检验部门的进口设备检验鉴定费。这项费用按进口设备货价的0.3%～0.5%计算。

（八）工程承包费

工程承包费是指具有总承包条件的工程公司，对工程建设项目从开始建设至竣工投产全过程的总承包所需的管理费用。具体内容包括组织勘察设计、设备材料采购、非标准设备设计制造与销售、施工招标、发包、工程预决算、项目管理、施工质量监督、隐蔽工程检查、验收和试车直至竣工投产的各种管理费用，该费用按国家主管部门或省、自治区、直辖市协调规定的工程总承包费取费标准计算；如无规定时，一般工业建设项目为投资估算的6%～8%，民用建筑和市政项目为4%～6%。不实行工程总承包的项目不计算本项费用。

三、与未来企业生产经营有关的其他费用

（一）联合试运转费

联合试运转费是指新建企业或新增加生产工艺过程的扩建企业在竣工验收前，按照设计规定的工程质量标准，进行整个车间的负荷或无负荷联合试运转发生的费用支出大于试运转收入的亏损部分。联合试运转费一般根据不同性质的项目按需要试运转车间的工艺设备购置费的百分比计算。

（二）生产准备费

生产准备费是指新建企业或新增生产能力的企业，为保证竣工交付使用进行必要的生产准备所发生的费用。费用内容包括：

(1) 生产人员培训费，包括自行培训、委托其他单位培训的人员的工资、工资性补贴、职工福利费、差旅交通费、学习资料费、学习费、劳动保护费等。

(2) 生产单位提前进厂参加施工、设备安装、调试等以及熟悉工艺流程及设备性能等人员的工资、工资性补贴、职工福利费、差旅交通费、劳动保护费等。

生产准备费一般根据需要培训和提前进厂人员的人数及培训时间按生产准备费指标进行估算。

生产准备费在实际执行中是一笔在时间上、人数上、培训深度上很难划分的活口很大的支出，尤其要严格掌握。

（三）办公和生活家具购置费

办公和生活家具购置费是指为保证新建、改建、扩建项目初期正常生产、使用和管理所必需购置的办公和生活家具、用具的费用。改、扩建项目所需的办公和生活用具购置费，应低于新建项目。其范围包括办公室、会议室、资料档案室、阅览室、文娱室、食堂、浴室、理发室、单身宿舍和设计规定必须建设的托儿所、卫生所、招待所、中小学校等家具用具购置费。这项费用按照设计定员人数乘以综合指标计算，一般为600～800元/人。

第五节　预备费、建设期贷款利息、固定资产投资方向调节税

一、预备费

按我国现行规定，预备费包括基本预备费和涨价预备费。

（一）基本预备费

基本预备费是指在初步设计及概算内难以预料的工程费用，费用内容包括：

（1）在批准的初步设计范围内，技术设计、施工图设计及施工过程中所增加的工程费用，设计变更、局部地基处理等增加的费用。

（2）一般自然灾害造成的损失和预防自然灾害所采取的措施费用。实行工程保险的工程项目费用应适当降低。

（3）竣工验收时为鉴定工程质量对隐蔽工程进行必要的挖掘和修复费用。

基本预备费是按设备及工器具购置费、建筑安装工程费用和工程建设其他费用三者之和为计算基础，乘以基本预备费率进行计算。

基本预备费＝(设备及工器具购置费＋建筑安装工程费用
＋工程建设其他费用)×基本预备费率

基本预备费率的取值应执行国家及有关部门的规定。

（二）涨价预备费

涨价预备费是指建设项目在建设期间内由于价格等变化引起工程造价变化的预测预留费用，费用内容包括：人工、设备、材料、施工机械的价差费，建筑安装工程费及工程建设其他费用调整，利率、汇率调整等增加的费用。

涨价预备费的测算方法，一般根据国家规定的投资综合价格指数，按估算年份价格水平的投资额为基数，采用复利方法计算。计算公式为：

$$PF = \sum_{t=0}^{n} I_{\mathrm{t}}[(1+f)^{\mathrm{t}}-1]$$

式中　PF——涨价预备费；

n——建设期年份数；

I_{t}——建设期中第 t 年的投资计划额，包括设备及工器具购置费、建筑安装工程费、工程建设其他费用及基本预备费；

f——年均投资价格上涨率。

二、建设期贷款利息

建设期贷款利息包括向国内银行和其他非银行金融机构贷款、出口信贷、外国政府贷款、国际商业银行贷款以及在境内外发行的债券等在建设期间内应偿还的贷款利息。建设期贷款利息实行复利计算。

当贷款是分年均衡发放时，建设期利息的计算可按当年借款在年中支用考虑，即当年贷款按半年计息，上年贷款按全年计息。计算公式为：

$$q_j = \left(P_{j-1} + \frac{1}{2}A_j\right) \cdot i$$

式中　q_j——建设期第 j 年应计利息；

P_{j-1}——建设期第（j－1）年末贷款累计金额与利息累计金额之和；

A_j——建设期第 j 年贷款金额；

i——年利率。

国外贷款利息的计算中，还应包括国外贷款银行根据贷款协议向贷款方以年利率的方式收取的手续费、管理费、承诺费，以及国内代理机构经国家主管部门批准的以年利率的方式向贷款单位收取的转贷费、担保费、管理费等。

三、固定资产投资方向调节税

为贯彻国家宏观调控政策，扩大内需，鼓励投资，根据国务院的决定，对《中华人民共和国固定资产投资方向调节税暂行条例》规定的纳税义务人，其固定资产投资应税项目自2000年1月1日起新发生的投资额，暂停征收固定资产投资方向调节税。但该税种并未取消。

复习思考题

1. 什么是工程造价？
2. 我国现行工程造价的组成内容是什么？
3. 我国现行建筑安装工程费用由哪些费用构成？
4. 直接工程费由哪些费用构成？
5. 措施费由哪些费用构成？
6. 规费由哪些费用构成？
7. 税金的组成内容？
8. 设备及工器具购置费由哪些费用构成？
9. 工程建设其他费哪些费用构成？
10. 预备费由哪些费用构成？

第三章　工程建设定额原理

第一节　概　　述

一、定额的概念

建筑工程定额是建筑产品生产中需消耗的人力、物力和财力等各种资源的数量规定，即在合理的劳动组织和合理地使用材料和机械的条件下，完成单位合格产品所需消耗的资源数量标准。

工程建设定额中的产品可以是工程项目，也可以是构成工程项目的某些完整产品，还可以是完整产品中某些较大或较小的组成部分。建筑工程定额反映了在一定社会生产力条件下建筑行业的生产与管理水平。

建筑工程定额是建筑工程设计、预算、施工及管理的基础。由于工程建设产品具有构造复杂、规模大、种类繁多、生产周期长等特点，决定了建设工程定额的多种类、多层次，同时也决定了定额在工程建设的管理中占有极其重要的地位。

二、定额的产生和发展

1. 定额的产生

定额形成企业管理的一门科学，产生于19世纪末资本主义企业管理科学发展初期。

在小商品生产情况下，由于生产规模小，产品比较单纯，生产中需要多少人力、物力，如何组织生产，往往只凭简单的生产经验就可以了。

19世纪末至20世纪初，资本主义生产日益扩大，高速度的工业发展与低水平的劳动生产率相矛盾。虽然科学技术发展很快，机器设备先进，但在管理上仍然沿用传统的经验方法，生产效率低、生产能力得不到充分发挥，阻碍了社会经济的进一步发展和繁荣，改善管理成了生产发展的迫切要求。在这种背景下，被称为“科学管理之父”的美国工程师弗·温·泰勒（F. W. Taylor 1856～1915）通过研究，制定出科学的工时定额，并提出一整套科学管理的方法，这就是著名的“泰勒制”。

“泰勒制”的核心可归纳为：制定科学的工时定额，采取有差别的计件工资，实行标准的操作方法，强化和协调职能管理。泰勒提倡科学管理，突破了当时传统管理方法的羁绊，通过科学试验，对工作时间利用进行细致的研究，制定出标准的操作方法；通过对工人进行训练，要求工人改变原来习惯的操作方法，取消那些不必要的操作程序，并且在此基础上制定出较高的工时定额，用工时定额评价工人工作情况；为了使工人能达到定额，大大提高工作效率，又研究改进了生产工具与设备，制定了工具、机器、材料和作业环境的“标准化原理”；为了鼓励工人努力完成定额，还制定了一种有差别的计件工资制度。如果工人能完成定额，就采用较高的工资率，如果工人完不成定额，就采用较低的工资率，以刺激工人为多拿工资去努力工作，去适应标准操作方法的要求。

“泰勒制”是作为资本家榨取工人剩余价值的工具，但它又是以科学方法来研究分析工人劳动中的操作和动作，从而制定最节约的工作时间即工时定额，对提高劳动效率做出了显著的科学成就。

“泰勒制”以后，管理科学一方面从研究操作方法、作业水平向研究科学管理方向发展，另一方面充分利用现代自然科学的最新成果——运筹学、电子计算机等科学技术手段进行科学管理。20世纪出现了行为科学，从社会学和心理学的角度研究管理，强调和重视社会环境、人的相互关系对人的行为的影响，以及寻求提高工效的途径。行为科学认为人的行为受动机支配，因此应用诱导的办法，鼓励劳动者发挥主动性和积极性，而不是对劳动者主要采取管束和强制以达到提高生产效率。行为科学发展了泰勒等人提出的科学管理方法，但并不能取代科学管理，也不能取消定额。相反，随着科学管理的发展，定额也有了进一步的发展。一些新的技术方法在制定定额中得到运用；定额的范围也大大突破了工时定额的内容。因此说，定额伴随着科学管理的产生而产生，伴随着科学管理的发展而发展，在现代管理中一直占有重要地位。

2. 定额在我国的发展

在我国古代工程中，也很重视工料消耗计算，并形成了许多丰富成果。我国北宋著名的土木建筑家李诫于公元1100年编著的《营造法式》，是土木建筑工程技术的一本巨著，也是工料计算方面的一本巨著。《营造法式》共有三十四卷，其中，第十六卷至二十五卷是各工种计算用工量的规定；第二十六卷至二十八卷是各工种计算用料的规定。这些关于计算工料的规定，可以看做是古代的工料定额。清工部《工程做法则例》中，也有许多内容是说明工料计算方法的，而且可以说它主要是一部算工算料的书。直到今天《仿古建筑及园林工程预算定额》的编制仍将这些技术文献作为参考依据。

建国以来，国家十分重视建筑工程定额的制定和管理。建筑工程定额从无到有，从不健全到逐步健全，经历了分散—集中—分散—集中统一领导与分散管理相结合的发展历程。大体可分为以下几个阶段：

（1）国民经济恢复时期（1949～1952年）

这一时期是我国劳动定额工作创立阶段，主要是建立定额机构，开展劳动定额试点工作。1951年制定了东北地区统一劳动定额，1952年前后，华东、华北等地相继制定了劳动定额或工料消耗定额。

（2）第一个五年计划时期（1953～1957年）

在这一时期，随着大规模社会主义经济建设的开始，为了加强企业管理，推行了计件工作制，建筑工程定额得到充分应用和迅速发展。在第一个五年计划末，执行劳动定额计件工人已占生产工人的70%。这一时期执行的定额制度，在促进施工管理方面取得了很大成绩。

（3）从“大跃进”到“文化大革命”前期（1958～1966年）

1958年开始的第二个五年计划期间，由于经济领域中的“左”倾思潮影响，否定社会主义时期的商品生产和按劳分配，否定劳动定额和计件工资制，撤销一切定额机构。到1960年，建筑业实行计件工资的工人占生产工人的比重不到5%。直至1962年，国家建筑工程部又正式修订颁发全国建筑安装工程统一劳动定额时，才逐步恢复定额制度。

（4）“文化大革命”时期（1967～1976年）

“文化大革命”期间，以平均主义代替按劳分配，将劳动定额看成是“管、卡、压”，彻底否定科学管理和经济规律，定额制度遭到破坏，国民经济遭到严重破坏，建筑业全行业亏损。

(5) 1979年以后

1979年后，我国国民经济又得到恢复和发展。1979年国家重新颁发了《建筑安装工程统一劳动定额》。1979年修订的统一劳动定额规定：地方和企业可以针对统一劳动定额中的缺项，编制本地区、本企业的补充定额，并可在一定范围内结合地区的具体情况作适当调整。1986年，城乡建设环境保护部修订颁发了《建筑安装工程统一劳动定额》。1995年，建设部又颁布了《全国统一建筑工程基础定额》，这之后，全国各地都先后重新修订了各类建筑工程预算定额，使定额管理更加规范化和制度化。

三、定额的种类

工程建设定额包括许多种类的定额，可以按不同的原则和方法进行分类。

（一）按定额反映的物质消耗内容分类

按定额反映的物质消耗内容分类，可以把工程建设定额分为人工消耗定额、机械消耗定额和材料消耗定额三种。

1. 人工消耗定额

人工消耗定额是完成一定合格产品规定活劳动消耗的数量标准。

人工消耗定额是施工定额、预算定额、概算定额、概算指标等多种定额的重要组成部分。

2. 机械消耗定额

机械消耗定额是指为完成一定合格产品（工程实体或劳务）所规定的施工机械消耗的数量标准。

同人工消耗定额一样，在施工定额、预算定额、概算定额、概算指标等多种定额中，机械消耗定额都是其中的组成部分。

3. 材料消耗定额

材料消耗定额是指完成一定合格产品所需消耗材料的数量标准。

材料是工程建设中使用的原材料、成品、半成品、构配件、燃料以及水、电等资源的统称。材料作为劳动对象是构成工程的实体物资，需用数量很大，种类繁多，所以材料消耗量多少、消耗是否合理，不仅关系到资源的有效利用，而且对建设工程的项目投资、建筑产品的成本控制都起着决定性影响。制定合理的材料消耗定额，是组织材料的正常供应，保证生产顺利进行，以及合理利用资源，减少积压、浪费的必要前提。

（二）按定额的编制程序和用途分类

按定额的编制程序和用途分类，可以把工程建设定额分为施工定额、预算定额、概算定额、概算指标、投资估算指标等。

1. 施工定额

施工定额是施工企业（建筑安装企业）组织生产和加强管理在企业内部使用的一种定额。属于企业生产定额的性质。它由劳动定额、机械定额和材料定额三个相对独立的部分组成。其中由建设部制定的有《全国统一建筑安装工程劳动定额》，它是参照各地区的劳动定额及调查资料而制定的，是组织生产、编制施工计划、签发施工任务书、考核工效、评定奖励、计算超额奖或计件工资和进行经济核算等方面的依据。

为了适应组织生产和管理的需要，施工定额的项目划分很细，是工程建设定额中分项最细、定额子目最多的一种定额，也是工程建设定额中的基础性定额。在预算定额的编制过程中，施工定额的劳动、机械、材料消耗的数量标准，是计算预算定额中劳动、机械、材料消耗数量标准的重要依据。

2. 预算定额

预算定额是在编制施工图预算时，计算工程造价和计算工程中劳动、机械台班、材料需要量的一种定额。预算定额是一种计价性的定额，在工程建设定额中占有很重要的地位。从编制程序看，施工定额是预算定额的编制基础，而预算定额则是概算定额或估算指标的编制基础。

3. 概算定额

概算定额是编制扩大初步设计概算时，计算和确定工程概算造价、计算劳动、机械台班、材料需要量所使用的定额。它一般是在预算定额基础上编制的，比预算定额综合扩大，其项目划分粗细，与扩大初步设计的深度相适应。概算定额是控制项目投资的重要依据，在工程建设的投资管理中起重要作用。

4. 概算指标

概算指标是概算定额的扩大与合并，它是以整个建筑物和构筑物为对象，按更为扩大的计量单位编制的，是一种计价定额。概算指标的内容包括劳动、机械台班、材料定额三个基本部分，同时列出各结构分部的工程量及单位建筑工程（以体积计或面积计）的造价，例如每 $1000m^2$ 房屋或构筑物所需要的劳动力、材料和机械台班的数量等。为了增加概算指标的适用性，也以房屋或构筑物的扩大的分部工程或结构构件为对象编制，称为扩大结构定额。

概算指标的设定和初步设计的深度相适应。它是设计单位编制工程概算或建设单位编制年度任务计划、施工准备期间编制材料和机械设备供应计划的依据，也可供国家编制年度建设计划参考。

5. 投资估算指标

投资估算指标是在项目建议书可行性研究和编制设计任务书阶段编制投资估算、计算投资需要量时使用的一种定额。它非常概略，往往以独立的单项工程或完整的工程项目为计算对象，项目划分粗细与可行性研究阶段相适应。它的主要作用是为项目决策和投资控制提供依据。投资估算指标是根据历史的预、决算资料和价格变动等资料、预算定额、概算定额和估算指标编制的。

（三）按定额的适用范围分类

工程建设定额按适用范围可分为全国统一定额、行业统一定额、地区统一定额、企业定额和补充定额五种。

1. 全国统一定额

全国统一定额是由国家建设行政主管部门综合全国工程建设中技术和施工组织管理的情况编制，并在全国范围内普遍执行的定额，如全国统一安装工程预算定额。全国统一定额是编制地区单位估价表、确定工程造价、编制招标工程标底的基础，也可作为制定企业定额和投标报价的参考。

2. 行业统一定额

行业统一定额是根据各行业部门专业工程技术特点（如生产工艺或其使用要求特殊）以及施工生产和管理水平编制的，由国务院行业主管部门发布。一般只在本行业部门内和相同专业性质的范围内使用，如矿井建设工程定额、铁路建设工程定额。

3. 地区统一定额

地区统一定额是指各省、自治区、直辖市编制颁发的定额，它主要是考虑地区性特点和对全国统一定额水平做适当调整补充编制的。由于各地区气候条件、经济技术条件、物质资源条件和交通运输条件等不同，因此定额内容和水平则有所不同。地区统一定额，如湖北省统一基价表，只能在本行政区划内使用。

4. 企业定额

企业定额是指由施工企业根据自身具体情况，参照国家、部门或地区定额的水平制定的定额。企业定额只在企业内部使用，也可用于投标报价，是企业素质的一个标志。

企业定额水平一般应高于国家现行定额，只有这样，才能满足生产技术发展、企业管理和市场竞争的需要。

5. 补充定额

补充定额是指随着设计、施工技术的发展现行定额不能满足需要的情况下，为了补充缺项所编制的定额，有地区补充定额和一次性补充定额两种。补充定额只能在指定的范围内使用，补充定额可以作为以后修订定额的依据。

（四）按投资的费用性质分类

按照投资的费用性质，可以把工程建设定额分为建筑工程定额、设备安装工程定额、建筑安装工程费用定额、工器具定额，以及工程建设其他费用定额等。

1. 建筑工程定额，是建筑工程施工定额、建筑工程预算定额、建筑工程概算定额和建筑工程概算指标的统称。

2. 设备安装工程定额，是安装工程施工定额、安装工程预算定额、安装工程概算定额和安装工程概算指标的统称。

3. 建筑安装工程费用定额，一般包括其他直接费定额、现场经费定额、间接费定额三部分。

4. 工器具定额，是为新建或扩建项目投产运转首次配置的工、器具数量标准。工具和器具，是指按照有关规定不够固定资产标准的起劳动手段作用的工具、器具和生产性家具，如翻砂用模型、工具台、工具箱、计量器、容器、仪器等。

5. 工程建设其他费用定额，是独立于建筑安装工程、设备和工器具购置之外的其他费用开支的标准。工程建设的其他费用主要包括土地征购费、拆迁安置费、建设单位管理费等。这些费用的发生和整个项目的建设密切相关。它一般要占项目总投资的10%左右。其他费用定额是按各项独立费用分别制定的，以便合理控制这些费用的开支。

第二节　工 时 研 究

一、工时研究的含义

工时研究，是在一定的标准测定条件下，确定操作者作业活动所需时间总量的一套方法。工时研究的直接结果是制定时间定额，在建筑施工中，主要是确定施工的时间定额或产量定额。

进行工时研究，必须对施工过程进行研究。

二、施工过程的研究

施工过程是工程建设的生产过程。它是由不同工种、不同技术等级的建筑工人完成的，并且必须有一定的劳动对象——建筑材料、半成品、配件等；一定的劳动工具、手动工具、小型机具和机械等。

研究施工过程，首先应对施工过程进行分类。根据不同的需要可进行不同的分类。

（1）按施工过程劳动分工的特点不同，可以分为个人完成的过程、施工班组完成的过程和施工队完成的过程。

（2）按施工过程的完成方法不同，可以分为手工操作过程（手动过程）、机械化过程（机动过程）以及机手并动过程（半机械化过程）。

（3）按施工过程组织上的复杂程度，可以分为工序、工作过程和综合工作过程。

1）工序　是组织上分不开和技术上相同的施工过程。工序的主要特征是：工人班组、工作地点、施工工具和材料均不发生变化。如果其中有一个因素发生变化，就意味着从一个工序转入另一个工序。从施工的技术操作和组织的观点看，工序是工艺方面最简单的施工过程。但是，如果从劳动过程的观点来看，工序又可以分解为操作和动作。

施工动作是施工工序中最小的可以测算的部分。施工操作是一个施工动作接一个施工动作的综合。每一个动作和操作都是完成施工工序的一部分。在用计时观察法来制定劳动定额时，工序是主要的研究对象。

将一个施工过程分解成工序、操作和动作的目的，是为了分析、研究这些组成部分的必要性和合理性。测定每个组成部分的工时消耗，分析它们之间的关系及其衔接时间，最后测定施工过程或工序的定额。测定定额只是分解和标定到工序为止。如果进行某项先进技术或新技术的工时研究，就要分解到操作甚至动作为止，从中研究可加以改进操作或节约工时。

2）工作过程　是由同一工人或同一工人班组所完成的在技术操作上相互有机联系的工序的总和。其特点是人员编制不变、工作地点不变，而材料和工具则可以变换。

3）综合工作过程　是同时进行的、在组织上有机地联系在一起的、最终能获得一种产品的工作过程的总和。例如：浇灌混凝土结构的施工过程，是由搅拌、运送、浇灌和捣实混凝土等工作过程组成。

三、工人工作时间消耗的分类

研究工作时间，必须对工作时间消耗性质进行分类。

工人在工作班内消耗的工作时间按其消耗的性质分为两大类：必需消耗的时间和损失时间。

必需消耗的时间是工人在正常施工条件下，为完成一定数量合格产品所必需消耗的时间。它是制定定额的主要根据。

损失时间，是与产品生产无关，但与施工组织和技术上的缺点有关，与工人在施工过程的个人过失或某些偶然因素有关的时间消耗。

工人工作时间的一般分类如图 3-1 所示。

1. 必需消耗的工作时间

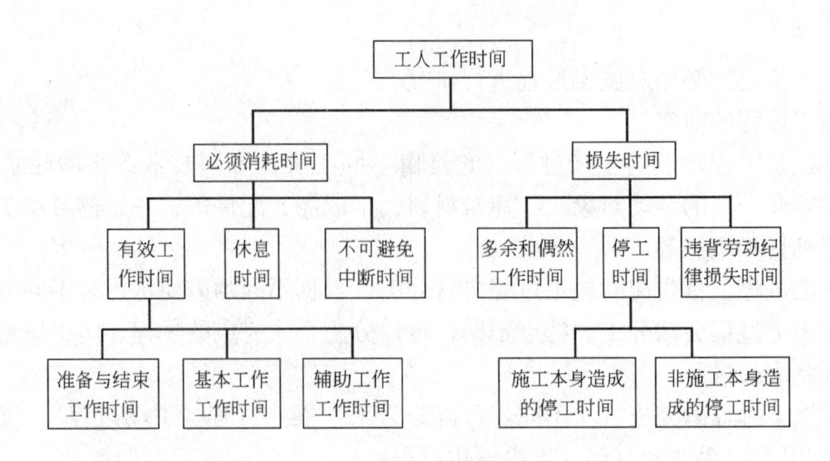

图 3-1 工人工作时间的分类

必需消耗的工作时间包括有效工作时间、不可避免的中断时间和休息时间。

（1）有效工作时间　是从生产效果来看与产品生产直接有关的时间消耗，其中包括基本工作时间、辅助工作时间、准备与结束工作时间的消耗。

1）基本工作时间　是工人完成基本工作所消耗的时间，是完成一定产品的施工工艺过程所消耗的时间。这些工艺过程可以改变材料、结构、产品的外形或性质，如混凝土制品的养护干燥、预制混凝土梁板安装、油漆等。基本工作时间所包括的内容依工作性质而各不相同。例如，抹灰工的基本工作时间包括：准备工作时间、润湿表面时间、抹灰时间、抹平抹光的时间。工人操纵机械的时间也属基本工作时间。基本工作时间的长短和工作量大小成正比。

2）辅助工作时间　是为保证基本工作能顺利完成所做的辅助性工作所消耗的时间。辅助工作不能使产品的形状大小、性质或位置发生变化，如施工过程中工具的校正和小修、机械的调整、搭设小型脚手架等。

3）准备与结束工作时间　是执行任务前或任务完成后所消耗的工作时间，如工作地点、劳动工具和劳动对象的准备工作时间，工作结束后的整理工作时间等。

（2）不可避免的中断时间　是由于施工工艺特点引起的工作中断所消耗的时间，如汽车司机在等待汽车装、卸货时消耗的时间，安装工等待起重机吊预制构件的时间等。

与施工过程工艺特点有关的工作中断时间应作为必需消耗的时间，但应尽量缩短此项时间消耗。与工艺特点无关的工作中断时间是由于劳动组织不合理引起的，属于损失时间，不能作为必需消耗的时间。

（3）休息时间　是工人在施工过程中为恢复体力所必需的短暂休息和生理需要的时间消耗。这种时间是为了保证工人精力充沛地进行工作，应作为必需消耗的时间。

休息时间的长短和劳动条件有关。劳动繁重紧张、劳动条件差（如高温），则休息时间需要长一些。

2. 损失时间

损失时间包括多余和偶然工作、停工、违背劳动纪律所引起的时间损失。

（1）多余和偶然工作时间　包括多余工作引起的时间损失和偶然工作引起的时间损失

两种情况。

1）多余工作　是工人进行了任务以外的而又不能增加产品数量的工作，如对质量不合格的墙体返工重砌，对已养护好的混凝土构件进行多余的养护等。多余工作的时间损失，一般都是由于工程技术人员和工人的差错而引起的修补废品和多余加工造成的，不能作为必需消耗的时间。

2）偶然工作　是工人在任务外进行的工作，但能够获得一定产品的工作，如抹灰工不得不补上偶然遗留的墙洞等。从偶然工作的性质看，不应考虑它是必需消耗的时间，但由于偶然工作能获得一定产品，也可适当考虑。

（2）停工时间　是工作班内停止工作造成的时间损失。停工时间按其性质可分为施工本身造成的停工时间和非施工本身造成的停工时间两种。

1）施工本身造成的停工时间　是由于施工组织不善、材料供应不及时、工作面准备工作做得不好、工作地点组织不良等情况引起的停工时间。

2）非施工本身造成的停工时间　是由于气候条件以及水源、电源中断引起的停工时间。由于自然气候条件的影响而又不在冬、雨期施工范围内的时间损失，应给予合理的考虑作为必需消耗的时间。

（3）违背劳动纪律造成的工作时间损失　是指工人在工作班内的擅自离开工作岗位、迟到早退、工作时间办私事等造成的时间损失，此项时间损失不应允许存在，定额中不能考虑。

四、机械工作时间消耗的分类

机械工作时间的消耗和工人工作时间的消耗虽然有许多共同点，但也有其自身特点。

按性质的不同，机械工作时间的消耗可按图 3-2 所示分类。

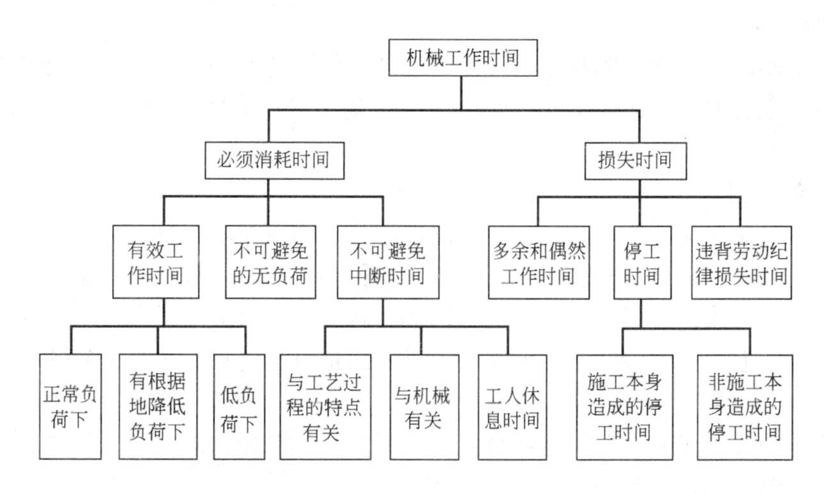

图 3-2　机械工作时间的分类

机械工作时间也分为必需消耗时间和损失时间两类。

1. 必需消耗的工作时间

在必需消耗的工作时间里，包括有效工作、不可避免的无负荷工作和不可避免的中断三项时间消耗。

（1）有效工作时间　包括正常负荷下、有根据地降低负荷下和低负荷下工作的工时消耗。

1）正常负荷下的工作时间　是机械在与机械说明书规定的计算负荷相符的情况下进行工作的时间。

2）有根据地降低负荷下的工作时间　是在个别情况下机械由于技术上的原因，在低于其计算负荷下工作的时间，如汽车运输重量轻而体积大的货物时，不能充分利用汽车的载重吨位，因而低于其计算负荷。

3）低负荷下的工作时间　是由于工人或技术人员的过错所造成的施工机械在降低负荷的情况下工作的时间，如工人装车的砂石数量不足、工人装入碎石机轧料口中的石块数量不够引起的汽车和碎石机在降低负荷的情况下工作所延续的时间。此项工作时间不能完全作为必需消耗的时间。

（2）不可避免的无负荷工作时间　是由施工过程的特点和机械结构的特点造成的机械无负荷工作时间，如载重汽车在工作班时间的单程“放空车”等。

（3）不可避免的中断工作时间　是与工艺过程的特点、机械的使用和保养、工人休息有关的不可避免的中断时间。例如，汽车装货和卸货时的停车、由于工人进行准备与结束工作或辅助工作时，机械停止工作而引起的中断工作时间、以及工人不可避免的休息时间。

2. 损失的工作时间

损失的工作时间中，包括多余工作、停工和违背劳动纪律所消耗的工作时间，其含义同前。

五、工时定额测定

工时定额测定方法有测时法、写实记录法和工作日写实法等方法。

（一）测时法

测时法主要适用于测定那些定时重复的循环工作的工时消耗，是精确度比较高的一种计时观察法。主要测定“有效工作时间”中的“基本工作时间”，有选择法测时和连续法测时两种具体方法。

1. 选择法测时

选择法测时又称间隔法测时，它是间隔选择施工过程中非紧连的组成部分（工序或操作）进行工时测定。采用选择法测时，当被观察的某一循环工作的组成部分开始，观察者立即开动秒表；当该组成部分终止，则立即停止秒表；把秒表上指示的延续时间记录到选择法测时记录表上，并把秒针回位到零点。下一组成部分开始，再开动秒表，如此依次观察下去，并依次记录下延续时间。

当所测定的各工序或操作的延续时间较短时，连续测定比较困难，用选择法测时则方便而简单。这是在标定定额中常用的方法。

2. 连续法测时

连续法测时又称接续法测时，是连续测定一个施工过程各工序或操作的延续时间。连续法测时每次要记录各工序或操作的终止时间，并计算出本工序的延续时间。

连续法测时比选择法测时准确、完善，但观察技术也较之复杂。它的特点是，在工作进行中和非循环组成部分出现之前一直不停止秒表，秒针走动过程中，观察者根据各组成部分之间的定时点，记录它的终止时间。由于这个特点，在观察时，要使用双针秒表，以便使其辅助针停止在某一组成部分的结束时间上。

对测时法的测得的数据进行修正，即剔除非正常数据，在此基础上求算术平均值。这种方法精确度较高，一般可达到0.2～15s。

（二）写实记录法

写实记录法是一种研究各种性质的工作时间消耗的方法。采用这种方法，可以获得分析工作时间消耗的全部资料，并且精确程度能达到0.5～1min，所以在实际工作中是一种值得提倡的方法。

写实记录法测时用普通表进行，详细记录在一段时间内观察对象的各种活动及其时间消耗（起止时间），以及完成的产品数量。

对于写实记录的各项观察资料，要在事后加以整理。在整理时，先将施工过程各组成部分按施工工艺顺序从写实记录表上抄录下来，并摘录相应的工时消耗；然后按工时消耗的性质，分为基本工作与辅助工作时间、休息和不可避免中断时间、违背劳动纪律时间等项，按各类时间消耗进行统计，并计算整个观察时间即总工时消耗；再计算各组成部分时间消耗占总工时消耗的百分比。产品数量从写实记录表内抄录。单位产品工时消耗，由总工时消耗除以产品数量得到。

（三）工作日写实法

工作日写实法，主要是一种研究整个工作班内的各种工时时间消耗的方法，其中包括研究有效工作时间、损失时间、休息时间、不可避免中断时间。

运用工作日写实法主要有两个目的：一是取得编制定额的基础资料；二是检查定额的执行情况，找出缺点，改进工作。

工作日写实法与测时法、写实记录法比较，具有技术简便、省力、应用面广和资料全面的优点，在我国是一种采用较广的编制定额的方法。

第三节　人工消耗定额

一、人工消耗定额及其表达形式

人工消耗定额又称劳动定额，是指在正常的施工技术和合理的劳动组织条件下，为完成单位合格产品所需消耗的工作时间，或在一定工作时间内应完成的产品数量。

在施工定额、预算定额、概算定额、概算指标等多种定额中，人工消耗定额都是其中重要的组成部分。

为了便于综合和核算，劳动定额一般用工作时间消耗量表达。所以劳动定额主要表现形式是时间定额，但同时也表现为产量定额。

（一）时间定额

时间定额是指完成单位产品所必需消耗的工时。它以正常的施工技术和合理的劳动组织为条件，以一定技术等级的工人小组或个人完成质量合格的产品为前提。定额时间包括准备与结束工作时间、基本工作时间、辅助工作时间、不可避免的中断时间及必需的休息时间等。

时间定额以工日为单位，一个工日工作时间为8h。

时间定额的计算方法如下：

$$单位产品的时间定额(工日)=\frac{1}{每工产量}$$

以小组计算时，则为：

$$单位产品的时间定额(工日)=\frac{小组成员工日数总和}{小组每班产量}$$

（二）产量定额

产量定额是指单位时间（一个工日）内，完成产品的数量。它也是以正常的施工技术和合理的劳动组织为条件，以一定技术等级的工人小组或个人完成质量合格的产品为前提。

产量定额的计算方法如下：

$$每工产量=\frac{1}{单位产品的时间定额（工日）}$$

以小组计算时，则为：

$$小组每班产量=\frac{小组成员工日数总和}{单位产品的时间定额（工日）}$$

时间定额与产量定额互为倒数，可以相互换算。

例如，按我国1995年1月1日实施的《全国建筑安装工程统一劳动定额》规定，人工挖土方工程，工作内容包括挖土、装土、修理边底等操作过程，挖 $1m^3$ 的二类土，时间定额为0.192工日，记作0.192工日/m^3，产量定额是1/0.192=5.2m^3，记作5.2m^3/工日。

1995年1月1日实施的《全国建筑安装工程统一劳动定额》改革了劳动定额的形式和结构编排，该定额改变了传统的复式定额的表现形式，全部采用单式，即用时间定额表示。

表3-1为砖墙劳动定额。工作内容包括：砌筑墙面艺术形式、墙垛、平旋模板、梁板头砌砖、梁下塞砖、楼楞间砌砖、留楼梯踏步斜槽、留孔洞、砌各种凹进处、山墙泛水槽，安放木砖、铁件，安放60kg以内的预制混凝土门窗过梁、隔板、垫块以及调整立好后的门窗框等。

二、制定人工定额的方法

（一）技术测定法

技术测定法是应用第二章所述的几种计时观察法获得工时消耗数据，制定劳动消耗定额。这种方法有较充分的科学依据，准确程度较高，但工作量较大，测定的方法和技术较复杂。为了保证定额的质量，对那些工料消耗比较大的定额项目应首先选择这种方法。

时间定额是在确定基本工作时间、辅助工作时间、不可避免中断时间、准备与结束的工作时间以及休息时间的基础上制定的。

1. 确定基本工作时间

基本工作时间在必需消耗的工作时间中占的比重最大。基本工作时间消耗根据计时观察资料来确定。其做法是，首先确定工作过程每一组成部分的工时消耗，然后再综合出工作过程的工时消耗。

2. 确定辅助工作和准备与结束工作时间

辅助工作和准备与结束工作时间的确定方法与基本工作时间相同。

砖墙劳动定额（单位：工日/m^3） **表 3-1**

项目		双面清水			单面清水					序号
		1砖	1.5砖	2砖及2砖以外	0.5砖	0.75砖	1砖	1.5砖	2砖及2砖以外	
综合	塔吊	1.27	1.2	1.12	1.52	1.48	1.23	1.14	1.07	一
	机吊	1.48	1.41	1.33	1.73	1.69	1.44	1.35	1.28	二
砌砖		0.726	0.653	0.568	1.00	0.956	0.684	0.593	0.52	三
运输	塔吊	0.44	0.44	0.44	0.434	0.437	0.44	0.44	0.44	四
	机吊	0.652	0.652	0.652	0.642	0.645	0.652	0.652	0.652	五
调制砂浆		0.101	0.106	0.107	0.085	0.089	0.101	0.106	0.107	六
编号		4	5	6	7	8	9	10	11	

项目		混水内墙				混水外墙					序号
		0.5砖	0.75砖	1砖	1.5砖及1.5砖以外	0.5砖	0.75砖	1砖	1.5砖	2砖及2砖以外	
综合	塔吊	1.38	1.34	1.02	0.994	1.5	1.44	1.09	1.04	1.01	一
	机吊	1.59	1.55	1.24	1.21	1.71	1.65	1.3	1.25	1.22	二
砌砖		0.865	0.815	0.482	0.448	0.98	0.915	0.549	0.491	0.458	三
运输	塔吊	0.434	0.437	0.44	0.44	0.434	0.437	0.44	0.44	0.44	四
	机吊	0.642	0.645	0.654	0.654	0.642	0.645	0.652	0.652	0.652	五
调制砂浆		0.085	0.089	0.101	0.106	0.085	0.089	0.101	0.106	0.107	六
编号		12	13	14	15	16	17	18	19	20	

项目		空斗墙		空心砖墙						序号
		清水	混水	内墙			外墙			
				墙体厚度(cm)						
				15以内	25以内	25以外	15以内	25以内	25以外	
综合	塔吊	0.864	0.722	0.909	0.758	0.671	0.965	0.804	0.712	一
	机吊	0.967	0.825	1.14	0.943	0.840	1.20	0.989	0.881	二
砌砖		0.619	0.477	0.500	0.417	0.370	0.556	0.463	0.411	三
运输	塔吊	0.218	0.218	0.364	0.296	0.256	0.364	0.296	0.256	四
	机吊	0.321	0.321	0.595	0.481	0.425	0.595	0.481	0.425	五
调制砂浆		0.027	0.027	0.045	0.045	0.045	0.045	0.045	0.045	六
编号		21	22	23	24	25	26	27	28	

注：1. 砌外墙不分里外架子，均执行本标准；

2. 女儿墙按外墙相应项目的时间定额执行；

3. 地下室按内墙塔吊相应项目的时间定额执行；

4. 空斗墙以不加填充料为准，工程量包括实砌部分；如加填充料时，则按《砖墙加工表》加工；

5. 平房、围墙按砖墙塔吊相应项目时间定额执行；围墙砌筑包括搭拆简易架子，其墙垛、墙头、冒出檐不另加工；

6. 框架填充墙按相应项目的时间定额执行；

7. 空心砖墙包括镶砌标准砖。

3. 拟定、确定不可避免的中断时间

施工中有两种不同的工作中断情况。一种情况是由工艺特点所引起的不可避免中断，此项工作消耗可以列入工作过程的时间定额；另一种是由于班组工人所担负的任务不均衡引起的中断，这种工作中断应该通过改善班组人员编制、合理进行劳动分工来克服。

不可避免中断时间根据测时资料通过整理分析获得。

4. 确定休息时间

休息时间是工人恢复体力所必需的时间，应列入工作过程时间定额。休息时间应根据工作班作息制度、经验资料、计时观察资料以及对工作的疲劳程度作全面分析来确定。应考虑尽可能利用不可避免中断时间作为休息时间。

5. 确定时间定额

确定了基本工作时间、辅助工作时间、准备与结束工作、不可避免中断时间和休息时间之后，可以计算劳动定额的时间定额。

计算公式是：

$$\text{定额时间}=\text{基本工作时间}+\text{辅助工作时间和准备与结束时间}+\text{不可避免的中断时间}+\text{休息时间}$$

或

$$\text{定额时间}=\frac{\text{基本工作时间}}{1-\text{其他各项时间所占百分比例}}$$

【例 3-1】 人工挖二类土，由测时资料可知：挖 $1m^3$ 需消耗基本工作时间 70min，辅助工作时间占工作班延续时间 2%，准备与结束工作时间占 1%，不可避免中断时间占 1%，休息占 20%。确定时间定额。

【解】

定额时间：

$$\text{定额时间}=\frac{70}{1-(2\%+1\%+1\%+20\%)}=92\text{min}$$

时间定额：

$$\text{时间定额}=\frac{92}{60\times 8}=0.192\text{ 工日}$$

根据时间定额可计算出产量定额为：1/0.192=5.2m^3

（二）比较类推法

比较类推法是选定一个已精确测定好的典型项目的定额，经过对比分析，计算出同类型其他相邻项目的定额的方法。采用这种方法制定定额简单易行、工作量小，但往往会因对定额的时间构成分析不够，对影响因素估计不足，或所选典型定额不当而影响定额的质量。本法适用于制定同类产品品种多、批量小的劳动定额和材料消耗定额。

比较类推的计算公式为：

$$t=p\cdot t_0$$

式中 t——比较类推同类相邻定额项目的时间定额；

t_0——典型项目的时间定额；

p——各同类相邻项目耗用工时的比例。

【例 3-2】 已知挖一类土地槽在 1.5m 以内槽深和不同槽宽的时间定额及各类土耗用工时的比例（见表 3-2），推算挖二、三、四类土地槽的时间定额。

【解】

求挖二类土、上口宽度为 0.8m 以内的时间定额 t_2 为：

$$t_2 = 1.43 \times 0.167 = 0.238\ (工日/m^3)$$

其余如表 3-2 所示。

挖地槽时间定额比较类推表（单位：工日/m^3） **表 3-2**

项　目	耗用工时比例 p	挖地槽深度在 1.5m 以内		
		上口宽在(m 以内)		
		0.8	1.5	3
一类土(典型项目)	1.00	0.167	0.144	0.133
二类土	1.43	0.238	0.205	0.192
三类土	2.50	0.417	0.357	0.338
四类土	3.76	0.629	0.538	0.500

（三）统计分析法

统计分析法是将以往施工中所累积的同类型工程项目的工时耗用量加以科学地统计、分析，并考虑施工技术与组织变化的因素，经分析研究后制定劳动定额的一种方法。

采用统计分析法需有准确的原始记录和统计工作基础，并且选择正常的及一般水平的施工单位与班组，同时还要选择部分先进和落后的施工单位与班组进行分析和比较。

由于统计分析资料是过去已经达到的水平，且包含了某些不合理的因素，水平可能偏于保守。为了使定额保持平均先进水平，应从统计资料中求出平均先进值。

平均先进值的计算步骤如下：

1. 删除从统计资料中特别偏高、偏低及明显不合理的数据；

2. 计算出算术平均数值；

3. 在工时统计数组中，取小于上述算术平均值的数组，再计算其平均值，即为所求的平均先进值。

【例 3-3】 已知工时消耗统计数组：60、40、70、50、70、70、40、50、40、60、100。试求平均先进值。

【解】

(1) 删除明显不合理的数据

上述数组中 100 是明显偏高的数，应删去。

(2) 计算出算术平均数值

删去 100 后，求算术平均值：

$$算术平均值 = \frac{60+40+70+50+70+70+40+50+40+60}{10} = 55$$

(3) 计算平均先进值

选数组中小于算术平均值 55 的数求平均先进值：

$$平均先进值 = \frac{40+50+40+50+40}{5} = 44$$

计算所得平均先进值，也就是定额水平的依据。

（四）经验估计法

经验估计法是对生产某一种产品或完成某项工作所需消耗的工日、原材料、机械台班等的数量，根据定额管理人员、技术人员、工人等以往的经验，结合图纸分析、现场观察、分解施工工艺、组织条件和操作方法来估计。经验估计法适用于制定多品种产品的定额。

经验估计法技术简单、工作量小、速度快。缺点是人为因素较多，科学性、准确性较差。

第四节　机械台班消耗定额

一、机械消耗定额的概念及表达形式

机械消耗定额是指在正常施工条件下，为生产单位合格产品所需消耗某种机械的工作时间，或在单位时间内该机械应该完成的产品数量。由于我国机械消耗定额是以一台机械一个工作班为计量单位，所以又称为机械台班定额。一台施工机械工作一个8h工作班为一个台班。

同劳动消耗定额一样，在施工定额、预算定额、概算定额、概算指标等多种定额中，机械消耗定额都是其中的组成部分。

机械消耗定额也有时间定额和产量定额两种表现形式，它们之间的关系也是互成倒数，可以换算。

（一）机械消耗定额

1. 机械时间定额

在正常的施工条件和合理的劳动组织下，完成单位合格产品所必需的机械台班数，按下列公式计算：

$$\text{机械时间定额(台班)}=\frac{1}{\text{机械台班产量}}$$

2. 机械台班产量定额

在正常的施工条件、合理的劳动组织下，每一个机械台班时间中必须完成的合格产品数量，按下列公式计算：

$$\text{机械台班产量定额}=\frac{1}{\text{机械时间定额(台班)}}$$

例如，履带起重机，吊装1.5t大型屋面板，吊装高度14m以内，如果规定机械时间定额为0.01台班，那么，台班产量定额则是1/0.01=100块。

（二）人工配合机械工作的定额

人工配合机械工作的定额是按照每个机械台班内配合机械工作的工人班组总工日数及完成的合格产品数量来确定。

1. 单位产品的时间定额

完成单位合格产品所必需消耗的工作时间，按下列公式计算：

$$\text{单位产品的时间定额(工日)}=\frac{\text{班组成员工日数总和}}{\text{一个机械台班的产量}}$$

2. 产量定额

一个机械台班中折合到每个工日生产单位合格产品的数量，按下列公式计算：

$$\text{产量定额}=\frac{\text{一个机械台班的产量}}{\text{班组成员工日数总和(工日)}}$$

例如，履带起重机，吊装1.5t大型屋面板，吊装高度14m以内，如果班组成员人数为13人，规定机械时间定额为0.01台班，台班产量定额则是1/0.01＝100块，则吊装每块屋面板的时间定额为13/100＝0.13工日，产量定额为100/13＝7.6923块。

机械台班定额通常用复式表示，同时表示时间定额和台班产量，即$\frac{\text{时间定额}}{\text{台班产量定额}}$。

二、机械台班定额的编制

1. 拟定正常施工条件

机械工作与人工操作相比，劳动生产率受到施工条件的影响更大，编制定额时更应重视确定机械工作的正常条件。

（1）工作地点的合理组织　是对施工地点机械和材料的位置、工人从事操作的场所，作出科学合理的平面布置和空间安排。

（2）拟定合理的劳动组合　是根据施工机械的性能和设计能力、工人的专业分工和劳动工效，合理确定操纵机械的工人和直接参加机械化施工过程的工人人数，确定维护机械的工人人数及配合机械施工的工人人数，以保持机械的正常生产率和工人正常的劳动效率。

2. 确定机械净工作1h生产率

机械净工作时间是指机械必需消耗的时间，包括在满载和有根据地降低负荷下的工作时间、不可避免的无负荷工作时间和必要的中断时间。

根据工作特点的不同，机械可分为循环和连续动作两类，其机械净工作1h生产率的确定方法有所不同。

（1）循环动作机械净工作1h生产率

循环动作机械如单斗挖土机、起重机等，每一循环动作的正常延续时间包括不可避免的空转和中断时间。机械净工作1h生产率的计算公式如下：

$$\text{机械净工作 1h 循环次数}=\frac{3600\ (\text{s})}{\text{一次循环的正常延续时间}}$$

$$\begin{array}{c}\text{循环工作机械}\\\text{净工作 1h 生产率}\end{array}=\begin{array}{c}\text{机械净工作}\\\text{1h 循环次数}\end{array}\times\begin{array}{c}\text{一次循环生产}\\\text{的产品数量}\end{array}$$

（2）连续动作机械净工作1h生产率

对于施工作业中只做某一动作的连续动作机械，确定机械净工作1h正常生产率计算公式如下：

$$\text{连续工作机械净工作 1h 生产率}=\frac{\text{工作时间内完成的产品数量}}{\text{工作时间（h）}}$$

工作时间内完成的产品数量和工作时间的消耗，要通过多次现场观测或试验以及机械说明书来确定。

3. 确定机械的正常利用系数

机械的正常利用系数是指机械在工作班内对工作时间的利用率。机械正常利用系数的计算公式如下：

$$\text{机械正常利用系数}=\frac{\text{机械在一个工作班内净工作时间}}{\text{一个工作班延续时间（8h）}}$$

4. 计算机械台班定额

确定了机械工作正常条件、机械净工作 1h 正常生产率和机械正常利用系数之后，采用下列公式计算施工机械定额：

$$\frac{\text{机械台班}}{\text{产量定额}}=\frac{\text{机械净工作 1h}}{\text{正常生产率}}\times\text{工作班净工作时间}$$

或
$$\frac{\text{机械台班}}{\text{产量定额}}=\frac{\text{机械净工作 1h}}{\text{正常生产率}}\times\text{工作班延续时间}\times\frac{\text{机械正常}}{\text{利用系数}}$$

【例 3-4】 某循环式混凝土搅拌机，搅拌机的设计容量（即投料容量）v 为 0.4m³，混凝土出料系数 k_A 取 0.67，混凝土上料、搅拌、出料等时间分别为：60s、120s、60s，搅拌机的时间利用系数 k_B 为 0.85。求该混凝土搅拌机的台班产量为多少？

【解】

(1) 计算搅拌机净工作 1h 生产率 N_h（m³/h）

$$N_h=\frac{3600}{t}\cdot v\cdot k_A$$

式中 v——搅拌机的设计容量（m³）；

k_A——混凝土出料系数（即混凝土出料体积与搅拌机的设计容量的比值）；

t——搅拌机每一循环工作延续时间（即上料、搅拌、出料等时间，单位为“s”）。

将数据代入上式得：

$$N_h=\frac{3600}{t}\cdot m\cdot k_A=\frac{3600}{60+120+60}\times 0.4\times 0.67=4\ (\text{m}^3/\text{h})$$

(2) 计算搅拌机的台班产量定额 N_D（m³/台班）

$$N_D=N_h\cdot 8\cdot k_B$$

式中 k_B——搅拌机的时间利用系数。

将数据代入上式得：

$$N_D=N_h\cdot 8\cdot k_B=4\times 8\times 0.85=27\ (\text{m}^3/\text{台班})$$

第五节 材料消耗定额

一、材料消耗定额的概念及组成

1. 材料消耗定额的概念

材料消耗定额是指在合理使用材料的条件下，生产单位质量合格的建筑产品，必需消耗一定品种、规格的材料（包括半成品、燃料、配件、水、电等）的数量。

材料作为劳动对象是构成工程的实体物资，需用数量很大，种类繁多。在我国建筑工程的直接成本中，材料费平均占 70%左右。材料消耗量多少，消耗是否合理，不仅关系到资源的有效利用，而且对建筑工程的造价确定和成本控制有着决定性影响。

材料消耗定额是编制材料需要量计划、运输计划、供应计划、计算仓库面积、签发限额领料单和经济核算的根据。制定合理的材料消耗定额，是组织材料的正常供应，保证生产顺利进行，以及合理利用资源，减少积压、浪费的必要前提。

2. 材料消耗定额的组成

单位合格产品必需消耗的材料数量由两部分组成，即材料的净用量和损耗量。材料的净用量是指直接用于建筑工程的材料数量；材料损耗量是指不可避免的施工废料和材料损耗数量，如场内运输及场内堆放在允许范围内不可避免的损耗、加工制作中的合理损耗及施工操作中的合理损耗等。

材料消耗量可表示为：

$$材料消耗量=材料净用量+材料损耗量$$

材料损耗量常用损耗率表示，损耗率通过观测和统计而确定，不同材料损耗率不同。材料损耗量计算方法是：

$$材料损耗量=材料消耗量\times材料损耗率$$

材料损耗率为：

$$材料损耗率=\frac{材料损耗量}{材料消耗量}$$

所以，材料消耗量也可表示为：

$$材料消耗量=\frac{材料净用量}{1-材料损耗率}$$

二、材料消耗定额的制定

材料消耗定额的制定方法有观测法、试验法、统计法和理论计算法。

1. 观测法

观测法又称现场测定法，它是在施工现场按一定程序对完成合格产品的材料耗用量进行测定，通过分析、整理，确定单位产品的材料消耗定额。

利用现场测定法主要是确定材料损耗定额，也可以提供编制材料净用量定额的数据。其优点是能通过现场观察、测定，取得产品产量和材料消耗的情况，为编制材料定额提供技术根据。

采用观测法，首先要选择典型的工程项目。所选工程的施工技术、组织及产品质量均要符合技术规范的要求；材料的品种、型号、质量也应符合设计要求；产品检验合格，操作工人能合理使用材料和保证产品质量。

在观测前要做好充分的准备工作，如选用标准的运输工具和衡量工具，采取减少材料损耗措施等。

观测中要区分不可避免的材料损耗和可以避免的材料损耗，可以避免的材料损耗不应包括在定额损耗量内。必须经过科学的分析研究以后，确定确切的材料消耗标准，列入定额。

2. 试验法

试验法又称试验室试验法，它是在试验室中进行试验和测定工作，这种方法一般用于确定各种材料的配合比。例如：求得不同强度等级混凝土的配合比，用以计算每立方米混凝土的各种材料耗用量。

利用试验法，主要是编制材料净用量定额，它不能取得在施工现场实际条件下，由于各种客观因素对材料耗用量影响的实际数据。

3. 统计法

统计法是指通过统计现场各分部分项工程的进料数量、用料数量、剩余数量及完成产品数量，并对大量统计资料进行分析计算，获得材料消耗的数据。这种方法由于不能分清材料消耗的性质，因而不能作为确定材料净用量定额和材料损耗定额的精确依据。

采用统计法必须要保证统计和测算的耗用材料和其相应产品一致。在施工现场中的某些材料，往往难以区分用在各个不同部位上的准确数量。因此，要注意统计资料的准确性和有效性。

4. 理论计算法

理论计算法又称计算法。它是根据施工图纸，运用一定的数学公式计算材料的耗用量。理论计算法只能计算出单位产品的材料净用量，材料的损耗量还要在现场通过实测取得。这种方法适用于一般板块类材料的计算。

例如：$1m^3$ 标准砖墙中，砖、砂浆的净用量计算公式为：

（1）$1m^3$ 的 1 砖墙中，砖的净用量

$$砖净用量=\frac{1}{(砖宽+灰缝)\times(砖厚+灰缝)}\times\frac{1}{砖长}$$

（2）$1m^3$ 的 $1\frac{1}{2}$砖墙中，砖的净用量

$$砖净用量=\left[\frac{1}{(砖长\times灰缝)\times(砖厚+灰缝)}+\frac{1}{(砖宽\times灰缝)\times(砖厚+灰缝)}\right]\times\frac{1}{(砖长+砖宽+灰缝)}$$

（3）砂浆净用量＝$1m^3$砌体－砖体积

【例 3-5】 用标准砖（240×115×53）1 砖厚墙，求 $1m^3$ 的砖墙中标准砖、砂浆的净用量。

【解】

$1m^3$ 的砖墙 1 砖墙中标准砖的净用量：

$$砖净用量=\frac{1}{(砖宽+灰缝)\times(砖厚+灰缝)}\times\frac{1}{砖长}$$

$$=\frac{1}{(0.115+0.01)\times(0.053+0.01)}\times\frac{1}{0.24}=529\text{ 块}$$

$1m^3$ 的砖墙 1 砖墙中砂浆的净用量：

砂浆净用量＝$1m^3$砌体－砖体积

其中，每块标准砖的体积＝0.24×0.115×0.053＝$0.0014628m^3$

所以，砂浆净用量＝1－529×0.0014628＝$0.226m^3$

三、周转性材料的消耗量计算

周转性材料是指在施工过程中不是一次性消耗的材料，而是可多次周转使用，经过修理、补充才逐渐消耗尽的材料，如：模板、脚手架等。周转性材料计算是定额与预算中的一个重要内容。

周转性材料消耗的定额量是指每使用一次摊销的数量，其计算必须考虑一次使用量、周转次数、周转使用量、回收价值和摊销量之间的关系。

（一）现浇构件周转性材料（木模板）用量计算

1. 一次使用量

一次使用量是指周转性材料一次投入量。周转性材料的一次使用量根据施工图计算，

其用量与各分部分项工程部位、施工工艺和施工方法有关。

例如：计算现浇钢筋混凝土构件模板的一次使用量时，应先求结构构件混凝土与模板的接触面积，再乘以该结构构件每平方米模板接触面积所需要的材料数量。其计算公式为：

$$一次使用量=\frac{混凝土模板}{接触面积}\times\frac{1m^2 接触面积}{需模板量}\times(1-制作损耗率)$$

2. 周转次数

周转次数是指周转性材料在补损条件下可以重复使用的次数，可查阅相关手册确定。

3. 周转使用量

周转使用量是指周转性材料在周转使用和补损的条件下，每周转一次的平均需用量。

周转性材料在周转过程中，其投入使用总量为：

$$投入使用总量=一次使用量+一次使用量\times(周转次数-1)\times损耗率$$

周转使用量为：

$$\begin{aligned}周转使用量&=\frac{投入使总用量}{周转次数}\\&=\frac{一次使用量+一次使用量\times(周转次数-1)\times损耗率}{周转次数}\\&=一次使用量\times\left[\frac{1+(周转次数-1)\times损耗率}{周转次数}\right]\end{aligned}$$

其中，

$$损耗率=\frac{平均每次损耗量}{一次使用量}$$

若设，

$$周转使用系数\ k_1=\frac{1+(周转次数-1)\times损耗率}{周转次数}$$

则，

$$周转使用量=一次使用量\times k_1$$

4. 周转回收量

回收量是指周转性材料每周转一次后，可以平均回收的数量。计算公式为：

$$\begin{aligned}周转回收量&=\frac{周转使用最终回收量}{周转次数}\\&=\frac{一次使用量-(一次使用量\times损耗率)}{周转次数}\\&=一次使用量\times\left[\frac{1-损耗率}{周转次数}\right]\end{aligned}$$

5. 摊销量

摊销量是指为完成一定计量单位建筑产品，一次所需要摊销的周转性材料的数量。

$$\begin{aligned}推销量&=周转使用量-周转回收量\times回收折价率\\&=一次使用量\times k_1-一次使用量\times\frac{1-损耗率}{周转次数}\times回收折价率\\&=一次使用量\times\left[k_1-\frac{(1-损耗率)\times回收折价率}{周转次数}\right]\end{aligned}$$

若设

$$推销量系数\ k_2=k_1-\frac{(1-损耗率)\times回收折价率}{周转次数}$$

则

$$推销量=一次使用量\times k_2$$

（二）预制构件模板及其他定型模板计算

预制混凝土构件的模板，虽属周转使用材料，但其摊销量的计算方法与现浇混凝土模板计算方法不同，按照多次使用平均摊销的方法计算，即不需计算每次周转的损耗，只需根据一次使用量及周转次数，就可算出摊销量。计算公式如下：

$$预制构件模板推销量=\frac{一次使用量}{周转次数}$$

其他定型模板，如组合式钢模板、复合木模板也按上式计算摊销量。

复习思考题

1. 简述工程建设定额的概念、分类。
2. 什么是工作时间？人工工作时间和机械工作时间的分类如何？
3. 什么是技术测定法？技术测定法的种类有哪些？
4. 劳动定额的概念、表现形式是什么？劳动定额是如何确定的？
5. 材料定额的概念是什么？材料消耗如何分类？材料定额的组成是什么？
6. 机械定额的概念、表现形式是什么？机械定额是如何确定的？

第四章　工程计价依据

第一节　预 算 定 额

一、预算定额的概念

（一）概述

1. 预算定额的含义

预算定额即指消耗量定额及统一基价表，是在正常合理的施工条件下，规定完成一定计量单位的分项工程或结构构件所必需的人工、材料和施工机械台班以及价值的消耗数量标准，是计算建筑安装产品价值的基础。

预算定额是由国家主管机关或被授权单位组织编制并颁发执行的，现行预算定额和相应费用定额在其执行范围内具有相应的权威性，保证了在定额适用范围内，建筑工程有了统一的造价与核算尺度，成为建设单位和施工单位间建立经济关系的重要基础。

2. 预算定额的作用

（1）预算定额是编制施工图预算、确定和控制建筑安装工程造价的基础

预算定额是确定一定计量单位工程分项人工、材料、机械消耗量的依据，也是计算分项工程单价的基础。预算定额起着控制劳动消耗、材料消耗和机械台班使用的作用，进而起着控制建筑产品价格水平的作用。

（2）预算定额是对设计方案进行技术经济比较和分析的依据

设计方案的选择要满足功能、符合设计规范，既要技术先进又要经济合理。根据预算定额对方案进行技术经济分析和比较，判明不同方案对工程造价的影响，同时预算定额也是对新结构、新材料进行技术经济分析、推广应用的依据。

（3）预算定额是施工单位进行经济活动分析的依据

预算定额规定的物化劳动和活劳动消耗指标，是施工单位在生产经营中允许消耗的最高标准。在目前，预算定额决定着企业的收入，企业就必须以预算定额作为评价其工作的重要标准。企业可根据预算定额，对施工中的劳动、材料、机械的消耗情况进行具体的分析，以便找出低工效、高消耗的薄弱环节及其原因，从而促进企业提高在市场上竞争的能力。

（4）预算定额是编制标底、投标报价的基础

在深化改革中，预算定额的指令性作用将日益削弱，而施工单位根据工程具体情况报价的预算定额指导性作用则仍将存在。在市场经济体制下，预算定额作为编制标底的依据和施工企业报价的基础性的作用仍将存在，这是由于它本身的科学性和权威性决定的。

（5）预算定额是编制概算定额的基础

概算定额是在预算定额基础上经综合扩大编制的。利用预算定额作为编制依据，不但可以节省编制工作中大量的人力、物力和时间，收到事半功倍的效果；还可以使概算定额

在水平上与预算定额一致，以避免造成执行中的不一致。

（二）预算定额的编制原则、依据和步骤

1. 预算定额的编制原则

为保证预算定额的质量，充分发挥预算定额的作用，使之在实际使用中简便、合理、有效，在编制工作中应遵循以下原则：

（1）按社会平均水平确定预算定额的原则

预算定额是确定和控制建筑安装工程造价的主要依据，因此它必须遵照价值规律的客观要求，即按照现有的社会正常生产条件下，在社会平均劳动熟练程度和劳动强度下，确定建筑工程预算定额水平。所以预算定额是社会平均水平。

预算定额的水平以大多数施工单位的施工定额水平为基础。但是，预算定额不是简单地套用施工定额的水平。首先，在比施工定额的工作内容综合扩大了的预算定额中，包含了更多的可变因素，需要保留合理的幅度差，例如人工幅度差、机械幅度差、材料的超运距、辅助用工及材料堆放、运输、操作损耗和由细到粗综合后的量差等。其次，预算定额应当是平均水平，而施工定额是平均先进水平，两者相比，预算定额水平要相对低一些。

（2）简明适用原则

编制预算定额应简明适用，使执行定额的可操作性强。定额项目划分应合理，对于那些主要的、常用的、价值量大的项目，分项工程划分宜细；次要的不常用的、价值量相对较小的项目则可以粗一些。

预算定额要项目齐全。应注意补充那些因采用新技术、新结构、新材料和先进经验而出现的新的定额项目。项目不全，缺漏项多，就使建筑安装工程价格缺少充足的、可靠的依据。即时补充的定额一般因受资料所限，可靠性较差，容易引起争执，且费时费力。

合理确定预算定额的计量单位，简化工程量的计算，尽可能避免同一种材料用不同的计量单位，尽量少留活口减少换算工作量。

（3）坚持统一性和差别性相结合原则

统一性是指从培育全国统一市场规范计价行为出发，计价定额的制定规划和组织实施由国务院建设行政主管部门归口，并负责全国统一定额制定或修订，颁发有关工程造价管理的规章制度办法等。这样有利于通过定额和工程造价的管理实现建筑安装工程价格的宏观调控。通过编制全国统一定额，使建筑安装工程具有统一的计价依据，也使考核设计和施工的经济效果具有统一的尺度，避免地区或部门之间缺乏可比性。

差别性是指在统一性基础上，各部门和省、自治区、直辖市主管部门在其管辖范围内，根据本部门和地区的具体情况，制定部门和地区性定额、补充性制度和管理办法，以适应地区间、部门间发展不平衡和差异大的实际情况。

2. 预算定额的编制依据

（1）现行劳动定额。预算定额是在现行劳动定额的基础上编制的。预算定额中劳力、材料、机械台班消耗水平，需要根据劳动定额或施工定额取定；预算定额的计量单位的选择，也要以施工定额为参考，从而保证两者的协调和可比性，减轻预算定额的编制工作量，缩短编制时间。

（2）现行的预算定额，人工、材料、机械预算价格等。

（3）现行设计规范、施工及验收规范、质量评定标准和安全操作规程。

（4）通用标准图集、具有代表性的典型工程施工图及有关图集。对这些图纸进行仔细分析研究，并计算出工程数量，作为编制定额时选择施工方法、确定定额含量的依据。

（5）新技术、新结构、新材料和先进的施工方法等。这类资料是调整定额水平和增加新的定额项目所必需的依据。

（6）有关科学试验、技术测定和统计、经验资料。这类资料是确定定额水平的重要依据。

3. 预算定额的编制步骤

大致分为准备工作、收集资料、编制定额、审核报批等阶段。

（1）准备工作阶段

1）成立编制机构。

2）拟定编制方案。

（2）收集资料阶段

1）收集基础资料。在已确定的编制范围内，采用表格化收集定额编制基础资料，以统计资料为主，注明所需要的资料内容、填表要求和时间范围，便于资料整理。

2）专题座谈。邀请建设单位、设计单位、施工单位及其他有关单位的有经验的专业人员开座谈会，就以往定额存在的问题提出意见和建议，以便在编制新定额时改进。

3）收集现行规定、规范和政策法规资料。主要包括：现行的定额及有关资料、现行的建筑安装工程施工及验收规范、安全技术操作规程和现行有关劳动保护的政策法令、国家设计标准规范、编制定额必须依据的其他有关资料。

4）收集定额管理部门积累的资料。主要包括：日常定额解释资料；补充定额资料；新结构、新工艺、新材料、新机械、新技术用于工程实践的资料。

5）专项查定及试验。主要指混凝土配合比和砌筑砂浆试验资料。除收集实验试配资料外，还应收集一定数量的现场实际配合比资料。

（3）定额编制阶段

1）确定编制细则

主要包括：统一编制表格及编制方法；统一计算口径、计量单位和小数点位数的要求；统一名称、用字、专业用语、符号代码等。

2）确定定额的项目划分和工程量计算规则。

3）定额人工、材料、机械台班耗用量的计算、复核和测算。

（4）定额审核报批阶段

1）审核定稿。主要审核准确性及各章节、项目之间的统一性。

2）预算定额水平测算。新定额必须与原定额进行对比测算，分析水平升降原因。一般新编定额的水平应该不低于历史上已经达到过的水平，并略有提高。定额水平的测算方法一般有以下两种：

① 按工程类别比重测算。首先在定额执行范围内，选择有代表性的各类工程，分别以新旧定额对比测算，并按测算的年限，以工程所占比例加权以考察宏观影响。

② 单项工程比较测算法。以典型工程分别用新旧定额对比测算，以考察定额水平升降及其原因。

3）征求意见。定额编制初稿完成以后，需要征求各有关方面意见和组织讨论，反馈意见。在统一意见的基础上整理分类，制定修改方案。

4）修改整理报批。按修改方案的决定，将初稿按照定额的顺序进行修改，并经审核无误后形成报批稿，经批准后交付印刷。

5）撰写编制说明。为顺利地贯彻执行定额，需要撰写新定额编制说明。其内容包括：项目、子目数量；人工、材料、机械的内容范围；资料的依据和综合取定情况；定额中允许换算和不允许换算规定的计算资料；工人、材料、机械单价的计算和资料；施工方法、工艺的选择及材料运距的考虑；各种材料损耗率的取定资料；调整系数的使用；其他应说明的事项与计算数据、资料。

6）立档、成卷。

（三）预算定额的编制方法

1. 确定预算定额的计量单位

预算定额与施工定额计量单位往往不同。施工定额的计量单位一般按工序或施工过程确定；而预算定额的计量单位主要是根据分部分项工程和结构构件的形体特征及其变化确定。由于工作内容综合，预算定额的计量单位也具有综合的性质。工程量计算规则的规定，应确切反映定额项目所包含的工作内容，反映各分项工程产品的形态特征与实物数量，并便于使用和计算。

预算定额的计量单位一般根据分项工程或结构构件的特征及变化规律确定。

（1）当建筑结构构件的长度、厚（高）度和宽度三维尺寸都变化时，可按体积以立方米为计量单位，如土方、砖石、钢筋混凝土构件等。

（2）当建筑结构构件的厚度有一定规格，但长度和宽度不定时，可按面积以平方米为计量单位，如地面、楼面、墙面和顶棚面抹灰等。

（3）当建筑结构构件的断面有一定形状和大小，但长度不定时，可按长度以延长米为计量单位，如踢脚线、楼梯栏杆、木装饰条、管道线路安装等。

（4）当建筑结构构件的重量与价格差异很大，可采用重量以吨为计量单位，如金属构件的制作、运输及安装等。

（5）凡建筑结构构件无一定规格，而其构造又较复杂时，可按个、台、座、组为计量单位，如铸铁水斗、卫生洁具安装等。

定额单位确定之后，往往会出现人工、材料或机械台班量很小，即小数点后好几位。为了减少小数位数和提高预算定额的准确性，一般采用扩大单位的办法，把 $1m^3$、$1m^2$、1m 扩大 10、100、1000 倍等，以便于定额的编制和使用。

定额项目中各种消耗量指标的数值单位及小数位数的取定如下：

人工——以“工日”为单位，取两位小数；

机械——以“台班”为单位，取两位小数；

各种材料的计量单位与产品计量单位基本一致，精确度要求高、材料贵重，多取三位小数。如钢材吨以下取三位小数，木材立方米以下取三位小数，一般材料取两位小数。

2. 按典型设计图纸和资料计算工程量

通过计算出典型设计图纸所包括的施工过程的工程量，以便在编制预算定额时利用施工定额的劳力、机械和材料消耗指标确定预算定额所含工序的消耗量。

3. 确定预算定额各项目人工、材料和机械台班消耗指标

(1) 人工工日消耗量的计算

人工的工日数可以有两种确定方法。一种是以劳动定额为基础确定；一种是以现场观察测定资料为基础计算。后者一般是在劳动定额缺项时采用。下面介绍以劳动定额为基础的确定方法。

预算定额中人工工日消耗量是指在正常施工生产条件下，生产单位合格产品必需消耗的人工工日数量，是由分项工程所综合的各个工序劳动定额包括的基本用工、其他用工以及劳动定额与预算定额工日消耗量的幅度差三部分组成的。

1) 基本用工。指完成单位合格产品所必需消耗的技术工种用工。例如为完成各种墙体工程中的砌砖、调运砂浆、铺砂浆、运砖等所需要的工日数量。基本用工以技术工种相应劳动定额的工时定额计算，按不同工种列出定额工日。其计算式为：

$$基本用工=\sum(综合取定的工程量\times劳动定额)$$

2) 其他用工。通常包括超运距用工、辅助工、人工幅度差。

① 超运距用工。指预算定额的平均水平运距超过劳动定额规定水平运距部分。

$$超运距用工=\sum(超运距材料数量\times超运距劳动定额)$$

$$超运距=预算定额取定运距-劳动定额已包括的运距$$

若实际工程现场运距超过预算定额取定运距时，可另行计算现场二次搬运费。

② 辅助用工。指技术工种劳动定额内不包括而在预算定额内又必须考虑的工时，如筛砂、淋灰用工、机械土方配合用工等。其计算式为：

$$辅助用工=\sum(材料加工数量\times相应的加工劳动定额)$$

③ 人工幅度差。指在劳动定额作业时间之外，在预算定额应考虑的在正常施工条件下所发生的各种工时损失。内容包括：各工种间的工序搭接及交叉作业互相配合所发生的停歇用工；施工机械在单位工程之间转移及临时水电线路移动所造成的停工；质量检查和隐蔽工程验收工作的影响；班组操作地点转移用工；工序交接时对前一工序不可避免的修整用工；施工中不可避免的其他零星用工。

人工幅度差计算公式如下：

$$人工幅度差=(基本用工+辅助用工+超运距用工)\times人工幅度差系数$$

在预算定额中，人工幅度差的用工量列入其他用工量中。

(2) 机械台班消耗量的计算

预算定额中的机械台班消耗量是指在正常施工条件下，生产单位合格产品（分部分项工程或结构件）必需消耗的某类某种型号施工机械的台班数量。

机械台班消耗量也有两种确定方法：根据施工定额确定机械台班消耗量、以现场测定资料为基础确定机械台班消耗量。

1) 根据施工定额确定机械台班消耗量。这种方法是指施工定额或劳动定额中机械台班产量加机械幅度差计算预算定额的机械台班消耗量。其计算式为：

$$预算定额机械耗用台班=施工定额机械耗用台班\times(1+机械幅度差率)$$

机械台班幅度差一般包括正常施工组织条件下不可避免的机械空转时间，施工技术原因的中断及合理停置时间，因供电供水故障及水电线路移动检修而发生的运转中断时间，因气候变化或机械本身故障影响工时利用的时间，施工机械转移及配套机械相互影响损失的时间，配合机械施工的工人因与其他工种交叉造成的间歇时间，因检查工程质量造成的机械停歇的时间，工程收尾和工作量不饱满造成的机械间歇时间等。

2）以现场测定资料为基础确定机械台班消耗量。当施工定额（劳动定额）缺项者，则需依单位时间完成的产量测定。

（3）材料消耗指标的计算方法

完成单位合格产品所必须消耗的材料数，按用途划分为：主要材料、辅助材料、周转性材料、其他材料。

1）主要材料。指直接构成工程实体的材料，其中也包括成品、半成品的材料。

主要材料消耗量计算式如下：

$$材料消耗量=材料净用量+材料损耗量$$

或

$$材料消耗量=材料净用量\times(1+材料损耗率)$$

2）辅助材料。构成工程实体的除主要材料外的其他材料，如垫木、钉子、铁丝等。

预算定额中对于用量很少、价值又不大的次要材料，估算其用量后，合并成“其他材料费”，以“元”为单位列入预算定额表中。

3）周转性材料。指脚手架、模板等多次周转使用的不构成工程实体的摊销性材料。

周转性材料按多次使用、分次摊销的方式计入预算定额。

4）其他材料。指用量较少，难以计量的零星用料，如棉纱、编号用的油漆等。

二、人工、材料、机械台班单价的确定

（一）人工单价

人工单价即预算人工工日单价，是指一个建筑工人一个工作日在预算中应计入的全部人工费用。

工人工日单价组成见表4-1。

工人工日单价组成 **表4-1**

序号	项　目	构　成
1	生产工人基本工资	岗位工资
		技能工资
		工龄工资
2	生产工人工资性补贴	物价补贴
		煤、燃气补贴
		交通费补贴
		住房补贴
		地区津贴
		流动施工津贴
		……
3	生产工人辅助工资	包括职工学习、培训期间的工资，调动工作、探亲、休假期间的工资，因气候影响的停工工资，女工哺乳时间的工资，病假在六个月以内的工资及产、婚、丧假期的工资
4	职工福利费	按规定标准计提的职工福利费
5	生产工人劳动保护费	按规定标准发放的劳动保护用品的购置费及修理费，徒工服装补贴，防暑降温费，在有碍身体健康环境中施工的保健费用等

人工工日单价组成内容，在各部门、各地区并不完全相同，但其中每一项内容都是根据有关法规、政策文件的精神，结合本部门、本地区的特点，通过反复测算最终确定的。

（二）材料预算价格

材料的预算价格是指材料（包括构件、成品及半成品等）从其来源地（或交货地点供应者仓库提货地点）到达施工工地仓库（施工地点内存放材料的地点）后出库的综合平均价格。材料预算价格一般由材料原价、供销部门手续费、包装费、运杂费、采购及保管费组成。

1. 材料原价

材料原价一般是指材料的出厂价、进口材料抵岸价或市场批发价。对同一种材料，因产地、供应渠道不同出现几种原价时，可根据不同来源地供货数量比例，采取加权平均的方法确定其综合原价。计算公式如下：

$$加权平均原价=\frac{K_1C_1+K_2C_2+\cdots\cdots+K_nC_n}{K_1+K_2+\cdots\cdots+K_n}$$

式中　K_1、K_2、……、K_n——各不同供应地点的供应量或各不同使用地点的需求量；

C_1、C_2、……、C_n——各不同供应地点的原价。

2. 供销部门手续费

供销部门手续费，是指根据国家现行的物资供应体制，不能直接向生产厂采购、订货，需经过物资部门（如材料公司、金属公司等）供应而发生的经营管理费用。不经物资供应部门的材料，不计供销部门手续费。

供销部门手续费按费率计算，其费率由地区物资管理部门规定，一般为1%～3%。计算公式如下：

供销部门手续费＝材料原价×供销部门手续费率×供销部门供应比重

供销部门手续费＝材料净重×供销部门单位重量手续费×供应比重

材料原价和供销部门手续费两部分构成材料供应价，也就是材料的进价。这是材料预算价格中最重要的构成因素。

3. 材料的包装费

包装费是为使材料在搬运、保管中不受损失或便于运输而对材料进行包装发生的净费用，但不包括已计入材料原价的包装费。

包装费包括水运和陆运的支撑、篷布、包装袋、包装箱、绑扎等费用。材料运到现场或使用后，要对包装品进行回收，回收价值冲减材料预算价格。

4. 运杂费

材料运杂费是指材料由来源地（或交货地）运到工地仓库（或存放地点）的全部过程中所发生的一切费用。一般建筑材料的运输环节如图4-1所示。

材料运输费用包括：调车（驳船）费、装卸费、运输费、附加工作费（货物从货源地运至工地仓库期间所发生的材料搬运、分类堆放及整理等费用）、途中损耗。

材料运输费用应按照国家有关部门和地方政府交通运输部门的规定计算。同一品种的材料如有若干个来源地，其运输费用可根据每个来源地的运输里程、运输方法和运价标准，用加权平均的方法计算运输费。

在一些量重价低的材料预算价格中，运杂费占的比重很大，有的甚至超过供应价。

5. 采购及保管费

采购及保管费是指为组织材料的采购、供应和保管所发生的各项必要费用。

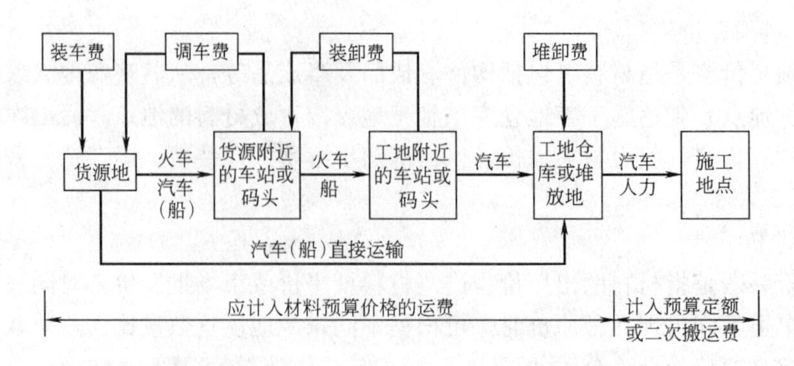

图 4-1　一般建筑材料的运输环节

采购及保管费所包含的具体费用项目有工资、职工福利费、办公费、差旅及交通费、固定资产使用费、工具用具使用费、劳动保护费、检验试验费、材料储存损耗及其他。

采购及保管费一般按材料到库价格的比率取定。材料采购及保管费计算公式如下：

采购及保管费＝(材料原价＋供销部门手续费＋包装费＋运杂费)
×采购及保管费率

综上所述，材料预算价格的一般计算公式如下：

材料预算价格＝(材料原价＋供销部门手续费＋包装费＋运杂费)
×(1＋采购及保管费率)－包装材料回收价值

（三）机械台班单价

机械台班单价是指一台施工机械，在正常运转条件下一个工作班中所发生的全部费用。

机械台班单价由七项费用组成，包括：折旧费、大修理费、经常修理费、安拆费及场外运费、燃料动力费、人工费、养路费及车船使用税等。

1. 折旧费

折旧费是指施工机械在规定使用期限内，每一台班所摊的机械原值及支付贷款利息的费用。计算公式如下：

$$台班折旧费=\frac{机械预算价格\times(1-残值率)\times贷款利息系数}{耐用总台班}$$

(1) 机械预算价格

国产机械预算价格是指机械出厂价格加上从生产厂家（或销售单位）交货地点运至使用单位机械管理部门验收入库的全部费用，包括出厂价格、供销部门手续费和一次运杂费。

进口机械预算价格是由进口机械到岸完税价格加上关税、外贸部门手续费、银行财务费以及由口岸运至使用单位机械管理部门验收入库的全部费用。

(2) 残值率

残值率是指施工机械报废对其回收的残余价值占机械原值（即机械预算价格）的比率。各类施工机械的残值率综合确定如下：

运输机械　　2％
特大型机械　　3％
中小型机械　　4％
掘进机械　　5％

(3) 贷款利息系数

为补偿施工企业贷款购置机械设备所支付的利息，从而合理反映资金的时间价值，以大于1的贷款利息系数，将贷款利息（单利）分摊在台班折旧费中。计算公式如下：

$$贷款利息系数=1+\frac{(n+1)i}{n}$$

式中 n——国家有关文件规定的此类机械折旧年限；

i——当年银行贷款利率。

(4) 耐用总台班

耐用总台班是指机械在正常施工作业条件下，从投入使用起到报废止，按规定应达到的使用总台班数。机械耐用总台班即机械使用寿命，一般可分为机械技术使用寿命和经济使用寿命。机械耐用总台班的计算公式为：

$$耐用总台班=大修间隔台班\times大修周期$$

大修间隔台班是指机械自投入使用起至第一次大修止或自上一次大修后投入使用起至下一次大修止，应达到的使用台班数。

大修周期即使用周期，是指机械在正常的施工作业条件下，将其寿命期（即耐用总台班）按规定的大修理次数划分为若干个周期。计算公式为：

$$大修周期=寿命期大修理次数+1$$

2. 大修理费

大修理费是指施工机械按规定的大修间隔台班进行必须的大修，以恢复其正常功能所需的全部费用。计算公式为：

$$台班大修理费=\frac{一次大修理费\times寿命周期大修理次数}{耐用总台班}$$

3. 经常修理费

经常修理费是指机械在寿命期内除大修理以外的各级保养（包括一、二、三级保养）以及临时故障排除和机械停置期间的维护等所需各项费用；为保障机械正常运转所需替换设备，随机工具器具的摊销费用及机械日常保养所需润滑擦拭材料费之和。分摊到台班费中，即为台班经常修理费。其计算公式为：

$$台班经常修理费=\frac{\sum(各级保养一次费用\times寿命期各级保养总次数)+临时故障排除费用}{耐用总台班}$$
$$+替换设备台班摊销费+工具附具台班摊销费+例保辅料费$$

为简化计算，也可采用下列公式：

$$台班经常修理费=台班大修费\times K$$

$$K=\frac{台班经常修理费}{台班大修费}$$

4. 安拆费及场外运输费

(1) 安拆费。指机械在施工现场进行安装、拆卸所需人工、材料、机械和试运转费用，包括机械辅助设施（如：基础、底座、行走轨道等）的折旧、搭设、拆除等费用。

(2) 场外运费。指机械整体或分体自停置地点运至现场或一个工地运至另一个工地的运输、装卸、辅助材料以及架线等费用。

$$台班安拆费=\frac{机械一次安拆费\times年平均安拆次数}{年工作台班}+台班辅助设施费$$

5. 燃料动力费

燃料动力费是指机械在运转或施工作业中所耗用的固体燃料（煤炭、木材）、液体燃料（汽油、柴油）、电力、水和风力等费用。计算公式为：

台班燃料动力费＝台班燃料动力消耗量×相应单价

6. 人工费

人工费指机上司机、司炉和其他操作人员的工作日以及上述人员在机械规定的年工作台班以外的人工费用。

台班人工费＝定额机上人工工日×日工资单价

7. 养路费及车船使用税

养路费及车船使用税指按照国家有关规定应交纳的运输机械养路费和车船使用税，按各省、自治区、直辖市规定标准计算后列入定额。

三、工程单价及单位估价表

（一）工程单价

工程单价是指建筑工程单位产品的价格，通常是指分部分项工程的单价。工程单价按综合程度划分有工料单价、综合单价和全费用单价。

1. 工料单价

工料单价只包括人工费、材料费和机械台班使用费。

分项工程工料单价的构成及其计算公式为：

工料单价＝∑工、料、机消耗量×预算单价－人工费＋材料费＋施工机械使用费

其中：

人工费＝∑各等级人工消耗量×各等级工资单价

材料费＝∑材料消耗量×材料预算价格＋检验试验费

施工机械使用费＝∑施工机械台班消耗量×机械台班单价

为了有利于控制工程造价，各地建设行政主管部门或其授权的工程造价管理机构一般以单位估价表的形式来发布地区统一的消耗量定额，按照上述工料单价的计算方法以及省会（或市政府）所在地的工资单价、材料预算价格、机械台班单价来确定工料单价。这种定额的工料单价也叫定额基价。

在计划经济时期，由于价格水平得到控制，地区统一的工程单价（或者单位估价表）具有相对的稳定性。在市场价格变动情况下计算工程造价，必须根据工程造价管理机构发布的调价文件，对固定的定额工料单价求出的定额直接费进行修正，通过采用修正后的工料单价乘以根据图纸计算出来的工程量的方法，或者通过采用定额直接费加直接费调整的方法，可以获得符合实际市场情况的直接工程费。

2. 综合单价

为了简化计价程序，实现与国际惯例接轨，工程量清单采用综合单价计价。综合单价是指完成工程量清单中一个规定计量单位项目所需的人工费、材料费、机械使用费、管理费和利润，并考虑风险因素。

综合单价包括完成规定计量单位合格产品所需的全部费用，考虑我国的现实情况，综合单价包括除规费、税金以外的全部费用。综合单价不仅适用于分部分项工程量清单，也适用于措施项目清单、其他项目清单。综合单价的具体计算和编制方法，由各省、自治

区、直辖市工程造价管理机构制定具体统一办法。

分项工程的综合单价可以在工料单价的基础上综合计算管理费和利润生成。

综合单价的理论计算公式为：

综合单价＝工料单价＋管理费＋利润＝工料单价×(1＋管理费率)×(1＋利润率)

如果管理费区分为现场管理费和企业管理费，则综合单价的理论计算公式为：

综合单价＝工料单价×(1＋现场管理费率)×(1＋企业管理费率)× (1＋利润率)

以上算法，可简化表示为：

综合单价＝工料单价×(1＋综合费率)

措施费项目的综合单价也可按上述方法生成。

3. 全费用单价

全费用单价是指构成工程造价的全部费用均包括在分项工程单价中，即单价中包括人工费、材料费、机械台班使用费、现场经费、其他直接费和间接费等全部成本费用。

全费用单价＝单位分部分项工程基本直接费＋其他直接费＋现场经费＋间接费

（二）单位估价表

单位估价表即预算定额中“基价”所列的内容。

1995年建设部批准发布的《全国统一建筑工程预算工程基础定额》中，预算基价不再列入，从而完成了量价分离，以适应实物法编制预算的需要。体现了建立以市场形成价格为主的价格机制的改革思路。

地区统一的工程单价是以统一地区单位估价表形式出现的。单位估价表的内容由两大部分组成：一是预算定额规定的工、料、机数量，即合计用工量、各种材料消耗量、施工机械台班消耗量；二是地区预算价格。这就是所谓的量价合一。

编制工程单价就是把工、料、机的消耗量和工、料、机单价相结合的过程。有的地区单位估价表采用的是工料单价，有的地区采用的是全费用单价或综合单价。

四、预算定额的应用

（一）组成内容

不同时期、不同专业和不同地区的预算定额册，在内容上虽不完全相同，但其基本内容变化不大。主要包括：

（1）总说明。主要阐述预算定额的用途、编制依据和原则、适用范围、定额中已考虑的因素和未考虑的因素、使用中应注意的事项和有关问题的说明。

（2）建筑面积计算规则。为了方便使用，有些预算定额还常常把工程量计算规则编入其中。

建筑面积计算规则严格、系统地规定了计算建筑面积的内容范围和计算规则，这是正确计算建筑面积的前提条件，从而使全国各地区的同类建筑产品的计划价格有一个科学的可比性。如对结构类型相同的建筑物，可通过计算单位建筑面积造价进行技术经济效果分析和比较。

（3）分部工程说明。分部工程说明是建筑工程预算定额手册的重要内容，它主要说明了分部工程定额中所包括的主要分项工程，以及使用定额的一些基本规定，阐述该分部工程中各分项工程的工程量计算规则和方法。

（4）分项工程表头说明。

（5）分项工程定额项目表。表4-2、表4-3、表4-4、表4-5为2003年《湖北省建筑工程消耗量定额及统一基价表》的有关分项工程定额项目表的表达形式。

（6）分章附录和总附录。

砌砖定额示例 **表 4-2**

实心砖墙及围墙

工作内容：1. 调运砂浆、铺砂浆、运砖。2. 砌砖包括窗台虎头转、腰线、门窗套。3. 安放木砖、铁件等。

单位：$10m^3$

定额编号				A3-9	A3-10	A3-11	A3-12	A3-13
项目				单面清水砖墙				
				1砖			1/2砖	
				混合砂浆				
				M2.5	M5.0	M7.5	M2.5	M5.0
基价				1844.50	1861.24	1878.66	1824.28	1842.14
其中	人工费（元）			566.10	566.10	566.10	534.90	534.90
	材料费（元）			1255.11	1271.85	1289.27	1264.86	1282.72
	机械费（元）			23.29	23.29	23.29	24.52	24.52
名称		单位	单价	含量				
人工	综合工日	工日	30.00	18.87	18.87	18.87	17.83	17.83
材料	水泥砂浆 M2.5	m^3	124.83	2.25	—	—	2.40	—
	水泥砂浆 M5.0	m^3	132.27	—	2.25	—	—	2.40
	水泥砂浆 M7.5	m^3	140.01	—	—	2.25	—	—
	标准砖 240×115×53mm	千块	180.00	5.40	5.40	5.40	5.35	5.35
	水	m^3	2.12	1.06	1.06	1.06	1.07	1.07
机械	灰浆搅拌机 200L	台班	61.29	0.38	0.38	0.38	0.40	0.40

钢筋定额示例 **表 4-3**

现浇构件螺纹钢筋

工作内容：钢筋制作、绑扎、安装。

单位：$10m^3$

定额编号				A4-654	A4-655	A4-656	A4-657
项目				现浇构件螺纹钢筋（mm以内）			
				ϕ10	ϕ12	ϕ14	ϕ16
基价				3242.45	3320.50	3253.85	3222.14
其中	人工费（元）			355.80	323.10	270.90	244.80
	材料费（元）			2849.87	2881.13	2874.94	2870.97
	机械费（元）			36.78	116.27	108.01	106.37
名称		单位	单价	含量			
人工	综合工日	工日	30.00	11.86	10.77	9.03	8.16
材料	螺纹钢筋 ϕ10	t	2700.00	1.045	—	—	—
	螺纹钢筋 ϕ12	t	2700 00	—	1.045	—	—
	螺纹钢筋 ϕ14	t	2700 00	—	—	1.045	—
	螺纹钢筋 ϕ16	t	2700 00	—	—	—	1.045
	螺纹钢筋 ϕ18	t	2700.00	—	—	—	—
	镀锌铁丝 22号	kg	5.03	5.64	4.62	3.39	2.60
	电焊条	kg	5.01	—	7.20	7.20	7.20
	水	m^3	1.12	—	0.15	0.15	0.15
机械	对焊机 75kVA	台班	143.92	—	0.11	0.11	0.11
	直流电焊机 30kW	台班	125.76	—	0.53	0.53	0.53
	电动卷扬机单筒慢速 5kN	台班	80.19	0.33	0.31	0.22	0.19
	钢筋切断机 ϕ40mm	台班	34.85	0.11	0.10	0.10	0.11
	钢筋弯曲机 ϕ40mm	台班	20.93	0.31	0.26	0.21	0.23

现浇混凝土定额示例　　表 4-4

柱

工作内容：混凝土水平运输、搅拌、捣固、养护。　　单位：$10m^3$

定　额　编　号				A4-22	A4-23
项　目				矩形柱	圆形柱
				C20	
基　价				2478.69	2462.77
其中	人工费（元）			728.10	714.30
	材料费（元）			1663.52	1661.40
	机械费（元）			87.07	87.07
名称		单位	单价	含　量	
人工	综合工日	工日	30.00	24.27	23.81
材料	现浇混凝土 C20 碎石 40mm	m^3	160.88	10.15	10.15
	草袋	m^3	1.21	0.75	0.75
	水	m^3	2.12	14.00	13.00
机械	滚筒式混凝土搅拌机　500L	台班	114.76	0.63	0.63
	混凝土振动器插入式	台班	11.82	1.25	1.25

现浇混凝土模板定额示例　　表 4-5

柱

工作内容：1. 木模板制作。2. 模板安装、拆除、整理堆放及场内外运输。3. 清理模板粘结物及模内杂物、刷隔离剂等。　　单位：$100m^2$

定　额　编　号				A10-49	A10-50	A10-51	A10-52
项　目				矩形柱			
				组合钢模板	九夹板模板		木模板
				钢支撑		木支撑	
基　价				2617.23	2447.42	3050.54	3913.52
其中	人工费（元）			1281.90	963.00	960.60	1072.50
	材料费（元）			1186.17	1393.98	2033.00	2779.64
	机械费（元）			149.16	90.44	56.94	61.38
名　称		单位	单价	含　量			
人工	综合工日	工日	30.00	42.73	32.10	32.02	35.75
材料	零星卡具	kg	4.00	66.74	—	—	—
	支撑钢管及扣件	kg	3.59	45.94	52.12	—	—
	九甲板模板	m^3	36.70	—	24.00	24.00	—
	模板板枋材	m^3	1350.00	0.246	0.176	0.75	1.884
	嵌缝料	kg	1.79	—	—	—	10.00
	隔离剂	kg	5.74	10.00	10.00	10.00	10.00
	铁钉	kg	4.61	1.80	6.74	8.96	34.91
	铁件	kg	3.59	—	—	11.42	—
	组合钢模板	kg	3.65	78.09	—	—	—
	草板纸 80 *	张	0.91	30.00	—	—	—
	回库维修费	元	1.00	44.16	—	—	—
机械	汽车式起重机　5t	台班	341.56	0.18	0.08	—	—
	载重汽车　6t	台班	308.82	0.28	0.19	0.17	0.17
	木工圆锯机 $\phi500$	台班	20.18	0.06	0.22	0.22	0.44

（二）预算定额的应用

使用预算定额，首先必须详细了解总说明和分部工程的说明，并详细阅读定额的各附录或定额表的附注，从而了解定额的适用范围、工程量计算方法、各种条件变化情况下的换算方法等。定额在总说明及各章节中均列有一些关于定额的使用方法、换算方法和一些需要明确的问题等规定。

1. 定额项目选用

按设计规定的做法与要求选用定额项目，选择项目的实际做法和工作内容必须与定额规定的相符合才能直接套用，否则必须根据有关规定进行换算或补充。

2. 预算定额的直接套用

当设计要求与定额项目的内容相一致时，可直接套用定额的预算基价及工料消耗量，计算该分项工程的直接费以及工料所需量。

【例 4-1】 采用 M5 混合砂浆砌筑 1 砖墙 100m^3，试计算完成该分项工程的直接费及主要材料消耗量。

【解】

(1) 确定预算定额编号。

查表 4-2 得 A3-10。

(2) 计算该分项工程直接费

直接费＝工程基价×工程量＝1861.24（元/10m^3）×100(m^3)/10(m^3)＝18612.4 元

(3) 计算主要材料消耗量

砂浆：2.25（m^3/10m^3）×100(m^3)/10(m^3)＝22.5 m^3

标准砖：5.40（千块/10m^3）×100(m^3)/10(m^3)＝54 千块

3. 定额的换算

在确定某一分项工程或结构构件预算价值时，如果施工图纸设计的项目内容与套用的相应定额项目内容不完全一致，则应按定额规定的范围、内容和方法进行换算。

【例 4-2】 某钢筋混凝土柱，截面尺寸 600mm×600mm，设计要求采用 C30 碎石混凝土现浇，试确定该柱混凝土的基价。

【解】

(1) 确定预算定额编号：查表 4-4，定额编号为 A4-22，C20 混凝土；基价为 2478.69 元/10m^3；混凝土用量为 10.15m^3/10m^3。

(2) 确定换算混凝土基价。查《湖北省建筑工程消耗量及统一基价表》(2003 年) 附表，定额编号 1-24。C30 混凝土基价 181.81 元/m^3，C20 混凝土基价为 160.88 元/m^3。

计算换算基价

A4-22 换＝2478.69＋10.15×(181.81－160.88)＝2691.13 元/10m^3

4. 定额中不准调整的规定

为了强调定额的权威性，在总说明和各章（分部）说明中均提出若干条不准调整的规定。如："本定额是根据现行质量评定标准及安全操作规程并参照建筑安装工程施工及验收规范编制的，不得因具体工程做法与定额不同另外计算费用"。

这类规定首先确定了定额的依据及合理性，同时明确几种不准调整定额的规定，为定额的顺利执行规定了必要的条件。

5. 定额中允许按实计算的规定

由于工程建设工期较长，露天作业多，在施工过程中经常会发生一些事先难以预料的情况。这些情况的出现直接影响到施工过程的人工、材料、机械费用，在定额中无法考虑，因此，在定额中明确在一定范围内，可以按实计算，以保证工程造价的合理性。如："定额中未包括施工中必须降低地下水位的排水费用，发生时按实计算。"

这类规定使定额在执行中与实际发生的情况不符而出入较大时，有了灵活的余地。

第二节　企业定额

一、企业定额的概念

企业定额，过去称为施工定额，是施工单位根据本企业的施工技术水平、管理水平以及有关工程造价资料制定的，供本企业使用的人工、材料和机械台班消耗量。企业定额是具有合理劳动组织的建筑安装工人小组在正常施工条件下，为完成单位合格产品所需人工、机械、材料消耗的数量标准，主要是根据专业施工的作业对象和工艺制定的。企业定额反映企业的个别劳动水平。

企业定额的内容极为丰富，不仅仅包括工程施工的人工、材料和机械台班等直接消耗的数量标准，还应当包括现场临时设施需要量标准、间接成本控制标准、项目经理部各类人员定额标准等。

在招标承包制度下，施工单位作为建筑市场的独立主体，要求依据企业定额进行投标报价。《计价规范》明确规定：投标报价应根据招标文件中的工程量清单和有关要求、施工现场实际情况及拟定的施工方案或施工组织设计，依据企业定额和市场价格信息进行编制。施工单位要努力提高自己的竞争能力，必然要求利用定额手段加强管理，提高工作效率，降低生产经营成本，提高市场竞争能力。同时，施工单位应将企业定额的水平对外作为商业秘密进行保密。政府建设行政主管部门颁发的消耗量定额不是强加给施工单位的约束和指令，而是对企业定额管理进行引导，为企业提供参数和指导，从而实现对工程造价的宏观调控。

二、企业定额的作用

企业定额反映企业自身的施工水平、装备水平和管理水平，作为反映施工单位劳动生产率水平、管理水平的标尺和确定工程成本、投标报价的依据。

企业定额是施工单位管理工作的基础，也是建设工程定额体系中的基础。在企业内部，这种基础作用主要表现在以下几个方面：

1. 企业定额是施工项目计划管理的依据

企业定额既是施工单位编制施工组织设计的依据，也是编制施工作业计划的依据。

施工组织设计包括施工组织总设计、年度施工组织设计、季节性施工组织设计以及单位工程施工组织设计。各类施工组织设计均包括三部分内容：所建工程的资源需用量、使用这些资源的最佳时间安排和施工现场平面规划。确定所建工程的资源需要量，要依据企业定额；施工中实物工程量的计算，要以企业定额的分项工程划分和计量单位为依据；编制施工进度计划也要根据企业定额对施工力量（劳动力和施工机械）进行计算。

在施工作业计划中，确定本月（旬）应完成的施工任务、完成施工计划任务的资源需要量、提高劳动生产率和节约措施计划都要依据企业定额提供的数据进行计算。

2. 企业定额是组织和指挥施工生产的有效工具

施工单位组织和指挥施工队、组进行施工，应按照作业计划通过下达施工任务单和限额领料单来实现。

施工任务单明确规定应完成的施工任务，也记录班组实际完成任务的情况，并且进行班组工人的工资结算。施工任务单的工程计量单位、产量定额和计件单位，均需取自施工的劳动定额。

限额领料单是随任务单同时签发的领取材料的凭证，根据施工任务和材料定额填写。其中领料的数量，是班组为完成规定的工程任务消耗材料的最高限额。这一限额也是评价班组完成任务情况的一项重要指标。

3. 企业定额是计算工人劳动报酬的根据

企业定额是衡量工人劳动数量和质量的标准，是计算工人计件工资的基础，也是计算奖励工资的依据。完成定额好，工资报酬就多；达不到定额，工资报酬就会减少。

4. 企业定额有利于推广先进技术

企业定额水平中包含着某些已成熟的先进的施工技术和经验，工人要达到和超过定额，就必须掌握和运用这些先进技术。工人要想大幅度超过定额，就必须创造性地劳动，在工作中注意改进工具和技术操作方法，注意原材料的节约，避免原材料和能源的浪费。当企业定额明确要求采用某些较先进的施工工具和施工方法时，贯彻企业定额就意味着推广先进技术。

5. 企业定额是编制施工预算，加强企业成本管理和经济核算的基础

施工预算是施工单位用以确定单位工程人工、机械、材料和资金需要量的计划文件，它以企业定额为编制基础，既反映设计图纸的要求，也考虑在现有条件下可能采取的节约人工、材料和降低成本的各项具体措施。这就能够更合理地组织施工生产，有效地控制施工中人力、物力消耗，节约成本开支。严格执行企业定额，不仅可以起到控制消耗、降低成本和费用的作用，同时为贯彻经济核算制、加强班组核算和增加盈利，创造良好的条件。

6. 企业定额是施工企业进行工程投标、编制工程投标报价的基础和主要依据

企业定额反映了本企业的技术水平和管理水平，在确定工程投标报价时，首先是依据企业定额计算出施工企业拟完成投标工程需要发生的计划成本。在此基础上，再确定拟获得的利润、预计工程风险费用和其他应考虑的因素，从而确定投标报价。因此，企业定额是施工企业编制计算投标报价的基础。

综上所述，企业定额在建筑安装企业管理的各个环节中都是不可缺少的，企业定额管理是企业的基础性工作，具有不容忽视的作用。应当指出，目前相当多的施工单位缺乏企业定额，大量有效的管理手段因缺少定额而不能实施，出现种种“以包代管”的情况，这是施工管理的薄弱之处。加强企业定额管理是企业的内在要求和必然的发展趋势。

第三节　建筑安装工程费用定额

一、建筑工程费用定额

按现行规定，建筑工程预算费用由直接工程费、间接费、利润和税金组成。各省市按照建设部确定的编制原则和项目划分方案，再结合本地区的实际情况编制费用定额，因此全国各地的费用定额，规定有不同的具体表现形式。建筑工程费用定额必须与相应的预算定额配套使用，并遵循各地区的具体取费规定。

本节介绍湖北省建筑安装工程费用定额。图 4 2 是《湖北省建筑安装工程费用定额》鄂建［2003］44 号文拟定的湖北省建筑安装工程费用的组成内容。与第二章我国现行建筑安装工程费用具体构成（图 2 2）相比，只略有不同。

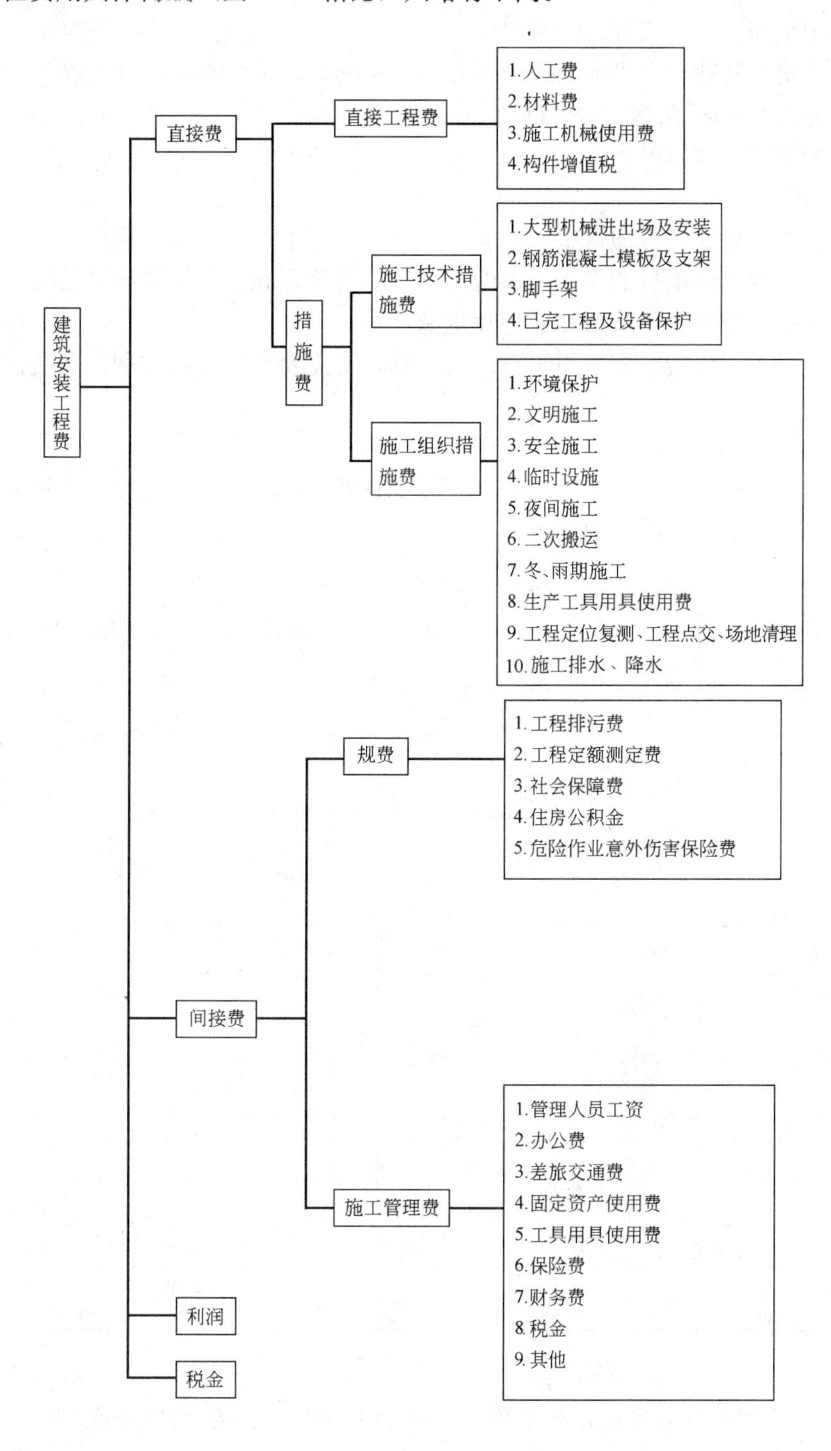

图 4-2　湖北省建筑安装工程费用组成内容

（一）直接费

1. 直接工程费

直接工程费是指施工过程中耗费的构成工程实体的各项费用，包括人工费、材料费、施工机械使用费和构件增值税。

其中人工费、材料费、机械费根据预算定额中的基础单价和工程量计算。

构件增值税是对不在施工现场制作的构件收取增值税，按构件制作直接工程费的7.05％计取增值税，增值税列入工程直接费，并计取各项费用。

2. 措施费

措施费是指为完成工程项目施工，发生于该工程施工前和施工过程中技术、生活、安全等方面的非工程实体项目的费用，由施工技术措施费和施工组织措施费组成。

（1）施工技术措施费。按各专业消耗定额计算。

（2）施工组织措施费。施工组织措施费计算，首先要确定工程类别，然后按类别取费计算。

1）工程类别划分标准。

各地费用定额中，对一般土建工程、安装工程及市政工程等都有相应的划分标准。表4-6是湖北省对一般土建工程类别划分标准。

一般土建工程类别划分标准 **表 4-6**

项目			单位	一类	二类	三类	四类
工业建筑物	单层	檐口高度	m	＞15	＞12	＞9	≤9
		跨度	m	＞24	＞18	＞12	≤12
		吊车吨位	t	＞30	＞20	≤20	—
	多层	檐口高度	m	＞24	＞15	＞9	≤9
		建筑面积	m^2	＞6000	＞4000	＞1200	≤1200
		其他		有声、光、超净、恒温、无菌等特殊要求工程			
民用建筑物	公共建筑	檐口高度	m	＞45	＞24	＞15	≤15
		跨度	m	＞24	＞18	＞12	≤12
		建筑面积	m^2	＞9000	＞5000	＞2500	≤2500
	其他民用建筑	檐口高度	m	＞56	＞27	＞18	≤18
		层数	层	＞18	＞9	＞6	≤6
		建筑面积	m^2	＞10000	＞6000	＞3000	≤3000
构筑物	水塔（水箱）	高度	m	＞75	＞50	≤50	—
		吨位	t	＞100	＞50	≤50	—
	烟囱 砖	高度	m	＞60	＞30	≤30	—
	烟囱 钢筋混凝土	高度	m	＞80	＞50	≤50	—
	贮仓（包括相连建筑）	高度	m	＞20	＞10	≤10	—
	贮水（油）池	容积	m^3	＞1000	＞500	≤500	—

2）一般土建工程类型划分说明。

a. 以单位工程为划分单位，一个单位工程有几种以上工程类型组成时，以占建筑面积最多的类型为准。

b. 在同一类别工程中有几个特征时，凡符合其中之一者，即为该类工程。

c. 檐高系指设计室外地面标高至檐口滴水标高，无组织排水的滴水标高为屋面板顶，有组织排水的滴水标高为天沟板底，同一建筑物有不同檐口高度时，按最高檐口高度计算；跨度系指轴线之间的宽度，多跨建筑按最大跨度取定类别。

d. 超出屋面封闭的楼梯出口间、电梯间、水箱间、塔楼、望台，只计算建筑面积，不计算高度、层数。层高在 2.2m 以内的技术层，不计算层数和面积。

e. 公共建筑指为满足人民物质文化需要和进行社会活动而设置的非生产性建筑物。如办公楼、教学楼、试验楼、图书馆、医院、商店、车站、影剧院、礼堂、体育馆、纪念馆等以及相类似的工程。除此以外均为其他民用建筑。

f. 属于框架结构的轻工、化工厂房、锯齿形屋架厂房，不低于二类。

g. 冷库工程，含有网架、悬索、升板等特殊结构的工程和沉井；沉箱以及建筑面积大于 20000m^2 的单层工业建筑列为一类工程。

h. 锅炉房，当单机蒸发量大于等于 20t 或总蒸发量大于等于 50t 时为一类，小于以上蒸发量时分别按柱高或跨度为准。

i. 桩基础工程按土建工程类别确定。

j. 扩建、加层建筑按总层数、总面积或总高度为衡量标准，但最高不得超过二类。

k. 附属于建筑工程的停车场，工程类别以建筑工程为准，单独建设的停车场按三类工程取费。

l. 铝合金门窗安装工程、金属构件制作安装工程以建筑工程类别划分。

m. 化粪池、检查井、地沟、支架等随主体工程划分类别；挡土墙、围墙等零星工程按四类工程取费。

3）施工组织措施费取费。

施工组织措施费中的临时设施费按表 4-7 取费，其他施工组织措施费按表 4-8 计算。

临时设施费取费标准（单位：%）　　**表 4-7**

<table>
<tr><td colspan="2" rowspan="2">工程性质</td><td rowspan="2">建筑市政工程</td><td rowspan="2">炉窑砌筑工程</td><td rowspan="2">金属构件制作安装</td><td rowspan="2">塑钢门窗安装</td><td colspan="2">大型土石方工程</td><td rowspan="2">安装工程</td></tr>
<tr><td>机械</td><td>人工</td></tr>
<tr><td colspan="2">计算基础</td><td colspan="5">直接工程费＋施工技术措施费</td><td colspan="2">人工费</td></tr>
<tr><td rowspan="4">工程类别</td><td>一类工程</td><td>1.5</td><td>1.2</td><td>1.0</td><td>0.4</td><td rowspan="4">1.5</td><td rowspan="4">4.0</td><td>12.0</td></tr>
<tr><td>二类工程</td><td>1.0</td><td>0.6</td><td>0.6</td><td>0.2</td><td>8.0</td></tr>
<tr><td>三类工程</td><td>0.5</td><td>—</td><td>0.3</td><td>0.1</td><td>4.0</td></tr>
<tr><td>四类工程</td><td>0.3</td><td>—</td><td>0.3</td><td>0.1</td><td>—</td></tr>
</table>

其他施工组织措施费取费标准（单位：%）　　**表 4-8**

<table>
<tr><td colspan="2">计算基础</td><td>直接工程费＋施工技术措施费</td><td>人工费</td></tr>
<tr><td colspan="2">综合费率</td><td>1.5</td><td>8.0</td></tr>
<tr><td rowspan="9">其中</td><td>环境保护</td><td>0.25</td><td>1.0</td></tr>
<tr><td>安全施工</td><td>0.10</td><td>0.5</td></tr>
<tr><td>文明施工</td><td>0.10</td><td>0.5</td></tr>
<tr><td>夜间施工</td><td>0.10</td><td>0.5</td></tr>
<tr><td>二次搬运</td><td>0.05</td><td>按施工组织设计计算</td></tr>
<tr><td>施工排水、降水</td><td>0.10</td><td>0.5</td></tr>
<tr><td>冬、雨期施工</td><td>0.20</td><td>1.0</td></tr>
<tr><td>生产工具用具使用</td><td>0.50</td><td>3.5</td></tr>
<tr><td>工程定位、点交、场地清理</td><td>0.10</td><td>0.5</td></tr>
</table>

注：1. 施工排水、降水费是指排除雨、雪、污水的费用；
2. 以人工费计取施工组织措施费的工程，施工组织措施费中的人工费按 15%计取；
3. 施工技术措施费按各专业消耗量定额计算。

（二）间接费

间接费由规费和施工管理费组成。

1. 规费

（1）采用工程量清单计价

采用工程量清单计价，规费按表 4-9 计算。

采用工程量清单计价规费计算表（单位：%） **表 4-9**

计算基础		清单计价合计	清单计价合计中的人工费
综合费率		5.0	25.0
其中	养老保险统筹基金	2.91	15.0
	待业保险基金	0.42	2.0
	医疗保险费	1.50	7.0
	定额测定费	0.13	0.6
	工程排污费	0.04	0.4

注：清单计价合计包括分部分项工程量清单计价合计和施工技术措施项目清单合计。

（2）采用定额计价

采用定额计价，规费按表 4-10 计算。

采用定额计价规费计算表（单位：%） **表 4-10**

计算基础		直接费	人工费
综合费率		6.0	25.0
其中	养老保险统筹基金	3.50	16.0
	待业保险基金	0.50	2.0
	医疗保险费	1.80	6.0
	定额测定费	0.15	0.6
	工程排污费	0.05	0.4

2. 施工管理费

计取管理费，应根据工程类别按规定的费率计算。

施工管理费取费标准见表 4-11～表 4-14。

建筑市政及其他工程施工管理费取费标准 **表 4-11**

费率(%) 项目 \ 计费基础 \ 工程性质及类别	建筑市政工程				大型土石方工程	
	一类	二类	三类	四类	机械施工	人工施工
	直接费					人工费
施工管理费	10.0	7.0	4.0	2.0	10.0	15.0

安装工程施工管理费取费标准 **表 4-12**

费率(%) 项目 \ 计费基础 \ 工程类别	一类	二类	三类
	人工费		
施工管理费	35.0	25.0	15.0

炉窑砌筑及金属构件制作安装工程施工管理费取费标准　　表 4-13

工程类别 / 计费基础 / 费率(%) / 项目	炉窑砌筑工程		金属构件制作安装工程			
	一类	二类	一类	二类	三类	四类
	直　接　费					
施工管理费	6.5	6.0	7.0	5.0	3.0	2.0

塑钢门窗工程施工管理费取费标准　　表 4-14

工程类别 / 计费基础 / 费率(%) / 项目	一类	二类	三类	四类
	直接费			
施工管理费	2.5	2.0	1.0	1.0

（三）利润

利润依据不同工程类别实施差别利润率。湖北省鄂建（2003）44 号文颁发的“费用定额”规定的差别利率如表 4-15 所示。

利 润 率　　表 4-15

计费基础 / 费率(%) / 工程类别	直接工程费	人工费
一类工程	7.0	30.0
二类工程	5.0	20.0
三类工程	3.0	10.0
四类工程	2.0	—

注：人工施工大型土石方工程的利润按相应定额人工费的 6.0%计取。

（四）税金

营业税、城市建设维护税、教育费附加综合税率计税税率如表 4-16 所示。

营业税、城市建设维护税、教育非附加综合税率　　表 4-16

纳税人所在地区 / 计税基础 / 项目	纳税人所在地在市区	纳税人所在地在县城、镇	纳税人所在地不在市区、县城或镇
	不含税工程造价		
综合税率(%)	3.41	3.35	3.22

二、建筑工程费用计算程序

（一）采用清单计价

1. 分部分项工程、施工技术措施项目、零星工作项目综合单价计算程序

表 4-17 为分部分项工程、施工技术措施项目、零星工作项目综合单价计算程序。

分部分项工程、施工技术措施项目、零星工作项目综合单价计算程序　　表 4-17

序号	计费基础 / 费用项目		直接工程费	人　工　费
1	综合单价	直接工程费	消耗量定额基价	消耗量定额基价
2		其中：人工费	Σ工日消耗量×人工单价	Σ工日消耗量×人工单价
3		材料费	Σ材料消耗量×材料单价	Σ材料消耗量×材料单价
4		机械使用费	Σ机械消耗量×机械使用费单价	Σ机械消耗量×机械使用费单价
5		构件增值税	构件制作费×税率	/
6		施工管理费	(1+5)×费率	2×费率
7		利润	(1+5)×费率	2×费率
8		合计	1+5+6+7	1+6+7

2. 施工组织措施费综合单价计算程序

表 4-18 为施工组织措施费综合单价计算程序。

施工组织措施费综合单价计算程序 **表 4-18**

序号	费用项目 \ 计费基础	直接工程费	人工费
1	分部分项工程直接工程费	Σ分部分项工程量×消耗量定额基价	Σ分部分项工程量×消耗量定额基价
2	其中：人工费	/	工日消耗量×人工单价
3	技术措施项目直接工程费	Σ技术措施项目工程量×消耗量定额基价	Σ技术措施项目工程量×消耗量定额基价
4	其中：人工费	/	工日消耗量×人工单价
5	施工组织措施项目费	(1+3)×费率	(2+4)×费率
6	其中：人工费	/	施工组织措施项目费×系数
7	施工管理费	5×费率	6×费率
8	利润	5×费率	6×费率
9	施工组织措施费综合单价	5+7+8	5+7+8

3. 单位工程造价计算程序

表 4-19 为单位工程造价计算程序。

单位工程造价计算程序 **表 4-19**

序号	费用项目 \ 计费基础	直接工程费	人工费
1	分部分项工程量清单计价合价	Σ分部分项工程量×分部分项工程综合单价	Σ分部分项工程量×分部分项工程综合单价
2	其中：人工费	/	工日消耗量×人工单价
3	技术措施项目清单计价合价	Σ技术措施项目工程量×技术措施项目综合单价	Σ技术措施项目工程量×技术措施项目综合单价
4	其中：人工费	/	工日消耗量×人工单价
5	组织措施项目清单	Σ各施工组织措施费	Σ各施工组织措施费
6	其中：人工费	/	Σ各施工组织措施费×系数
7	其他项目清单计价合价	Σ其他项目报价	Σ其他项目报价
8	规费	(1+5)×费率	(2+6)×费率
9	税金	(1+3+5+7+8)×费率	(1+3+5+7+8)×费率
10	单位工程造价	1+3+5+7+8+9	1+3+5+7+8+9

（二）采用定额计价

采用定额计价，湖北省建筑工程费用计算程序见表 4-20。

湖北省建筑安装工程价格采用定额计价计算程序 **表 4-20**

序号	费用项目		计算方法	
			以直接费为计费基础的工程	以人工费为计费基础的工程
1	直接费	直接工程费	施工图工程量×消耗量定额基价	施工图工程量×消耗量定额基价
2		其中：人工费	定额工日消耗量×规定人工单价	定额工日消耗量×规定的人工单价
3		构件增值税	构件定额直接费×税率	/
4		施工技术措施费	按消耗量定额计算	按消耗量定额计算
5		其中：人工费	/	定额工日消耗量×人工单价
6		施工组织措施费	(1+3)×费率	2×费率
7		其中：人工费	/	10×15%
8	价差	主要材料价差	主材用量×(市场价格－预算价格)	
9		辅助材料价差	1×费率	
10		人工费调整	按规定计算	
11		机械费调整	按规定计算	
12	间接费	施工管理费	(1+3+4+6)×费率	(2+5+7)×费率
13		规费		(2+5+7)×费率
14	利润		(1+3+4+6+8+9+10+11)×费率	(2+5+7)×费率
15	不含税工程造价		1+3+4+6+8+9+10+11+12+13+14	1+3+4+6+8+9+10+11+12+13+14
16	税金		15×税率	15×税率
17	含税工程造价		15+16	15+16

第四节 概算定额

一、概算定额的基本概念

（一）概算定额的概念

概算定额，亦称扩大结构定额，是指按一定计量单位规定的扩大分部分项工程或扩大结构部分的人工、材料和机械台班的消耗量标准和综合价格。

概算定额是在预算定额基础上的综合和扩大。它将预算定额中有联系的若干个分项工程项目综合为一个概算定额项目，较之预算定额更为综合扩大，所以又称“扩大结构定额”。例如民用建筑带形砖基础工程，在预算定额中可划分为挖地槽、基础垫层、砌筑砖基础、敷设防潮层、回填土、余土外运等项，而且分属不同的工程分部。但在概算定额中，则综合为一个带形基础。

概算定额内容也包括人工、材料和机械台班使用量定额三个基本部分，并列有基准价。

定额基准价＝定额单位人工费＋定额单位材料费＋定额单位机械费
＝∑(人工概算定额消耗量×人工工资单价)
＋∑(材料概算定额消耗量×材料预算价格)
＋∑(施工机械概算定额消耗量×机械台班费用单价)

（二）概算定额与预算定额的比较

1. 概算定额与预算定额的相同之处

（1）概算定额和预算定额都是反映社会平均水平。

（2）它们都是以建（构）筑物各个结构部分和分部分项工程为单位表示的，内容包括人工、材料和机械台班使用量定额三个基本部分，并列有基准价。表达的主要内容、主要方式及基本使用方法都相近。

（3）随着科学技术的进步，社会生产力的发展，人工、材料和机械台班价格的调整以及其他条件的变化，概算定额和预算定额都应进行补充和修订。

2. 概算定额与预算定额的不同

（1）在于项目划分和综合扩大程度上的差异。

（2）概算定额主要用于设计概算的编制。

（3）由于概算定额综合了若干分项工程的预算定额，因此概算工程量计算和概算表的编制，都比编制施工图预算简化一些。

（三）分类

概算定额根据专业性质的不同可分为如图 4-3 所示的各种适用于不同专业的概算定额。

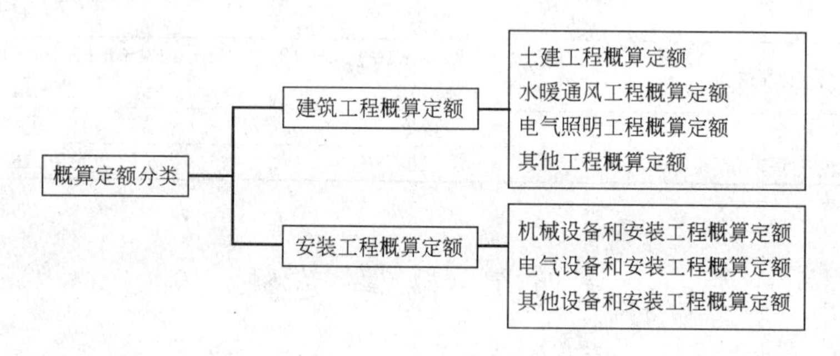

图 4-3　概算定额分类

二、概算定额的编制

（一）概算定额的用途

概算定额有以下用途：

1. 概算定额是编制概算、初步设计概算、修正概算的主要依据。

2. 概算定额是对设计方案进行技术经济分析和比较的依据。概算定额扩大综合后，可为设计方案的比较提供方便条件。

3. 概算定额是编制主要材料需要量的计算基础。根据概算定额所列材料消耗指标计算工程用料数量，为合理组织材料供应提供了前提条件。

4. 概算定额是编制建设工程概算指标和投资估算指标的依据。

5. 概算定额是快速编制施工图预算、标底、投标报价的依据之一。

（二）概算定额的编制原则、依据和方法

1. 概算定额的编制原则

概算定额应该贯彻社会平均水平、简明适用和少留活口的原则。

在市场经济条件下，确定概算定额的消耗指标，应遵循价值规律的要求，按照产品生产中所消耗的社会平均劳动确定。概算定额是在预算定额的基础上的综合，所以概算定额必须在项目划分、工程量的计算、活口处理等方面更加简明。应在概预算和预算定额之间应保留必要的幅度差，并且在概算定额的编制过程中严格控制。为了稳定预算定额水平，在编制预算定额时要不留活口或少留活口。

2. 概算定额的编制依据

（1）现行的设计规范、标准图集、典型工程设计图纸等；

（2）现行的预算定额、概算定额、概算指标及其编制资料；

（3）概算定额编制期定额工资标准、材料预算价格和机械台班费用等；

（4）编制期的施工图预算或工程结算材料等。

（三）概算定额的编制步骤

概算定额的编制一般分为：准备工作阶段、编制初稿阶段、测算阶段和审查报批阶段。

（1）准备工作阶段：主要有建立编制机构，确定人员组成，组织人员进行调查研究，了解现行概算定额执行情况与存在问题、编制范围等。在此基础上制定概算定额的编制目的、编制计划和概算定额项目划分。

（2）编制初稿阶段：根据已制定的编制规则，如定额项目划分和工程量计算规则等，调查研究，对收集到的设计图纸、资料进行细致的测算和分析，编出概算定额初稿。并将概算定额的分项定额的总水平和预算水平相比控制在允许的幅度之内，以保证两者在水平上的一致性。

（3）测算阶段：测算新编概算定额和现行预算定额、概算定额水平的差值，编制定额水平测算报告。如果概算定额和预算定额水平差距较大时，则需对概算定额水平进行必要的调整。

（4）审查报批阶段：在征求有关部门、基本建设单位和施工企业的意见并且修改之后形成报批稿，交国家主管部门审批并经批准之后交付印刷，开展发行工作。

三、概算定额的组成内容和应用

（一）概算定额的内容和形式

概算定额的表现形式由于专业特点和地区的差异而有所不同，但就其基本内容上说是由目录、文字说明、定额项目表和附录等部分组成。

1. 文字说明部分

概算定额的文字说明中有总说明、分部说明。

在总说明中，主要阐述概算定额编制的目的和依据，所包括的内容和用途，使用范围和应遵守的规定，建筑面积的计算规则等。分部说明，主要阐述分部分项工程的综合工作内容和工程量计算规则等。

分部工程说明主要说明分部工程的内容、适用范围和使用方法等。

2. 定额项目表

定额项目表是定额手册的核心内容，其中规定的人工、材料、机械台班消耗和基价是编制设计概算的主要依据。它由定额项目名称、定额单位、定额编号、估价表、综合内容、工料消耗组成，见表4-21、表4-22。

定额项目名称：指明了定额项目名称、规格、类型等，它是计算工程量时，划分项目的依据。

定额单位：是定额规定消耗指标的计量单位，计算工程量时应以它作为计量单位。

定额编号：为了便于查阅和使用，定额的章、子目都做了统一编号。在编制概算时也可写成“页号-定额号”形式，以方便自己核对和他人审核。

估价表：反映定额项目基价、人工费、材料费和机械费，是编制设计概算时计算直接费的依据。

综合内容：是指在编制本概算定额项目时，所综合的预算定额分项工程名称及定额号，本概算定额项目基价为其综合的预算定额分项工程费用之和，即

本概算定额项目基价＝∑(所综合的预算定额分项工程单价×分项工程数量)

必要时利用综合内容及预算定额，可以进行定额换算或定额的核对。

工料消耗：反映定额项目的工料消耗额，是进行概算工料分析，进而计算、调整材料价差的依据。

表4-21、表4-22为现浇钢筋混凝土柱概算定额表及现浇柱综合预算定额项目。

现浇钢筋混凝土柱概算定额表 表4-21

定额编号	项目名称		计算单位	概算基价(元)	人工以及主要材料				
					人工	水泥	钢材	板枋材	圆木
					工日	kg	kg	m^3	m^3
Ⅲ-63	现浇钢筋混凝土柱	矩形柱	m^3	913.66	8.80	349.16	162.01		
Ⅲ-64		构造柱		820.64	7.51	349.16	137.63		
Ⅲ-65		圆形柱		989.10	11.30	349.16	147.25		

注：取自《湖北省建筑工程概算定额统一基价表》中土建工程部分。

现浇钢筋混凝土柱综合预算定额项目 表4-22

定额编号	项目名称			综合内容 单位 100								
			编号	5-25	5-29	5-27	5-123	5-124	5-127	5-128	5-129	6-40
			单项名称	现浇钢筋混凝土柱			现浇构件钢筋					钢筋运输
				矩形柱C20	构造柱C20	圆形柱C20	Φ6内	Φ8内	Φ16内	20Φ内	Φ25内	
			单位	$100m^3$			t					10t
			单价	3916.22	3677.36	5144.46	3392.40	3268.48	3202.92	3167.65	3149.88	717.61
Ⅲ-63	现浇钢筋混凝土柱	矩形柱	工程量	10.00				1.525		0.924	13.694	1.614
Ⅲ-64		构造柱			10.00		1.788		11.939			1.373
Ⅲ-65		圆形柱				10.00		1.640			13.033	1.467

注：取自《湖北省建筑工程概算定额统一基价表》中土建工程部分。

（二）概算定额应用规则

1. 符合概算定额规定的应用范围；

2. 应用概算定额时，工程内容、计量单位以及综合程度应与概算定额的有关规定一致；

3. 必要的调整和换算应严格按定额的文字说明和附录进行；

4. 工程量的计算应尽量准确，避免重复计算和漏算。

第五节　概算指标

一、概算指标

（一）概算指标

建筑安装工程概算指标通常是以整个建筑物和构筑物为对象，以建筑面积、体积或成套设备装置的台或组为计算单位而规定的人工、材料和机械台班的消耗量标准和造价指标。它是一种比概算定额综合性、扩大性更强的一种定额指标。

（二）概算指标的分类

概算指标可分为两大类，一类是建筑工程概算指标，另一类是安装工程概算指标。其分类如图4-4所示。

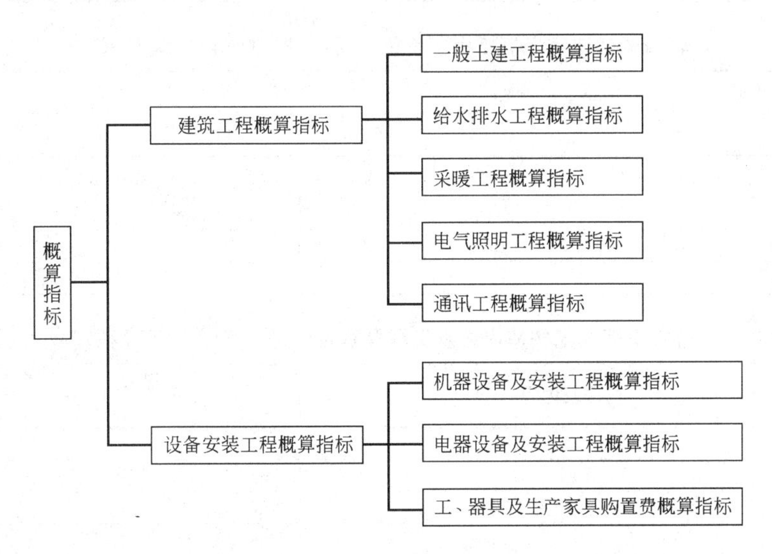

图4-4　概算指标分类

（三）概算指标的作用

1. 概算指标可以作为编制投资估算的参考；

2. 在初步设计阶段，概算指标是编制建设工程初步设计概算的依据；

3. 概算指标中的主要材料指标可作为估算主要材料用量的依据；

4. 概算指标是设计单位进行设计方案比较、建设单位选址的一种依据；

5. 概算指标是编制固定资产投资计划、确定投资拨款额度的主要依据。

二、概算指标的组成内容

概算指标组成内容一般分为文字说明和列表形式两部分，以及必要的附录。

1. 总说明和分册说明

其内容一般包括：概算指标的编制范围、编制依据、分册情况、指标包括的内容、指标未包括的内容、指标的使用方法、指标允许调整的范围及调整方法等。

2. 列表形式

（1）建筑工程列表形式。房屋建筑、构筑物一般是以建筑面积、建筑体积、“座”、“个”等为计算单位，附以必要的示意图，并列出其建筑结构特征（如结构类型、层数、檐高、层高、跨度、基础深度等）、综合指标（元/m^2 或 元/m^3）、自然条件（如地耐力、地震烈度等）、建筑物的类型、结构形式以及各部位中结构主要特点和主要工程量，分别见表 4-23～表 4-26。

（2）安装工程的列表形式。设备以“t”或“台”为计算单位，以设备购置费或设备原价的百分比（%）表示；工艺管道一般以“t”为计算单位；通讯电话站安装以“站”为计算单位。列出指标编号、项目名称、规格、综合指标（元/计算单位）以及其中的人工费，必要时还要列出主材费、辅材费。

表 4-27～表 4-29 为用于投资估算的造价指标。

轻板框架住宅结构特征表 **表 4-23**

结构类型	层数	层高	檐高	建筑面积
轻板结构	七层	3m	21.9m	3746m^2

轻板框架住宅经济指标（单位：元）（每 100m^2 建筑面积） **表 4-24**

造价分类＼造价构成		合 计	其 中				
			直接费	间接费	计划利润	其他	税金
单方造价		43774	25352	6467	2195	8493	1267
其中	土建	38617	22365	5705	1937	7492	1118
	水暖	3416	1978	505	171	663	99
	电照	1741	1009	257	87	338	50

轻板框架住宅构造内容及工程量指标（每 100m^2 建筑面积） **表 4-25**

序号	构造及内容		工程量		占单方造价(%)
			单位	数量	
	一、土建				
1	基础	钢筋混凝土条形基础	m^3	6.05	13.9
2	外墙	250mm 加气混凝土外墙板	m^3	13.43	13.9
3	内墙	125mm 加气块/砖、石膏板	m^3	19.46,8.17,17.75	12.5
4	柱及间隔	预制柱、间距 2.7m、3m	m^3	3.50	5.48
5	梁	预制叠合梁、阳台挑梁、纵向梁	m^3	3.34	3.10
6	地面	80mm 混凝土垫层、水泥砂浆面层	m^2	12.60	2.79
7	楼层	100mm 钢筋混凝土整间板、面层	m^2	73.10	15.23
8	顶棚				
9	门窗	木门窗	m^2	58.77	14.64
10	屋架及跨度				
11	屋面	三毡四油防水、200mm 加气保温、预制空心板	m^2	18.60	6.21
12	脚手架	综合脚手架	m^2	100	2.30
13	其他	厕所、水池等零星工程			9.92
	二、水暖				
1	采暖方式	垂直单管上供下回式集中采暖			
2	给水性质	生活给水			
3	排水性质	生活分流污水			
4	通风方式	自然通风			
	三、电照				
1	配线方式	塑料管暗配			
2	灯具种类	白炽灯、普通座灯、防水座灯			
3	用电量				

轻钢框架住宅人工及主要材料消耗指标（每 $100m^2$ 建筑面积） **表 4-26**

序号	名称及规格	单位	数量	序号	名称及规格	单位	数量
一	土建			1	人工	工日	38
1	人工	工日	459	2	钢管	t	0.20
2	钢筋	t	2.43	3	暖气片	m^2	21
3	型钢	t	0.06	4	卫生器具	套	4.7
4	水泥	t	14.00	5	水表	个	1.87
5	白灰	t	0.50	三	电照		
6	沥青	t	0.3	1	人工	工日	19
7	石膏板、红砖/墙板、加气板	千块	17.75,8.17/13.43,19.46	2	电线	m	274
8	木板	m^3	3.81	3	钢(塑)管	t	0.052
9	砂	m^3	30	4	灯具	套	8.7
10	砾(碎)石	m^3	26	5	电表	个	1.54
11	玻璃	m^2	29	6	配电管	套	0.79
12	卷材	m^2	88	四	机械使用费	%	7.60
二	水暖			五	其他材料费	%	17.53

建筑工程平方米造价 **表 4-27**

序号	工程项目		造价（元/m^2）
1-1	住宅	6 层以下	555.95～617.72
2-1		7～8 层	651.72～724.13
3-1		9～14 层	688.20～764.66
4-1		15 层以上	765.06～850.07
5-1	办公写字	6 层以下	720.23～800.26
6-1		7～14 层	843.30～937.00
7-1		15 层以上	843.30～937.00
8-1	办公综合	6 层以下中、小学	564.17～626.86
9-1		6 层以下大学	703.10～781.22
10-1		7～14 层	982.91～1092.12
11-1	标准厂房	单层	822.78～914.19

注：数据为武汉市 2002 第三季度资料。

每万元消耗量 **表 4-28**

层数	结构	建筑面积	工日	钢材(t)	水泥(t)	木材(m^3)	砌体(m^3)	中粗砂(m^3)	商品混凝土(m^3)
6 层以下写字楼	框剪	6000～10000	63.26	0.62	1.11	0.17	1.90	2.49	4.01
7～14 层写字楼	框剪	>10000	49.88	0.44	0.43	0.17	2.04	1.32	2.94
小区内 6 层以下公共综合楼	砖混	3000～6000	68.47	0.57	1.03	0.29	2.65	2.75	3.96
6 层以下住宅楼	砖混	<3000	72.27	0.52	1.15	0.25	5.32	3.51	4.48
7～8 层住宅楼	框架	3000～6000	72.96	0.49	0.82	0.21	2.14	2.33	5.06
9～14 层住宅楼	框剪	6000～10000	55.82	0.65	0.61	0.12	1.99	1.82	4.30

注：数据为武汉市 2002 第三季度资料。

每 100m² 消耗量 **表 4-29**

层数	结构	建筑面积	工日	钢材(t)	水泥(t)	木材(m^3)	砌体(m^3)	中粗砂(m^3)	商品混凝土(m^3)
6层以下写字楼	框剪	6000～10000	506.27	4.96	8.88	1.35	15.24	19.95	32.11
7～14层写字楼	框剪	＞10000	466.86	4.17	4.03	1.58	19.06	12.34	27.55
小区内6以下公共综合楼	砖混	3000～6000	428.17	3.59	6.69	1.82	16.83	17.08	25.03
6层以下住宅楼	砖混	＜3000	446.09	3.21	5.90	1.56	32.82	21.68	27.67
7～8层住宅楼	框架	3000～6000	529.69	3.55	6.21	1.53	15.45	16.77	36.50
9～14层住宅楼	框剪	6000～10000	424.77	4.98	4.96	0.95	15.13	13.82	32.86

注：数据为武汉市2002第三季度资料。

三、概算指标的编制

（一）概算指标的编制依据

1. 标准设计图纸和各类工程典型设计；

2. 国家颁发的建筑标准、设计规范、施工规范等；

3. 各类工程造价资料；

4. 现行的概算定额和预算定额及补充定额资料；

5. 人工工资标准、材料预算价格、机械台班预算价格及其他价格资料。

（二）概算指标的编制原则

1. 按平均水平确定概算指标的原则。在我国社会主义市场经济条件下，概算指标作为确定工程造价的依据，同样必须遵照价值规律的客观要求，在其编制时必须按社会必要劳动时间，贯彻平均水平的编制原则，只有这样才能使概算指标合理确定和控制工程造价的作用得到充分发挥。

2. 概算指标的编制依据，必须具有代表性。编制概算指标所依据的工程设计资料，应具有代表性，且技术上先进，经济上合理。

3. 概算指标的内容和表现形式，要贯彻简明适用的原则。应根据用途不同划分概算指标的项目，确定其项目的综合范围。遵循粗而不漏、适用面广的原则，体现综合扩大的性质。概算指标从形式到内容应简明易懂，且便于在采用时根据拟建工程的具体情况进行必要的调整换算，能在较大范围内满足不同用途的需要。

复习思考题

1. 企业定额的概念、作用什么？

2. 预算定额的概念、性质、编制原则是什么？

3. 人工工日单价的概念和组成内容是什么？

4. 什么是材料预算价格？组成内容是什么？如何确定材料预算价格？

5. 机械台班单价的概念和组成内容是什么？

6. 什么是分部分项工程单价？什么是单位估价表？分部分项工程单价如何分类？如何确定分部分项工程单价？

7. 预算定额的应用体现在哪几方面？

8. 什么是概算定额？编制原则是什么？

9. 什么是概算指标？它与概算定额的区别是什么？概算指标的编制原则是什么？

10. 什么是投资估算指标？投资估算指标的内容有哪些？

第五章　建筑工程定额计价

建筑工程定额计价是我国长期使用的一种基本方法，它是利用施工图纸计算工程量，套定额消耗量或单价，再根据建筑工程费用定额取费的预算方法，因此传统称之为施工图预算。

第一节　单位工程施工图预算编制方法

一、单位工程施工图预算的分类

建筑工程施工图预算有单位工程预算、单项工程预算和建设项目总预算。首先以一定方法编制单位工程的施工图预算，然后汇总所有各单位工程施工图预算，成为单项工程施工图预算；再汇总所有各单项工程施工图预算，形成一个建设项目建筑安装工程的总预算。

单位工程预算又分为一般土建工程预算、给水排水工程预算、暖通工程预算、电气照明工程预算、工业管道工程预算和特殊构筑物工程预算。本章只介绍一般土建工程施工图预算的编制。

施工图预算也称为设计预算。单位工程施工图预算是根据施工图设计图纸、现行预算定额、费用定额以及地区设备、材料、人工、施工机械台班预算价格、施工组织设计等编制和确定的建筑安装工程造价的文件。

二、施工图预算的作用

在社会主义市场经济条件下，施工图预算的主要作用是：

1. 施工图预算是设计阶段控制工程造价的重要环节，是控制施工图设计不突破设计概算的重要措施，是编制或调整固定资产投资计划的依据。

2. 对于实行施工招标的工程，施工图预算是编制标底的依据，也是承包企业投标报价的基础。

3. 对于不宜实行招标的工程，采用施工图预算加调整价结算的工程，施工图预算可作为确定合同价款的基础或作为审查施工企业提出的施工图预算的依据。

三、施工图预算的编制依据

1. 施工图纸及说明书和标准图集

经建设、设计和施工单位共同会审确定的施工图纸等，反映了工程的具体内容，是编制施工图预算的重要依据。

2. 现行预算定额

现行建筑工程预算定额，是编制施工图预算的基础资料，是确定分项工程子目、计算工程量、选用单价、计算直接工程费的依据。

3. 材料、人工、机械台班预算价格及调价规定

材料、人工、机械台班预算价格是构成直接工程费的主要因素，在市场经济条件下，

材料、人工、机械台班的价格是随市场而变化的。为使预算造价尽可能接近实际，各地区主管部门对此都有明确的调价规定。因此，合理确定材料、人工、机械台班预算价格及其调价规定是编制施工图预算的重要依据。

4. 施工组织设计或施工方案

施工组织设计或施工方案，是工程施工的重要文件，它对工程施工方法、施工机械选择、材料构件的加工和堆放地点都有明确的规定。这些资料直接影响计算工程量和选套预算单价。

5. 费用定额及取费标准

各省、自治区、直辖市和各专业部门规定的费用定额及计算程序，它是计算工程造价的重要依据。

6. 预算工作手册及有关工具书

预算工作手册和工具书包括了计算各种结构构件面积和体积的公式，钢材、木材等各种材料规格、型号及用量数据，各种单位换算比例，特殊断面、结构件的工程量的速算方法，金属材料重量表等，这些都是是施工图预算中常常要用到的，因此可供计算工程量和进行工料分析参考。

四、施工图预算的编制方法

单位工程施工图预算编制方法，通常有单价法和实物法两种方法。

(一) 单价法

1. 单价法

单价法是利用预算定额中各分项工程相应的定额单价来编制施工图预算的方法。首先按施工图计算各分项工程的工程量，并乘以相应单价，汇总相加，得到单位工程的定额直接费；再加上按规定程序计算出来的其他直接费、现场经费、间接费、计划利润和税金；最后汇总各项费用即得到单位工程施工图预算造价。

单价法编制工作简单，便于进行技术经济分析。但在市场价格波动较大的情况下，会造成较大偏差，应进行价差调整。

单价法编制施工图预算，其中直接费的计算公式为：

$$单位工程施工图预算直接费=\sum(工程量\times预算定额单价)$$

2. 单价法编制施工图预算的步骤

施工图预算应由有编制资格的单位和人员进行编制。应用“单价法”编制施工图预算的步骤如图 5-1 所示。

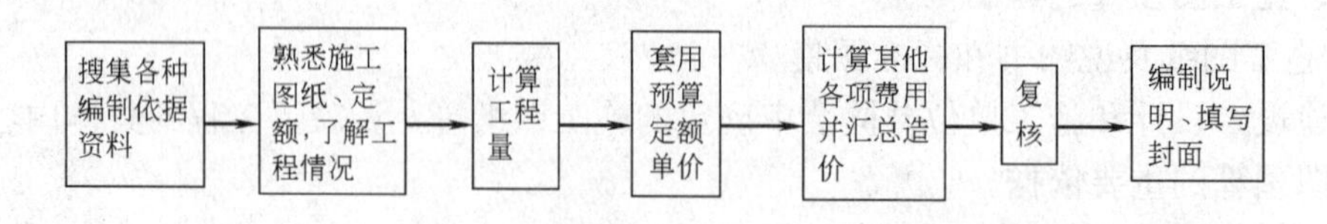

图 5-1 单价法编制施工图预算步骤

(1) 搜集各种编制依据资料。各种编制依据资料包括施工图纸、施工组织设计或施工方案、现行建筑安装工程预算定额、费用定额、预算工作手册、调价规定等。

(2) 熟悉施工图纸、定额，了解现场情况和施工组织设计资料。

1）熟悉施工图纸和定额。只有对施工图和预算定额有全面详细的了解，才能结合预算定额项目划分原则，迅速而准确地确定分项工程项目并计算出工程量，进而合理地编制出施工图预算造价。

土建工程施工图分为建筑图和结构图。建筑图一般包括平面图、立面图、剖面图及构件大样图等，是关于建筑物的形式、大小、构造、应用材料等方面的图纸；结构图一般包括基础平面图、楼板和屋面结构布置图、梁柱和楼梯大样图等，是关于结构部分设计尺寸和用料等方面的图纸。

在阅读过程中如发现图纸上的不合理和错误的地方，以及遇有文字说明不清、构造做法不详等情况时，应做好记录，并在编制预算之前将问题解决，避免预算返工。

2）了解现场情况和施工组织设计资料。了解现场施工条件、施工方法、技术组织措施、施工设备等资料，如地质条件、土壤类别、周围环境等。

（3）计算工程量。工程量的计算在整个预算过程中是最重要、最繁重的一个环节，是预算工作中的主要部分，直接影响着预算造价的准确性。

计算工程量一般可按下列具体步骤进行：

1）列出分部分项工程。根据施工图和定额项目，列出计算工程量的分部分项工程，应避免漏项或重项。

2）根据一定的计算顺序和计算规则、列出计算式。计算工程量是一项繁重而又细致的工作，要认真、细致，并要按照一定的计算规则和顺序进行，以避免和防止重算与漏算等现象，同时也便于校对和审核。

3）根据施工图示尺寸及有关数据，代入计算式进行数学计算。

（4）套用预算定额单价。

1）套用预算单价（即定额基价），用计算得到的分项工程量与相应的预算单价相乘的积，称为“合价”或“复价”。其计算式为：

合价(即分项工程直接费)＝分项工程量×相应预算单价

套用单价时需注意如下几点：

① 分项工程量的名称、规格、计量单位必须与预算定额表所列内容一致，避免重套、错套，导致施工图预算造价偏差。

② 当施工图纸的某些设计要求与定额单价的特征不完全符合时，必须根据定额使用说明对定额基价进行调整或换算。

③ 当施工图纸的某些设计要求与定额单价特征相差甚远，既不能直接套用也不能换算、调整时，必须编制补充单位估价表或补充定额。

2）将预算表内某一个分部工程中各个分项工程的合价相加所得的和数，称为“合计”，即为分部工程的直接费。其计算式为：

合计(即分部工程直接费)＝∑分项工程量×相应预算单价

3）汇总各分部合计即得单位工程定额直接费。

（5）编制工料分析表。根据各分部分项工程的工程量和定额中相应项目的用工工日及材料数量，计算出各分部分项工程所需的人工及材料数量，相加汇总得出该单位工程所需要的人工和材料用量。工料分析是计算材差价的重要准备工作。

（6）计算其他各项费用并汇总造价。按照各地规定费用项目及费率，分别计算出其他直接费、现场经费、间接费、计划利润和税金，并汇总单位工程造价。

(7) 复核。复核的内容主要是核查分项工程项目有无漏项或重项；工程量计算公式和结果有无少算、多算或错算；套用定额基价、换算单价或补充单价是否选用合适；各项费用及取费标准是否符合规定、计算基础和计算结果是否正确；材料和人工价格调整是否正确等。

(8) 编制说明、填写封面。预算编制说明及封面一般应包括以下内容：

1) 施工图名称及编号；

2) 所用预算定额及编制年份；

3) 费用定额及材料调差的有关文件名称文号；

4) 套用单价或补充单价方面的情况；

5) 有哪些遗留项目或暂估项目；

6) 封面填写应写明工程名称、工程编号、工程量（建筑面积）、预算总造价及单方造价、编制单位名称及负责人和编制日期，审查单位名称及负责人和审核日期等。

单价法是目前国内编制施工图预算的主要方法，具有计算简单、工作量较小和编制速度较快、便于工程造价管理部门集中统一管理的优点。但由于是采用事先编制好的统一的单位估价表，其价格水平只能反映定额编制年份的价格水平。在市场经济价格波动较大的情况下，单价法的计算结果会偏离实际价格水平，虽然可采用调价，但调价系数和指数从测定到颁布又有滞后且计算也较繁琐。

（二）实物法

1. 实物法

实物法是首先计算出分项工程量，然后套用相应预算人工、材料、机械台班的定额用量，汇总求和，再分别乘以工程所在地当时的人工、材料、机械台班的实际单价，得到直接工程费，然后按规定计取其他各项费用，最后汇总就可得出单位工程施工图预算造价。

实物法编制施工图预算，其中直接费的计算公式为：

单位工程预算直接费＝∑工程量×人工预算定额用量×当时当地人工工资单价
＋∑工程量×材料预算定额用量×当时当地材料预算价格
＋∑工程量×施工机械台班预算定额用量
×当时当地机械台班单价

2. 实物法编制施工图预算的步骤

应用“单价法”编制施工图预算的步骤如图 5-2 所示。

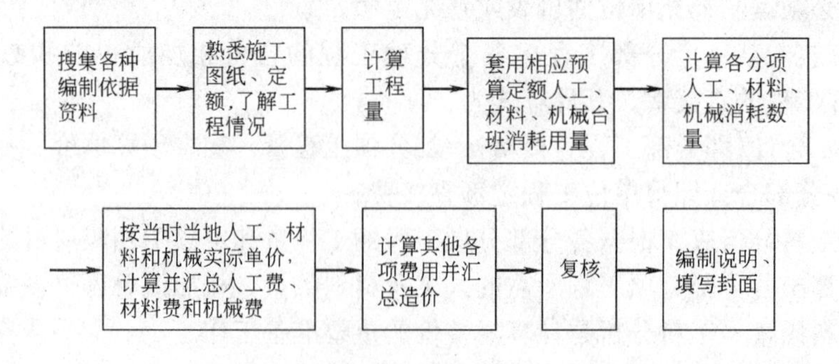

图 5-2 单价法编制施工图预算步骤

（1）搜集各种编制依据资料。

（2）熟悉施工图纸和定额，了解现场情况和施工组织设计资料。

（3）计算工程量。

（4）套用相应预算定额人工、材料、机械台班消耗用量，求出各分项工程人工、材料、机械台班消耗数量，并汇总单位工程所需各类人工工日、材料和机械台班的消耗量。

预算定额人工、材料、机械台班消耗用量标准，在建材产品、标准、设计、施工技术及其相关规范和工艺水平等没有大的突破性变化之前，是相对稳定不变的，因此，它是合理确定和有效控制造价的依据。

（5）用当时当地的各类人工、材料和机械台班的实际单价分别乘以相应的人工、材料和机械台班的消耗量，并汇总得出单位工程的人工费、材料费和机械使用费。

在市场经济条件下，人工、材料和机械台班单价是随市场而变化的，而且它们是影响工程造价最活跃、最主要的因素。实物法编制施工图预算，采用工程所在地的当时人工、材料、机械台班价格，较好地反映实际价格水平，工程造价的准确性高。虽然计算过程较单价法繁琐，但用计算机计算还是比较容易实现的。

（6）编制工料分析表。

（7）计算其他各项费用并汇总造价。

（8）复核。

（9）编制说明、填写封面。

实物法与单价法的主要不同是：套用定额消耗量、采用当时当地的各类人工、材料和机械台班的实际单价。

第二节　工程量计算方法

一、概述

1. 工程量的含义

工程量是根据设计图纸，按定额的分项工程以物理计量单位或自然计量单位表示的实物数量。物理计量单位是指分项工程的长度、面积、体积和重量等计量单位；自然计量单位是以指建筑成品自然实体为单位表示的套、个、条、块等计量单位。

工程量是确定工程直接费、进行工料分析、编制施工组织设计、安排施工进度计划、组织材料供应计划、进行经济核算的重要依据。

2. 工程量计算依据

（1）施工图纸及设计说明。

（2）施工组织设计。

（3）预算定额。

二、工程量计算顺序

计算工程量应按照一定的顺序依次进行，既可以节省看图时间，加快计算进度，又可以避免漏算或重复计算。

1. 单位工程计算顺序

（1）按施工顺序计算法

按施工顺序计算法就是按照工程施工顺序的先后次序来计算工程量。如一般民用建筑，按照土方、基础、墙体、脚手架、地面、楼面、屋面、门窗安装、外抹灰、内抹灰、刷浆、油漆、玻璃等顺序进行计算。

（2）按定额顺序计算法

按定额顺序计算法就是按照预算定额上的分章或分部分项工程顺序来计算工程量。这种计算顺序法对初学编制预算的人员比较合适。

2. 单个分项工程计算顺序

（1）按照顺时针方向计算

从平面图左上角开始，按顺时针方向逐步计算，如图 5-3（*a*）所示。此方法适用于计算外墙、外墙基础、外墙地槽、楼地面、顶棚、室内装修等工程量。

（2）按先横后竖、先上后下、先左后右的顺序计算

从平面图上的左上角开始，按“先横后竖、先上后下、先左后右”的顺序逐步计算，如图 5-3（*b*）所示。此方法适用于计算条形基础土方、基础垫层、砖石基础、砖墙砌筑、门窗过梁、墙面抹灰等工程量。

（3）按轴线编号顺序计算

如图 5-3（*c*）所示，这种方法适用于计算内外墙挖地槽、内外墙基础、内外墙砌体、内外墙装饰等工程。

（4）按图纸构、配件编号分类依次计算

此法就是按照图纸上所注结构构件、配件的编号顺序进行计算工程量。例如计算混凝土构件、门窗、屋架等分项工程，均可以按照此顺序进行计算，如图 5-3（*d*）所示。

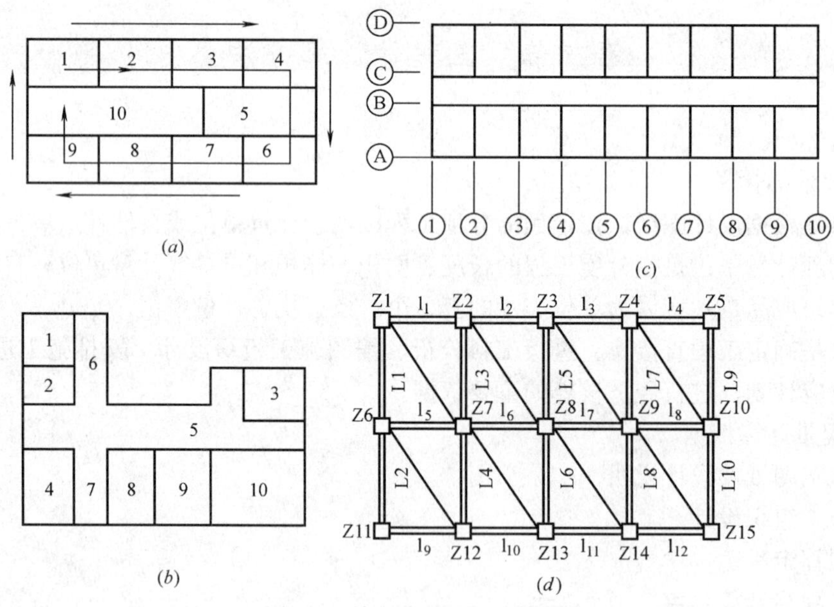

图 5-3 单个分项工程计算顺序

三、应用统筹法计算工程量

任何一个单位工程施工图预算中的工程量计算都要列出几十项、百余项的分项工程项目。实践表明，每个分项工程量计算虽有着各自的特点，但都离不开计算“线”、“面”之

类的基数，它们在整个工程量计算中常常要反复多次使用。因此，根据这个特点，运用统筹法原理，依据计算过程的内在联系，按先主后次，统筹安排计算程序，从而简化了繁琐的计算，形成了统筹计算工程量的计算方法。

1. 利用基数，连续计算

基数是指工程量计算时重复利用的数据，如以“线”或“面”为基数，利用连乘或加减，算出与它有关的分项工程量。

(1)“线”是指建筑物平面图中所示的外墙和内墙的中心线和外边线，即三“线”：

1）外墙外边线（$L_{外}$）　　总长度 $L_{外}$＝建筑平面图的外围周长之和

2）外墙中心线（$L_{中}$）　　总长度 $L_{中}=L_{外}-$墙厚×4

3）内墙净长线（$L_{内}$）　　总长度 $L_{内}$＝建筑平面图中所有内墙净长度之和

根据分项工程量计算的不同需要，可利用这三条线为基数进行计算。

与 $L_{外}$ 有关的计算项目有：勒脚、腰线、勾缝、外墙抹灰、散水等分项工程。

与 $L_{中}$ 有关的计算项目有：外墙基挖地槽、基础垫层、基础砌筑、墙基防潮层、基础梁、圈梁、墙身砌筑等分项工程。

与 $L_{内}$ 有关的计算项目有：内墙基挖地槽、基础垫层、基础砌筑、墙基防潮层、基础梁、圈梁、墙身砌筑、墙身抹灰等分项工程。

(2)“面”是指建筑物的底层建筑面积（S），要结合建筑物的造型而定。“面”的面积按图纸计算，即

底层建筑面积 S＝建筑物底层平面图勒脚以上外围水平投影面积

与“面”有关的计算项目有：平整场地、地面、楼面、屋面和顶棚等分项工程。

一般工业与民用建筑工程，有70％～90％的工程项目都可在三条“线”和一“面”的基数上连续计算出来，因此应正确计算这三条“线”和一个“面”，作为基数，然后利用这些基数再计算与它们有关的分项工程量。

2. 统筹程序——合理安排

工程量计算程序是否合理，关系到预算编制工作的效率。工程量计算按以往的习惯，大多数是按施工程序或定额顺序进行的，没有充分利用项目之间的内在联系。若统筹程序，合理安排，可克服计算上的重复。例如：

室内地面工程有填土、垫层、找平层及抹面层等4道工序。如果按施工程序或定额顺序计算工程量则如图5-4所示。

①$\frac{\text{室内回填土}}{\text{长×宽×厚}}$→②$\frac{\text{垫层}}{\text{长×宽×厚}}$→③$\frac{\text{找平层}}{\text{长×宽×厚}}$→④$\frac{\text{地面面层}}{\text{长×宽}}$

图5-4　按施工程序计算工程量顺序

这样，“长×宽”就要进行4次重复计算。如改用统筹法计算安排程序，则如图5-5所示。

①$\frac{\text{地面面层}}{\text{长×宽}}$→②$\frac{\text{室内回填土}}{\text{长×宽×厚}}$→③$\frac{\text{地面垫层}}{\text{长×宽×厚}}$→④$\frac{\text{找平层}}{\text{长×宽×厚}}$

图5-5　统筹法计算工程量顺序

这样计算一次“长×宽”，用4次这个数值完成地面工程量的计算，加快了速度。

3. 一次算出，多次使用

对于有些不能用“线”和“面”基数进行连续计算的项目，如木门窗、屋架、钢筋混凝土预制标准构件、土方放坡断面系数等，事先将常用数据一次算出，汇编成《建筑工程工程量计算手册》。当需计算有关的工程量时，只要查阅手册就能很快地算出所需要的工程量来。

4. 结合实际、灵活机动

由于建筑工程结构造型、基础断面、墙宽、砂浆等级和各楼层的面积等的变化，利用“线”、“面”、“册”计算工程量时，还要结合设计图纸的情况，灵活机动地进行计算。常采用的方法有：

(1) 分段法。例如基础断面尺寸、埋置深度不同，在计算分项基础工程量时则应分段计算。

(2) 补加补减法。例如建筑物每层墙体布置相同，仅某一层多（或少）了一道隔墙，则可先按每层都没有（或有）这一隔墙的情况计算，然后再补加（减）这一隔墙的体积。

需要特别强调，在计算基数时，一定要非常认真细致，由于70%～90%的工程项目都是在三条“线”和一个“面”的基数上连续计算出来的，如果基数计算出了错，那么，这些在“线”或“面”上计算出来的工程量则全都错了。所以，计算出正确的基数极为重要。

第三节　建筑工程量计算规则

为了规范我国工程造价制度，形成统一开放的国内建筑市场，对工程量计算规则和定额项目划分，各地都正在逐步按照建设部颁布的标准进行统一。湖北省工程量计算规则已基本与全国统一建筑工程预算工程量计算规则统一起来。本节根据湖北省建筑工程量计算规则，介绍工程项目和施工技术措施项目主要分部分项工程量的计算规则。

一、土（石）方工程

计算土（石）方工程量前，需确定下面资料：土壤类别；土方、沟槽、基坑挖（填）起止标高、施工方法及运距；地下水位标高；其他有关资料。

1. 沟槽深度一律以室外地坪标高为准计算，其挖土则按不同的土壤类别、挖土深度、干湿土分别计算工程量。挖干土与湿土的区别：以常水位为准，以上为干土，以下为湿土。

2. 放坡系数的确定。挖沟槽、基坑、土方需放坡时，如施工组织设计无规定，则按表5-1规定选取放坡系数 k 和放坡的起点高度。k 表示深度为1m时，应放出的宽度。计算放坡时，交接处重复部分的工程量不予扣除。若槽、坑作基础垫层时，放坡的土方工程量，自垫层的上表面开始计算。

土方放坡系数表　　表5-1

土壤类别	放坡起点深度(m)	人工挖土放坡系数 k	机械挖土放坡系数 k	
			在坑内作业	在坑上作业
Ⅰ、Ⅱ类土(普通土)	1.20	0.50	0.33	0.75
Ⅲ类土(坚土)	1.50	0.33	0.25	0.67
Ⅳ类土(砂砾坚土)	2.00	0.25	0.10	0.33

3. 如果施工条件限制，不宜采取放坡的施工方案，需设置挡土板时，应按图示的槽底或坑底宽度两边各加 100mm，且应另计算挡土板的工程量。

4. 工作面宽度的确定。基础施工所需工作面 C 的宽度，如表 5-2 所示。

施工所需工作面 C 的宽度 **表 5-2**

基础材料	各边增加工作面宽度(mm)	基础材料	各边增加工作面宽度(mm)
砖基础	200	混凝土基础支模板	300
浆砌毛石、条石基础	150	基础垂直面作防水层	800(防水层面)
混凝土基础垫层支模板	300		

5. 平整场地工程量计算。平整场地是指工程动土开工前，对施工现场±30cm 以内高低不平的部位进行就地挖、运、填和找平。其工程量按建筑物底面积外围外边线以外，各放出 2m 后所围的面积计算。如图 5-6 所示，计算公式为：

$$S_{平整场地}=(a+2+2)\times(b+2+2)=ab+4(a+b)+16=S_{底}+2L_{外}+16$$

式中 $S_{平整场地}$——平整场地的面积；

$S_{底}$——底层的建筑面积；

$L_{外}$——外墙外边线总长；

16——四个角的正方形面积之和$=4\times2\times2$。

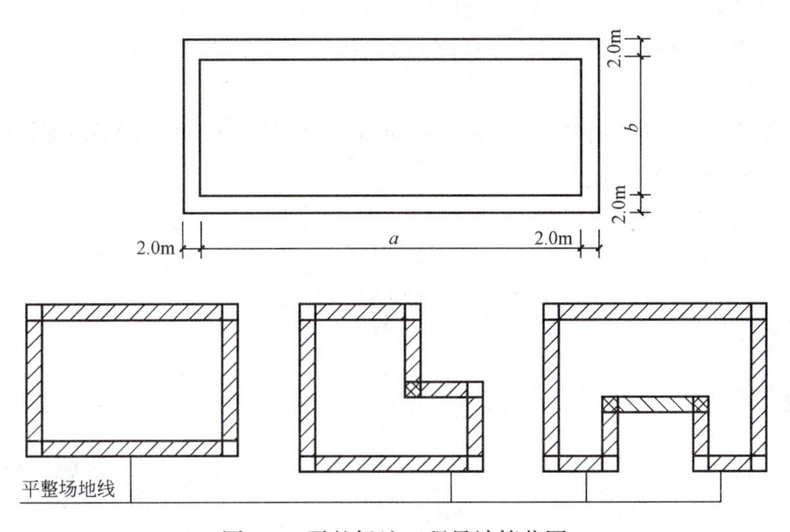

图 5-6 平整场地工程量计算范围

6. 人工挖地槽工程量计算。挖土要根据土壤的类别、施工方法等分别计算。因此，要区分挖地槽、挖地坑、挖土方之间的区别。

人工挖地槽是指槽长大于等于槽宽 3 倍，且槽底宽度小于等于 3m，即：

$$\begin{cases}L\geqslant3B\\B\leqslant3\text{m}\end{cases}$$

式中 L——槽长；

B——槽宽。

挖地槽工程量须根据放坡或不放坡，带不带挡土板，以及增加工作面的具体情况，分别采用不同的公式计算。其工程量按图示尺寸以体积（m^3）计算。

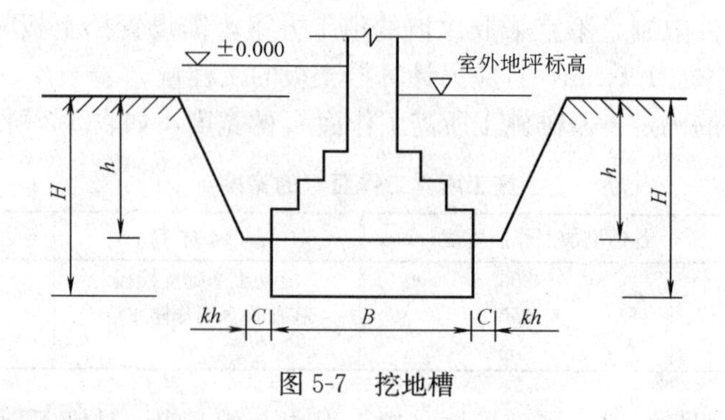

图 5-7　挖地槽

(1) 由垫层上表面放坡，如图 5-7 所示。

计算公式为：

$$V=[(B+2C+kh)\times h+B\times(H-h)]\times L$$

式中　V——挖地槽的体积；

B——地槽中基础或垫层的底部宽底；

k——坡度系数，按表 5-1 选用，放坡时，交接处重复工程量不予扣除；

C——工作面宽度，根据基础材料按表 5-2 中规定选用；

H——地槽深度，室外地坪标高到槽底或管道沟底的深度（决定是否达到放坡的深度）；

h——计算放坡的深度，室外地坪标高到垫层上表面的深度；

$(H-h)$——垫层的厚度；

L——地槽的长度，外墙按图示中心线（$L_{中}$）长度计算，内墙按图示基础底面之间净长线的长度计算。

(2) 不放坡。

体积按下式计算：

$$V=(B+2C)\times H\times L$$

符号意义同上。

7. 人工挖地坑和人工挖土方的工程量计算。

(1) 挖地坑。

坑长小于坑宽 3 倍，坑底面积在 20m² 以内（不包括加宽工作面）的属于挖地坑，即：

$$\begin{cases}L<3B\\B>3\text{m}\quad 且\ A<20\text{m}^2\end{cases}$$

式中　L——槽长；

B——槽宽。

(2) 挖土方。

凡不满足上述地槽条件之一，若坑底面积大于等于 20m^2，挖土厚度在 30cm 以外，则称为挖土方，即：

$$\begin{cases}L<3B\\B>3\text{m}\quad 且\ A\geqslant 20\text{m}^2，h>30\text{cm}\end{cases}$$

挖地坑和挖土方的工程量计算方法相同，均以立方米（m^3）体积计算。图 5-8 为独立柱基础的地坑断面，并按以下公式计算：

$$V=(A+2c+kh)(B+2c+kh)+\frac{1}{3}k^2h^3+A_1\times B_1\times(H-h)$$

式中　　A、B——分别为基底的长和宽；

A_1、B_1——分别为坑底的长和宽；

C——工作面宽度；

$\frac{1}{3}k^2h^3$——坑四角锥体的土方体积；

$A_1\times B_1\times(H-h)$——垫层部分的土方体积。

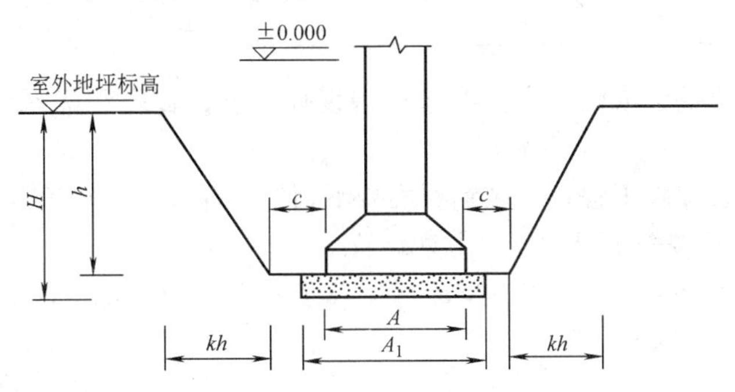

图 5-8　独立基础地坑断面

8. 回填土工程量计算。

（1）沟槽、基坑回填土工程量为：

基础回填土体积＝基础挖土体积－室外地坪标高以下埋的基础、基础垫层等的体积

（2）室内回填土工程量为：

室内回填土体积＝主墙间净面积×填土厚度（不扣柱、垛、附墙烟囱、间壁墙所占面积）

填土厚度＝室内外高差－垫层、找平层、面层等厚度

9. 余土外运或取土内运。

余土外运体积＝挖土体积－回填土体积

取土内运体积＝回填土体积－挖土体积

10. 管道沟槽工程量计算。

（1）管道沟槽挖方按图示中心线长度计算，沟底宽度设计有规定的，按设计规定；设计未规定的，按表 5-3 的宽度计算。

管道地沟底宽取定表　　　　**表 5-3**

管径(mm)	铸铁管、钢管、石棉水泥管(mm)	混凝土、钢筋混凝土、预应力混凝土管(mm)
50～70	600	800
100～200	700	900
250～350	800	1000
400～450	1000	1300
500～600	1300	1500
700～800	1600	1800
900～1000	1800	2000
1100～1200	2000	2300
1300～1400	2200	2600

（2）管道沟槽回填，以挖方体积减去管外径所占体积计算。管外径小于或等于500mm时，不扣除管道所占体积。管外径超过500mm以上时，按表5-4规定扣除。

每米管道扣除土方体积表（单位：m^3） **表5-4**

管道名称	管道直径(mm)					
	501～600	601～800	801～1000	1001～1200	1201～1400	1401～1600
钢管	0.21	0.44	0.71	—	—	—
铸铁管	0.24	0.49	0.77	—	—	—
混凝土管	0.33	0.60	0.92	1.15	1.35	1.55

11. 地下连续墙挖土成槽土方量按连续墙设计长度、宽度和槽深（加超深0.5m）以立方米计算。

12. 岩石开凿及爆破工程量，区别石质按下列规定计算：

（1）人工凿岩石按图示尺寸以立方米计算。

（2）爆破岩石按图示尺寸以立方米计算，其沟槽和基坑的深度、宽度允许超挖量：
次、普坚石：200mm
特坚石：150mm
超挖部分岩石并入岩石挖方量内计算。

13. 人工凿钢筋混凝土桩头按桩截面积乘以被凿断的桩头长度以立方米计算。

14. 机械拆除混凝土障碍物，按被拆除构件的体积以立方米计算。

15. 机械土方运距。

（1）推土机运距：按挖方区重心至填方区重心之间的直线距离计算；

（2）铲运机运距：按挖方区重心至卸土区重心加转向距离45m计算；

（3）自卸汽车运距：按挖方区重心至填土区重心的最短距离计算。

【例5-1】 某工程基础平面图及基础详图如图5-9所示，土壤为三类土、干土，场内运土，计算人工挖地槽工程量。

【解】

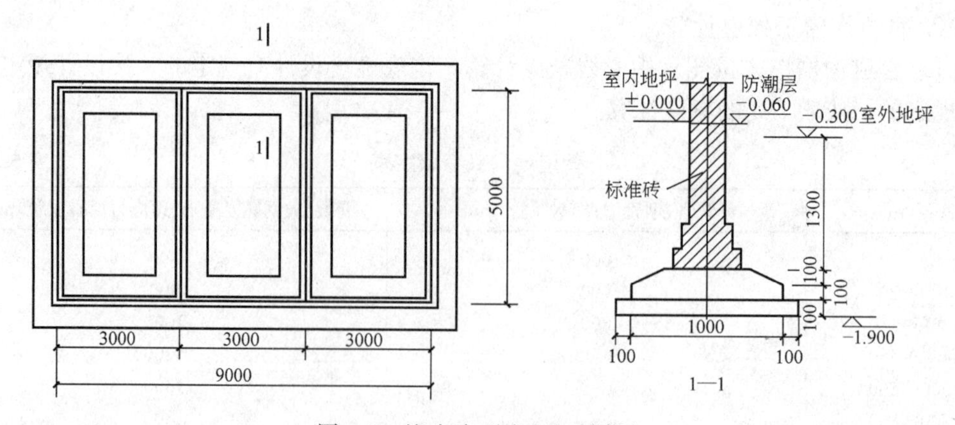

图5-9 基础平面图及基础详图

（1）挖土深度：1.90－0.30＝1.60m

（2）挖土深度从设计室外地坪至垫层底面，三类土，挖土深度超过1.5m，按表5-1放坡，坡度为：1∶0.33。

(3) 垫层需支模板，根据表5-2，工作面从垫层边至槽边取300mm。

(4) 地槽长度：外墙按基础中心线长度计算，内墙按扣去基础宽和工作面后的净长线计算，放坡增加的宽度不扣。

(5) 槽底宽度（加工作面）：

$$1.20+0.30\times2=1.80\text{m}$$

(6) 槽上口宽度：(加放坡宽度)

$$\text{放坡宽度}=1.60\times0.33=0.53\text{m}$$

$$1.80+0.53\times2=2.86\text{m}$$

(7) 地槽长度：外：$(9.00+5.00)\times2=28.0\text{m}$

内：$(5.00-1.80)\times2=6.40\text{m}$

(8) 体积：$1.60\times(1.80+2.86)\times1/2\times(28.0+6.40)=128.24\text{m}^3$

二、桩与地基基础工程

桩基础工程包括打钢筋混凝土预制桩、现场灌注桩和人工挖孔桩等。

1. 打钢筋混凝土预制桩

(1) 预制钢筋混凝土桩制作、运输及安装的损耗率按表5-5的规定计算后并入构件运输与安装的工程量。

预制钢筋混凝土构件制作、运输、安装的损耗率　　表5-5

名　　称	制作废品率	运输堆放损耗率	打桩损耗率
预制钢筋混凝土桩	0.1%	0.4%	1.5%

预制构件制作工程量＝构件体积×(1＋制作损耗率＋运输堆放损耗率＋安装损耗率)

预制构件运输工程量＝构件体积×(1＋运输堆放损耗率＋安装损耗率)

预制构件安装工程量＝构件体积×(1＋安装损耗率)

(2) 打桩体积按设计全长（包括桩尖，不扣除桩尖虚体积）乘以截面面积计算。管桩的空心部分应予扣除。如管桩空心部分按设计要求加注混凝土或其他填充料时，应另行计算。

(3) 打入预制钢筋混凝土桩的接桩工程量，应根据接桩的方法不同而有所区别。电焊接桩按设计接头以个计算；硫磺胶泥接桩按预制桩截面面积计算。

(4) 打入预制钢筋混凝土桩的送桩工程量，按桩的断面面积乘以送桩长度（即打桩架底至柱顶面高度或自柱顶面至自然地平面另加0.5m）以立方米（m^3）体积计算。

2. 打孔灌注桩工程量

(1) 砂桩、碎石桩、砂石桩的体积，按设计规定的桩长（不扣除桩尖虚体积）乘以钢管管箍外径截面面积计算。

(2) 打孔前先埋入预制混凝土桩尖再灌注混凝土者，桩尖按混凝土及钢筋混凝土工程有关规定以立方米计算，灌注桩、现场振动沉管灌注桩按设计桩长（自桩尖顶面至桩设计顶面高度）增加0.25m，乘以钢管管箍外径截面面积计算。

(3) 复打桩体积按灌注桩设计桩长增加空段长度（自设计室外地面至设计桩顶距离）乘以钢管管箍外径截面面积计算，套相应的复打定额子目。

(4) 打孔灌注混凝土桩的钢筋笼按混凝土及钢筋混凝土工程有关规定，套相应的定额子目。

3. 钻孔灌注桩工程量

(1) 钻孔灌注桩工程量按设计桩长（包括桩尖，不扣除桩尖脚虚体积）增加0.25m乘以设计断面面积以立方米（m^3）体积计算；

(2) 泥浆运输工程量，按钻孔体积以立方米（m^3）计算。

(3) 钢筋笼制安、接头吊焊按混凝土及钢筋混凝土工程有关规定，套相应的定额子目。

4. 人工挖孔桩

(1) 人工挖孔桩（混凝土护壁）按设计桩（桩芯加混凝土护壁）的横断面面积乘挖孔深度以立方米计算（设计桩为圆柱体或分段圆台体）。如设计混凝土强度等级及种类与定额所示不同时可以换算。

(2) 人工挖孔桩（砖护壁）按设计桩（混凝土桩芯加砖护壁）的横断面面积乘以挖孔深度以挖土体积计算（设计桩为圆柱体或分段圆台体）。

(3) 红砖护壁内浇混凝土桩芯按设计混凝土桩芯的横断面面积乘以设计深度以立方米计算，在红砖护壁内灌注混凝土，如设计强度等级及种类与定额所示不同时可以换算。

(4) 人工挖孔桩的入岩费，按设计入岩部分的体积计算，竣工结算时，按实调整。

(5) 人工挖孔桩如出现空段，红砖护壁时，壁内浇混凝土按浇筑高度以立方米计算，挖孔土方及护壁按室外设计地面至设计桩顶的挖孔深度计算。

5. 夯扩单桩工程量

夯扩单桩体积为：[设计桩长+(夯扩投料长度−0.2×夯扩次数)×0.88]+0.25m乘以外钢管管箍外径截面面积以立方米计算。夯扩投料长度为：夯扩次数的投料累计长度。

6. 粉喷桩

(1) 粉喷桩按设计桩长乘以设计断面面积计算。

(2) 粉喷桩复喷按设计桩长乘以设计断面面积计算。

7. 灰土挤密桩工程量

灰土挤密桩的按设计桩长（不扣除桩尖虚体积）乘以钢管下端最大外径的截面面积计算。

8. 高压旋喷水泥桩工程量

高压旋喷水泥桩的工程量按设计长度进行计算，空孔部分另行计算。

9. 地下连续墙

(1) 现浇混凝土导墙中的混凝土，均按图示尺寸实体体积以立方米计算，不扣除构件内钢筋、预埋铁件及墙中0.3m^2内的孔洞所占的体积，现浇混凝土模板的制作、安拆按施工措施技术项目有关规定执行。

(2) 地下连续墙混凝土浇注量接连续墙设计长度，宽度和槽深（加超深0.5m）以立方米计算。

(3) 地下连续墙成槽土方量按土方工程有关规定，套相应的定额子目。

(4) 地下连续墙中钢筋笼制作，吊运、钢筋笼与H型钢焊接等按混凝土及钢筋混凝土工程有关规定，套相应的定额子目。

10. 锚杆护壁

（1）锚杆钻孔按入土长度以延长米计算。

（2）锚杆、钢管锚杆制作、安装按混凝土及钢筋混凝土工程有关规定，套相应的定额子目。

（3）喷射混凝土工程量按设计图纸以平方米计算，定额中未包括搭设平台的费用。

（4）护坡砂浆土钉按设计图纸以吨计算。

【例 5-2】 某工程需打设 400mm×400mm×24000mm 钢筋混凝土预制方桩，共计 300 根，预制桩的每节长度为 8m，送桩深度为 5m，桩的接头采用焊接接头。试求预制方桩的工程量、送桩工程量、桩接头数量。

【解】

（1）预制方桩体积：

V＝桩截面面积×设计桩长×根数＝0.40×0.40×24.00×300＝1152.00m^3

预制方桩打桩工程量＝桩体积×(1＋打桩损耗率)＝1152.00×(1＋1.5%)＝1169.28m^3

（2）送桩工程量：

V＝桩截面面积×(送桩深度＋0.50)×根数

＝0.40×0.40×(5.00＋0.50)×300＝264.00m^3

（3）桩的接头数量：

每根桩节数＝24/8＝3

即每根桩有 2 个接头。

接头工作量＝每根桩的接头数×根数＝2×300＝600 个

三、砌筑工程

砌筑工程包括砌砖、砌块、砌石和构筑物。

（一）砖基础工程量

1. 砖基础与砖墙的划分

（1）一般是以室内地坪标高（±0.000）为界，界线以上为砖墙，以下为砖基础；

（2）如果基础与墙身的材料不同，两种材料分界线位于室内地坪±300mm 以内时，从材料分界线为界，界线以上为砖墙，界线以下为砖基础；

（3）若材料不同的分界线超过室内地坪±300mm，以室内地坪为界，界线以上为砖墙，界线以下为砖基础；

（4）砖、石围墙基础以室外地坪为界，界线以上为围墙，界线以下为围墙基础。

2. 砖基础工程量

（1）砖基础工程量，按施工图示尺寸以立方米（m^3）体积计算。

$V=\sum L\times A-\sum$嵌入基础的混凝土构件体积$-\sum$大于 0.3m^2 洞孔面积×基础墙厚

式中 V——基础体积（m^3）；

L——基础长度，外墙按中心线长，内墙按净长长（m）；

A——基础断面积（m^2），等于基础墙的面积与大放脚面积之和。

（2）大放脚的形式有等高式和不等高式两种，如图 5-10 所示。断面面积 A 按以下公式计算：

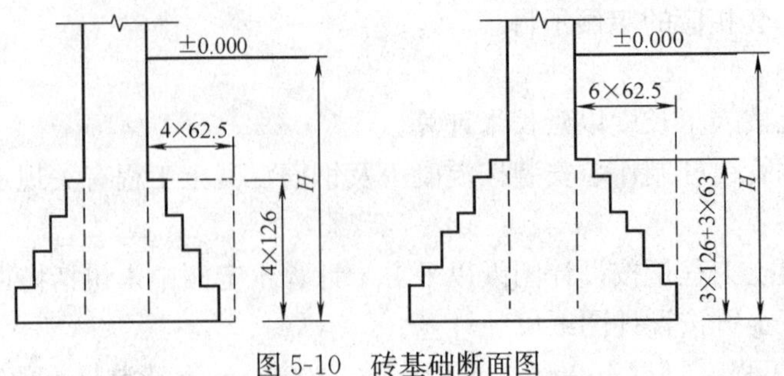

图 5-10　砖基础断面图

等高式砖基础断面面积

$$A=bH+n(n+1)\times0.0625\times0.126$$

不等高式砖基础断面面积

$$A=bH+0.0625n\left[\frac{n}{2}(0.126+0.0625)+0.126\right]$$

式中　H——基础设计深度（m）；

　　　n——大放脚的台数。

以上公式适用于标准砖双面放脚，每层高度：等高式为126mm、不等高为126mm与63mm相间，而且最低台为126mm，每层放脚的错台为62.5mm。

为了简化条形砖基础工程量的计算，提高计算速度，可将基础大放脚增加的断面积转换成折加高度后再进行基础工程量计算。

$$\text{大放脚折加高度}=\frac{\text{大放脚增加断面面积}}{\text{砖基础墙的厚度}}$$

式中　等高式大放脚增加断面$=n(n+1)\times0.0625\times0.126$

$$\text{不等高式大放脚增加断面}=0.0625n\left[\frac{n}{2}(0.126+0.063)+0.126\right]$$

若设砖基础的设计深度为H，折加高度按以上公式计算得出为h，砖基础的墙厚为b，基础长度为L，则

$$\text{砖基础体积}=b(H+h)\times L$$

现根据大放脚增加断面面积和折加高度公式，将不同墙厚、不同台数大放脚的折加高度和增加的断面面积列于表5-6中，供计算砖基础工程量时直接查用。

标准砖大放脚的折加高度　　　**表 5-6**

大放脚台数(n)	折加高度(m)							
	$\frac{1}{2}$砖		1砖		$1\frac{1}{2}$砖		2砖	
	等高	不等高	等高	不等高	等高	不等高	等高	不等高
1	0.137	0.137	0.066	0.066	0.043	0.043	0.032	0.032
2	0.411	0.342	0.197	0.164	0.129	0.108	0.096	0.08
3			0.394	0.328	0.259	0.216	0.193	0.161
4			0.656	0.525	0.432	0.345	0.321	0.257
5			0.984	0.788	0.647	0.518	0.482	0.386
6			1.378	1.083	0.906	0.712	0.672	0.53
7			1.838	1.444	1.208	0.949	0.90	0.707
8			2.363	1.838	1.553	1.208	1.157	0.900
9			2.950	2.297	1.942	1.510	1.445	1.125
10			3.610	2.789	2.373	1.834	1.768	1.366

(3) 不扣除体积：基础大放脚T形接头，嵌入基础的钢筋、铁件、管道、基础防潮层，通过基础的每个面积小于等于0.30m² 孔洞。

(4) 应扣除体积：通过基础的每个面积大于0.30m² 孔洞，混凝土构件体积。

(5) 应增加体积：附墙垛基础宽出部分体积。

(二) 墙身工程量

1. 墙身工程量按实体积以立方米计算。

$$V=(\text{墙长}\times\text{墙高}-\sum\text{嵌入墙身的门窗洞口面积})\times\text{墙厚}-\sum\text{嵌入墙身的混凝土构件体积}$$

(1) 墙长：

1) 外墙按外墙中心线总长度计算；

2) 内墙按内墙净长线总长度计算。

(2) 墙高：

1) 外墙墙身高度：坡屋面无沿口顶棚者，其高度算至屋面板底，如图5-11所示；有屋架，且室内外有顶棚者，其高度算至屋架下弦底面另加200mm，见图5-12；有屋架无顶棚者，其高度算至屋架下弦底面另加300mm，出檐宽度超过600mm时，应按实砌墙体高度计算，见图5-13；平屋面的墙身高度算至钢筋混凝土板面，如图5-14所示。

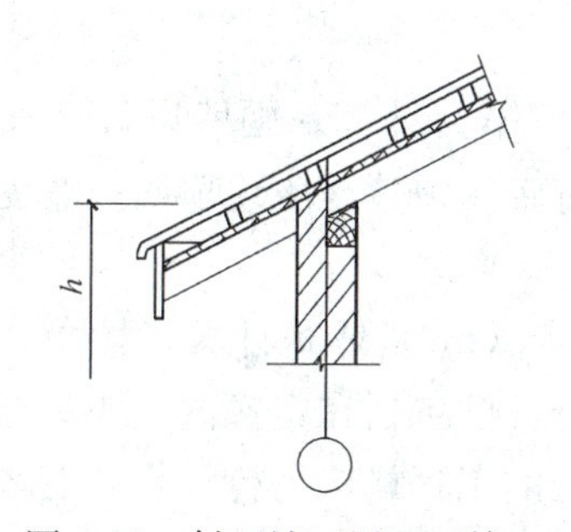

图5-11 斜（坡）屋面无檐口

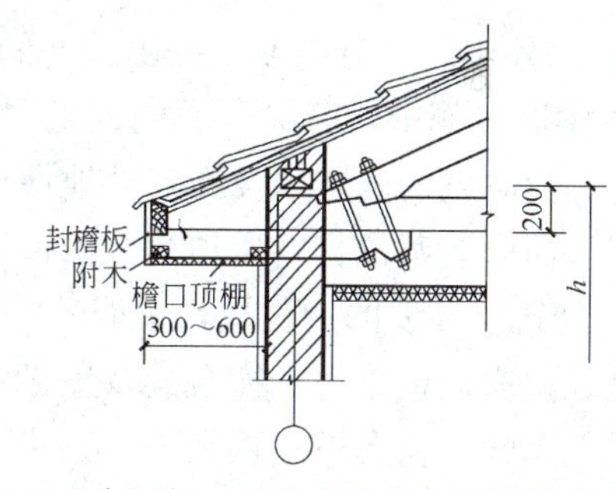

图5-12 有屋架，且室内外均有顶棚的外墙高度

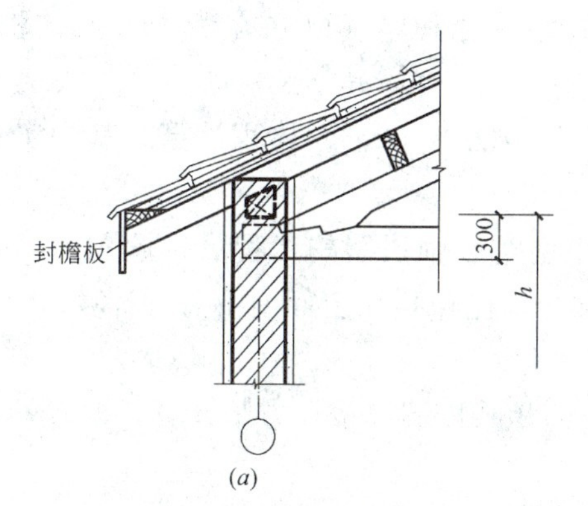

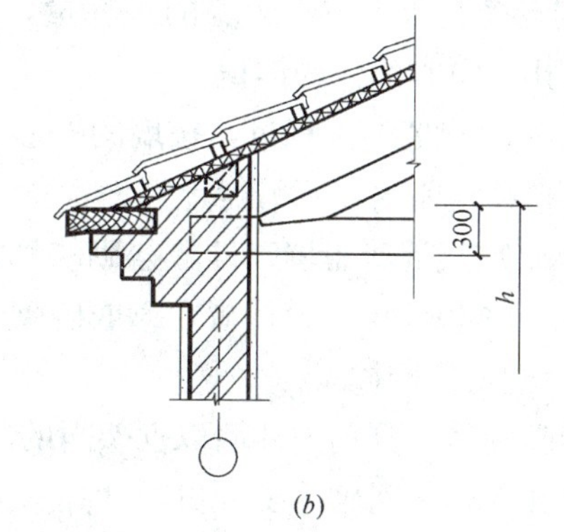

图5-13 有屋架无顶棚的外墙高度

(a) 椽木挑檐；(b) 砖挑檐

2) 内墙墙身高度：位于屋架下弦者其高度算至屋架底，如图5-15所示；无屋架者算至顶棚底另加100mm，见图5-16；有钢筋混凝土楼板隔层者算至楼板底，如图5-17所示；有框架梁时，应扣除框架梁所占体积。

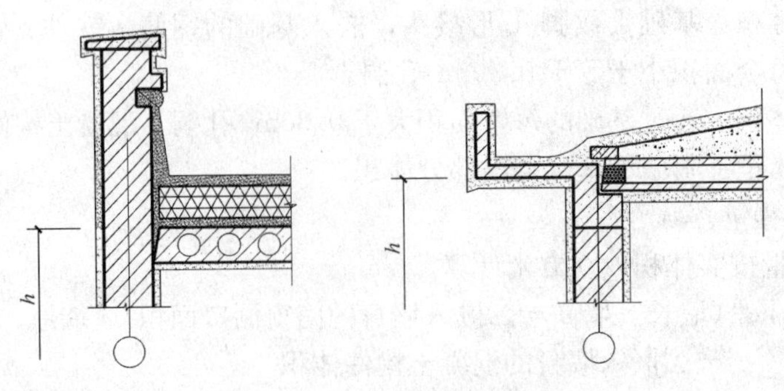

图 5-14　平屋面的外墙高度

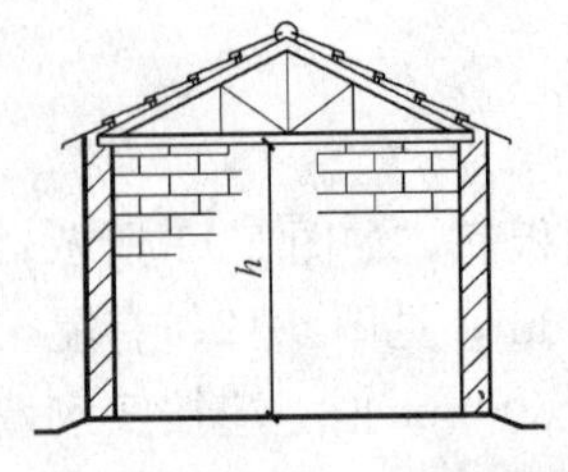

图 5-15　位于屋架下内墙高

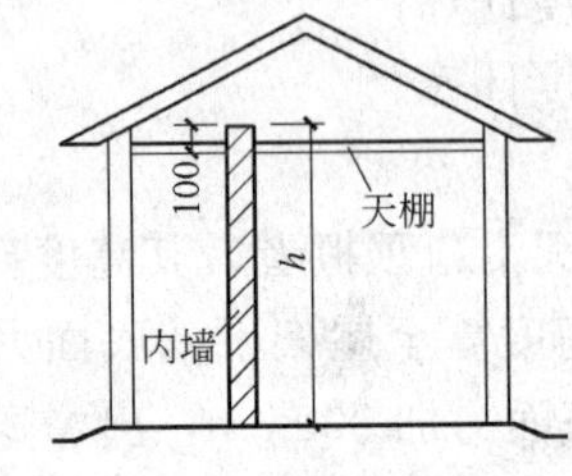

图 5-16　无屋架内墙高

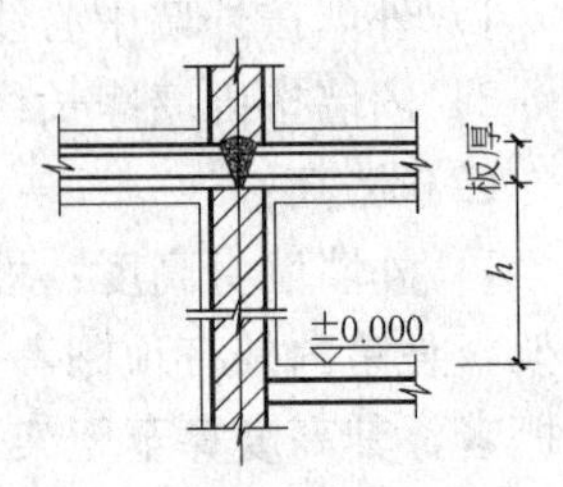

图 5-17　混凝土板下内墙高

3）内外山墙墙身高度：按山墙处的平均高度计算。

2. 围墙定额中，已综合了柱、压顶、砖拱等因素，不另计算。围墙以设计长度乘以高度计算。高度的确定以设计室外地坪至砖顶面：①有砖压顶算至压顶顶面；②无压顶算至围墙顶面；③其他材料压顶算至压顶底面。

3. 砌筑空斗墙的工程量，按墙的外形尺寸以立方米（m^3）体积计算。墙角、内外墙交接处、门窗洞口立边、窗台处及屋檐处的实砌砖部分，已包括在定额内，不另行计算工程量。但墙间、窗台下、楼板下、梁头下等实砌砖部分的工程量应另行计算，套零星砌体定额项目。

4. 砌筑多孔砖、空心砖墙的工程量，按图示尺寸和厚度以立方米（m^3）体积计算。不扣除其孔和空心部分的体积。

5. 砌筑填充墙的工程量，按墙的外形尺寸以立方米（m^3）体积计算。其中实砌砖的部分已包括在定额内，不另行计算。

6. 砌筑加气混凝土墙、硅酸盐砌块墙、小型空心砌块墙的工程量，按图示尺寸以立方米（m^3）体积计算。设计规定镶嵌砖砌体部分，已包括在定额内不另行计算。

（三）框架间砌体

框架间砌体，分别内外墙以框架间的净空面积乘以墙厚按立方米计算，框架外表镶贴砖部分亦并入框架间砌体工程量内计算。

（四）空花墙

空花墙按空花部分外形体积以立方米计算。空花部分不予扣除，其中实体部分以立方米另行计算。

（五）空斗墙

空斗墙按外形体积以立方米计算，墙角、内外墙交接处，门窗洞口立边，窗台砖及屋檐处的实砌部分并入空斗墙体积内，但窗间墙、窗台下、楼板下、梁头下等实砌部分，应另行计算，套零星砌体项目。

（六）多孔砖、空心砖

多孔砖、空心砖按图示厚度以立方米计算。不扣除其孔、空心部分的体积。

（七）填充墙

填充墙按设计图示尺寸以填充墙的外形体积计算，其中实砌部分已包括在定额中，不另计算。

（八）加气混凝土墙、硅酸盐砌块墙、水泥煤渣空心墙

加气混凝土墙、硅酸盐砌块墙、水泥煤渣空心墙，按图示尺寸以立方米计算，按设计规定需要镶砖砌体部分已经包括在定额中，不另计算。

（九）砖柱

砖柱按实砌体积以立方米计算，柱基套用相应基础项目。

（十）其他砌砖体

1. 砖砌锅台、炉灶不分大小，均按图示外形尺寸以立方米计算，不扣除各种空洞的体积。

2. 砖砌台阶（不包括梯带）按水平投影面积以平方米计算。

3. 地垄墙按实砌体积套用砖基础定额。

4. 厕所蹲台、水槽腿、煤箱、暗沟、台阶挡墙或梯带、花台、花池及支撑地楞的砖墩，房上烟囱及毛石墙的门窗立边、窗台虎头砖等按实砌体积，以立方米计算，套用零星砌体定额项目。

5. 检查井及化粪池适用建设场地范围内上下水工程。检查井定额划分有地下水和无地下水两种，化粪池按有效容积划分四个范围分别套用不同子目，其中有效容积 $50m^3$ 以内的不分形状及深浅，按垫层以上实有外形体积计算。定额内已包括土方挖、运、填，垫层、板、墙、顶盖、粉刷及刷热沥青等全部工料在内。但不包括池顶盖板上的井盖及盖座、井池内进排水套管、支架及钢筋铁件的工料。有效容积 $50m^3$ 以上的，分别列项套用相应定额计算。

6. 砖砌地沟不分墙基、墙身合并以立方米计算。料石砌地沟按其中心线长度以延长米计算。

7. 沟铸铁盖板安装以实铺长度以延长米计算。

【例 5-3】 某单层建筑物如图 5-18 所示，内外墙体为 1 砖混水墙，门窗尺寸如表 5-7 所示，圈梁尺寸为 240mm × 300mm，窗上圈梁带过梁，门上过梁尺寸为 240mm × 120mm，试根据图示尺寸计算一砖内外墙工程量。

【解】

外墙中心线：$L_{中}=(3.3\times3+5.1+1.5+3.6)\times2=40.2m$

构造柱在外墙长度解中扣除：

$$L'_{中}=40.2-0.24\times11=37.56m$$

内墙净长线：$L_{净}=(1.5+3.6)\times2+3.6-0.12\times6=13.08m$

外墙高（从室内地面算起至女儿墙，扣圈梁）：

$$H_{外}=0.9+1.8+0.6=3.3m$$

内墙高（扣圈梁）：$H_{内}=0.9+1.8=2.7m$

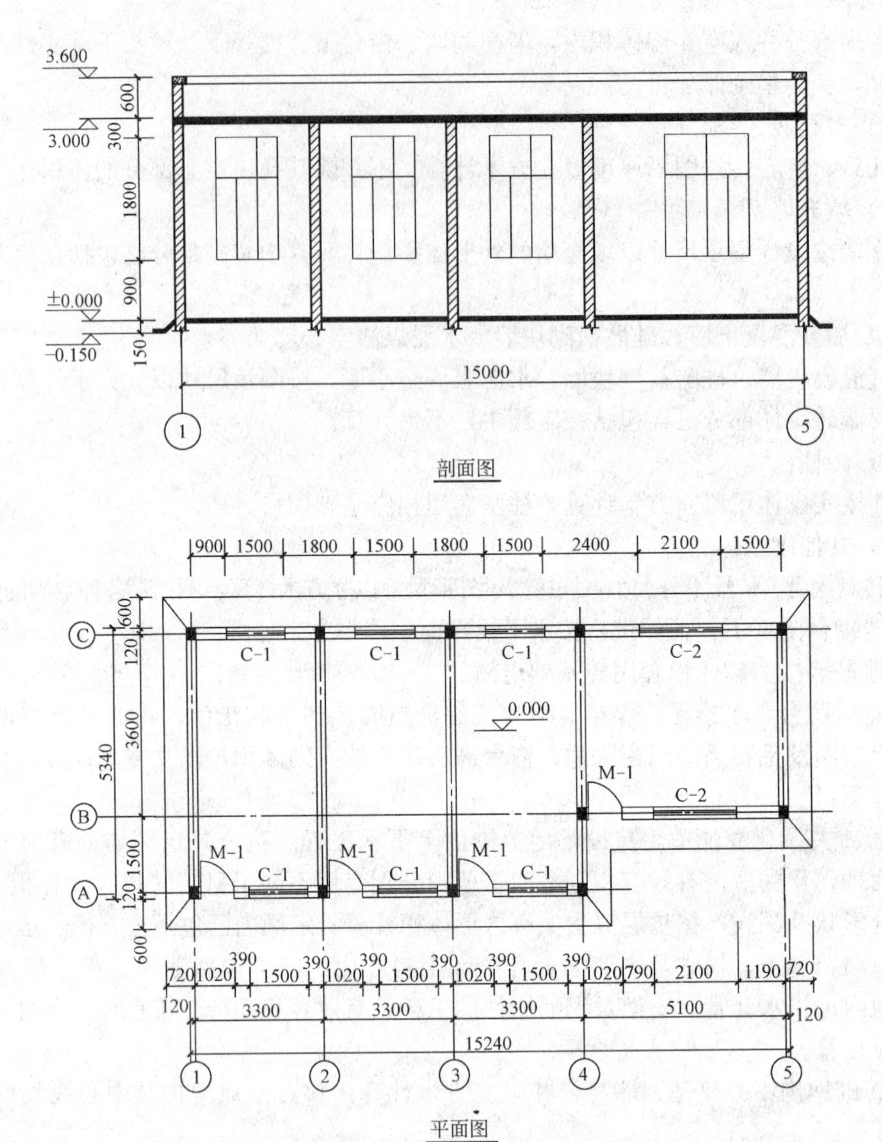

图 5-18　单层建筑物示意图

门 窗 统 计 表 　　　　**表 5-7**

门窗名称	代号	洞口尺寸(mm×mm)	数量(樘)	单樘面积(m^2)	合计面积(m^2)
双扇铝合金推拉窗	C1	1500×1800	6	2.7	16.2
双扇铝合金推拉窗	C2	2100×1800	2	3.78	7.56
单扇无亮无砂镶板门	M1	900×2000	4	1.8	7.2

扣门窗洞面积，取表 5-6 中数据相加得：

$$F_{门窗}=7.2+16.2+7.56=30.96\text{m}^2$$

墙厚 D 为 0.24（m）

扣门洞过梁体积 V_{GL}，过梁尺寸为 240mm×120mm，长度为门洞宽度两端共加 500mm 计算（见钢筋混凝土部分工程量计算规定）：

$$V_{GL}=4\times0.24\times0.12\times(0.9+0.5)=0.162\text{m}^3$$

则内外墙体工程量：$V_{墙}=(L'_{中}\times H_{外}+L_{净}\times H_{内}-F_{门窗})\times D-V_{GL}$

$=(37.56\times3.3+13.08\times2.7-30.96)\times0.24-0.162$

$=30.64\text{m}^3$

四、混凝土及钢筋混凝土工程

混凝土及钢筋混凝土工程包括各种混凝土的基础、桩、柱、梁、板、墙、楼梯、屋架、构筑物等。按施工方法又分为现浇混凝土构件、商品混凝土、集中搅拌混凝土、预制混凝土构件运输、预制混凝土构件运输安装、钢筋混凝土构件接头灌缝、钢筋及铁件、成型钢筋运输等内容。

（一）现浇混凝土工程量计算规则

1. 现浇混凝土工程量除另有规定者外，均按混凝土体积以立方米计算，不扣除构件内钢筋、预埋件以及墙、板中孔面积在 0.3m^2 以内的孔洞。

2. 基础：

（1）混凝土基础与墙或柱的划分，均按基础扩大顶面为界。

（2）框架式设备基础应分别按基础、柱、梁、板相应定额计算。楼层上的设备基础按有梁板定额项目计算。

（3）设备基础定额中未包括地脚螺栓的价值。地脚螺栓一般应包括在成套设备价值内，如成套设备价值中未包括地脚螺栓的价值，地脚螺栓应按实际重量计算。

（4）同一横截面有一阶使用了模板的条形基础，均按带形基础相应定额项目执行；未使用模板而沿槽浇灌的带形基础按混凝土基础垫层执行；使用了模板的混凝土垫层按相应定额执行。

（5）杯形基础的颈高大于 1.2m 时（基础扩大顶面至杯口底面），按柱的相应定额执行，其杯口部分和基础合并按杯形基础计算。

3. 柱：按图示断面尺寸乘以柱高计算。柱高按下列规定确定：

（1）有梁板的柱高，应自柱基上表面至楼板上表面计算，见图 5-19。

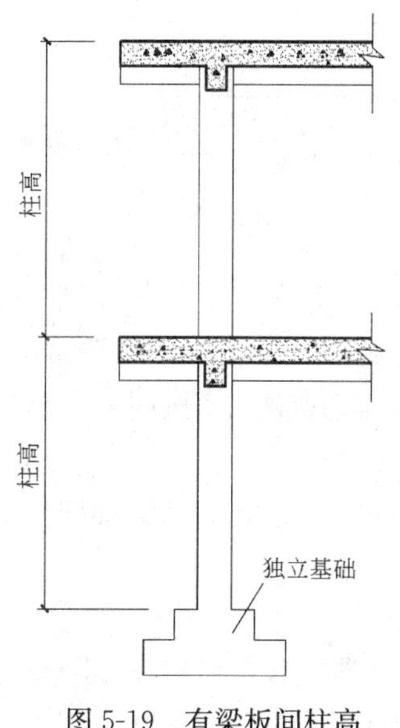

图 5-19　有梁板间柱高

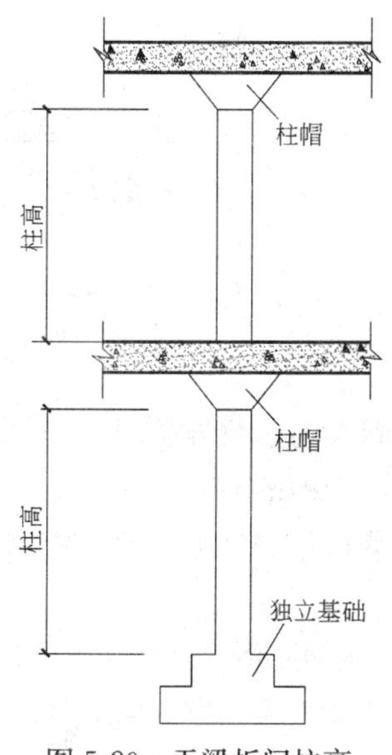

图 5-20　无梁板间柱高

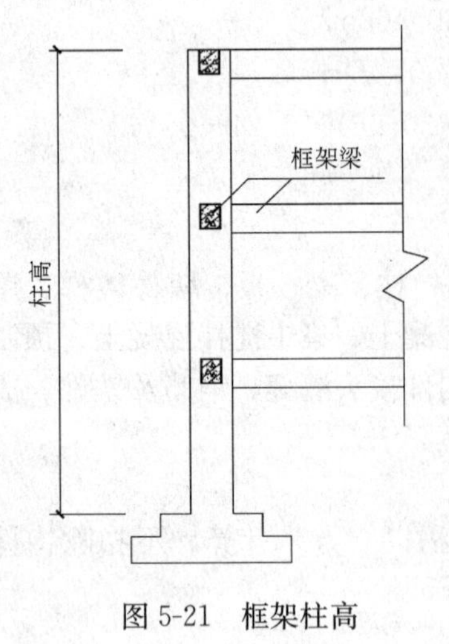

图 5-21　框架柱高

(2) 无梁板的柱高，应自柱基上表面至柱帽下表面计算，见图 5-20。

(3) 框架柱的柱高应自柱基上表面至柱顶高度计算，见图 5-21。

(4) 构造柱按全高计算，与砖墙嵌接部分的体积并入柱身体积内计算。

(5) 突出墙面的构造柱全部体积以捣制矩形柱定额执行。

(6) 依附柱上的牛腿的体积，并入柱身体积内计算；依附柱上的悬臂梁按单梁有关规定计算。

4. 梁：按图示断面尺寸乘以梁长以立方米计算，梁长按下列规定确定：

(1) 主、次梁与柱连接时，梁长算至柱侧面；次梁与柱子或主梁连接时，次梁长度算至柱侧面或主梁侧面；伸入墙内的梁头、应计算在梁长度内，梁头有捣制梁型者，其体积并入梁内计算，见图 5-22、图 5-23。

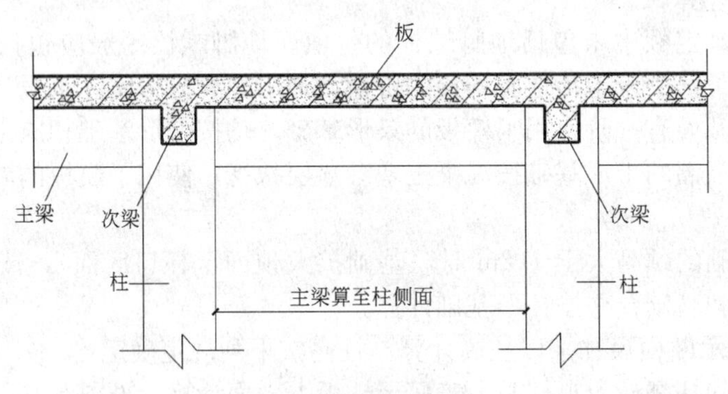

图 5-22　梁与柱连接

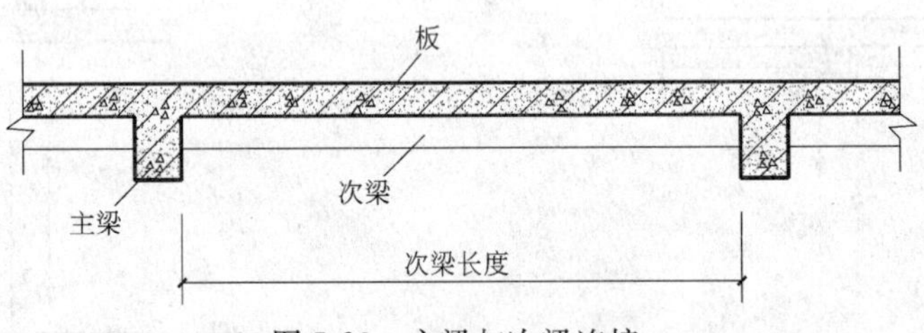

图 5-23　主梁与次梁连接

(2) 圈梁与过梁连接时，分别套用圈梁、过梁定额，其过梁长度按门、窗洞口外围宽度两端共加 50cm 计算。

(3) 悬臂梁与柱或圈梁连接时，按悬挑部分计算工程量；独立的悬臂梁按整个体积计算工程量。

5. 板：按图示面积乘以板厚以立方米计算。其中：

(1) 有梁板系指梁（包括主、次梁）与板构成一体，其工程量应按梁、板总和计算。

(2) 无梁板系指不带梁直接用柱头支承的板，其体积按板与柱帽之和计算。

(3) 平板系指无柱、梁，直接有墙支承的板。

(4) 有多种板连接时，以墙的中心线为界，伸入墙内的板头并入板内计算。

(5) 捣制挑檐天沟与屋面板连接时，按外墙皮为分界线，与圈梁连接时，按圈梁外皮为分界线。分界线以外为挑檐天沟，见图 5-24。挑檐板不能套用挑檐天沟的定额。

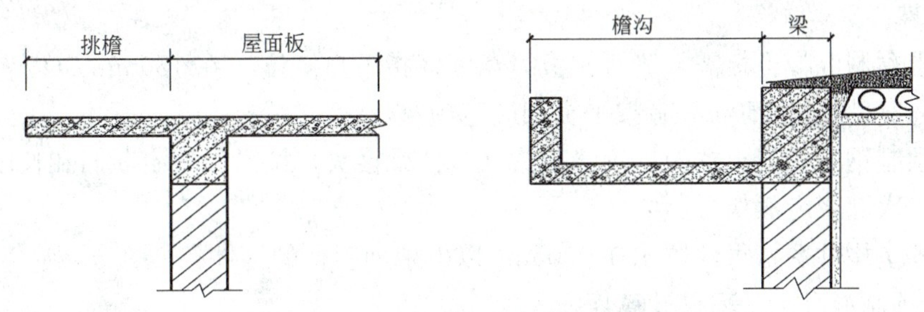

图 5-24　现浇挑檐天沟与板、梁划分

(6) 现浇框架梁和现浇板连接在一起时按有梁板计算。

6. 墙：按图示中心线长度乘以墙高及厚度以立方米计算，应扣除门窗洞口及 $0.3m^2$ 以外孔洞的面积。

剪力墙带暗柱子依次浇捣成型时套用墙子目：剪力墙带明柱（一端或两端突出的柱）一次浇捣成型时，应按结构分开计算工程量，分别套用墙子目和柱子目。

7. 短肢剪力墙按其形状套用相应墙的子目。

8. 后浇带混凝土按相应的构件名称套用定额。

9. 其他：

(1) 整体楼梯包括楼梯间两端的休息平台、梯井斜梁、楼梯板及支承梯井斜梁的梯口梁和平台梁，按水平投影面积计算。不扣除小于 300mm 的楼梯井，伸入墙内的板头、梁头也不增加。当梯井宽度大于 300mm 时，减去梯井面积，与无梯井一样，按整体楼梯混凝土结构净水平投影面积乘以 1.08 系数计算，如图 5-25 所示。圆弧形楼梯按水平投影面积计算，不扣除小于 500mm 直径的梯井。

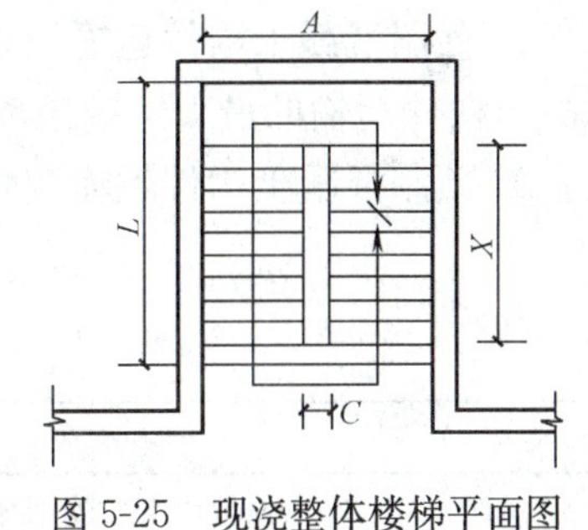

图 5-25　现浇整体楼梯平面图

当 $c \leqslant 300$mm 时，投影面积

$$S_j = L \cdot A$$

当 $c > 300$mm 时，投影面积

$$S_j = 1.08 \times (L \cdot A - c \cdot X)$$

式中　S_j——第 j 层楼梯的水平投影面积（m^2）；

L——楼梯长度（m）；

A——楼梯宽度（m）；

c——楼梯井宽度（m）；

X——楼梯井长度（m）。

(2) 阳台、雨篷、遮阳板均按伸出墙外的水平投影面积计算，伸出墙外的悬臂梁已包括在定额内，不另计算，但嵌入墙内的梁按相应定额另行计算。雨篷侧面挑起高度超过 200mm 时按栏板项目以全高计算。

(3) 栏板、扶手按延长米计算，包括伸入墙内部分。楼梯的栏板和扶手长度，如图集无规定时，按水平长度乘以 1.15 系数计算。

(4) 现浇池、槽按实际体积计算。

(5) 台阶按水平投影面积计算，如台阶与平台连接时其分界线应以最上层踏步外沿加 300mm 计算。

(6) 当预制混凝土板需补缝时，板缝宽度（指下口宽度）在 150mm 以内者不计算工程量，板缝宽度超过 150mm 者按平板相应定额执行。

(7) 预制钢筋混凝土框架柱现浇接头（包括梁接头）按设计规定断面和长度以立方米计算。按二次灌浆定额执行。

(8) 零星构件系指每件体积在 0.05m^3 以内未列项目的构件。

（二）预制混凝土工程量计算规则

1. 混凝土工程量除另有规定者外，均按图示尺寸实体体积以立方米计算，不扣除构件内钢筋、铁件及小于 300mm×300mm 以内孔洞的面积。

2. 预制桩按桩全长（包括桩尖）乘以桩断面以立方米计算。

3. 预制桩尖按虚体积（不扣除桩尖虚体积面积部分）计算。

4. 混凝土与钢杆件结合的构件，混凝土部分按构件实体积以立方米计算，钢构件部分按吨计算，分别套相应的定额项目。

5. 露花按外围面积乘以厚度以立方米计算。不扣除孔洞的面积。

6. 预制柱上的钢牛腿按铁件计算。

7. 窗台板、隔板、栏板的混凝土套用小型构件混凝土子目。

（三）预制混凝土构件运输及安装

1. 预制混凝土构件运输及安装除注明者外均按构件图示尺寸，以实体积计算。预制混凝土构件运输的最大运输距离取 50km 以内，超过时另行补充。

2. 预制混凝土构件运输按构件的类型和外形尺寸划分。混凝土构件分为六类，见表 5-8。

预制混凝土构件分类表　　表 5-8

类　别	项　目
1	4m 以内空心板、实心板
2	4～6m 的空心板，6m 以内的桩、屋面板、工业楼板、进深梁、基础梁、吊车梁、楼梯休息板、楼梯段、阳台板、双 T 板、肋形板、天沟板、挂瓦板、间隔板、挑檐、烟道、垃圾道、通风道、桩尖、花格
3	6m 以上至 14m 梁、板、柱、桩、各类屋架、桁架、托架（14m 以上的另行处理）、刚架
4	天窗架、挡风架、侧板、端壁板、天窗上、下档、门框及单件体积在 0.1m^3 以内的小构件、檩条、支撑
5	装配式内、外墙板、大楼板、厕所板
6	隔墙板（高层用）

预制混凝土构件制作、运输及安装的损耗率按表 5-9 的规定计算后并入构件运输与安装的工程量。

预制钢筋混凝土构件制作、运输、安装的损耗率 表 5-9

名　称	制作废品率	运输堆放损耗率	安装损耗率
各类预制构件	0.2%	0.8%	0.5%

预制构件制作工程量＝构件体积×(1＋制作损耗率＋运输堆放损耗率＋安装损耗率)

预制构件运输工程量＝构件体积×(1＋运输堆放损耗率＋安装损耗率)

预制构件安装工程量＝构件体积×(1＋安装损耗率)

(四) 预制混凝土构件安装工程量计算规则

1. 焊接形成的预制钢筋混凝土框架结构，其柱安装按框架柱计算，梁安装按框架梁计算，节点浇筑成形的框架，按连体框架梁、柱计算。

2. 预制钢筋混凝土工字形柱、矩形柱、空腹柱、双肢柱、空心柱、管道支架等安装，均按柱安装计算。

3. 组合屋架安装，以混凝土部分实体体积计算，钢杆件部分不另计算。

4. 预制钢筋混凝土多层柱安装，首层柱按柱安装计算，二层及二层以上按柱接柱计算。

5. 漏花空格安装，执行小型构件安装定额，其体积按洞口面积乘厚度以立方米计算，不扣除空花体积。

6. 阳台安装小刀片按洞口垂直投影面积乘以厚度 100mm 套漏花定额。

(五) 钢筋混凝土构件接头灌缝

1. 钢筋混凝土构件接头灌缝，包括构件坐浆、灌缝、堵板孔、塞板、梁缝等，均按预制钢筋混凝土构件以实体积以立方米计算。

2. 柱与柱基灌缝，按底层柱体积计算；底层以上柱灌缝按各层柱体积计算。

3. 空心板堵孔的人工、材料已包括在定额内。$10m^3$ 空心板体积包括 $0.23m^3$ 预制混凝土块、2.2 个工日。

(六) 钢筋工程量计算规则

1. 钢筋工程应区别现浇、预制构件不同钢种和规格。分别按设计长度乘以单位重量，以吨计算。表 5-10 为钢筋每米重量。

钢筋每米重量 表 5-10

直径	$\phi4$	$\phi6$	$\phi8$	$\phi10$	$\phi12$	$\phi14$	$\phi16$	$\phi18$	$\phi20$	$\phi22$	$\phi25$	$\phi28$	$\phi30$	$\phi32$
每米重(kg/m)	0.098	0.222	0.395	0.617	0.888	1.21	1.58	2.00	2.47	2.98	3.85	4.83	5.55	6.31

2. 计算钢筋工程量时，设计已规定钢筋搭连长度的，按规定搭连长度计算，设计未规定搭接长度的已包括在钢筋的损耗率之内，不另计算搭接长度。钢筋电渣压力焊接、锥螺纹连接以个计算。

(1) 普通钢筋长度可按下式计算：

直钢筋长度＝构件长度－保护层＋增加长度

弯起钢筋长度＝构件长度－保护层＋增加长度

式中　增加长度——指弯钩、弯起、搭接和锚固等增加的长度。

① 弯钩增加长度，应根据钢筋弯钩形状来确定。半圆弯钩增加长度为 $6.25d$ (d 为钢

筋直径)，直弯钩增加长度为 3.9d，斜弯钩增加长度为 5.9d。

② 钢筋锚固增加长度，是指不同构件交接处彼此的钢筋应相互锚入。如圈梁与现浇板、主梁与次梁、梁与板等交接处，钢筋均应相互锚入，以增加结构的整体性。

每个锚固点钢筋的锚固长度应按设计规定，如设计无规定应取 $L_a=30d$，但对 HPB235 级钢筋，每个锚固长度，还需再加一个半圆弯钩，半圆弯钩长度是 6.25d。

③ 钢筋弯起增加长度，应根据弯起角度计算

当弯起角度为 45°时，增加长度为 0.414H；

当弯起角度为 30°时，增加长度为 0.268H；

当弯起角度为 45°时，增加长度为 0.577H。

(2) 箍筋计算

箍筋末端应作 135°弯钩，弯钩平直部分的长度，一般不应小于箍筋直径的 5 倍；对有抗震要求的结构不应小于箍筋直径的 10 倍。

当平直部分为 5d 时，

$$箍筋长度\ L=(a-2c+2d)\times2+(b-2c+2d)\times2+14d$$

当平直部分为 10d 时，

$$箍筋长度\ L=(a-2c+2d)\times2+(b-2c+2d)\times2+24d$$

其中：a、b 为构件截面尺寸，c 为保护层厚度，d 为箍筋直径。

$$箍筋根数=(L-保护层)/设计间距+1$$

(在加密区的根数按设计另增)

式中　L——柱、梁净长。

3. 坡度大于等于 26°34′的斜板屋面，钢筋制安工日乘以系数 1.25。

4. 先张法预应力钢筋，按构件外形尺寸计算长度，后张法预应力钢筋按设计图规定的预应力钢筋预留孔道长度，并区别不同的锚具类型分别按下列规定计算：

(1) 低合金钢筋两端采用螺杆锚具时预应力的钢筋按预留孔道长度减 0.35m，螺杆另行计算。

(2) 低合金钢筋一端采用镦头插片，另一端采用帮条锚具时，预应力钢筋增加 0.15m，两端采用帮条锚具时预应力钢筋共增加 0.3m 计算。

(3) 低合金钢筋一端采用镦头插片，另一端螺杆锚具时，预应力钢筋长度按预留孔道长度计算螺杆另行计算。

(4) 低合金钢筋采用后张混凝土自锚时，预应力钢筋长度增加 0.35m 计算。

(5) 低合金钢筋或钢绞线采用 JM、XM、QM 型锚具，孔道长度在 20m 以内时，预应力钢筋长度增加 1m；孔道长度在 20m 以上时，预应力钢筋长度增加 1.8m 计算。

(6) 碳素钢丝采用锥形锚具，孔道在 20m 以内时，预应力钢筋长度增加 1.8m 计算。

(7) 碳素钢丝两端采用镦粗头时，预应力钢丝长度增加 0.35m 计算。

(8) 后张法预应力钢筋项目内已包括孔道灌浆，实际孔道长度和直径与定额不同时，不作调整按定额执行。

(9) 打孔灌注混凝土桩的钢筋笼按设计规定以吨计算。

(10) 钻（冲）孔桩钢筋笼吊焊接头按钢筋笼重量以吨计算。

(11) 锚杆制作、安装按吨计算。

(12) 地下连续墙钢筋笼制作，吊运就位按钢筋设计长度乘以单位重量以吨计算。

(13) 钢筋笼 II 型钢焊接，按 II 型钢的重量以吨计算。

5. 钢筋混凝土构件预埋铁件，以吨计算，按以下规定计算：

(1) 铁件重量不论何种型钢，均按设计尺寸，以吨计算，焊条重量不计算。

(2) 精加工铁件重量按毛件重量计算，不扣除刨光、车丝、钻眼部分的重量，焊条重量不计算。

(3) 固定预埋螺栓、铁件的支架，固定双层钢筋的铁马登、垫铁件，按审定的施工组织设计规定计算，套用相应定额项目。

(七) 构筑物混凝土工程量计算规则

1. 构筑物混凝土工程量除另有规定者外，均以图示尺寸扣除门窗洞口及 0.3m^2 以外孔洞所占体积以实体积计算。

2. 大型池、槽等分别按基础、墙、板、梁、柱等有关规定计算并套用相应定额项目。

3. 预制倒锥壳水塔水箱组装、提升、就位，按不同容积以座计算。

4. 水塔：

(1) 筒身与槽底以槽底连接的圈梁底为界，以上为槽底，以下为筒身。

(2) 筒式塔身及依附于筒身的过梁、雨篷、挑檐等并入筒身体积内计算；柱式塔身，柱、梁合并计算。

(3) 塔顶及槽底：塔顶包括顶板和圈梁、槽底包括底板挑出的斜壁板和圈梁等合并计算。

(4) 贮水（油）池不分平底、锥底、坡底，均按池底计算；壁基梁、池壁不分圆形壁和矩形壁，均按池壁计算；其他项目均按现浇混凝土部分相应项目计算。

【例 5-4】 有 100 根预制钢筋混凝土梁，其尺寸及配筋如图 5-26 所示，其中：①号筋弯起角度为 45°，计算该梁混凝土制作、运输、安装以及钢筋工程量（不考虑抗震要求）。

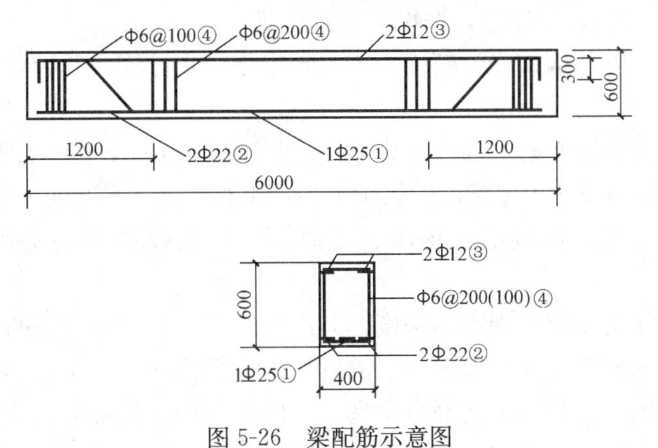

图 5-26　梁配筋示意图

【解】

(1) 钢筋混凝土梁制作工程量

$$预制钢筋混凝土梁制作工程量 = 构件体积 \times (1 + 制作损耗率 + 运输堆放损耗率 + 安装损耗率) = 100 \times 6.00 \times 0.400 \times 0.600(1 + 0.2\% + 0.8\% + 0.5\%) = 146.16m^3$$

（2）钢筋混凝土梁运输工程量

预制构件钢筋混凝土梁运输工程量＝构件体积×（1＋运输堆放损耗率＋安装损耗率）＝100×6.00×0.400×0.600（1＋0.8％＋0.5％）

$=145.872\text{m}^3$

（3）钢筋混凝土梁安装工程量

预制构件安装工程量＝构件体积×（1＋安装损耗率）＝100×6.00×0.400×0.600（1＋0.5％）＝144.72m^3

（4）钢筋工程量计算

① 号筋（⌀25，1×100根）：

长度 $L_1=6-0.025\times2+0.414\times0.55\times2+0.3\times2=7.01\text{m}$

质量 100×7.01×3.850＝2698.85kg

② 号筋（⌀22，2×100根）：

$L_2=6-0.025\times2=5.95\text{m}$

质量 2×100×5.95×2.984＝3550.96kg

③ 号筋（⌀12，2×100根）：

$L_3=6-0.025\times2+2\times6.25\times0.012=6.1\text{m}$

④ 号筋 $\phi6$（箍筋）：

$L_4=(0.4-0.025\times2+0.006\times2)\times2+(0.6-0.025\times2+0.006\times2)\times2+14\times0.006$
$=1.93\text{m}$

每根梁箍筋根数为［(6－0.025×2)/0.2］＋1＝30.75根，取31根

质量 100×1.93×31×0.222＝1328.23kg

五、厂库房大门、特种门、木结构工程

1. 厂库房大门、特种门制作、安装工程量按门洞口面积计算。

2. 木屋架的制作安装工作量，按以下规定计算：

（1）木屋架制作安装均按设计断面竣工木料以立方米计算，其后备长度及配制损耗均不另外计算。

（2）方木屋架一面刨光时增加3mm，两面刨光增加5mm，圆木屋架按屋架刨光时木材体积每立方米增加0.05m^3计算。附属于屋架的夹板、垫木等已并入相应的屋架制作项目中，不另计算；与屋架连接的挑檐木、支撑等，其工程量并入屋架竣工木料体积内计算。

（3）屋架的制作安装应区别不同跨度，其跨度应以屋架上下弦杆的中心线交点之间的长度为准。带气楼的屋架并入所依附屋架的体积内计算。

（4）屋架的马尾、折角和正交部分半屋架，应并入相连的屋架的体积内计算。

（5）钢木屋架区分圆、方木，按竣工木料以立方米计算。

3. 圆木屋架连接的挑檐木、支撑等如为方木时，其方木部分应乘以系数1.70折合成圆木并入屋架竣工木料内，单独的方木挑檐，按矩形檩木计算。

4. 木柱、木梁制作安装均按设计断面净料体积以立方米计算。

5. 封檐板按图示檐口外围长度计算，博风板按斜长度计算，每个大刀头增加长度500mm。

6. 木楼梯按水平投影面积计算，不扣除宽度小于300mm的楼梯井，其踢脚板、平台和伸入墙内部分不另计算。

六、金属结构工程

1. 金属结构制作工程量

（1）金属结构制作按图示钢材尺寸以吨计算，不扣除工艺性孔眼、切边的重量，焊条、铆钉、螺栓等重量已包括在定额内，不另计算。在计算不规则或多边形钢连接板重量时，均以其最大对角线乘最大宽度的矩形面积计算。

（2）实腹柱、吊车梁、H型钢按图示尺寸计算，其中腹板及翼板宽度按每边增加25mm计算。

（3）制动梁的制作工程量包括制动梁、制动桁架、制动板重量；墙架的制作工程量包括墙架柱、墙架梁及连系拉杆重量，钢柱制作工程量包括依附于柱上的牛腿及悬臂梁重量。

（4）轨道制作工程量，只计算轨道本身重量，不包括轨道垫板、压板、斜垫、夹板及连接角钢等重量。

（5）钢漏斗制作工程量，矩形按图示分片，圆形按图示展开尺寸，并依钢板宽度分段计算，每段均以其上口长度（圆形以分段展开上口长度）与钢板宽度，按矩形计算，依附漏斗的型钢并入漏斗重量内计算。

2. 金属结构运输工程量

金属结构运输工程量同金属结构制作工程量。

即　　　　　　　　　　运输工程量＝制作工程量

金属结构构件安装工程按外形和尺寸划分为三类（见表5-11）。

金属结构构件分类表　　　　**表5-11**

类　别	项　目
1	钢柱、屋架、钢轨、托架梁、防风桁架
2	吊车梁、制动梁、型钢檩条、钢支撑、上下档、钢拉杆栏杆、盖板、垃圾出灰门、倒灰门、箅子、爬梯、零星构件平台、操作台、走道休息台、扶梯(包括爬式)、钢吊车梯台、烟囱紧固箍
3	墙架、挡风架、天窗架、组合檩条、轻型屋架、滚动支架、悬挂支架、管道支架、车档、钢门、钢窗及其他零星构件

3. 金属结构安装工程量

金属结构安装工程量同金属结构制作工程量。

即　　　　　　　　　　安装工程量＝制作工程量

七、屋面及防水工程

1. 檩木按毛料尺寸体积以立方米计算，简支檩长度按设计规定计算。如设计无规定者，按屋架或山墙中距增加200mm；如两端出山墙，檩条长度算至博风板；连续檩条的长度按设计长度计算，其接头长度按全部连续檩木总体积的5%计算。檩条托木已计入相应的檩木制作安装项目中，不另计算。

2. 屋面木基层按屋面的斜面积计算，天窗挑檐重叠部分按设计规定计算，屋面烟囱及斜沟部分所占面积不扣除。

3. 瓦屋面、金属压型板（包括挑檐部分）均按图中尺寸的屋面的水平投影面积乘以屋面坡度系数以平方米计算。不扣除房上烟囱、风帽底座、风道、屋面小气窗、斜沟等所占面积，屋面小气窗的出檐部分亦不增加。

4. 卷材屋面工程量按以下规定计算：

（1）卷材屋面按图示尺寸的水平投影面积乘以规定的坡度系数以平方米计算。但不扣除房上烟囱、风帽底座、风道、屋面小气窗和斜沟所占的面积，屋面的女儿墙、伸缩缝和天窗等处的弯起部分，按图示尺寸并入屋面工程量计算。如图纸无规定时，伸缩缝、女儿墙的弯起部分可按 250mm 计算，天窗弯起部分可按 500mm 计算。

（2）卷材屋面的附加层、接缝、收头、找平层嵌缝、冷底子油已计入定额内，不另计算。

5. 涂膜屋面的工程量同卷材屋面。涂膜屋面的油膏嵌缝、玻璃布盖缝、屋面分格缝，以延长米计算。

6. 防水工程量按以下规定计算：

（1）建筑物地面防水、防潮层，按主墙间净空面积计算，扣除凸出地面构筑物、设备基础等所占的面积，不扣除柱、垛、间壁墙、烟囱及 $0.3m^2$ 以内孔洞所占面积。与墙面连接处高度在 500mm 以内者按展开面积计算，并入平面工程量内，超过 500mm 时，按立面防水层计算。

（2）建筑物墙基防水、防潮层，外墙长度按中心线，内墙按净长，乘以宽度以平方米计算。

（3）构筑物防水层及建筑物地下室防水层，按实铺面积计算，但不扣除 $0.3m^2$ 以内的孔洞面积。平面与立面交接处的防水层，其上卷高度超过 500mm 时，按立面防水层计算。

（4）防水卷材的附加层、接缝、收头、冷底子油等人工材料均已计入定额内，不另计算。

（5）变形缝按延长米计算。

7. 屋面排水工程量按以下规定计算：

（1）薄钢板排水按图示尺寸以展开面积计算，如图纸没有注明尺寸时，可按折算表计算，咬口和搭接等已计入定额项目中，不另计算。

（2）铸铁、玻璃钢水落管区别不同直径按图示尺寸延长米计算，雨水口、水斗、弯头、短管以个计算。

八、防腐、隔热、保温工程

1. 防腐工程量按以下规定计算：

（1）防腐工程项目应区分不同防腐材料种类及其厚度，按设计实铺面积以平方米计算。应扣除凸出地面的构筑物、设备基础等所占的面积，砖垛等突出墙面部分按展开面积计算并入墙面防腐工程量之内。

（2）踢脚板按实铺长度乘以高度以平方米计算，应扣除门洞所占面积并相应增加侧壁展开面积。

（3）平面砌筑双层耐酸块料时，按单层面积乘以系数 2.0 计算。

（4）防腐卷材接缝、附加层、收头等人工、材料，已计入在定额中，不再另行计算。

8. 保温隔热工程量按以下规定计算：

(1) 保温隔热层应区别不同保温隔热材料，除另有规定者外，均按设计实铺厚度以立方米计算。

(2) 保温隔热层的厚度按隔热材料（不包括胶结材料）净厚度计算。

(3) 屋面、地面隔热层按围护结构墙体间净面积乘以设计厚度以立方米计算，不扣除柱、垛所占的体积。屋面架空隔热层按实铺面积以平方米计算。

(4) 墙体隔热层，外墙按隔热层中心线，内墙按隔热层净长乘以图示尺寸的高度及厚度以立方米计算。应扣除冷藏门洞口和管道穿墙洞口所占的体积。

(5) 柱包隔热层，按图示柱的隔热层中心线的展开长度乘以图示尺寸高度及厚度以立方米计算。

(6) 顶棚混凝土板下铺贴保温材料时，按设计实铺厚度以立方米计算。顶棚板面上铺放保温材料时，按设计实铺面积以平方米计算。

(7) 其他保温隔热：

1) 池、槽隔热层按图示池、槽保温隔热层的长、宽及其厚度以立方米计算。

其中池壁按墙面计算，池底按地面计算。

2) 门洞口侧壁周围的隔热部分，按图示隔热层尺寸以立方米计算，并入墙面的保温隔热工程量内。

3) 柱帽保温隔热层按图示保温隔热层体积并入顶棚保温隔热层工程量内。

4) 烟囱内壁表面隔热层，按筒身内壁并扣除各种孔洞后的面积以平方米计算。

(8) 钢结构面 FVC 防腐涂料，工程量按装饰装修工程消耗量定额中金属面油漆系数表规定，并乘以表列系数以吨计算。

九、排水、降水工程

1. 抽水机降水按实际开挖坑（槽）底面积计算。

2. 井点降水区别轻型井点、喷射井点、大口径井点、电渗井点，按不同井管深度的井管安装、拆除以根为单位计算，使用按套天计算。

井点套组成：

轻型井点：50 根为一套；

喷射井点：30 根为一套；

大口径井点：45 根为一套；

电渗井点阳极：30 根为一套；

水平井点：10 根为一套。

井管间距应根据地质条件和施工降水要求，依施工组织设计确定，施工组织设计没有规定时，可按轻型井点管距 0.8～1.6m，喷射井点管距 2～3m 确定。

使用天应以每昼夜 24h 为一天，使用天数应按施工组织设计规定的使用天数计算。

十、混凝土、钢筋混凝土模板及支撑工程

模板及支撑工程分现浇混凝土模板及支撑、预制混凝土模板、构筑物混凝土模板。

(一) 一般规则

1. 基础

(1) 基础与墙、柱的划分，均以基础扩大顶面为界。

(2) 有肋式带形基础，肋高与肋宽之比在4∶1以内的按有肋式带形基础计算；肋高与肋宽之比超过4∶1的，其底板按板式带形基础计算，以上部分按墙计算。

(3) 箱式满堂基础应分别按满堂基础、柱、墙、梁、板有关规定计算。

(4) 设备基础除块体外，其他类型设备基础分别按基础、梁、柱、板、墙等有关规定计算。

2. 柱

(1) 有梁板的柱高按基础上表面至楼板上表面，或楼板上表面至上一层楼板上表面计算。

(2) 无梁板的柱高按基础上表面或楼板上表面至柱帽下表面计算。

(3) 构造柱的柱高有梁时按梁间的高度（不含梁高），无梁时按全高计算。

(4) 依附柱上的牛腿，并入柱内计算。

(5) 单面附墙柱并入墙内计算；双面附墙柱按柱计算。

3. 梁

(1) 梁与柱连接时，梁长算至柱的侧面。

(2) 主梁与次梁连接时，次梁长算至主梁的侧面。

(3) 圈梁与过梁连接时，过梁长度按门窗洞口宽度共加500mm计算。

(4) 现浇挑梁的悬挑部分按单梁计算，嵌入墙身部分分别按圈、过梁计算。

4. 板

(1) 有梁板包括主梁、次梁与板，梁板合并计算。

(2) 无梁板的柱帽并入板内计算。

(3) 平板与圈梁、过梁连接时，板算至梁的侧面。

(4) 预制板缝宽度在60mm以上时，按现浇平板计算；60mm宽以下的板缝已在接头灌缝的子目内考虑，不再列项计算。

5. 墙

(1) 墙与梁重叠，当墙厚等于梁宽时，墙与梁合并按墙计算；当墙厚小于梁宽时，墙、梁分别计算。

(2) 墙与板相交，墙高算至板的底面。

(3) 墙的总净长大于厚4倍，小于等于厚7倍时，按短肢剪力墙计算。

6. 其他

(1) 带反梁的雨篷按有梁板定额子目计算。

(2) 零星混凝土构件，系指每件体积在0.05m^3以内的未列出定额项目的构件。

(3) 现浇挑檐天沟与板（包括屋面板、楼板）连接时，以外墙为分界线，与圈梁（包括其他梁）连接时，以梁外边线为分界线。外墙外边线或梁外边线以外为挑檐天沟。

7. 烟囱

钢筋混凝土烟囱基础包括基础底板和筒座，筒座以上为筒身。

(二) 现浇混凝土及钢筋混凝土模板工程量

1. 现浇混凝土及钢筋混凝土模板工程量，除另有规定者外，均应区别模板的不同材质，按混凝土与模板接触面的面积，以平方米计算。若使用含模量计算模板接触面积，计算公式为：工程量=构件体积×相应项目含模量。

2. 设备基础螺栓套留孔，分别不同深度以个计算。

3. 现浇钢筋混凝土柱、梁、板、墙的支模高度（即室外地坪或板面至板底之间的高度）以 3.6m 以内为准，高度超过 3.6m 以上部分，另按超过部分计算增加支撑工程量。

4. 现浇钢筋混凝土墙、板上单孔面积在 0.3m^2 以内的孔洞，不予扣除，洞侧壁模板亦不增加，但突出墙、板面的混凝土模板应相应增加；单孔面积在 0.3m^2 以外时，应予扣除，洞侧壁模板并入墙、板模板工程量内计算。

5. 杯形基础的颈高大于 1.2m 时（基础扩大顶面至杯口底面），按柱定额执行，其杯口部分和基础合并按杯形基础计算。

6. 柱与梁、柱与墙、梁与梁等连接的重叠部分以及伸入墙内的梁头、板头部分，均不计算模板面积。

7. 构造柱均按图示外露部分计算模板面积。留马牙槎的按最宽面计算模板宽度。构造柱与墙接触面不计算模板面积。

8. 现浇钢筋混凝土阳台、雨篷，按图示外挑部分尺寸的水平投影面积计算。挑出墙外的悬臂梁及板边模板不另计算。雨篷翻边突出板面高度在 200mm 以内时，按翻边的外边线长度乘以突出板面高度，并入雨篷内计算；雨篷翻边突出板面高度在 600mm 以内时，翻边按天沟计算；雨篷翻边突出板面高度在 1200mm 以内时，翻边按栏板计算；雨篷翻边突出板面高度超过 1200mm 时，翻边按墙计算。

9. 楼梯包括楼梯间两端的休息平台，梯井斜梁、楼梯板及支承梁及斜梁的梯口梁或平台梁，以图示露明面尺寸的水平投影面积计算。不扣除宽度小于 300mm 的楼梯井，楼梯的踏步、踏步板、平台梁等侧面模板不另计算；当梯井宽度大于 300mm 时，应扣除梯井面积，以图示露明面尺寸的水平投影面积乘以 1.08 系数计算。圆弧形楼梯按图示露明面尺寸的水平投影面积计算，不扣除小于 500mm 直径的梯井。

10. 混凝土台阶，按图示台阶尺寸的水平投影面积计算，台阶端头两侧不另计算模板面积。

11. 现浇混凝土明沟以接触面积按电缆沟子目计算；现浇混凝土散水按散水坡实际面积，以平方米计算。

12. 混凝土扶手按延长米计算。

13. 带形桩承台按带形基础定额执行。

14. 小立柱，二次浇灌模板按零星构件，以实际接触面积计算。

15. 以下构件按接触面积计算模板：

（1）混凝土墙按直形墙、电梯井壁、短肢剪力墙、圆弧墙，划分不分厚度，均分别计算。

（2）挡土墙、地下室墙是直形的，按直形墙计；是圆弧形时按圆弧墙计；既有直形又有圆弧形时应分别计算。

（三）预制钢筋混凝土构件模板工程量

1. 预制钢筋混凝土模板工程量除另有规定外，均按预制钢筋混凝土工程量计算规则，以立方米计算。

2. 小型池、槽按外形体积以立方米计算。

3. 钢筋混凝土构件灌缝模板工程量同构件灌缝工程量以立方米计算。

（四）构筑物钢筋混凝土模板工程量，按以下规定计算：

1. 烟囱、预制倒圆锥形水塔水箱、水塔、贮水（油）池的模板工程量按构筑物工程量计算规则分别计算。

2. 现浇大型池、槽模板等分别按基础、墙、板、梁、柱以接触面积计算，套用相应定额子目。

3. 贮仓底板模板套用贮水（油）池底板子目。

表 5-12 为现浇钢筋混凝土构件模板含量参考表。

现浇钢筋混凝土构件模板含量参考表　　表 5-12

定额项目		含模量(m^2/m^3)	定额项目			含模量(m^2/m^3)
带形基础	毛石混凝土	2.91	拱形板			8.04
	无筋混凝土	3.49	双层拱形屋面板			30.00
	钢筋混凝土(有梁式)	2.38	楼梯(m^2)			2.12
	钢筋混凝土(无梁式)	0.79	阳台(m^2)			1.64
独立基础	毛石混凝土	2.04	雨篷(m^2)			1.82
	钢筋混凝土	2.11	台阶(m^2)			1.11
杯形基础		1.97	栏板			33.89
满堂基础	无梁式	0.60	门框			12.17
	有梁式	1.34	暖气沟电缆沟			11.30
独立式桩承台		1.84	挑檐天沟			15.18
混凝土基础垫层		1.38	零星构件			21.83
设备基础	$5m^3$ 以内	3.06	扶手			0.50
	$20m^3$ 以内	1.94	小型池、槽			30.00
	$100m^3$ 以内	1.41	贮水油池	无梁盖		3.25
	$100m^3$ 以外	0.62		肋形盖		1.11
柱	矩形柱	10.53		无梁盖柱		8.79
	异形柱	9.32		沉淀池水槽		21.10
	圆形柱	7.84		沉淀池壁基梁		4.30
	构造柱	7.92	贮仓	圆形	顶板	7.35
基础梁		8.33			底板	2.59
单梁、连续梁		8.89			主壁	9.17
异形梁		11.05		矩形壁		9.72
过梁		11.86	水塔	塔身水箱	筒式	15.97
拱形梁		7.62			柱式	11.53
弧形梁		8.73			内壁	14.21
圈梁、压顶		7.05			外壁	11.98
直形墙		14.40		塔顶		7.41
电梯井壁		11.49		塔底		5.69
圆弧墙		7.04		回廊及平台		9.26
短肢剪力墙		8.39	贮水(油)池	池底	平底	0.20
有梁板		6.98			坡底	0.93
无梁板		4.53		池壁	矩形	10.05
平板		8.90			圆形	11.64

十一、脚手架工程

（一）综合脚手架

1. 综合脚手架适用于一般工业与民用建筑工程，均以建筑面积计算。单层建筑物在檐高6m以上至20m以下时，另按每增加1m计算综合脚手架（单层建筑面积乘增高米数）。单层、多层建筑物超过6层或檐高超过20m时，均应另计算高层建筑垂直运输及增加费。

2. 综合脚手架系按钢管配合扣件，以及竹串片脚手综合考虑的。在实际使用中不论采用何种材料或搭设方式，均不调整。

3. 综合脚手架内容包括外墙砌筑及装饰，内墙仅考虑砌筑用架。

当建筑工程（主体结构）与装饰装修工程是一个施工单位施工时，建筑工程按综合脚手架子目全部计算，装饰装修工程不再计算；当建筑工程（主体结构）与装饰装修工程不是一个施工单位施工时，建筑工程按综合脚手架子目的90%计算，装饰装修工程另按实际使用外墙单项脚手架或其他脚手架计算。

4. 多层建筑物的综合脚手架，应自建筑物室外地坪以上的自然层为准。高度超过2.2m（包括2.2m）的管道层亦应计算层数和面积（但走廊部分的局部管道层不计算层数，只计算面积）。地下室不作层数计算，但应计算建筑面积。多层建筑物其层高等于2.2m时，可按一层建筑面积计算综合脚手架及垂直运输费。

5. 单层建筑物的高度，应自室外地坪至檐口滴水的高度为准。多跨建筑物如高度不同时，应分别按照不同的高度计算。单层建筑物以6m高为准，超过6m者，每超过1m再计算一个增加层，增加高度若不足0.6m时（包括0.6m），舍去不计，超过0.6m，按一个增加层计算。

6. 内浇外砌建筑物，按综合脚手架费用乘以0.9计算。大板、大模板建筑，按综合脚手架费用乘以0.5计算。

（二）单项脚手架

1. 凡捣制梁（除圈梁、过梁）柱、墙，每立方米混凝土需计算13m² 的3.6m以内钢管里脚手架；施工高度在6～10m内应另增加计算26m² 的单排9m内钢管外脚手架；施工高度在10m以上按施工组织设计方案计算。

2. 围墙脚手架，按相应的脚手架定额计算。其高度应以自然地坪至围墙顶，如围墙顶上装金属网者，其高度应算至金属网顶，长度按围墙的中心线，以平方米计算。不扣除围墙门所占的面积，但独立门柱砌筑用的脚手架也不增加。

3. 凡室外单独砌筑砖、石挡土墙、沟道墙高度超过1.2m以上时，按单面垂直墙面面积套用相应的里脚手架定额。

4. 室外单独砌砖、石独立柱、墩及突出屋面的砖烟囱，按外围周长另加3.6m乘以实砌高度计算相应的单排外脚手架费用。

5. 砌二砖及二砖以上的砖墙，除按综合脚手架计算外，另按单面垂直砖墙面面积增计单排外脚手架。

6. 砖、石砌基础，深度超过1.5m时（室外自然地面以下），应按相应的里脚手架定额计算脚手架，其面积为基础底至室外地面的垂直面积。

7. 混凝土、钢筋混凝土带形基础同时满足底宽超过1.2m，（包括工作面的宽度）深度超过1.5m；满堂基础、独立柱基础同时满足底面积超过4m，深度超过1.5m，均按水平投影面积套用基础满堂脚手架计算。

8. 高颈杯形钢筋混凝土基础，其基础底面至自然地面的高度超过3m时，应按基础底周边长度乘高度计算脚手架，套用相应的单排外脚手架定额。

9. 贮水（油）池及矩形贮仓按外围周长加 3.6m 乘以壁高套用相应的双排外脚手架定额。

10. 砖砌、混凝土化粪池，深度超过 1.5m 时，按池内空的投影面积套用基础满堂脚手架计算。

11. 室外管道脚手架，高度从自然地面算至管道下皮（多层排列管道时，以最上一层管道下皮为准）。长度按管道的中心线，乘以垂直高度计算面积。

（三）烟囱、水塔脚手架

1. 烟囱，水塔脚手架，区别不同搭设高度，以座计算。

2. 烟囱、水塔脚手架以筒壁及塔身根部直径为准。

3. 圆形仓及筒仓参照烟囱、水塔脚手架定额。滑升模板施工的钢筋混凝土烟囱、筒仓，不计算脚手架。

（四）其他

1. 悬空吊篮脚手架以墙面垂直投影面积计算，高度应以设计室外地坪至墙顶的高度计算，长度应以墙的外围长度计算。

2. 外脚手架安全围护网按实挂面积计算。

十二、垂直运输工程

（一）一般规则

1. 建筑物按建筑面积计算。包括计算建筑面积范围和层高 2.2m 设备管道层等面积。

2. 烟囱、水塔、筒仓等构筑物以“座”计算。

（二）建筑物垂直运输（1～6 层）

凡建筑物层数在 6 层及其以下或檐高在 20m 以下时，按 6 层及其以下建筑面积计算。包括地下室和屋顶楼梯间等建筑面积。

（三）高层建筑垂直运输及增加费

1. 凡建筑物在 6 层以上或檐高超过 20m 以上者，均可计取垂直运输及增加费，檐高超过 20m 以上时，以建筑物檐高与 20m 之差，除以 3.3m 为层数（除本条第 5、6 款外，余数不计），累计建筑面积计算。

2. 当上层建筑面积小于下层建筑面积的 50%时，应垂直分割为两部分计算。层数（或檐高）高的范围与层数（或檐高）低的范围分别按本条 1 款规则计算。

3. 当建筑物在 6 层（或檐高在 20m）以上每层建筑面积不同，又不符合垂直分割计算条件，则按本条款 1 款规定计算层数，乘以建筑物檐高 20m 以上实际层数建筑面积的算术平均值，计算工程量。

4. 当建筑物檐高在 20m 以下，层数在 6 层以上时，以 6 层以上建筑面积套用 7～8 层子目，6 层及其以下建筑面积套 1～6 层子目。

5. 当建筑物檐高超过 20m，但未达到 23.3m，则无论层数多少，均以最高一层建筑面积套用 7～8 层子目，余下建筑面积套用 1～6 层子目。

6. 当建筑物檐高在 28m 以上，但未超过 29.9m 时，按 3 个折算超高层计算建筑面积，套用 9～12 层子目，余下建筑面积不计算。

（四）凡套用了 7～8 层子目者，余下建筑面积还应套用 1～6 层子目。

（五）檐下至及且自分割后的高层范围外的1～6层（20m以内）裙房面积，套用1～6层子目。

十三、常用大型机械安拆和场外运输费用

1. 塔式起重机的安拆高度以塔顶高度30m为准，实际高度超过30m时，8t塔吊顶高度在40m或40m以上，汽车吊40t改为80t。

2. 自升式塔式起重机的安拆高度以塔顶高度30m为准，以后每增加塔身4个标准节（10m）的安拆，收取本机台班2个，人工16个工日。

3. 80kN·m塔吊在安装高塔（塔顶高度45m）时，因需增加压重16t，则应收取8t载重汽车1.5个台班，人工2个工日，8t汽车吊0.5台班。

4. 机械使用的电、燃料、枕木，各地市按市场价进行调整。

5. 场外运输26～35km按25km以内表列的机械费增加15%，36km起按各地汽车运价规则实施细则规定执行。

6. 运输车辆、汽车吊过桥如需收取费用，按当地人民政府有关文件规定收费。

7. 大型平板拖车（15t以上）、大型汽车（12t以上）、大型汽车吊（12t以上），施工单位确实没有上述机型，而向其他单位租赁时，先与建设单位联系，取得同意后，可凭票证向建设单位收取，仍按表内基价列入定额直接费。

十四、其他工程

其他工程包括打拔钢板桩，基坑大型钢支撑安装、拆除，钢屋架、钢托架制作平台摊销，金属构件拼装台搭拆。

1. 打拨钢板桩按钢板桩重量以吨计算。

单位工程打钢板桩工程量在50t以内时，其人工、机械量按相应定额项目乘以系数1.25计算。

2. 安拆导向夹具，按设计图纸规定的水平延长米计算。

3. 钢屋架、钢托架制作平台摊销的工程量按金属结构工程中钢屋架、钢托梁制作工程量计算。

4. 钢柱、钢屋架、钢天窗架拼装台搭拆工程量，按拼装工程量计算规则计算。

第四节　装饰装修工程量计算规则

装饰装修工程包括工程项目和施工技术措施项目两大部分，其中工程项目部分包括楼地面工程、墙柱面装饰工程、顶棚装饰工程、门窗工程、油漆、涂料工程、裱糊工程；施工技术措施项目部分包括脚手架工程、垂直运输工程、成品保护工程。

一、楼地面工程

（一）地面垫层

地面垫层按室内主墙间净空面积乘以设计厚度以立方米计算。应扣除凸出地面的构筑物、设备基础、室内铁道、地沟等所占体积，不扣除柱、垛、间壁墙、附墙烟囱及面积在0.3m^2内孔洞所占的体积。主墙间净面积按以下公式计算：

$$S_{ij}=S_i-(L_{中}\times 外墙厚+L_{内}\times 内墙厚)$$

式中　S_{ij}——i层主墙间净面积（m^2）；

S_i——i 层建筑面积（m^2）；

$L_{中}$——外墙中心线总长；

$L_{内}$——内墙净长线总长。

（二）整体面层、找平层

整体面层、找平层的工程量，均按主墙间净面积以平方米（m^2）计算。应扣除凸出地面构筑物、设备基础、室内管道、地沟等所占面积，不扣除柱、垛、间壁墙、附墙烟囱以及面积在 $0.3m^2$ 以内的孔洞所占面积，但门洞、空圈、暖气包槽的开口部分亦不增加。

（三）楼地面

1. 装饰面积按饰面的净面积计算，门洞、空圈、暖气包槽和壁龛的开口部分的工程量并入相应的面层内计算。拼花部分按实际面积计算。

2. 大理石、花岗岩块料面层：当楼地面遇到弧形贴面时，其弧形部分的石材损耗可按实调整，并按弧形图示尺寸每 100m 另增加人工 6 工日，砂轮片 1.4 片；弧形楼梯按相应楼梯项目乘系数 1.2 系数；弧形台阶按相应台阶乘 1.4 系数；弧形踢脚板按相应踢脚板项目人工乘 1.15 系数，其他不变。

（四）楼梯面层

楼梯面层（包括踏步、休息平台以及小于 500mm 宽的楼梯井）按水平投影面积计算。

（五）台阶面层

台阶面层（包括踏步及最上一层踏步沿 300mm 按水平投影面积计算）。

（六）楼梯找平层

楼梯找平层按水平投影面积乘系数 1.365，台阶乘系数 1.48。

（七）其他

1. 踢脚板按延长米计算，洞口、空圈长度不予扣除，洞口、空圈、垛、附墙烟囱等侧壁长度亦不增加。

2. 石材线倒角磨边加工按延长线计算。弧形石材磨边人工乘 1.3 系数。

3. 栏杆、扶手包括弯头长度按延长米计算。

4. 楼梯栏杆弯头计算，一个拐弯计算二个弯头，顶层加一个弯头。

5. 防滑条按楼梯踏步两端距离减 300mm 以延长计算。

二、墙柱面装饰工程

（一）内墙抹灰工程量

1. 内墙抹灰面积，应扣除门窗洞口和空圈所占的面积，不扣除踢脚板、挂镜线、0.3m 以内的孔洞和墙与构件交接处的面积，洞口侧壁和顶面亦不增加，墙垛和附墙烟囱侧壁面积与内墙抹灰工程量合并计算。

$$内墙面抹灰工程量 = L_{内i} \times h_i - 门窗洞口及空圈面积$$

式中 $L_{内i}$——i 层内墙净长线总长（点）；

h_i——i 层内墙面的抹灰高度（m）。

2. 内墙面抹灰的长度，以主墙间的图示净长尺寸计算，其高度确定如下：

（1）无墙裙的，其高度按室内地面或楼面至顶棚底面之间距离计算。

（2）有墙裙的，其高度按墙裙顶至顶棚底面之间距离计算。

(3) 钉板顶棚的内墙面抹灰，其高度按室内地面或楼面至顶棚底面另加 100mm 计算。

3. 内墙裙抹灰面积按内墙净长乘以高度计算，应扣除门窗洞口和空圈所占的面积，门窗洞口和空圈的侧壁面积不另增加，墙垛、附墙烟囱侧壁面积并入墙裙抹灰面积内计算。

（二）外墙抹灰工程量

1. 外墙抹灰面积，按外墙面的垂直投影面积以平方米计算，应扣除门窗洞口、外墙裙和大于 0.3m² 孔洞所占面积，洞口侧壁和顶面面积不另增加。附墙垛、梁、柱侧面抹灰面积并入外墙面抹灰工程量内计算，栏板、栏杆、窗台线、门窗套、扶手、压顶、挑檐、遮阳板、突出墙外的腰线等，另按相应规定计算。

$$外墙面抹灰工程量 = L_{外} \times H - \sum 门窗洞口及空圈面积 - 外墙裙面积$$

式中 $L_{外}$——外墙外边线总长（m）；

H——室外地坪至沿口底之间的总高度（m）。

2. 外墙裙抹灰面积按其长度乘以高度计算，扣除门窗洞口和大于 0.3m² 孔洞所占的面积，门窗洞口及孔洞的侧壁不增加。

$$外墙裙工程量 = (L_{外} - \sum 外墙上门宽) \times 墙裙高度$$

3. 窗台线、门窗套、挑檐、腰线、遮阳板等展开宽度在 300mm 以内者按装饰线以延长米计算，如展开宽度超过 300mm 以上时，按图示尺寸以展开面积计算，套零星抹灰定额项目。

4. 栏板、栏杆（包括立柱、扶手或压顶等）抹灰按中心线的立面垂直投影面积乘以 2.20 系数以平方米计算，套用零星项目子目；外侧与内侧抹灰砂浆不同时，各按 1.10 系数计算。

5. 雨篷外边线按相应装饰或零星项目执行。

6. 墙面勾缝按垂直投影面计算，应扣除墙裙和墙面抹灰的面积，不扣除门窗洞口、门窗套、腰线等零星抹灰所占的面积，附墙柱和门窗洞口侧面的勾缝面积亦不增加。独立柱、房上烟囱勾缝，按图示尺寸以平方米计算。

（三）外墙装饰抹灰工程量

1. 外墙各种装饰抹灰均按图示尺寸以实抹面积计算，应扣除门窗洞口空圈的面积，其侧壁面积不另增加。

2. 挑檐、天沟、腰线、栏杆、栏板、门窗套、窗台线、压顶等均按图示尺寸展开面积以平方米计算。

（四）块料面层工程量按以下规定计算

1. 墙面贴块料面层均按图示尺寸以实贴面积计算。

2. 墙裙以高度在 1500mm 以内为准，超过 1500mm 时按墙面计算，高度低于 300mm 以内时，按踢脚板计算。

（五）木隔墙、墙裙、护壁板及内、外墙面层饰面

均按图示尺寸长度乘以高度按实铺面积以平方米计算。

（六）玻璃隔墙

按上横档顶面至下横档底面之间高度乘以宽度（两边立挺外边线之间）以平方米

计算。

（七）浴厕木隔断、塑钢隔断、水磨石隔断

按下横档底面至上横档顶面高度乘以图示长度以平方米计算，同材质门扇面积并入隔断面积内计算。

（八）铝合金、轻钢隔墙、幕墙

按四周框外围面积计算。

（九）独立柱、梁工程量

1. 一般抹灰、装饰抹灰、镶贴块料按结构断面（除注明者外）周长乘以高度（长度）以平方米计算。

2. 其他装饰按外围饰面尺寸乘以高度（长度）以平方米计算。

3. 大理石、花岗石包圆柱饰面、钢骨架干挂大理石、花岗石柱饰面，按柱外围饰面尺寸乘以高度计算；大理石、花岗石柱墩、柱帽、腰线、阴角线，按最大外径周长计算；石材现场倒角磨边加工按延长米计算。

（十）石膏装饰

1. 石膏装饰壁画，平面外形不规则的按外围矩形面积以个计算。

2. 石膏装饰柱以不同直径和高度按套计算。

三、顶棚装饰工程

（一）顶棚抹灰工程量按以下规定计算：

1. 顶棚抹灰面积，按主墙间的净面积计算，不扣除间壁墙、垛、柱、附墙烟囱、检查口和管道所占的面积。带梁顶棚、梁两侧抹灰面积，并入顶棚抹灰工程量内计算。

2. 密肋梁和井字梁顶棚抹灰面积，按展开面积计算。

3. 顶棚抹灰如带有装饰线时，区别三道线以内或五道线以内按延长米计算。线角的道数以一个突出的棱角为一道线。

4. 檐口顶棚的抹灰面积，并入相同的顶棚抹灰工程量内计算。

5. 顶棚中的折线、灯槽线、圆弧形线、拱形线等艺术形式的抹灰，按展开面积计算。

6. 楼梯底面抹灰，按楼梯水平投影面积（梯井宽超过 200mm 以上者，应扣除超过部分的投影面积）乘以系数 1.30，套用相应的顶棚抹灰定额计算。

7. 阳台底面抹灰按水平投影面积以平方米计算，并入相应顶棚抹灰面积内。阳台如带悬臂梁者，其工程量乘系数 1.30。

8. 雨篷底面或顶面抹灰分别按水平投影面积以平方米计算，并入相应顶棚抹灰面积内。雨篷顶面带反沿或反梁者，其工程量乘系数 1.20；底面带悬臂梁者，其工程量乘系数 1.20。

（二）各种吊顶顶棚龙骨

按主墙间净空面积计算，不扣除间壁墙、检查口、附墙烟囱、柱、垛和管道所占面积。但顶棚中的折线、迭落等圆弧形，高低吊灯槽等面积也不展开计算。

（三）顶棚面装饰工程量

1. 顶棚装饰面积、按主墙间实铺面积以平方米计算，不扣除间壁墙、检查口、附墙烟囱、附墙垛和管道所占面积，应扣除独立柱、灯槽及与顶棚相连的窗帘盒所占的面积。

2. 顶棚基层按展开面积计算。

3. 顶棚中的折线、迭落等圆弧形、拱形、高低灯槽及其他艺术形式顶棚面层均按展开面积计算。

4. 灯带、灯槽按其延长米计算。

（四）格栅吊顶、吊筒吊顶、藤条造型悬挂吊顶、织物软雕吊顶、网架（装饰）吊顶均按设计图示的吊顶尺寸水平投影面积计算。

（五）石膏装饰计算

1. 石膏装饰角线、平线工程量以延长米计算。

2. 石膏灯座花饰工程量以实际面积按个计算。

3. 石膏装饰配花，平面外形不规则的按外围矩形面积以个计算。

四、门窗工程

1. 普通木门、普通木窗框扇制作、安装工程量均按门窗洞口面积计算。

（1）普通窗上部带有半圆窗的工程量应分别按半圆窗和普通窗计算，其分界线以普通窗和半圆窗之间的横框上裁口线为分界线。

（2）门窗扇包镀锌薄钢板，按门窗洞口面积以平方米计算；门窗框包镀锌薄钢板，钉橡皮条，钉毛毡按图示门窗洞口尺寸以延长米计算。

纱扇制作安装按扇外围面积计算。

2. 铝合金门窗制作、安装，铝合金、不锈钢门窗（成品）安装，彩板组角钢门窗安装，塑料门窗安装，塑钢门窗安装，橱窗制作安装均按设计门窗洞口面积计算。

3. 卷闸门安装按洞口高度增加600mm乘以门实际宽度以平方米计算；电动装置安装以套计算，小门安装以个计算。

4. 防盗门窗安装按框外围面积以平方米计算。

5. 豪华型木门安装子目均指工厂预制品（含门框及门扇）。工程量按设计门洞面积计算。

6. 不锈钢板包门框按框外表面面积以平方米计算；彩板组角钢门窗附框安装按延长米计算；无框玻璃门安装按设计门洞口以平方米计算。

7. 电子感应门及旋转门安装按樘计算。

8. 不锈钢电动伸缩门按樘计算。

9. 包橱窗框以橱窗洞口面积计算。

10. 门窗套及包门框按展开面积以平方米计算。

11. 包门扇及木门扇镶贴饰面板均以门扇垂直投影面积计算。

12. 硬木刻花玻璃门按门扇面积以平方米计算。

13. 豪华拉手安装按副计算。

14. 金属防盗网制作、安装按阳台、窗户洞口面积以平方米计算。

15. 窗台板、筒子板及门、窗洞口上部装饰均按实铺面积计算。

16. 门窗贴脸按延长米计算。

17. 窗帘盒、窗帘轨、钢筋窗帘杆均以延长米计算。

18. 门、窗洞口安装玻璃按洞口面积计算。

19. 铝合金踢脚板安装按实铺面积计算。门锁安装按“把”计算。

20. 玻璃和班按连框外围尺寸以垂直投影面积计算。

21. 玻璃加工：划圆孔、划线按平方米计算，钻孔按个计算。

22. 闭门器按“副”计算。

23. 木门窗运输：单层门窗按洞口面积以平方米计算；双层门窗按洞口积乘 1.36（包括双层门窗或一玻一纱门窗）以平方米计算。

五、油漆、涂料、裱糊工程

1. 楼地面、顶棚面、墙、柱、梁面的喷（刷）涂料、抹灰面油漆及裱糊工程，均按楼地面、顶棚面、墙、柱、梁面装饰工程相应的工程量计算规则规定计算。但柱、梁面的工程量应乘以系数 1.15 计算。

2. 定额中的隔墙、护壁、柱、顶棚木龙骨及木地板中木龙骨带毛地板刷防火涂料工程量计算规则如下：

（1）隔墙、护壁木龙骨按其面层正立面投影面积计算。

（2）柱木龙骨按其面层外围面积计算。

（3）顶棚术龙骨按其水平投影面积计算。

（4）木地板中木龙骨及木龙骨带毛地板按地板面积计算。

3. 隔墙、护壁、柱、顶棚面层及木地板刷防火涂料，执行其他木材面刷防火涂料相应子目。

4. 木材面、金属面油漆的工程量分别按表 5-13～表 5-17 规定，并乘以表列系数以平方米或吨计算。

5. 槽形底板、混凝土折板、有梁板、密肋梁、井字梁底板、混凝土平板式楼梯底油漆或涂料的工程量按表 5-18 规定并乘以表列系数计算。

单层木门工程量系数表 **表 5-13**

项目名称	系数	工程量计算方法
单层木门	1.00	按单面洞口面积
双层(一板一纱)木门	1.36	
双层(单裁口)木门	2.00	
单层全玻门	0.83	
木百叶门	1.25	
厂库大门	1.10	

单层木窗工程量系数表 **表 5-14**

项目名称	系数	工程量计算方法
单层玻璃窗	1.00	按单面洞口面积
双层(一玻一纱)木窗	1.36	
双层(单裁口)木窗	2.00	
三层(二玻一纱)木窗	2.60	
单层组合窗	0.83	
双层组合窗	1.13	
木百叶窗	1.50	

木地板工程量系数表 **表 5-15**

项 目 名 称	系 数	工程量计算方法
木地板	1.00	长×宽
木楼梯(不包括底面)	2.30	水平投影面积

单层钢门窗工程量系数表 **表 5-16**

项 目 名 称	系 数	工程量计算方法
单层钢门窗	1.00	洞口面积
双层(一玻一纱)钢门窗	1.48	
钢百叶钢门	2.74	
半截百叶钢门	2.22	
满钢门或包薄钢板门	1.63	
钢折叠门	2.30	
射线防护门	2.96	框(扇)外围面积
厂库房平开、推拉门	1.70	
钢丝网大门	0.81	
间壁	1.85	长×宽
平板屋面	0.74	斜长×宽
瓦垄板屋面	0.89	
排水、伸缩缝盖板	0.78	展开面积
吸气罩	1.63	水平投影面积

其他金属面工程量系数表 **表 5-17**

项 目 名 称	系 数	工程量计算方法
钢屋架、天窗架、挡风架、屋架梁、支撑、檩条	1.00	重量(t)
墙架(空腹式)	0.50	
墙架(格板式)	0.82	
钢柱、吊车梁、花式梁、柱、空花构件	0.63	
操作台、走台、制动梁、钢梁车档	0.71	
钢栅栏门、栏杆、窗栅	1.71	
钢爬梯	1.18	
轻型屋架	1.42	
踏步式钢扶梯	1.05	
零星铁件	1.32	

抹灰面工程量系数表 **表 5-18**

项 目 名 称	系 数	工程量计算方法
槽形底板、混凝土折板	1.30	长×宽
有梁板底	1.10	
密肋、井字梁底板	1.50	
混凝土平板式楼梯底	1.30	水平投影面积
混凝土花格窗、栏杆花饰	1.82	单面外围面积

六、其他工程

1. 货架、柜橱类均以正立面的高（包括脚的高度在内）乘以宽以平方米计算。

2. 收银台、试衣间等以个计算，其他以延长米为单位计算。

3. 招牌、灯箱：

（1）平面招牌基层按正立面面积计算，复杂形的凹凸造型部分亦不增减。

（2）沿雨篷、檐口或阳台走向的立式招牌基层，按平面招牌复杂型执行时，应按展开面积计算。

（3）箱体招牌和竖式标箱的基层，按外围体积计算。突出箱外的灯饰、店徽及其他艺术装潢等均另行计算。

（4）灯箱的面层安装展开面积以平方米计算。

（5）广告牌钢骨架以吨计算。

4. 美术字安装按字的最大外围矩形面积以个计算。

5. 压条、装饰线条、挂镜线均按延长米计算。

6. 暖气罩（包括脚的高度在内）按边框外围尺寸垂直投影面积计算。

7. 镜面玻璃安装、盥洗室木镜箱以正立面面积计算。

8. 塑料镜箱、毛巾环、肥皂盒、金属帘子杆、浴缸拉手、毛巾杆安装以只或副计算。不锈钢旗杆以延长米计算。大理石洗漱台以台面投影面积计算（不扣除孔洞面积）。

9. 混凝土书架、碗架按垂直投影面积计算。

10. 博物架按垂直投影面积计算，含底部小柜及柜门。

11. 牌面板、店牌制作工程按块计算。

12. 窗帘布制作与安装工程量以垂直投影面积计算。

13. 壁画、国画、平面雕塑按图示尺寸，无边框分界时，以能包容该图形的最小矩形或多边形的面积计算。有边框分界时，按边框间面积计算。

14. 立体雕塑（除木雕按立方米计算外）按中心线长度以延长米计算。重叠部分1.5m以内乘以系数1.8。超过1.5m分别计算。

15. 不锈钢造型，以平方米为单位者，按展开面积计算。同一造型中有管、圆、板、球组合者，应分别计算，分别套项。球造型，如果是半球，大于1/2者，执行球定额；小于1/2者，执行板定额。

七、脚手架工程

1. 装饰简易内脚手架：凡顶棚需抹灰或刷油者，应按顶棚抹灰或刷油面积计算顶棚简易内脚手架；凡内墙、柱面需抹灰、饰面者应按内墙、柱抹灰、饰面面积计算内墙、柱简易内脚手架。

2. 满堂脚手架：凡顶棚高度超过3.6m，需抹灰或刷油者应按室内净面积计算满堂脚手架，不扣除垛、柱、附墙烟囱所占面积。满堂脚手架高度，单层以设计室外地面至顶棚底为准，楼层以室内地面或楼面至顶棚底（斜顶棚或斜屋面板以平均高度计算）。满堂脚手架的基本层操作高度按5.2m计算（即基本层高36m）。每层室内顶棚高度超过5.2m在0.6m以上时，按增加层一层计算，在0.6m以内时则舍去不计。

【例5-5】 建筑物室内顶棚高9.2m，其增加层为：

(9.2−5.2)÷1.2=3（增加层）余400mm，则按3个增加层计算，余400mm舍去积。

3. 悬空脚手架：凡室内净高超过 3.6m 的屋（楼）面板下的勾缝，刷（喷）浆，套用悬空脚手架费用。如不能搭设悬空脚手架者则按满堂脚手架基本层取 0.5 计算。

4. 内墙面高度超过 3.6m 以上需做装饰者，应按垂直墙面面积（不扣除门窗孔洞面积），另行计算内墙抹灰用钢管里脚手架。但已计算满堂脚手架者，不得再计算内墙抹灰用钢管里脚手架。搭设 3.6m 以上钢管里脚手架时，按 9m 以内钢管里脚手架计算。

八、垂直运输工程

1. 计算建筑物垂直运输工程量的一般规则：

建筑物按建筑面积计算。包含计算建筑面积范围和层高 2.2m 设备管道层等面积。

2. 建筑物垂直运输（1～6 层）：

凡建筑物层数在 6 层及其以下或檐高在 20m 以下时，按 6 层及其以下建筑面积计算。包括地下室和屋顶楼梯间等建筑面积。

3. 高层建筑垂直运输及增加费：

凡建筑物层数在 6 层以上或檐高超过 20m 以上者，应计取高层垂直运输及增加费。按建筑工程中高层建筑垂直运输及增加费的计算规则计算。

4. 凡套用了 7～8 层子目者，余下建筑面积适应套用 1～6 层子目。

5. 地下室及垂直分割后的高层范围外的 1～6 层（20m 以内）裙房面积，应用 1～6 层子目。

第五节　施工图预算的审查

一、施工图预算审查的意义

1. 有利于合理确定和控制工程造价，克服和防止预算超概算。

2. 有利于施工承包合同价的合理确定和控制，在激烈的建设市场竞争情况下，通过审查工程预算，可以制止不合理的压价现象，维护施工企业的合法经济利益。

3. 可以促进工程预算编制水平的提高，使施工企业端正经营思想，从而达到加强工程预算管理的目的。

4. 有利于加强固定资产投资管理，节约建设资金。

5. 有利于积累和分析各项技术经济指标，不断提高设计水平。通过审查工程预算，核实了预算价值，为积累和分析技术经济指标，提供了准确数据，进而通过有关指标的比较，找出设计中的薄弱环节，以便及时改进，不断提高设计水平。

二、施工图预算审查的依据

施工图预算的审查依据包括以下内容：

1. 施工图设计资料。

2. 工程承发包合同或意向协议书。

3. 有关定额。

4. 有关文件规定。主要是指本年度或上一年度由有关主管部门颁布的工程价款结算、材料价格和费用调整等文件规定。

5. 施工组织设计或技术措施方案。

6. 技术规范和规程。如工程采用的设计、施工、质量验收等技术规范或规程。

审查施工图预算，是落实工程造价的一个有力措施，是施工单位和建设单位进行工程拨款和工程结算的准备工作，对合理使用人力、物力和资金都有积极作用。因此，审查工作必须认真细致，严格执行国家的有关文件规定，促使不断提高施工图预算的编制质量，核实工程造价，落实计划投资。

三、施工图预算审查的组织形式

施工图预算审查形式是根据工程规模、专业复杂程度和结算方式，以及审查力量等情况确定的，一般有联合会审、单独审查和委托审查三种形式。

1. 联合会审

又称会审，是由建设单位、建设银行、设计单位、施工单位等一起会审，这种方式适用于建设规模较大、施工技术复杂、设计变更和现场签证较多、建设银行受到专业人员数量不足等因素限制不能单独进行审查的工程。多用于审查重要项目。该方法由于有多方代表参加，审查发现问题比较全面，又可及时交换意见，因此，审查的进度快、质量高。这种审查形式一般要进行预审。

2. 单独审查

又称单审，是由建设单位、建设银行、设计单位、施工单位的分别主管概预算工作的部门单独审查。适用于建设单位和建设银行均具备足够审查力量、工程规模相对不大、采用常规施工技术、设计变更和现场签证清楚且数量又不多的工程。单独审查的特点是审查比较专一，不易受外界干扰。

3. 委托审查

这种形式是指既不具备联合会审条件，建设单位和建设银行又不能单独进行审查时，建设单位在征得建设银行同意后委托（或建设银行委托）具有编审资格的咨询部门或个人进行审查。由于这些机构拥有一批经验丰富的概预算审查人员，因此审查概预算时，能缩短时间、提高质量。

四、施工图预算审查的内容

（一）工程量的审查

1. 审查建筑面积计算

应重点审查计算建筑面积所依据的尺寸，计算的内容和方法是否符合建筑面积计算规则的要求；是否将不应该计算建筑面积部分也进行了计算，并据此进行相应技术经济指标的计算。

2. 土方工程量审查

（1）审查平整场地、挖地槽、挖地坑、挖土方工程量的计算式、关系数和计算尺寸是否符合现行定额计算规定和施工图纸标注尺寸相同，有无重算和漏算。

（2）审查土壤类别是否与勘察资料一致，放坡开挖的放坡系数是否与规定的土壤类别和挖深一致，挡土板是否与施工组织设计一致，工作面的宽度是否符合规定等。

（3）审查回填土的工程量是否扣除了基础所占体积，室内填土的厚度是否符合设计要求等。

（4）审查运土方的运距，运土方工程量是否扣除了回填土的土方量等。

3. 打桩工程量审查

（1）注意审查各种不同桩料，必须分别计算，施工方法必须符合设计要求。

（2）桩料长度必须符合设计要求；桩长度如果超过一般桩长度需要接桩时，注意审查接头数计算是否正确。

4. 砖石工程量审查

（1）墙基和墙身的划分是否符合规定。

（2）不同砂浆强度等级的墙和定额规定按立方米或按平方米计算的墙，有无混淆、错算或漏算。

（3）按规定不同厚度的内、外墙是否分别计算的，应扣除的门窗洞口及埋入墙体各种钢筋混凝土梁、柱等是否已扣除。

5. 混凝土以及钢筋混凝土工程量审查

（1）主要审查现浇和预制构件是否分别计算。

（2）现浇柱和梁、主梁和次梁以及各种构件计算是否符合规定，有无重算和漏算。如钢筋混凝土框架柱与梁按柱内边线为界，在计算框架柱和框架梁体积时，应列入柱内的就不能在梁中重复计算。

（3）钢筋总重量应按设计图纸计算。

6. 木结构工程量审查

（1）门窗是否按不同种类和门窗洞口面积计算。

（2）木装修的工程量是否按规定分别以延长米和平方米计算。

7. 楼地面工程量审查

（1）不同的楼地面层是否分别计算。

（2）楼梯抹面是否按踏步和休息平台部分地水平投影面积计算。

（3）细石混凝土地面找平层的设计厚度与定额厚度不同时，是否进行了换算。整体面层中是否扣除了楼梯间、地面构筑物、突出地面的设备及不需要抹灰部分的面积。

8. 屋面工程量审查

（1）主要审查选用的计算公式、计算尺寸是否正确，各种系数（屋面坡度系数、延尺系数）是否与施工图纸一致，如卷材屋面工程是否与屋面找平层工程量相等。

（2）屋面保温层的工程量是否按屋面的建筑面积乘保温层平均厚度计算，不作保温层的挑檐部分是否按规定扣除。

9. 装饰工程量审查

内墙抹灰的工程量是否按墙面的净高和净宽计算。

10. 金属构件制作工程量审查

主要审查金属构件工程量的计算步骤和程序是否按规定进行。

11. 设备及其安装工程量审查

主要审查设备的种类、规格、数量是否与设计相符，有无把不需安装的设备作为安装的设备计算了安装工程量费用。

工程量的审查可采用抽查法，由审查人员根据经验审查分部分项工程中容易出错的细目，审查中还应注意计量单位和小数点。

（二）审查预算单价

1. 审查预算书中所列的工程名称、种类、规格、计量单位、单价与定额或清单规范规定的内容是否一致。

2. 审查换算单价。审查换算条件和换算方法。预算定额规定允许换算部分的分项工程单价，应根据预算定额的分部分项说明、附注和有关规定进行换算。预算定额规定不允许换算部分的分项工程单价。则不得强调工程特殊或其他原因，而任意加以换算，保持定额的法令性和统一性。

3. 审查补充单价。审查补充定额的编制原则、编制依据和项目内容以及人、材、机的数量是否正确等。目前各省、市、自治区都有统一编制，经过审批的《地区单位估价表》，是具有法令性的指标，这就无需进行审查。但对于某些采用新结构、新技术、新材料的工程，在定额确实缺少这些项目，尚需编制补充单位估价时，就应进行审查，审查其分项项目和工程量是否属实，套用单价是否正确；审查其补充单价的工料分析是根据工程测算数据，还是估算数字确定的。

（三）审查有关费用

1. 审查其他直接费

其他直接费包括的内容，各地不一，具体计算时应按当地的现行规定执行。审查时要符合现行规定和定额要求。重点审查各项费用内容、费率和计算基础。

2. 审查间接费

1）审查其工程类别。间接费是按工程类别不同进行取费的。审查时就是要审查其工程类别的确定是否准确，往往有些预算是通过提高工程类别来套取建设资金。按工程类别取费的，还要审查确定工程类别的几项特征指标，如建筑面积、高度、跨度、设备重量和安装专业等。

2）审查费率。主要依据所用费用定额规定的费率，对预算编制所选套的费率进行核对。这部分经常会出现高套费率问题，如二类工程套一类工程费率等。

3）审查计算基础。主要审查送审预算中间接费计算基础是否与所用费用定额规定的一致。规定按人工费为计算基础的费用，不能按直接费为基础计算。在编制预算中常存在扩大计费基础，多套取费用的问题。

3. 审查税金

税金是以按建筑工程造价计算程序计算出的不含税工程造价作为计算基础。审查时应注意：

1）计算基础是否完整。

2）纳税人所在地的地点确定是否正确。

3）税金率选用是否正确（按纳税人所在地而定）。

五、施工图预算审查的方法

建筑工程施工图预算的审查，要根据工程的建设规模大小、结构复杂程度和施工企业情况不同等因素，来确定审查的深度和方法。审查施工图预算的方法多种多样，常用的有以下几种：

（一）全面审查法

全面审查法又叫逐项审查法，它是指按照设计图纸的要求，结合建筑工程预算定额分项工程中的工程项目，逐项全部地进行审查的方法。这种方法的优点是准确、质量高，但工作量大。这种方法用于设计较简单，工程量较少的工程，或是因编制预算技术力量较薄制的施工单位承包的工程。

（二）重点审查法

重点审查法是抓住工程预算中的重点进行审查的方法。审查的重点一般是：工程量大或造价较高、工程结构复杂的工程，补充单位估价表，计取的各项费用（计费基础、取费标准等）。

审查工程量的重点对不同结构重点有所不同，一般首先根据建筑工程设计图纸确定的属于何种结构，重点审查以这种结构内容为主的分部分项工程的工程量及其单价。如砖石结构中的基础和墙体，钢筋混凝土结构中的梁、板、柱，木结构中的门窗、钢结构中的屋架、檩条和支撑以及高级装饰等；而对其他价值较低或占投资比例较小的分项工程，如普通装饰项目、零星项目（雨篷、散水、坡道、明沟、水池、垃圾箱等）则不作审查。

重点抽查法的优点是重点突出，审查时间短、效果好。

（三）经验审查法

经验审查法是指根据以往审查的类似工程的经验，只审核容易出现错误的分项工程及费用项目的方法。适用于具有类似工程预算审查经验和资料的工程，其特点是速度快，但准确程度不高。

根据以前的实践经验，以民用建筑中的土方、基础、砖石结构工程等分部中的某些项目为例，容易发生差错的内容如下：

1. 漏算项目。平整场地和余土外运这两个项目，由于施工图中都不能表示出来，因此编制的施工图预算时，容易漏算。

2. 多算工程量。如在计算基槽土方、垫层、基础和砖墙砌体时，外墙应按墙中心线长度，内墙应按墙净长度计算。如果不论是外墙或内墙，都一律按墙中心线长度计算，就使内墙的土方、垫层、基础和砖墙，均多算了工程量。再如有的施工图预算忘记了扣除阳台和雨篷梁所占的体积，这是因为阳台和雨篷都是按伸出墙外部分的水平投影面积计算工程量的，因而也就忽略了其嵌入墙内的阳台和雨篷梁部分，结果就导致多算了砖墙的工程量。

3. 少算工程量。如砖基础的大放脚，有些施工图预算编制时漏算，也有些施工图预算是根据图示尺寸，按每层大放脚高度 60mm 或 120mm，宽度每侧每层伸出 60mm 计算，而不是按砖基础大放脚折加高度进行计算。这样，就少算了工程量。

4. 单价偏高。基槽挖土中套用预算单价往往偏高，审查中应按挖槽后实际土壤类别调整。

（四）分解对比审查法

一个单位工程，按直接费与间接费进行分解，然后再把直接费按工种和分部工程进行分解，分别与审定的标准预算进行对比分析的方法，叫分解对比审查法。

分解对比审查法适用于规模小、结构简单的一般民用建筑住宅工程等，特别适合于采用标准施工图或复用施工图的工程。其优点是简单易行，准确率较高，审查速度快。

一些单位建筑工程，如果其用途、结构和标准都一样，在一个地区或一个城市内，其预算造价也应该基本相近。虽然某些项目之间的施工条件、材料耗用等可能不同，但总可以利用对比方法，计算出它们之间的预算价值差别，以进一步对比审查整个单位工程施工图预算。即把一个单位工程直接费和间接费进行分解，然后再把直接费按工种工程和分部工程进行分析，分别与审定的标准图施工图预算进行对比。如果出入不大，就可以认为本工程预算编制质量合格，不必再作审查；如果出入较大，就需通过边对比、边分解审查，哪里出入大就进一步审查那一部分。

分解对比审查法一般可划分为以下三个步骤：

1. 全面审核某种建筑的标准定额施工图或复用的施工图的工程预算，经审定后作为审核其他类似工程预算的对比基础。并且将审定预算按直接费和应取费分解成两部分，再把直接费分解为各工种和分部工程预算，分部计算出它们的平方米预算价格。

2. 把拟审的工程预算与同类型预算单方造价进行对比，若出入在1%～3%以内（根据本地区要求），再按分部分项工程进行分解，边分解边对比，对出入较大者，就进一步审核。

3. 对比审核。经过分析对比，如发现应取费用相差较大，应考虑建设项目的投资来源和工程类别及其取费项目和取费标准是否符合规定；材料调价相差较大，则应进一步审查《材料调价统计表》，将各种调价材料的用量、单位差价及其调增数量等进行对比。如发现土建工程预算价格出入较大，首先审核其土方和基础工程，因为±0.000以下的工程往往相差较大。再对比其余各个分部工程，发现某一分部工程预算价格相差较大时，再进一步对比各分项工程或工程细目。在对比时，先检查所列工程细目是否正确，预算价格是否一致。发现相差较大者，再进一步审查所套预算单价，最后审核该项工程细目的工程量。

（五）分组计算审查法

分组计算审查法又称统筹审查法，此法实质上就是应用统筹法计算工程量的原理进行审查。该方法是把预算中的项目划分为若干组，并把有一定联系的项目划分为一组，审查和计算同一组中某个分项工程量，利用工程量间具有相同或相似计算的基数关系，判断同组中其他几个分项工程量计算的准确性的方法。

1. 分组

该法一般把土建工程划分为以下几组：

（1）地槽挖土、基础砌体、基础垫层、槽坑回填土、运土。

（2）底层建筑面积、地面面层、地面垫层、楼面面层、楼面找平层、楼板体积、顶棚抹灰、顶棚刷浆、屋面层。

（3）内墙外抹灰、外墙内抹灰、外墙内面刷浆、外墙上的门窗和圈过梁、外墙砌体。

2. 具体做法

（1）先将挖地槽土方、基础砌体体积（室外地坪以下部分）、基础垫层计算出来，而槽坑回填土、外运地体积按下式计算：

回填土量＝挖土量－(基础砌体＋垫层体积)

余土外运量＝基础砌体＋垫层体积

（2）将底层建筑面积和底层墙体水平面积求出来；然后用底层建筑面积减去底层墙体水平面积，就可求得楼（地）面面积及其相等的楼（地）面找平层、顶棚抹灰、顶棚刷浆等面积；再用楼（地）面面积分别乘垫层厚度和楼板厚度，就可求出楼（地）面垫层体积和楼板体积。底层建筑面积加挑檐面积，乘坡度系数（平层面不乘）就是屋面工程量；底层计算面积乘坡度系数（平面层不乘）再乘保温层的平均厚度为保温层工程量。

（3）先求出内墙面积，再减门窗面积，再乘以墙厚减去圈过梁等于墙体积（如果室内外高差部分与墙体材料不同时，应从墙体中扣除，另行计算）。

预算审查的方法还有筛选审查法，利用手册审查法等，这里不再详述。

六、施工图预算审查的步骤

1. 做好审查前的准备工作

（1）熟悉施工图纸及标准图。施工图是编审预算的重要依据，必须全面熟悉了解，核对所有图纸，清点无误后，依次识读。

（2）熟悉送审预算和承发包合同。

（3）了解施工现场情况，熟悉施工组织设计或技术措施方案，掌握与编制预算有关的设计变更、现场签证等情况。

（4）熟悉送审工程预算所依据的预算定额、费用标准和有关文件。

2. 选择合适的审查方法，按相应内容审查

（1）首先确定审查方法，然后按确定的审查方法进行具体审查计算。

由于工程规模、繁简程度不同，施工方法和施工企业情况不一样，所编工程预算的质量也不同，因此，需选择适当的审查方法进行审查。

（2）核对工程量，根据定额规定的工程量计算规则进行核对。

（3）核对选套的定额项目。

（4）核对直接费汇总。

（5）核对其他直接费和现场经费计算。

（6）核对间接费、利润、其他费用和税金计取。

在审查计算过程中，将审查出的问题做出详细记录。

3. 审查单位与工程预算编制单位交换审查意见

将审查记录中的异点、错误、重复计算和遗漏项目等问题与编制单位和建设单位交换意见，做进一步核对，以便更正或调整预算项目和费用。

4. 审查定案

根据交换意见确定的结果，将更正后的项目进行计算并汇总，填制工程预算审查调整表。由编制单位责任人签字加盖公章，审查责任人签字加盖审查单位公章。

复习思考题

1. 编制施工图预算的依据有哪些？
2. 编制施工图预算的方法有哪些？
3. 如何区别平整场地、挖土方、挖地槽、挖地坑？
4. 打预制桩工程量如何计算？接桩、送桩工程量如何计算？
5. 基础和墙身分界线如何确定？如何计算基础工程量？
6. 内外墙工程量如何计算？应扣除哪些体积？不扣除哪些体积？
7. 梁、柱的混凝土工程量如何计算？梁长、柱高如何确定？
8. 钢筋下料长度如何计算？
9. 构件运输及安装工程量如何计算？
10. 如何计算门窗工程量？

11. 如何计算地面垫层工程量？
12. 如何计算楼地面面层工程量？
13. 内、外墙面及天棚抹灰工程量如何计算？
14. 门窗油漆工程量如何计算？
15. 金属结构门窗工程量如何计算？
16. 综合脚手架和单项脚手架的适用范围如何？工程量如何计算？
17. 建筑工程垂直运输工程量如何计算？

第六章　工程量清单计价

第一节　概　　述

工程量清单计价方法是国际上通用的方法，随着我国建设市场的快速发展，以及与国际接轨等要求，2003年2月17日建设部以119号公告批准颁布了国家标准《建设工程工程量清单计价规范》。该规范的实施，是我国工程造价计价方式适应社会主义市场经济发展的一次重大改革，也是我国工程造价计价工作向实现“政府宏观调控，企业自主报价，市场竞争形成价格”的目标迈出的坚实一步。

一、概念

1. 工程量清单

工程量清单是表现拟建工程的分部分项工程项目、措施项目、其他项目名称和相应数量的明细清单，包括分部分项工程量清单、措施项目清单、其他项目清单。

2. 工程量清单计价

工程量清单计价是指投标人完成由招标人提供的工程量清单所需的全部费用，包括分部分项工程费、措施项目费、其他项目费和规费、税金。

3. 综合单价

综合单价是指完成规定计量单位项目所需的人工费、材料费、机械使用费、管理费、利润，并考虑风险因素。工程量清单计价采用综合单价计价。

二、工程量清单计价方法的特点

与在招投标过程中采用定额计价法相比，采用工程量清单计价方法具有如下一些特点：

1. 提供了一个平等的竞争条件

采用施工图预算来投标报价，由于设计图纸的缺陷，不同投标企业的人员理解不一，计算出的工程量也不同，报价相去甚远，容易产生纠纷。而工程量清单报价为投标者提供一个平等竞争的条件，招标人按照《建设工程工程量清单计价规范》的计量规则，提供统一的工程量，由企业根据自身的实力来报不同的综合单价，符合商品交换的一般性原则。

2. 满足竞争的需要

工程量清单计价让企业自主报价，将属于企业性质的施工方法、施工措施和人工、材料、机械的消耗量水平以及管理费、利润等留给企业来确定。投标人根据招标人给出的工程量清单，结合自身的生产效率、消耗水平和管理能力与已储备的本企业报价资料，确定综合单价进行投标报价。报高了中不了标，报低了又赔本，这时候就体现出了企业技术、管理水平的重要，形成了企业整体实力的竞争。

3. 有利于工程款的拨付和工程造价的最终确定

中标后，业主要与中标施工企业签订施工合同，工程量清单报价基础上的中标价就成为合同价的基础，投标清单上的单价成为拨付工程款的依据。业主根据施工企业完成的工程量，可以很容易地确定进度款的拨付额；工程竣工后，再根据设计变更、工程量的增减乘以相应单价，业主也可以很容易确定工程的最终造价。

4. 有利于实现风险的合理分担

采用工程量清单报价方式后，投标单位只对自己所报的单价负责，对工程量的漏项、增减或工程变更等风险由业主承担，这种格局符合风险合理分担与责权利关系对等的一般原则。

5. 有利于业主对投资的控制

采用现在的施工图预算形式，业主对因设计变更、工程量的增减所引起的工程造价变化不敏感，往往等竣工结算时才知道这些对项目投资的影响有多大。而采用工程量清单计价的方式，在要进行设计变更时，能马上知道它对工程造价的影响，这样业主就能根据投资情况来决定是否变更或进行方案比较，以决定最恰当的处理方法。

第二节　工程量清单编制

一、工程量清单编制依据及组成

1. 工程量清单编制依据

（1）《建设工程工程量清单计价规范》（GB 50500—2003）；

（2）招标文件；

（3）设计文件；

（4）有关的工程施工规范与工程验收规范；

（5）拟采用的施工组织设计和施工技术方案。

2. 工程量清单组成

工程量清单由分部分项工程量清单、措施项目清单、其他项目清单组成。

工程量清单是招标投标活动中，对招标人和投标大都具有约束力的重要文件，是招标投标活动的依据，应由具有编制招标文件能力的招标人或具有相应资质的中介机构进行编制。工程量清单体现了招标人要求投标人完成的工程项目及相应工程数量，全面反映了投标报价要求，是投标人进行报价的依据，工程量清单是招标文件不可分割的一部分。

二、分部分项工程量清单

分部分项工程量清单应表明拟建工程的全部分项实体工程名称和相应数量，该清单为不可调整的闭口清单，编制时应避免错项、漏项。

1. 项目设置

（1）分部分项工程量清单应根据《建筑工程工程量清单计价规范》规定的统一项目编码、项目名称、计量单位和工程量计算规则进行编制。

（2）项目编码

分部分项工程量清单编码以 12 位阿拉伯数字表示，前 9 位为全国统一编码，编制分部分项工程量清单时应按附录中的相应编码设置，不得变动，后 3 位是清单项目名称编码，由清单编制人根据设置的清单项目编制，并应自 001 起顺序编制。

项目编码以五级编码设置，一、二、三、四级编码（即前 9 位）统一；第五级编码由工程量清单编制人区分具体工程的清单项目的特征而分别编码。各级编码代表的含义如下：

1）第一级表示分类码（分二位）；建筑工程为01、装饰装修工程为02、安装工程为03、市政工程为04、园林绿化工程为05；

2）第二级表示章顺序码（分二位）；

3）第三级表示节顺序码（分二位）；

4）第四级表示清单项目码（分三位）；

5）第五级表示具体清单项目码（分三位）。

项目编码结构如图6-1所示（以建筑工程为例）。

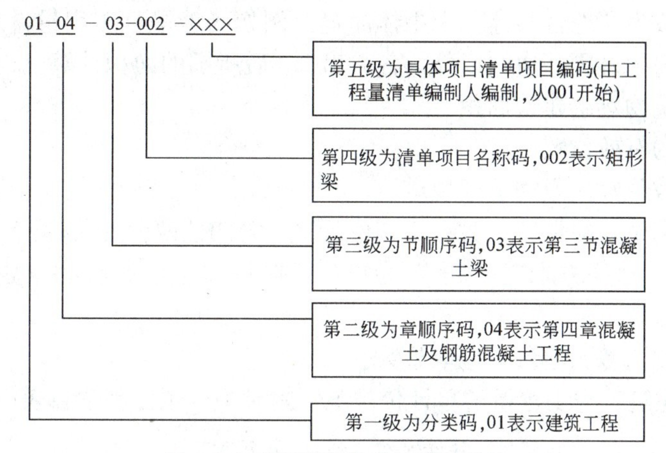

图6-1 工程量清单项目编码结构

（3）项目名称

部分项工程量清单项目名称的设置应考虑三个因素，一是附录中的项目名称；二是附录中的项目特征；三是拟建工程的实际情况。工程量清单编制时，以附录中的项目名称为主体，考虑该项目的规格、型号、材质等特征要求，结合拟建工程的实际情况，使其工程量清单项目名称具体化、细化，能够反映影响工程造价的主要因素。

随着科学技术的发展，新材料、新技术、新的施工工艺将伴随出现，因此，凡附录中的缺项，工程量清单编制时，编制人可作补充。补充项目应填写在工程量清单相应分部工程项目之后，并在“项目编码”栏中以“补”字示之。

（4）计量单位

分部分项工程量清单的计量单位应按《建筑工程工程量清单计价规范》规定的计量单位确定，其采用基本物理计量单位或自然计量单位，如m、m^2、m^3、kg、t、个、项、套、座、根、樘、榀等。

2. 工程数量

（1）计算规则

工程数量应按《建筑工程工程量清单计价规范》附录A、附录B、附录C、附录D、附录E中规定的工程量计算规则计算。工程量清单计价的项目的划分和工程量计算规则与现行预算定额的项目的划分和计算规则既有联系，又有区别。

工程量清单项目的划分，一般是以一个“综合实体”考虑的，包括多项工程内容，据此规定了相应的工程量计算规则。现行预算定额，其项目一般是按施工工序进行设置的，包括的工程内容一般是单一的，据此规定了相应的工程量计算规则。因此二者的工程量计算规则是有区别的。

1）清单计价的工程量计算规则中有些项目比现行“预算定额”的项目更综合。例如对现浇混凝土独立基础，根据现行预算定额其分项有：垫层、模板、现浇混凝土（包含混凝土运输、浇筑、捣固、养护）三项，而根据清单计价规范其分项只有现浇混凝土（其中包含了垫层、混凝土制作、运输、浇筑、捣固、养护）一项，模板工程作为措施项目另列。

2）清单计价的工程量计算规则中，有些项目与现行预算定额的计算方法不同，清单计价的工程量一般为“综合实体”中主体净量。例如场地平整工程量，现行“预算定额”规定按建筑物底面积外围外边线以外，各放出 2m 后所围的面积计算。而根据清单计价规范其工程量为建筑物首层建筑面积。

（2）工程量的有效位数

工程量的有效位数应遵守下列规定：

以“吨”为单位，应保留小数点后三位数字，第四位四舍五入；

以“立方米”、“平方米”、“米”为单位，应保留小数点后两位数字，第三位四舍五入；

以“个”、“项”等为单位，应取整数。

表 6-1 为《建筑工程工程量清单计价规范》附录中分项工程项目表的表达形式示例。

土方工程（编码：010101） **表 6-1**

<table>
<tr><th>项目编码</th><th>项目名称</th><th>项目特征</th><th>计量单位</th><th>工程量计算规则</th><th>工程内容</th></tr>
<tr><td>010101001</td><td>平整场地</td><td>1. 土壤类别
2. 弃土运距
3. 取土运距</td><td>m^2</td><td>按设计图示尺寸以建筑物首层面积计算</td><td>1. 土方挖填
2. 场地找平
3. 运输</td></tr>
<tr><td>010101002</td><td>挖土方</td><td>1. 土壤类别
2. 挖土平均厚度
3. 弃土运距</td><td rowspan="4">m^3</td><td>按设计图示尺寸以体积计算</td><td rowspan="2">1. 排地表水
2. 土方开挖
3. 挡土板支拆
4. 截桩头
5. 基底钎探
6. 运输</td></tr>
<tr><td>010101003</td><td>挖基础土方</td><td>1. 土壤类别
2. 基础类型
3. 垫层底宽、底面积
4. 挖土深度
5. 弃土运距</td><td>按设计图示尺寸以基础垫层底面积乘以挖土深度计算</td></tr>
<tr><td>010101004</td><td>冻土开挖</td><td>1. 冻土厚度
2. 弃土运距</td><td>按设计图示尺寸开挖面积乘以厚度以体积计算</td><td>1. 打眼、装药、爆破
2. 开挖
3. 清理
4. 运输</td></tr>
<tr><td>010101005</td><td>挖淤泥、流砂</td><td>1. 挖掘深度
2. 弃淤泥、流砂距离</td><td>按设计图示位置、界限以体积计算</td><td>1. 挖淤泥、流砂
2. 弃淤泥、流砂</td></tr>
<tr><td>010101006</td><td>管沟土方</td><td>1. 土壤类别
2. 管外径
3. 挖沟平均深度
4. 弃土石运距
5. 回填要求</td><td>m</td><td>按设计图示以管道中心线长度计算</td><td>1. 排地表水
2. 土方开挖
3. 挡土板支拆
4. 运输
5. 回填</td></tr>
</table>

三、措施项目清单

措施项目是指为完成工程项目施工，发生于该工程施工前和施工过程中技术、生活、安全等方面的非工程实体项目。

措施项目清单应根据拟建工程的具体情况，考虑多种因素，除工程本身的因素外，还涉及水文、气象、环境、安全等和施工企业的实际情况。表 6-2“措施项目一览表”为列项的参考。编制措施项目清单，出现表未列的项目，编制人可作补充。

措施项目一览表 **表 6-2**

分　类	项目名称	分　类	项目名称
通用项目	环境保护 文明施工 安全施工 临时设施 夜间施工 二次搬运 大型机械设备进出场及安拆	通用项目 建筑工程 装饰装修工程	混凝土、钢筋混凝土模板及支架 脚手架 已完工程及设备保护 施工排水、降水 垂直运输机械 垂直运输机械 室内空气污染测试

措施项目清单为可调整清单，投标人对招标文件中所列项目，可根据企业自身特点作适当的变更增减。投标人要对拟建工程可能发生的措施项目和措施费用作通盘考虑，清单计价一经报出，即被认为是包括了所有应该发生的措施项目的全部费用。如果报出的清单中没有列项，且施工中又必须发生的项目，业主有权认为，其已经综合在分部分项工程量清单的综合单价中。将来措施项目发生时投标人不得以任何借口提出索赔与调整。

四、其他项目清单

其他项目清单由招标人部分、投标人部分等两部分内容组成。其他项目清单应根据拟建工程的具体情况，参照预留金、材料购置费、总承包服务费、零星工作项目费等内容列项，见表 6-3。出现表 6-3 条未列的项目，编制人可作补充。

其他项目清单 **表 6-3**

序　号	项目名称	金　额	序　号	项目名称	金　额
1	招标人部分		2	投标人部分	
1.1	预留金		2.1	总承包服务费	
1.2	材料购置费		2.2	零星工作项目费	
1.3	其他		2.3	其他	
	小计			小计	
	合计				

1. 招标人部分

（1）预留金主要考虑可能发生的工程量变更而预留的金额，此处提出的工程量变更主要指工程量清单漏项、有误引起工程量的增加和施工中的设计变更引起标准提高或工程量的增加等。

（2）材料购置费是指在招标文件中规定的，由招标人采购的工程材料费。

（3）招标人部分可增加新的列项。例如，指定分包工程费，由于某分项工程或单位工程，专业性较强，必须由专业队伍施工，即可增加这项费用，费用金额应通过向专业队伍询价（或招标）取得。

2. 投标人部分

(1) 总承包服务费

为配合协调招标人进行的工程分包和材料采购所需的费用。

(2) 零星工作项目费

零星工作项目费是指完成招标人提出的，工程量暂估的零星工作所需的费用。

零星工作项目表应根据拟建工程的具体情况，详细列出人工、材料、机械的名称、计量单位和相应数量，并随工程量清单发至投标人。

第三节　工程量清单计价

一、工程量清单计价

工程量清单计价应包括按招标文件规定，完成工程量清单所列项目的全部费用，包括分部分项工程费、措施项目费、其他项目费和规费、税金。

1. 招标工程如设标底，标底应根据招标文件中的工程量清单和有关要求、施工现场实际情况、合理的施工方法以及按照省、自治区、直辖市建设行政主管部门制定的有关工程造价计价办法进行编制。

2. 投标报价应根据招标文件中的工程量清单和有关要求、施工现场实际情况及拟定的施工方案或施工组织设计，依据企业定额和市场价格信息，或参照建设行政主管部门发布的社会平均消耗量定额进行编制。

二、工程量清单计价的程序

1. 工程量清单计价的基本过程

工程量清单计价的基本过程为：在统一的工程量计算规则的基础上，根据具体工程的施工图纸计算出各个清单项目的工程量，再根据各种渠道所获得的工程造价信息和经验数据计算工程造价，如图 6-2 所示。

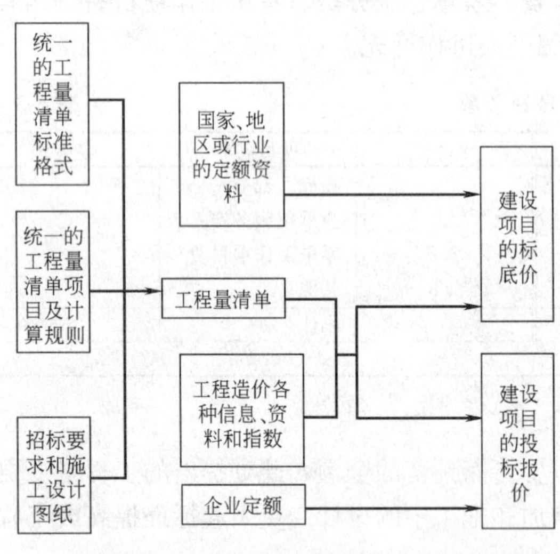

图 6-2　工程造价工程量清单计价过程

2. 工程量清单计价程序

(1) 收集审阅编制依据；

(2) 取定市场要素价格；

(3) 确定工程计价要素消耗量指标，当使用现行定额编制时，应对定额中各类消耗量指标按社会先进水平进行调整；

(4) 参加工程招投标交底会，勘察施工现场；

(5) 招标文件质疑，对招标文件（工程量清单）表述，或描述不清的问题向招标方质疑，请示解释，明确招标方的真实意图，力求计价精确；

(6) 综合上述内容，按工程量清单表述工程项目特征和描述的综合工程内容（不允许变动），考虑具体施工方案进行计价；

(7) 清单价格初稿完成；

(8) 审核修正；

(9) 审核定稿。

三、工程量清单计价方法

(一) 单位工程价格构成

单位工程价格构成如图 6-3 所示。

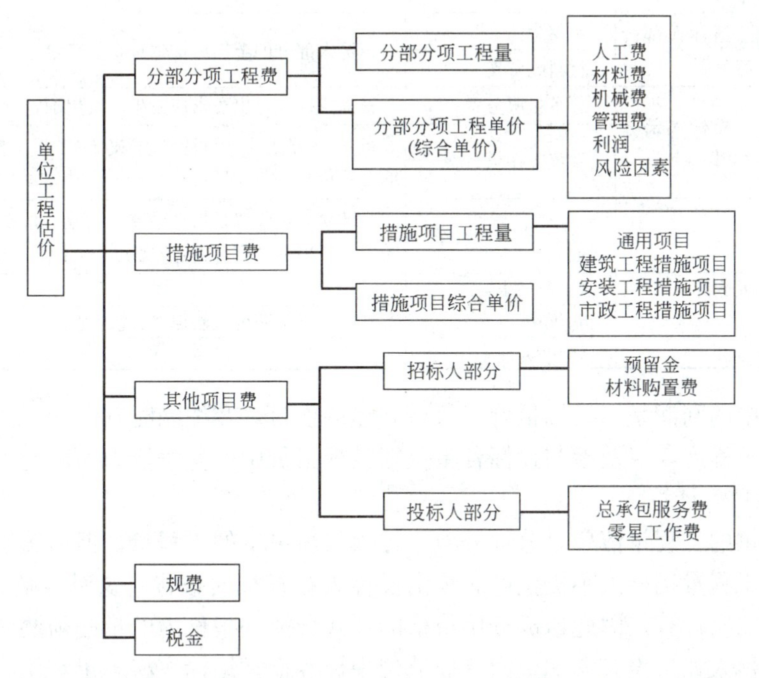

图 6-3　单位工程价格构成

(二) 单位工程计价方法

单位工程计价方法及步骤见表 6-4。

1. 分部分项工程费计算

分部分项工程费采用综合单价计算，综合单价法是分部分项工程量清单费用及措施项目费用的单价综合了完成单位工程量或完成具体措施项目的人工费、材料费、机械使用费、管理费和利润，并考虑一定的风险因素。

综合单价确定有两种方法：预算定额调整法和工程成本预算法（见本章第四节）。综合单价确定，要求编制人员必须有丰富的现场施工经验，才能准确地确定工程的各种消耗。工程技术与工程造价的相结合是今后工程造价人员业务素质发展的方向。

综合单价中管理费的计算可采用费用定额系数计算法和预测实际成本法。费用定额系数计算法是利用原配套的费用定额取费标准，按一定的比例计算管理费。预测实际成本法是把施工现场和总部为本工程项目预计要发生的各项费用逐项进行计算，汇总出管理费总额，安装工程以人工费为权数，建筑工程以直接费为权数分摊到各分部分项工程量清单中。

单位工程计价方法及步骤 **表 6-4**

<table>
<tr><th>序号</th><th colspan="2">名 称</th><th>计算方法</th><th>说 明</th></tr>
<tr><td>1</td><td colspan="2">分部分项工程费</td><td>清单工程量×综合单价</td><td>综合单价是指完成单位分部分项工程清单项目所需的各项费用。它包括完成该工程清单项目所发生的人工费、材料费、机械费、管理费和利润，并考虑风险因素</td></tr>
<tr><td>2</td><td colspan="2">措施项目费</td><td>措施项目工程量×措施项目综合单价</td><td>措施项目费是指为完成工程项目施工，发生于该工程施工前和施工过程中技术、生活、安全等方面的非工程实体项目
措施项目费根据“措施项目计价表”确定</td></tr>
<tr><td rowspan="4">3</td><td rowspan="4">其他项目费</td><td rowspan="2">招标人部分的金额</td><td>预留金</td><td rowspan="2">招标人部分的金额可按估算金额确定</td></tr>
<tr><td>材料购置费</td></tr>
<tr><td rowspan="2">投标人部分费用</td><td>总承包服务费</td><td>根据招标人提出要求所发生的费用确定</td></tr>
<tr><td>零星工作项目费</td><td>根据“零星工作项目计价表”确定(零星工作项目工程量×综合单价)</td></tr>
<tr><td>4</td><td colspan="2">规费</td><td>(1+2+3)×费率</td><td>行政事业性收费是指经国家和省政府批准，列入工程造价的费用。根据规定计算，按规定足额上缴</td></tr>
<tr><td>5</td><td colspan="2">不含税工程造价</td><td>1+2+3+4</td><td></td></tr>
<tr><td>6</td><td colspan="2">税金</td><td>5×税率</td><td>税金是指按照税收法律、法规的规定列入工程造价的费用</td></tr>
<tr><td>7</td><td colspan="2">含税工程造价</td><td>5+6</td><td></td></tr>
</table>

综合单价中的利润是招投标报价竞争最激烈的项目，在编制时其利润率的确定应根据拟建项目的竞争程度，以及参与投标各单位在投标报价中的竞争能力而确定。

2. 措施项目费计算

招标人提供的工程量清单是分部分项工程项目清单中的工程量，但措施项目中的工程量及施工方案工程量招标人不提供，必须由投标人在投标时按设计文件及施工组织设计、施工方案进行二次计算。因此这部分用价格的形式分摊到报价内的量必须要认真计算，要全面考虑。投标人如果没有考虑全面造成低价中标亏损，招标人将不予承担。

措施项目费计算可采用以下方法：

(1) 定额法计价：这种方法与分部分项综合单价的计算方法一样，主要是指一些与实体有紧密联系的项目，如模板、脚手架、垂直运输等。

(2) 实物量法计价：这种方法是最基本，也是最能反映投标人个别成本的计价方法，是按投标人现在的水平，预测将要发生的每一项费用的合计数，并考虑一定的涨浮因素及其他社会环境影响因素，如安全、文明措施费等。

(3) 公式参数法计价：定额模式下几乎所有的措施费用都采用这种办法，有些地区以费用定额的形式体现，就是按一定的基数乘系数的方法或自定义公式进行计算。这种方法简单、明了，但最大的难点是公式的科学性、准确性难以把握，尤其是系数的测算是一个长期、规范的问题。系数的高低直接反映投标人的施工水平。这种方法主要适用于施工过程中必须发生，但在投标中很难具体分项预测，又无法单独列出项目内容的措施项目，如夜间施工、二次搬运费等，按此办法计价。

(4) 分包法计价：在分包价格的基础上增加投标人的管理费用风险进行计价的方法。这种方法适合可以分包的独立项目，如大型机械设备进出场及安拆、室内空气污染测试等。

3. 其他项目费计算

招标人部分是非竞争性项目，就是要求投标人按招标人提供的数量及金额进入报价，不允许投标人对价格进行调整。对于投标人部分是竞争性费用，名称、数量由招标人提供、价格由投标人自由确定。规范中提到的四种其他项目费：预留金、材料购置费、总服务费和零星工作项目费。对于招标人来说只是参考，可以补充，但对于投标人是不能补充的，必须按招标人提供的工程量清单执行。但在执行过程中应注意以下几点：

（1）其他项目清单中的预留金、材料购置费和零星工作项目费，均为估算、预测数量，是在投标时计入投标人的报价中，不应视为投标人所有。竣工结算时，应按投标人实际完成的工作内容结算，剩余部分仍归招标人所有。

（2）预留金主要考虑可能发生的工程量变更而预留的金额，此处提出的工程量变更主要指工程量清单漏项、有误引起工程量的增加和施工中的设计变更引起标准提高而造成的工程量的增加等。

（3）总承包服务费包括配合协调招标人工程分包和材料采购所需的费用，此处提出的工程分包是指国家允许分包的工程。但不包括投标人自行分包的费用，投标人由于分包而发生的管理费，应包括在相应清单项目的报价内。

（4）为了准确计价，招标人用零星工作项目表的形式详细列出人工、材料、机械名称和相应数量。投标人在此表内组价，此表为零星工作项目费的附表，不是独立的项目费用表。

4. 规费的计算

规费是指政府和有关部门规定必须缴纳的费用，包括工程排污费、工程定额测定费、养老保险统筹基金、待业保险费、医疗保险费等。规费的计算比较简单，在投标报价时，规费的计算一般按国家及有关部门规定的计算公式及费率标准计算。

5. 税金的计算

建筑安装工程税金由营业税、城市维护建设税及教育费附加构成，是国家税法规定的应计入工程造价内的税金。工程造价包括按税法规定计算的税金，并由工程承包人按规定及时足额交纳给工程所在地的税务部门。

分部分项工程费、措施项目费、其他项目费、规费、税金计算标准可参见第四章第三节内容。

四、工程量清单投标报价的标准格式

工程量清单计价应采用统一格式。工程量清单计价格式应随招标文件发至投标人，由投标人填写。工程量清单计价格式应由下列内容组成：

1. 封面。封面（表 6-5）由投标人按规定的内容填写、签字、盖章。

2. 投标总价。投标报价（表 6-6）应按工程项目总价表合计金额填写。

3. 工程项目总价表（表 6-7）。

4. 单项工程费汇总表（表 6-8）。

5. 单位工程费汇总表（表 6-9）。

6. 分部分项工程量清单计价表（表 6-10）。

7. 措施项目清单计价表（表 6-11）。

8. 其他项目清单（表 6-12）。

9. 零星工作费表（表 6-13）。

10. 分部分项工程量清单综合单价分析表（表 6-14）。

11. 措施项目费分析表（表 6-15）。

12. 主要材料价格表（表 6-16）。

封　面　　表 6-5

＿＿＿＿＿＿＿＿＿工程

工程量清单报价

投标人：＿＿＿＿＿＿＿＿＿＿＿＿＿＿＿＿＿＿＿＿＿＿＿（单位签字盖章）

法定代表人：＿＿＿＿＿＿＿＿＿＿＿＿＿＿＿＿＿＿＿＿＿（签字盖章）

造价工程师及注册证号：＿＿＿＿＿＿＿＿＿＿＿＿＿＿＿＿（签字盖执业专用章）

编制时间：＿＿＿＿＿＿＿＿＿＿＿＿＿＿＿＿＿＿＿＿＿＿

投 标 总 价　　表 6-6

建设单位：＿＿＿＿＿＿＿＿＿＿＿＿＿＿＿＿＿＿＿＿＿＿

工程名称：＿＿＿＿＿＿＿＿＿＿＿＿＿＿＿＿＿＿＿＿＿＿

投标总价(小写)：＿＿＿＿＿＿＿＿＿＿＿＿＿＿＿＿＿＿＿

(大写)：＿＿＿＿＿＿＿＿＿＿＿＿＿＿＿＿＿＿＿

投标人：＿＿＿＿＿＿＿＿＿＿＿＿＿＿＿＿＿＿＿＿＿＿＿（单位签字盖章）

法定代表人：＿＿＿＿＿＿＿＿＿＿＿＿＿＿＿＿＿＿＿＿＿（签字盖章）

编制时间：＿＿＿＿＿＿＿＿＿＿＿＿＿＿＿＿＿＿＿＿＿＿

工程项目总价　　表 6-7

工程名称：　　第　页共　页

序号	单项工程名称	金额(元)
	合计	

注：1. 单项工程名称按照单项工程费汇总表（表 6-8）的工程名称填写；
2. 金额按照单项工程费汇总表（表 6-8）的合计金额填写。

单项工程费汇总表　　表 6-8

工程名称：　　第　页共　页

序号	单项工程名称	金额(元)
	合计	

注：1. 单位工程名称按照单位工程费汇总表（表 6-9）的工程名称填写；
2. 金额按照单位工程费汇总表（表 6-9）的合计金额填写。

单位工程费汇总表 表 6-9

工程名称： 第 页 共 页

序号	项目名称	金额(元)
1	分部分项工程费合计	
2	措施项目费合计	
3	其他项目费合计	
4	规费	
5	税金	
合计		

注：单位工程费汇总表中的金额按照分部分项工程量清单计价表（表 6-10）、措施项目计价表（表 6-11）和其他项目清单计价表（表 6-12）的合计金额和按相关规定计算的规费、税金填写。

分部分项工程量清单计价表 表 6-10

工程名称 第 页 共 页

序号	项目编码	项目名称	计量单位	工程数量	金额	
					综合单价	合价
		本页小计				
		合计				

注：1. 综合单价应包括完成一个规定计量单位工程所需的人工费、材料费、机械使用费、管理费和利润，并应考虑风险因素；

2. 分部分项工程量清单计价表中的序号、项目编码、项目名称、计量单位、工程数量必须按分部分项工程量清单中的相应内容填写。

措施项目清单 表 6-11

工程名称： 第 页 共 页

序号	项目名称	金额(元)
合计		

注：1. 措施项目清单计价表中的序号、项目名称必须按措施项目清单中的相应内容填写；

2. 投标人可根据施工组织设计采取的措施增加项目。

其他项目清单计价表 表 6-12

序　号	项 目 名 称	金额(元)
1	招标人部分	
2	投标人部分	
	小计	
合计		

注：1. 其他项目清单计价表中的序号、项目名称必须按其他项目清单中的相应内容填写；

2. 招标人部分的金额必须按招标人提出的数额填写。

零星工作费表 **表 6-13**

工程名称 第 页 共 页

序号	项目编码	项目名称	计量单位	工程数量	金额	
					综合单价	合价
	人工					
	小计					
	材料					
	小计					
	机械					
	小计					
合计						

注：1. 招标人提供的零星工作费表应包括详细的人工、材料、机械名称、计量单位和相应数量；

2. 综合单价应参照《建设工程工程量清单计价规范》规定的综合单价组成，根据零星工作的特点填写；

3. 工程竣工，零星工作费应按实际完成的工程量所需费用结算。

分部分项工程量清单综合单价分析表 **表 6-14**

工程名称： 第 页 共 页

项目编码： 项目名称： 计量单位： 综合单价：

序号	工程内容	单位	数量	综合单价(元)					
				人工费	材料费	机械使用费	管理费	利润	小计
	合计								

措施项目费分析表 **表 6-15**

工程名称： 第 页 共 页

序号	措施项目名称	单位	数量	金额(元)					
				人工费	材料费	机械使用费	管理费	利润	小计
	合计								

主要材料价格表 **表 6-16**

工程名称： 第 页 共 页

序号	材料编码	材料名称	规格、型号等特殊要求	单位	单价(元)

注：1. 招标人提供的主要材料价格表应包括详细的材料编码、材料名称、规格型号和计量单位等；

2. 所填写的单价必须与工程量清单计价中采用的相应材料的单价一致。

第四节　综合单价的确定

如前所述，综合单价是指完成单位分部分项工程清单项目所需的各项费用。它包括完成该工程清单项目所发生的人工费、材料费、机械费、管理费和利润，并考虑风险因素。根据我国的现实情况，综合单价包括除规费、税金以外的全部费用。

综合单价不仅适用于分部分项工程量清单，也适用于措施项目清单、其他项目清单。综合单价的具体计算和编制方法，可由各省、自治区、直辖市工程造价管理机构制定具体统一办法。

综合单价分析是每一个工程量清单计价过程的核心内容，它是清单计价人员填列清单报价的基础依据。

一、综合单价的特点

企业的综合单价应具备有以下特点：

1. 其各项平均消耗要比社会平均水平低，体现其先进性。

2. 可体现本企业在某些方面的技术优势。

3. 可体现本企业局部或全面管理方面的优势。

4. 所有的单价都应是动态的，具有市场性，而且与施工方案能全面接轨。

二、综合单价的制定

从综合单价的特点可看出，企业综合单价的产生并不是一件容易的事。企业综合单价形成和发展要经历由不成熟到成熟，由实践到理论的多次反复滚动的积累过程。在这个过程中，企业的生产技术在不断发展，管理水平和管理体制也在不断更新，企业定额的制定过程，是一个快速互动的内部自我完善过程。编制企业定额，除了要有充分的资料积累外，还必须运用计算机等科学的手段和先进的管理思想作为指导。

综合单价可以在工料单价的基础上综合计算管理费和利润生成。

综合单价的理论计算公式为：

综合单价＝工料单价＋管理费＋利润

目前确定综合单价可采用工程成本预算法或预算定额调整法。

1. 工程成本测算法

（1）对照项目特征、综合内容和实际情况确定各分项包含的综合体；计算综合体在本企业的工、料、机实际消耗量；

（2）确定要素市场价格，包括材料市场价、人工当地的行情价、机械设备的租赁价、分部分项工程的分包价等，并考虑风险；

（3）计算工料单价、管理费、利润；

（4）计算综合单价，综合单价＝综合体总费用（工料单价＋管理费＋利润）/清单工程量（实体净量）。

2. 预算定额调整法

（1）对照项目特征、综合内容和实际情况确定预算定额项，形成综合体；

（2）查该综合体包含预算定额项的工、料、机消耗量；

（3）参考历史水平，调整消耗量，考虑风险；

(4) 计算工料单价、管理费、利润；

(5) 计算综合单价，综合单价＝综合体总费用（工料单价＋管理费＋利润）/清单工程量（实体净量）。

目前由于大多数施工企业还未能形成自己的企业定额，一般采用预算定额调整法。即在制定综合单价时，多是参考地区定额内各相应子目的工料消耗量，乘以自己在支付人工、购买材料、使用机械和消耗能源方面的市场单价，再加上由地区定额制定的按企业类别或工程类别的综合管理费率和优惠折扣系数。相当于把一个工程按清单内的细目划分变成一个个独立的工程项目去套用定额。下面通过例子来介绍这种综合单价的制订。

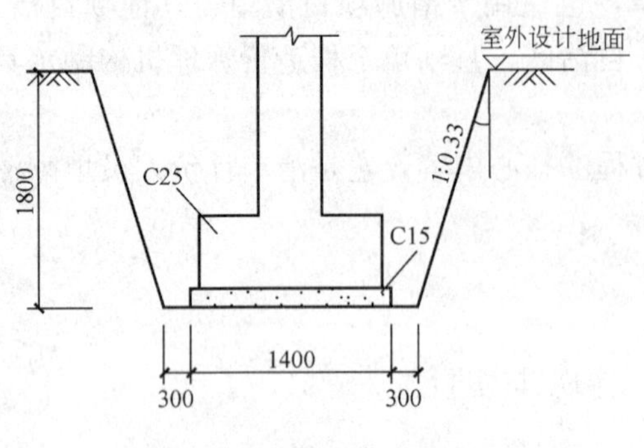

图 6-4　混凝土带形基础

【例 6-1】 某住宅楼工程，土质为三类土，基础为 C25 混凝土带形基础，垫层为 C15 混凝土垫层，垫层底宽度为 1400mm，挖土深度为 1800mm，基础总长为 220m。室外设计地坪以下基础的体积为 227m³。垫层体积为 31m³，如图 6-4 所示。业主提供的分部分项工程量清单见表 6-17。试计算挖基础土方、土方回填综合单价。

分部分项清单工程量　　　　**表 6-17**

序号	项目编码	项目名称		计量单位	工程数量
1	010101003001	挖基础土方	土壤类别：三类土 基础类型：带形基础 垫层宽度：1400mm 挖土深度：1800mm 弃土运距：40m	m³	554.4
2	010103001001	土方回填	土质要求：原土 夯填 运输距离：5km	m³	296.4

【解】

1. 核算清单工程量

清单计价规范中，挖基础土方工程是根据项目特征，以"m³"为计量单位，工程量按设计图示尺寸以基础垫层底面积乘以挖土深度计算。

基础土方挖方总量＝1.4×1.8×220＝554.4m³

基础回填土工程量＝554.4－(227＋31)＝296.4m³

与业主提供的清单工程量相同。

2. 计价工程量

根据地质资料和施工组织设计要求，采用人工挖土，需在垫层底面增加操作工作面，其宽度每边 0.3m。并且从垫层底面放坡，放坡系数为 0.33。回填采用电动夯实机夯填，剩余弃土采用人工运土方，运距 40m。

（1）基础挖土截面积＝[1.4＋2×0.3＋(1.4＋2×0.3＋2×0.33×1.8)]×1.8×1/2＝4.67m²

基础土方挖方总量＝4.67×220＝1027.4m³

（2）基础回填土量＝1027.4－(227＋31)＝796.4m³

剩余弃土＝1027.4－769.4＝258m³

（3）夯填工程量（为基底面积）＝(1.4＋0.3×2)×220＝440m²

3. 计算综合单价

本例题中人工、材料、机械台班消耗量采用《湖北省建筑工程消耗量定额》中的相应定额子目消耗量；人工、材料、机械台班单价按工程造价管理部门发布的当时当地市场信息价取定。假定此工程为一类工程，管理费和利润率按《费用定额》分别为10%和7%。暂不考虑风险因素。

人工、机械台班的市场信息价：

人工：30元/工日

电动夯实机：21.55元/台班

（1）挖基础土方

清单计价规范中，挖基础土方工程内容可包括：排地表水、土方开挖、挡土板支拆、截桩头、基底钎探、运输。

根据工程实际情况，本项目可组合的内容包括人工挖沟槽，基底钎探，人工运土方、运距40m，其消耗量分别对应《湖北省建筑工程消耗量定额》中A1-17，A1-41和A1-45定额子目。

1）人工挖沟槽（三类土、挖深2m以内）

人工费：53.73工日/100m³×30元/工日×1027.4＝16560.66元

材料费：0

机械费：0.18台班/100m³×21.55元/台班×1027.4m³＝39.85元

合计：16560.66＋39.85＝16600.51元

2）基底钎探

人工费：7.2工日/100m²×30元/工日×440m²＝950.4元

材料费：0；机械费：0；

3）人工运土方（运距40m）

人工费：(20.24＋4.56×1）工日/100m³×30元/工日×258m³＝1931.90元

材料费：0；机械费：0；

4）综合

工料机费合计：16600.51＋950.4＋1931.90＝19482.81元

管理费：(人工费＋材料费＋机械费)×10%＝19482.81×10%＝1948.28元

利润：(人工费＋材料费＋机械费)×7%＝19482.81×7%＝1363.80元

总计：19482.81＋1948.28＋1363.80＝22794.89元

5）综合单价

22794.89元÷554.4m³（清单工程量)＝41.11元/m³

（2）土（石）方回填

其消耗量对应 A1-39 定额子目。

1）基础回填土（夯实）

人工费：29.40 工日/100m³×30 元/工日×769.4m³＝6786.11 元

材料费为：0

机械费：7.98 台班 1100m³×21.55 元/台班×769.4＝1323.13 元

合计：6786.11＋1323.13＝8109.24 元

2）综合

工料机费合计：8109.24 元

管理费：8109.24×10％＝810.92 元

利润：8109.24×7％＝567.65 元

总计：8109.24＋810.92＋567.65＝9487.81 元

3）综合单价：9487.81 元÷296.4m³＝32.01 元/m³

挖基础土方及土（石）方回填项目的综合单价算表分别见表 6-18 及表 6-19。

4. 填列分部分项工程量清单综合单价分析表

分部分项工程量清单综合单价分析见表 6-20。

挖基础土方综合单价计算表 **表 6-18**

工程名称：某住宅楼工程　　计量单位：m³

项目编码：01010103001　　工程数量：554.4

项目名称：挖基础土方　　综合单价：41.11 元

序号	定额编号	工程内容	单位	数量	其中(元)					小计
					人工费	材料费	机械费	管理费	利润	
1	A1-17	人工挖沟土方(三类土,挖深 2m 以内)	m³	1027.4	16560.66	0	39.85	1660.05	1162.04	19422.60
2	A1-41	基底钎探	m²	440.00	950.40	0	0	95.04	66.53	1111.97
3	A1-45	人工运土方 40m	m³	258.00	1931.90	0	0	193.19	135.23	2260.32
合计					19442.96	0	39.85	1948.28	1363.80	22794.89

土（石）方回填综合单价计算表 **表 6-19**

工程名称：某住宅楼工程　　计量单价：m³

项目编码：01010100301　　工程数量：296.4

项目名称：土（石）方回填　　综合单价：32.01 元

序号	定额编号	工程内容	单位	数量	其中(元)					小计
					人工费	材料费	机械费	管理费	利润	
1	A1-39	基础土方回填(夯填)	m³	769.40	6786.11	0	1323.13	810.92	567.65	9487.81
合计			m³	769.40	6786.11	0	1323.13	810.92	567.65	9487.81

分部分项工程清单综合清单综合单价分析表 **表 6-20**

工程名称：某住宅楼工程 第 页 共 页

序号	项目编码	项目名称	工程内容	综合单价组成					综合单价
				人工费	材料费	机械费	管理费	利润	
1	010101002001	挖基础土方 土壤类别：三类土 基础类别：带形基础 垫层宽度：1400mm 挖土深度：1800mm 弃土运距：40m	合计	35.06	0	0.07	3.52	2.46	41.11 元/m^3
			挖土	29.87	0	0.07	3.00	2.10	
			基底钎探	1.71	0	0	0.17	0.12	
			运土	3.48	0	0	0.35	0.24	
2	010103001001	土(石)方回填 土质要求：三类土 夯填 运输距离：5m 以内	基础土方回填(夯实)	22.90	0	4.46	2.74	1.91	32.01 元/m^3

需要说明的是，清单工程量计算不受施工方案影响，但投标报价（即综合单价）由施工方法决定，并且需要时还要作施工方法经济比较分析，在此基础上确定综合单价。

第五节 工程量清单项目及计算规则

本节主要介绍建筑工程工程量清单项目和装饰装修工程工程量清单项目及计算规则。

一、工程量清单项目章、节、项目的划分说明

1. 建筑工程工程量清单项目与《全国统一建筑工程基础定额》章、节、项目划分进行了适当对应衔接，以便广大的建设工程造价从业者从熟悉的计价办法尽快适应新的计价规范。

2. 《全国统一建筑工程基础定额》内的楼地面工程、装饰工程分部（章）纳入装饰装修工程工程量清单项目及计算规则；脚手架工程、垂直运输工程等列入工程量清单措施项目费。

3. 建筑工程工程量清单项目“节”的设置，除个别节列入工程量清单措施项目费内，例如：土石方工程施工降水、混凝土及钢筋混凝土模板等，还有个别节纳入装饰装修工程工程量清单项目，例如普通木门窗的制作、安装等，其他基本未动。

4. 建筑工程工程量清单项目“子目”的设置力求齐全，补充了新材料、新技术、新工艺、新施工方法的有关项目，设置的新项目有：地下连续墙、旋喷桩、喷粉桩、锚杆支护、土钉支护、薄壳板、后浇带、膜结构、保温外墙等。

二、建筑工程工程量清单项目及计算规则

建筑工程工程量清单项目包括土石方工程、地基与桩基础工程、砌筑工程、混凝土及钢筋混凝土工程、厂库房大门、特种门、木结构工程、金属结构工程、屋面及防水工程、防腐隔热保温工程，共 8 章 45 节，177 个项目。

（一）土（石）方工程

1. 土方工程（编码：010101）

（1）平整场地，应根据项目特征（土壤类别、弃土运距、取土运距），以“m^2”为计量单位，工程量按设计图示尺寸以建筑物首层面积计算。其中工程内容包括：土方挖填、场地找平、运输。

（2）挖土方（项目编码：010101002），应根据项目特征（土壤类别、挖土平均厚度、弃土运距），以“m^3”为计量单位，工程量按设计图示尺寸以体积计算。其中工程内容包括：排地表水、土方开挖、挡土板支拆、截桩头、基底钎探、运输。

（3）挖基础土方，应根据项目特征（土壤类别、基础类型、垫层底宽、底面积、挖土深度、挖土平均厚度、弃土运距），以“m^3”为计量单位，工程量按设计图示尺寸以基础垫层底面积乘以挖土深度计算。其中工程内容包括：排地表水、土方开挖、挡土板支拆、截桩头、基底钎探、运输。

（4）冻土开挖，应根据项目特征（冻土厚度、弃土运距），以“m^3”为计量单位，工程量按设计图示尺寸开挖面积乘以厚度以体积计算。其中工程内容包括：打眼、装药、爆破、开挖、清理、运输。

（5）挖淤泥、流砂，应根据项目特征（挖掘深度、弃淤泥、流砂距离），以“m^3”为计量单位，工程量按设计图示位置、界限以体积计算。其中工程内容包括：挖淤泥、流砂、弃淤泥、流砂。

（6）管沟土方，应根据项目特征（土壤类别、管外径、挖沟平均深度、弃土石运距、回填要求），以“m”为计量单位，工程量按设计图示以管道中心线长度计算。其中工程内容包括：排地表水、土方开挖、挡土板支拆、运输、回填。

2. 石方工程（编码：010102）

（1）预裂爆破，应根据项目特征（岩石类别、单孔深度、单孔装药量、炸药品种、规格、雷管品种、规格），以“m”为计量单位，工程量按设计图示以钻孔总长度计算。其中工程内容包括：打眼、装药、放炮、处理渗水、积水、安全防护、警卫。

（2）石方开挖，应根据项目特征（岩石类别、开凿深度、弃碴运距、光面爆破要求、基底摊座要求、爆破石块直径要求），以“m^3”为计量单位，工程量按设计图示尺寸以体积计算。其中工程内容包括：打眼、装药、放炮、处理渗水、积水、解小、岩石开凿、摊座、清理、运输、安全防护、警卫。

（3）管沟石方，应根据项目特征（岩石类别、管外径、开凿深度、弃碴运距、基底摊座要求、爆破石块直径要求），以“m”为计量单位，工程量按设计图示以管道中心线长度计算。其中工程内容包括：石方开凿、爆破、处理渗水、积水、解小、摊座、清理、运输、回填、安全防护、警卫。

3. 土石方运输与回填（编码：010103）

土（石）方回填，应根据项目特征（土质要求、密实度要求、粒径要求、夯填（碾压）、松填、运输距离），以“m^3”为计量单位，工程量按设计图示尺寸以体积计算。其中工程内容包括：挖土方、装卸、运输、回填、分层碾压、夯实。

（二）桩与地基基础工程

1. 混凝土桩（编码：010201）

（1）预制钢筋混凝土桩，应根据项目特征（土壤级别、单桩长度、根数、桩截面、板桩面积、管桩填充材料种类、桩倾斜度），以“m/根”为计量单位，工程量按设计图示尺寸以桩长（包括桩尖）或根数计算。其中工程内容包括：桩制作、运输；打桩、试验桩、斜桩；送桩；管桩填充材料、刷防护材料、清理、运输。

(2) 接桩，应根据项目特征（桩截面、接头长度、接桩材料），以“个/m”为计量单位，工程量按设计图示规定以接头数量（板桩按接头长度）计算。其中工程内容包括：桩制作、运输、接桩、材料运输。

(3) 混凝土灌注桩，应根据项目特征（土壤级别、单桩长度、根数、桩截面、成孔方法、混凝土强度等级），以“m/根”为计量单位，工程量按设计图示尺寸以桩长（包括桩尖）或根数计算。其中工程内容包括：成孔、固壁；混凝土制作、运输、灌注、振捣、养护；泥浆池及沟槽砌筑、拆除、泥浆制作、运输；清理、运输。

2. 其他桩（编码：010202）

(1) 砂石灌注桩，应根据项目特征（土壤级别、桩长、桩截面、成孔方法、砂石级配），以“m”为计量单位，工程量按设计图示尺寸以桩长（包括桩尖）计算。其中工程内容包括：成孔、砂石运输、填充、振实。

(2) 灰土挤密桩，应根据项目特征（土壤级别、桩长、桩截面、成孔方法、灰土级配），以“m”为计量单位，工程量按设计图示尺寸以桩长（包括桩尖）计算。其中工程内容包括：成孔；灰土拌合、运输；填充、夯实。

(3) 旋喷桩，应根据项目特征（桩长/桩截面/水泥强度等级），以“m”为计量单位，工程量按设计图示尺寸以桩长（包括桩尖）计算。其中工程内容包括：成孔、水泥浆制作运输、水泥浆旋喷。

(4) 喷粉桩，应根据项目特征（桩长、桩截面、粉体种类、水泥强度等级、石灰粉要求），以“m”为计量单位，工程量按设计图示尺寸以桩长（包括桩尖）计算。其中工程内容包括：成孔、粉体运输、喷粉固化。

3. 地基与边坡处理（编码：010203）

(1) 地下连续墙，应根据项目特征（墙体厚度、成槽深度、混凝土强度等级），以“m^3”为计量单位，工程量按设计图示墙中心线长乘以厚度乘以槽深以体积计算。其中工程内容包括：挖土成槽、余土运输；导墙制作、安装；锁口管吊拔；浇筑混凝土连续墙、材料运输。

(2) 振冲灌注碎石，应根据项目特征（振冲深度、成孔直径、碎石级配），以“m^3”为计量单位，工程量按设计图示孔深乘以孔截面积以体积计算。其中工程内容包括：成孔、碎石运输、灌注、振实。

(3) 地基强夯，应根据项目特征（夯击能量、夯击遍数、地耐力要求、夯填材料种类），以“m^2”为计量单位，工程量按设计图示尺寸以面积计算。其中工程内容包括：铺夯填材料、强夯、夯填材料运输。

(4) 锚杆支护，应根据项目特征（锚孔直径；锚孔平均深度；锚固方法、浆液种类；支护厚度、材料种类；混凝土强度等级；砂浆强度等级），以“m^2”为计量单位，工程量按设计图示尺寸以支护面积计算。其中工程内容包括：钻孔；浆液制作、运输、压浆；张拉锚固；混凝土制作、运输、喷射、养护；砂浆制作、运输、喷射、养护。

(5) 土钉支护，应根据项目特征（支护厚度、材料种类、混凝土强度等级、砂浆强度等级），以“m^2”为计量单位，工程量按设计图示尺寸以支护面积计算。其中工程内容包括：钉土钉；挂网；混凝土制作、运输、喷射、养护；砂浆制作、运输、喷射、养护。

（三）砌筑工程

1. 砖基础（编码：010301）

砖基础，应根据项目特征（垫层材料种类、厚度；砖品种、规格、强度等级；基础类型；基础深度；砂浆强度等级），以“m^3”为计量单位，工程量按设计图示尺寸以体积计算。包括附墙垛基础宽出部分体积，扣除地梁（圈梁）、构造柱所占体积，不扣除基础大放脚 T 形接头处的重叠部分及嵌入基础内的钢筋、铁件、管道、基础砂浆防潮层和单个面积 0.3m^2 以内的孔洞所占体积，靠墙暖气沟的挑槽不增加。基础长度：外墙按中心线，内墙按净长线计算。其中工程内容包括：砂浆制作、运输；铺设垫层；砌砖；防潮层铺设；材料运输。

2. 砖砌体（编码：010302）

（1）实心砖墙，应根据项目特征（砖品种、规格、强度等级；墙体类型；墙体厚度；墙体高度；勾缝要求；砂浆强度等级、配合比），以“m^3”为计量单位，工程量按设计图示尺寸以体积计算。扣除门窗洞口、过人洞、空圈、嵌入墙内的钢筋混凝土柱、梁、圈梁、挑梁、过梁及凹进墙内的壁龛、管槽、暖气槽、消火栓箱所占体积。不扣除梁头、板头、椽头、垫木、木楞头、沿缘木、木砖、门窗走头、砖墙内加固钢筋、木筋、铁件、钢管及单个面积 0.3m^2 以内的孔洞所占体积。凸出墙面的腰线、挑檐、压顶、窗台线、虎头砖、门窗套的体积亦不增加。凸出墙面的砖垛并入墙体体积内计算。

1）墙长度：外墙按中心线，内墙按净长计算。

2）墙高度：①外墙：斜（坡）屋面无檐口顶棚者算至屋面板底；有屋架且室内外均有顶棚者算至屋架下弦底另加 200mm；无顶棚者算至屋架下弦底另加 300mm，出檐宽度超过 600mm 时按实砌高度计算；平屋面算至钢筋混凝土板底。②内墙：位于屋架下弦者，算至屋架下弦底；无屋架者算至顶棚底另加 100mm；有钢筋混凝土楼板隔层者算至楼板顶；有框架梁时算至梁底。③女儿墙：从屋面板上表面算至女儿墙顶面（如有混凝土压顶时算至压顶下表面）。④内、外山墙：按其平均高度计算。

3）围墙：高度算至压顶上表面（如有混凝土压顶时算至压顶下表面），围墙柱并入围墙体积内。其中工程内容包括：砂浆制作、运输；砌砖；勾缝；砖压顶砌筑；材料运输。

（2）空斗墙，应根据项目特征（砖品种、规格、强度等级；墙体类型；墙体厚度；勾缝要求；砂浆强度等级、配合比），以“m^3”为计量单位，工程量按设计图示尺寸以空斗墙外形体积计算。墙角、内外墙交接处、门窗洞口立边、窗台砖、屋檐处的实砌部分体积并入空斗墙体积内。其中工程内容包括：砂浆制作、运输；砌砖；装填充料；勾缝；材料运输。

（3）空花墙，应根据项目特征（砖品种、规格、强度等级；墙体类型；墙体厚度；勾缝要求；砂浆强度等级），以“m^3”为计量单位，工程量按设计图示尺寸以空花部分外形体积计算，不扣除空洞部分体积。其中工程内容包括：砂浆制作、运输；砌砖；装填充料；勾缝；材料运输。

（4）填充墙，应根据项目特征（砖品种、规格、强度等级；墙体厚度；填充材料种类；勾缝要求；砂浆强度等级），以“m^3”为计量单位，工程量按设计图示尺寸以填充墙外形体积计算。其中工程内容包括：砂浆制作、运输；砌砖；装填充料；勾缝；材料运输。

(5) 实心砖柱，应根据项目特征（砖品种、规格、强度等级；柱类型；柱截面；柱高；勾缝要求；砂浆强度等级、配合比），以“m^3”为计量单位，工程量按设计图示尺寸以体积计算。扣除混凝土及钢筋混凝土梁垫、梁头、板头所占体积。其中工程内容包括：砂浆制作、运输；砌砖；勾缝；材料运输。

(6) 零星砌砖，应根据项目特征（零星砌砖名称、部位；勾缝要求；砂浆强度等级、配合比），以“m^3”为计量单位，工程量按设计图示尺寸以体积计算。扣除混凝土及钢筋混凝土梁垫、梁头、板头所占体积。其中工程内容包括：砂浆制作、运输；砌砖；勾缝；材料运输。

3. 砖构筑物（编码：010303）

(1) 砖烟囱、水塔，应根据项目特征（筒身高度；砖品种、规格、强度等级；耐火砖品种、规格；耐火泥品种；隔热材料种类；勾缝要求；砂浆强度等级、配合比），以“m^3”为计量单位，工程量按设计图示筒壁平均中心线周长乘以厚度乘以高度以体积计算。扣除各种孔洞、钢筋混凝土圈梁、过梁等的体积。其中工程内容包括：砂浆制作、运输；砌砖；涂隔热层；装填充料；砌内村；勾缝；材料运输。

(2) 砖烟道，应根据项目特征（烟道截面形状、长度；砖品种、规格、强度等级；耐火砖品种规格；耐火泥品种；勾缝要求；砂浆强度等级、配合比），以“m^3”为计量单位，工程量按图示尺寸以体积计算。其中工程内容包括：砂浆制作、运输；砌砖；涂隔热层；装填充料；砌内村；勾缝；材料运输。

(3) 砖窨井、检查井，应根据项目特征（井截面；垫层材料种类、厚度；底板厚度；勾缝要求；混凝土强度等级；砂浆强度等级、配合比；防潮层材料种类），以“座”为计量单位，工程量按图示数量计算。其中工程内容包括：土方挖运；砂浆制作、运输；铺设垫层；底板混凝土制作、运输、浇筑、振捣、养护；砌砖；勾缝；井池底、壁抹灰；抹防潮层；回填；材料运输。

(4) 砖水池、化粪池，应根据项目特征（池截面；垫层材料种类、厚度；底板厚度；勾缝要求；混凝土强度等级；砂浆强度等级、配合比；按设计图示筒壁平均中心），以“座”为计量单位，工程量按图示数量计算。其中工程内容包括：砂浆制作、运输；砌砖；涂隔热层；装填充料；砌内村；勾缝；材料运输。

4. 砌块砌体（编码：010304）

(1) 空心砖墙、砌块墙，应根据项目特征（墙体类型；墙体厚度；空心砖、砌块品种；规格、强度等级；勾缝要求；砂浆强度等级、配合比），以“m^3”为计量单位，工程量按设计图示尺寸以体积计算（与实心砖墙相同）。其中工程内容包括：砂浆制作运输；砌砖、砌块；勾缝；材料运输。

(2) 空心砖柱、砌块柱，应根据项目特征（柱高度；柱截面；空心砖、砌块品种、规格、强度等级；勾缝要求；砂浆强度等级、配合比），以“m^3”为计量单位，工程量按设计图示尺寸以体积计算。扣除混凝土及钢筋混凝土梁垫、梁头、板头所占体积。其中工程内容包括：砂浆制作运输；砌砖、砌块；勾缝；材料运输。

5. 石砌体（编码：010305）

(1) 石基础，应根据项目特征（垫层材料种类、厚度；石料种类、规格；基础深度；基础类型；砂浆强度等级、配合比），以“m^3”为计量单位，工程量按设计图示尺寸以体积计算。包括附墙垛基础宽出部分体积，不扣除基础砂浆防潮层及单个面积 0.3m^2 以内的孔洞所占体积，靠墙暖气沟的挑檐不增加体积。基础长度：外墙按中心线，内墙按净长计算。其中工程内容包括：砂浆制作、运输；铺设垫层；砌石；防潮层铺设；材料运输。

（2）石勒脚，应根据项目特征（石料种类、规格；石表面加工要求；勾缝要求；砂浆强度等级、配合比），以“m^3”为计量单位，工程量按设计图示尺寸以体积计算。扣除单个 0.3m^2 以外的孔洞所占的体积。其中工程内容包括：砂浆制作、运输；砌石；石表面加工；勾缝；材料运输。

（3）石墙，应根据项目特征（石至种类、规格；墙厚；石表面加工要求；勾缝要求；砂浆强度等级、配合比），以“m^3”为计量单位，工程量按设计图示尺寸以体积计算（与实心砖墙相同）。其中工程内容包括：砂浆制作、运输；砌石；石表面加工；勾缝；材料运输。

6. 砖散水、地坪、地沟（编码：010306）

（1）砖散水、地坪，应根据项目特征（垫层材料种类、厚度；散水、地坪厚度；面层种类、厚度；砂浆强度等级、配合比），以“m^2”为计量单位，工程量按设计图示尺寸以面积计算。其中工程内容包括：地基找平、夯实；铺设垫层；砌砖散水、地坪；砂浆面层。

（2）砖地沟、明沟，应根据项目特征（沟截面尺寸；垫层材料种类、厚度；混凝土强度等级；砂浆强度等级、配合比），以“m”为计量单位，工程量按设计图示以中心线长度计算。其中工程内容包括：挖运土石；铺设垫层；板混凝土制作、运输、浇筑、振捣、养护；砌砖；勾缝；材料运输。

（四）混凝土及钢筋混凝土工程

1. 现浇混凝土基础（编码：010401）

带形基础、独立基础、满堂基础、设备基础、桩承台基础，应根据项目特征（垫层材料种类、厚度；混凝土强度等级；混凝土拌合料要求；砂浆强度等级），以“m^3”为计量单位，工程量按设计图示尺寸以体积计算。不扣除构件内钢筋、预埋铁件和伸入承台基础的桩头所占体积。其中工程内容包括：铺设垫层；混凝土制作、运输、浇筑、振捣、养护；地脚螺栓二次灌浆。

2. 现浇混凝土柱（编码：010402）

矩形柱、异形柱，应根据项目特征（柱高度、柱截面尺寸、混凝土强度等级、混凝土拌合料要求），以“m^3”为计量单位，工程量按设计图示尺寸以体积计算。不扣除构件内钢筋、预埋铁件所占体积。柱高：有梁板的柱高，应自柱基上表面（或楼板上表面）至上一层楼板上表面之间的高度计算；无梁板的柱高，应自柱基上表面（或楼板上表面）至柱帽下表面之间的高度计算；框架柱的柱高，应自柱基上表面至柱顶高度计算；构造柱按全高计算，嵌接墙体部分并入柱身体积；依附柱上的牛腿和升板的柱帽，并入柱身体积计算。其中工程内容包括：混凝土制作、运输、浇筑、振捣、养护。

3. 现浇混凝土梁（编码：010403）

基础梁、矩形梁、异形梁、圈梁、过梁、弧形、拱形梁，应根据项目特征（梁底标高、梁截面、混凝土强度等级、混凝土拌合料要求），以“m^3”为计量单位，工程量按设计图示尺寸以体积计算。不扣除构件内钢筋、预埋铁件所占体积，伸入墙内的梁头、梁垫并入梁体积内。梁长：梁与柱连接时，梁长算至柱侧面，主梁与次梁连接时，次梁长算至主梁侧面。其中工程内容包括：混凝土制作、运输、浇筑、振捣、养护。

4. 现浇混凝土墙（编码：010404）

直形墙、弧形墙，应根据项目特征（墙类型、墙厚度、混凝土强度等级、混凝土拌合料要求），以"m^3"为计量单位，工程量按设计图示尺寸以体积计算。不扣除构件内钢筋、预埋铁件所占体积，扣除门窗洞口及单个面积 $0.3m^2$ 以外的孔洞所占体积，墙垛及突出墙面部分并入墙体体积计算内。其中工程内容包括：混凝土制作、运输、浇筑、振捣、养护。

5. 现浇混凝土板（编码：010405）

（1）有梁板、无梁板、平板、拱板、薄壳板、栏板，应根据项目特征（板底标高、板厚度、混凝土强度等级、混凝土拌合料要求），以"m^3"为计量单位，工程量按设计图示尺寸以体积计算。不扣除构件内钢筋、预埋铁件及单个面积 $0.3m^2$ 以内的孔洞所占体积。有梁板（包括主、次梁与板）按梁、板体积之和计算，无梁板按板和柱帽体积之和计算，各类板伸入墙内的板头并入板体积内计算，薄壳板的肋、基梁并入薄壳体积内计算。其中工程内容包括：混凝土制作、运输、浇筑、振捣、养护。

（2）天沟、挑檐板，应根据项目特征（混凝土强度等级、混凝土拌合料要求），以"m^3"为计量单位，工程量按设计图示尺寸以体积计算。其中工程内容包括：混凝土制作、运输、浇筑、振捣、养护。

（3）雨篷、阳台板，应根据项目特征（混凝土强度等级、混凝土拌合料要求），以"m^3"为计量单位，工程量按设计图示尺寸以墙外部分体积计算。包括伸出墙外的牛腿和雨篷反挑檐的体积按设计图示尺寸的体积。其中工程内容包括：混凝土制作、运输、浇筑、振捣、养护。

（4）其他板，应根据项目特征（混凝土强度等级、混凝土拌合料要求），以"m^3"为计量单位，工程量按设计图示尺寸以体积计算。其中工程内容包括：混凝土制作、运输、浇筑、振捣、养护。

6. 现浇混凝土楼梯（编码：010406）

直形楼梯、弧形楼梯，应根据项目特征（混凝土强度等级、混凝土拌合料要求），以"m^2"为计量单位，工程量按设计图示尺寸以水平投影面积计算。不扣除宽度小于500mm的楼梯井，伸入墙内部分不计算。其中工程内容包括：混凝土制作、运输、浇筑、振捣、养护。

7. 现浇混凝土其他构件（编码：010407）

（1）其他构件，应根据项目特征（构件的类型、构件规格、混凝土强度等级、混凝土拌合料要求），以"m^3"为计量单位，工程量按设计图示尺寸以体积计算。不扣除构件内钢筋、预埋铁件所占体积。其中工程内容包括：混凝土制作、运输、浇筑、振捣、养护。

（2）散水、坡道，应根据项目特征（垫层材料种类、厚度、面层厚度、混凝土强度等级、混凝土拌合料要求、填塞材料种类），以"m^2"为计量单位，工程量按设计图示尺寸以面积计算。不扣除单个 $0.3m^2$ 以内的孔洞所占面积。其中工程内容包括：地基夯实、铺设垫层、混凝土制作、运输、浇筑、振捣、养护、变形缝填塞。

（3）电缆沟、地沟，应根据项目特征（沟截面、垫层材料种类、厚度、混凝土强度等级、混凝土拌合料要求、防护材料种类)，以“m”为计量单位，工程量按设计图示以中心线长度计算。其中工程内容包括：挖运土石、铺设垫层、混凝土制作、运输、浇筑、振捣、养护、刷防护材料。

8. 后浇带（编码：010408）

后浇带，应根据项目特征（部位、混凝土强度等级、混凝土拌合料要求），以“m^3”为计量单位，工程量按设计图示尺寸以体积计算。其中工程内容包括：混凝土制作、运输、浇筑、振捣、养护。

9. 预制混凝土柱（编码：010409）

矩形柱、异形柱，应根据项目特征（柱类型、单件体积、安装高度、混凝土强度等级、砂浆强度等级），以“m^3（根）”为计量单位，工程量按设计图示尺寸以体积计算（或按设计图示尺寸以“数量”计算）。不扣除构件内钢筋、预埋铁件所占体积。其中工程内容包括：混凝土制作、运输、浇筑、振捣、养护；构件制作、运输；构件安装；砂浆制作、运输；接头灌缝、养护。

10. 预制混凝土梁（编码：010410）

矩形梁、异形梁、过梁、拱形梁、鱼腹式吊车梁、风道梁，应根据项目特征（单件体积、安装高度、混凝土强度等级、砂浆强度等级），以“m^3”为计量单位，工程量按设计图示尺寸以体积计算。不扣除构件内钢筋、预埋铁件所占体积。其中工程内容包括：混凝土制作、运输、浇筑、振捣、养护；构件制作、运输；构件安装；砂浆制作、运输；接头灌缝、养护。

11. 预制混凝土屋架（编码：010411）

折线型屋架、组合屋架、薄腹屋架、门式、刚架屋架、天窗架屋架，应根据项目特征（屋架的类型、跨度；单件体积；安装高度；混凝土强度等级、砂浆强度等级），以“m^3（榀）”为计量单位，工程量按设计图示尺寸以体积或榀计算。不扣除构件内钢筋、预埋铁件所占体积。其中工程内容包括：混凝土制作、运输、浇筑、振捣、养护；构件制作、运输；构件安装；砂浆制作、运输；接头灌缝、养护。

12. 预制混凝土板（编码：010412）

（1）平板、空心板、槽形板、网架板、折线板、带肋板、大型板，应根据项目特征（构件尺寸、安装高度、混凝土强度等级、砂浆强度等级），以“m^3”为计量单位，工程量按设计图示尺寸以体积计算。不扣除构件内钢筋、预埋铁件及单个尺寸 300mm×300mm 以内的孔洞所占体积，扣除空心板空洞体积。其中工程内容包括：混凝土制作、运输、浇筑、振捣、养护；构件制作、运输；构件安装；升板提升；砂浆制作、运输；接头灌缝、养护。

（2）沟盖板、井盖板、井圈，应根据项目特征（构件尺寸、安装高度、混凝土强度等级、砂浆强度等级），以“m^3（块、套）”为计量单位，工程量按设计图示尺寸以体积计算。不扣除构件内钢筋、预埋铁件所占体积。其中工程内容包括：混凝土制作、运输、浇筑、振捣、养护；构件制作、运输；构件安装；砂浆制作、运输；接头灌缝、养护。

13. 预制混凝土楼梯（编码：010413）

楼梯，应根据项目特征（楼梯类型、单件体积、混凝土强度等级、砂浆强度等级），以“m^3”为计量单位，工程量按设计图示尺寸以体积计算。不扣除构件内钢筋、预埋铁件所占体积，扣除空心踏步板空洞体积。其中工程内容包括：混凝土制作、运输、浇筑、振捣、养护；构件制作、运输；构件安装；砂浆制作、运输；接头灌缝、养护。

14. 其他预制构件（编码：010414）

（1）烟道、垃圾道、通风道，应根据项目特征（构件类型、单件体积、安装高度、混凝土强度等级、砂浆强度等级），以“m^3”为计量单位，工程量按设计图示尺寸以体积计算。不扣除构件内钢筋、预埋铁件及单个尺寸300mm×300mm以内的孔洞所占体积，扣除烟道、垃圾道、通风道的孔洞所占体积。其中工程内容包括：混凝土制作、运输、浇筑、振捣、养护；（水磨石）构件制作、运输；构件安装；砂浆制作、运输；接头灌缝、养护；酸洗、打蜡。

（2）其他构件、水磨石构件，应根据项目特征（构件的类型；单件体积；水磨石面层厚度；安装高度；混凝土强度等级；水泥石子浆配合比；石子品种、规格、颜色；酸洗、打蜡要求），以“m^3”为计量单位，工程量按设计图示尺寸以体积计算。不扣除构件内钢筋、预埋铁件及单个尺寸300mm×300mm以内的孔洞所占体积，扣除烟道、垃圾道、通风道的孔洞所占体积。其中工程内容包括：混凝土制作、运输、浇筑、振捣、养护；（水磨石）构件制作、运输；构件安装；砂浆制作、运输；接头灌缝、养护；酸洗、打蜡。

15. 混凝土构筑物（编码：010415）

（1）贮水（油）池，应根据项目特征（池类型、池规格、混凝土强度等级、混凝土拌合料要求），以“m^3”为计量单位，工程量按设计图示尺寸以体积计算。不扣除构件内钢筋、预埋铁件及单个面积0.3m^2以内的孔洞所占体积。其中工程内容包括：混凝土制作、运输、浇筑、振捣、养护。

（2）贮仓，应根据项目特征（类型、高度、混凝土强度等级、混凝土拌合料要求），以“m^3”为计量单位，工程量按设计图示尺寸以体积计算。不扣除构件内钢筋、预埋铁件及单个面积0.3m^2以内的孔洞所占体积。其中工程内容包括：混凝土制作、运输、浇筑、振捣、养护。

（3）水塔，应根据项目特征（类型；支筒高度、水箱容积；倒圆锥形罐壳厚度、直径；混凝土强度等级；混凝土拌合料要求；砂浆强度等级），以“m^3”为计量单位，工程量按设计图示尺寸以体积计算。不扣除构件内钢筋、预埋铁件及单个面积0.3m^2以内的孔洞所占体积。其中工程内容包括：按设计图示尺寸以体积计算。不扣除构件内钢筋、预埋铁件及单个面积0.3m^2以内的孔洞所占体积。其中工程内容包括：混凝土制作、运输、浇筑、振捣、养护；预制倒圆锥形罐壳、组装、提升、就位；砂浆制作、运输；接头灌缝、养护。

（4）烟囱，应根据项目特征（高度、混凝土强度等级、混凝土拌合料要求），以“m^3”为计量单位，工程量按设计图示尺寸以体积计算。不扣除构件内钢筋、预埋铁件及单个面积0.3m^2以内的孔洞所占体积。其中工程内容包括：混凝土制作、运输、浇筑、振捣、养护。

16. 钢筋工程（编码：010416）

（1）现浇混凝土钢筋、预制构件钢筋、钢筋网片、钢筋笼，应根据项目特征（钢筋种类、规格），以“t”为计量单位，工程量按设计图示钢筋（网）长度（面积）乘以单位理论质量计算。其中工程内容包括：钢筋（网、笼）制作、运输、钢筋（网、笼）安装。

（2）先张法预应力钢筋，应根据项目特征（钢筋种类、规格；锚具种类），以“t”为计量单位，工程量按设计图示钢筋长度乘以单位理论质量计算。其中工程内容包括：钢筋制作、运输；钢筋张拉。

（3）后张法预应力钢筋、预应力钢丝、预应力钢绞线，应根据项目特征（钢筋种类、规格；钢丝束种类、规格；钢绞线种类、规格；锚具种类；砂浆强度等级），以“t”为计量单位，工程量按设计图示钢筋（丝束、绞线）长度乘以单位理论质量计算。1）低合金钢筋两端均采用螺杆锚具时，钢筋长度按孔道长度减 0.35m 计算，螺杆另行计算。2）低合金钢筋一端采用镦头插片、另一端采用螺杆锚具时，钢筋长度按孔道长度计算，螺杆另行计算。3）低合金钢筋一端采用镦头插片、另一端采用帮条锚具时，钢筋增加 0.15m 计算；两端均采用带条锚具时，钢筋长度按孔道长度增加 0.3m 计算。4）低合金钢筋采用后张混凝土自锚时，钢筋长度按孔道长度增加 0.35m 计算。5）低合金钢筋（钢铰线）采用 JM、XM、QM 型锚具，孔道长度在 20m 以内时，钢筋长度增加 1m 计算；孔道长度 20m 以外时，钢筋（钢铰线）长度按孔道长度增加 1.8m 计算。6）碳素钢丝采用锥形锚具，孔道长度在 20m 以内时，钢丝束长度按孔道长度增加 1m 计算；孔道长在 20m 以上时，钢丝束长度按孔道长度增加 1.8m 计算。7）碳素钢丝束采用镦头锚具时，钢丝束长度按孔道长度增加 0.35m 计算。其中工程内容包括：钢筋、钢丝束、钢绞线制作、运输；钢筋、钢丝束、钢绞线安装；预埋管孔道铺设；锚具安装；砂浆制作、运输；道压浆、养护。

17. 螺栓、预埋铁件（编码：010417）

螺栓、预埋铁件，应根据项目特征（钢材种类、规格；螺栓长度；铁件尺寸），以“t”为计量单位，工程量按设计图示尺寸以质量计算。其中工程内容包括：螺栓（铁件）制作、运输；螺栓（铁件）安装。

（五）厂库房大门、特种门、木结构工程

1. 厂库房大门、特种门（编码：010501）

木板大门、钢木大门、全钢板大门、特种门、围墙铁丝门，应根据项目特征（开启方式；有框、无框；门扇数；材料品种、规格；五金种类、规格；防护材料种类；油漆品种、刷漆遍数），以“樘”为计量单位，工程量按设计图示数量计算。其中工程内容包括：门（骨架）制作、运输；门、五金配件安装；刷防护材料、油漆。

2. 木屋架（编码：010502）

木屋架、钢木屋架，应根据项目特征（跨度；安装高度；材料品种、规格；刨光要求；防护材料种类；油漆品种、刷漆遍数），以“榀”为计量单位，工程量按设计图示数量计算。其中工程内容包括：制作、运输；安装；刷防护材料、油漆。

3. 木构件（编码：010503）

（1）木柱、木梁，应根据项目特征（构件高度、长度；构件截面；木材种类；刨光要求；防护材料种类；油漆品种、刷漆遍数），以“m^3”为计量单位，工程量按设计图示尺寸以体积计算。其中工程内容包括：制作；运输；安装；刷防护材料、油漆。

（2）木楼梯，应根据项目特征（木材种类；刨光要求；防护材料种类；油漆品种、刷漆遍数），以“m^2”为计量单位，工程量按设计图示尺寸以水平投影面积计算。不扣除宽度小于 300mm 的楼梯井，伸入墙内部分不计算。其中工程内容包括：制作；运输；安装；刷防护材料、油漆。

(3) 其他木构件，应根据项目特征（构件名称；构件截面；木材种类；刨光要求；防护材料种类；油漆品种、刷漆遍数），以"m^3（m）"为计量单位，工程量按设计图示尺寸以体积或长度计算。其中工程内容包括：制作；运输；安装；刷防护材料、油漆。

（六）金属结构工程

1. 钢屋架、钢网架（编码：010601）

(1) 钢屋架，应根据项目特征（钢材品种、规格；单榀屋架的重量；屋架跨度、安装高度；探伤要求；油漆品种、刷漆遍数），以"t（榀）"为计量单位，工程量按设计图示尺寸以质量计算。不扣除孔眼、切边、切肢的质量，焊条、铆钉、螺栓等不另增加质量，不规则或多边形钢板以其外接矩形面积乘以厚度乘以单位理论质量计算。其中工程内容包括：制作、运输、拼装、安装、探伤、刷油漆。

(2) 钢网架，应根据项目特征（钢材品种、规格；网架节点形式、连接方式；网架的跨度、安装高度；探伤要求；油漆品种、刷漆遍数），以"t（榀）"为计量单位，工程量按设计图示尺寸以质量计算。不扣除孔眼、切边、切肢的质量，焊条、铆钉、螺栓等不另增加质量，不规则或多边形钢板以其外接矩形面积乘以厚度乘以单位理论质量计算。其中工程内容包括：制作、运输、拼装、安装、探伤、刷油漆。

2. 钢托架、钢桁架（编码：010602）

钢托架、钢桁架，应根据项目特征（钢材品种、规格；单榀重量；安装高度；探伤要求；油漆品种、刷漆遍数），以"t"为计量单位，工程量按设计图示尺寸以质量计算。不扣除孔眼、切边、切肢的质量，焊条、铆钉、螺栓等不另增加质量，不规则或多边形钢板，以其外接矩形面积乘以厚度乘以单位理论质量计算。其中工程内容包括：制作、运输、拼装、安装、探伤、刷油漆。

3. 钢柱（编码：010603）

(1) 实腹柱、空腹柱，应根据项目特征（钢材品种、规格；单根柱重量；探伤要求；油漆品种、刷漆遍数），以"t"为计量单位，工程量按设计图示尺寸以质量计算。不扣除孔眼、切边、切肢的质量，焊条、铆钉、螺栓等不另增加质量，不规则或多边形钢板，以其外接矩形面积乘以厚度乘以单位理论质量计算，依附在钢柱上的牛腿及悬臂梁等并入钢柱工程量内。其中工程内容包括：制作、运输、拼装、安装、探伤、刷油漆。

(2) 钢管柱，应根据项目特征（钢材品种、规格；单根柱重量；探伤要求；油漆种类、刷漆遍数），以"t"为计量单位，工程量按设计图示尺寸以质量计算。不扣除孔眼、切边、切肢的质量，焊条、铆钉、螺栓等不另增加质量，不规则或多边形钢板，以其外接矩形面积乘以厚度乘以单位理论质量计算，钢管柱上的节点板、加强环、内衬管、牛腿等并入钢管柱工程量内。其中工程内容包括：制作、运输、安装、探伤、刷油漆。

4. 钢梁（编码：010604）

钢梁、网吊车梁，应根据项目特征（钢材品种、规格；单根重量；安装高度；探伤要求；油漆品种、刷漆遍数），以"t"为计量单位，工程量按设计图示尺寸以质量计算。不扣除孔眼、切边、切肢的质量，焊条、铆钉、螺栓等不另增加质量，不规则或多边形钢板，以其外接矩形面积乘以厚度乘以单位理论质量计算，制动梁、制动板、制动桁架、车档并入钢吊车梁工程量内。其中工程内容包括：制作、运输、安装、探伤要求、刷油漆。

5. 压型钢板楼板、墙板（编码：010605）

（1）压型钢板楼板，应根据项目特征（钢材品种、规格；压型钢板厚度；油漆品种、刷漆遍数），以“m^2”为计量单位，工程量按设计图示尺寸以铺设水平投影面积计算。不扣除柱、垛及单个$0.3m^2$以内的孔洞所占面积。其中工程内容包括：制作、运输、安装、刷油漆。

（2）压型钢板墙板，应根据项目特征（钢材品种、规格；压型钢板厚度、复合板厚度；复合板夹芯材料种类、层数、型号、规格），以“m^2”为计量单位，工程量按设计图示尺寸以铺挂面积计算。不扣除单个$0.3m^2$以内的孔洞所占面积，包角、包边、窗台泛水等不另增加面积。其中工程内容包括：制作、运输、安装、刷油漆。

6. 钢构件（编码：010606）

（1）钢支撑，应根据项目特征（钢材品种、规格；单式、复式；支撑高度；探伤要求；油漆品种、刷漆遍数），以“t”为计量单位，工程量按设计图示尺寸以质量计，不扣除孔眼、切边、切肢的质量，焊条、铆钉、螺栓等不另增加质量，不规则或多边形钢板以其外接矩形面积乘以厚度乘以单位理论质量计算。其中工程内容包括：制作、运输、安装、探伤、刷油漆。

（2）钢檩条，应根据项目特征（钢材品种、规格；型钢式、格构式；单根重量；安装高度；油漆品种、刷漆遍数），以“t”为计量单位，工程量和工程内容同钢支撑。

（3）钢天窗架、钢挡风架、钢墙架、钢栏杆，应根据项目特征（钢材品种、规格、单榀重量、安装高度、探伤要求、油漆品种、刷漆遍数），以“t”为计量单位，工程量和工程内容同钢支撑。

（4）钢平台、钢走道、钢梯，应根据项目特征（钢材品种、规格；油漆品种、刷漆遍数），以“t”为计量单位，工程量和工程内容同钢支撑。

（5）钢漏斗，应根据项目特征（钢材品种、规格；方形、圆形；安装高度；探伤要求；油漆品种、刷漆遍数），以“t”为计量单位，工程量按设计图示尺寸以重量计算。不扣除孔眼、切边；切肢的质量，焊条、铆钉、螺栓等不另增加质量，不规则或多边形钢板以其外接矩形面积乘以厚度乘以单位理论质量计算，依附漏斗的型钢并入漏斗工程量内。其中工程内容包括：制作、运输、安装、探伤、刷油漆。

（6）钢支架，应根据项目特征（钢材品种、规格；单件重量；油漆品种、刷漆遍数），以“t”为计量单位，工程量按设计图示尺寸以质量计算。不扣除孔眼、切边、切肢的质量，焊条、铆钉、螺栓等不另增加质量，不规则或多边形钢板以其外接矩形面积乘以厚度乘以单位理论质量计算。其中工程内容包括：制作、运输、安装、探伤、刷油漆。

（7）零星钢构件，应根据项目特征（钢材品种、规格；构件名称；油漆品种、刷漆遍数），以“t”为计量单位，工程量和工程内容同钢支架。

7. 金属网（编码：010607）

金属网，应根据项目特征（材料品种、规格；边框及立柱型钢品种、规格；油漆品种、刷漆遍数），以“m^2”为计量单位，工程量按设计图示尺寸以面积计算。其中工程内容包括：制作、运输、安装、刷油漆。

（七）屋面及防水工程

1. 瓦、型材屋面（编码：010701）

（1）瓦屋面，应根据项目特征（瓦品种、规格、品牌、颜色；防水材料种类；基层材料种类；檩条种类、截面；防护材料种类），以“m^2”为计量单位，工程量按设计图示尺寸以斜面积计算。不扣除房上烟囱、风帽底座、风道、小气窗、斜沟等所占面积，小气窗的出槽部分不增加面积。其中工程内容包括：檩条、椽子安装；基层铺设；铺防水层；安顺水条和挂瓦条；安瓦；刷防护材料。

（2）型材屋面，应根据项目特征（型材品种、规格、品牌、颜色；骨架材料品种、规格；接缝、嵌缝材料种类），以“m^2”为计量单位，工程量按设计图示尺寸以斜面积计算。不扣除房上烟囱、风帽底座、风道、小气窗、斜沟等所占面积，小气窗的出槽部分不增加面积。其中工程内容包括：骨架制作、运输、安装；屋面型材安装；接缝、嵌缝。

（3）膜结构屋面，应根据项目特征（膜布品种、规格、颜色；支柱钢材品种、规格；钢丝绳品种、规格；油漆品种、刷漆遍数），以“m^2”为计量单位，工程量按设计图示尺寸以需要覆盖的水平面积计算。其中工程内容包括：膜布热压胶接；支柱（网架）制作、安装；膜布安装；穿钢丝绳、锚头锚固；刷油漆。

2. 屋面防水（编码：010702）

（1）屋面卷材防水，应根据项目特征（卷材品种、规格；防水层做法；嵌缝材料种类；防护材料种类），以“m^2”为计量单位，工程量按设计图示尺寸以面积计算：1）斜屋顶（不包括平屋顶找坡，按斜面积计算，平屋顶按水平投影面积计算；2）不扣除房上烟囱、风帽底座、风道、屋面小气窗和斜沟所占面积；3）屋面的女儿墙、伸缩缝和天窗等处的弯起部分并入屋面工程量内。其中工程内容包括：基层处理；抹找平层；刷底油；铺油毡卷材、接缝、嵌缝；铺保护层。

（2）屋面涂膜防水，应根据项目特征（防水膜品种；涂膜厚度、遍数、增强材料种类；嵌缝材料种类；防护材料种类），以“m^2”为计量单位，工程量计算同屋面卷材防水。其中工程内容包括：基层处理、抹找平层、涂防水膜、铺保护层。

（3）屋面刚性防水，应根据项目特征（防水层厚度、嵌缝材料种类、混凝土强度等级），以“m^2”为计量单位，工程量按设计图示尺寸以面积计算。不扣除房上烟囱、风帽底座、风道等所占面积。其中工程内容包括：基层处理；混凝土制作、运输、铺筑、养护。

（4）屋面排水管，应根据项目特征（排水管品种、规格、品牌、颜色；接缝、嵌缝材料种类；油漆品种、刷漆遍数），以“m”为计量单位，工程量按设计图示尺寸以长度计算。如设计未标注尺寸，以槽口至设计室外散水上表面垂直距离计算。其中工程内容包括：排水管及配件安装、固定；雨水斗安装；接缝、嵌缝。

（5）屋面天沟、沿沟，应根据项目特征（材料品种；砂浆配合比；宽度、坡度；接缝、嵌缝材料种类；防护材料种类），以“m^2”为计量单位，工程量按设计图示尺寸以面积计算。铁皮和卷材天沟按展开面积计算。其中工程内容包括：砂浆制作、运输；砂浆找坡、养护；天沟材料铺设；天沟配件安装；接缝、嵌缝；刷防护材料。

3. 墙、地面防水、防潮（编码：010703）

（1）卷材防水，应根据项目特征（卷材、涂膜品种；涂膜厚度、遍数、增强材料种类；防水部位；防水做法；接缝、嵌缝材料种类；防护材料种类），以“m^2”为计量单位，工程量按设计图示尺寸以面积计算。1）地面防水：按主墙间净空面积计算，扣除凸出地面的构筑物、设备基础等所占面积，不扣除间壁墙及单个 0.3m^2 以内的柱、垛、烟囱和孔洞所占面积；2）墙基防水：外墙按中心线，内墙按净长乘以宽度计算。其中工程内容包括：基层处理；抹找平层；刷胶粘剂；铺防水卷材；铺保护层；接缝、嵌缝。

（2）涂膜防水，应根据项目特征（卷材、涂膜品种；涂膜厚度、遍数、增强材料种类；防水部位；防水做法；接缝、嵌缝材料种类；防护材料种类），以"m^2"为计量单位，工程量按设计图示尺寸以面积计算（同卷材防水）。其中工程内容包括：基层处理、抹找平层、刷基层处理剂、铺涂膜防水层、铺保护层。

（3）砂浆防水（潮），应根据项目特征（防水（潮）部位；防水（潮）厚度、层数；砂浆配合比；外加剂材料种类），以"m^2"为计量单位，工程量按设计图示尺寸以面积计算（同卷材防水）。其中工程内容包括：基层处理；挂钢丝网片；设置分格缝；砂浆制作、运输、摊铺、养护。

（4）变形缝，应根据项目特征（变形缝部位、嵌缝材料种类、止水带材料种类），以"m"为计量单位，工程量按设计图示以长度计算。其中工程内容包括：清缝、填塞防水材料、止水带安装、盖板制作、刷防护材料。

（八）防腐、隔热、保温工程

1. 防腐面层（编码：010801）

（1）防腐混凝土面层、防腐砂浆面层，应根据项目特征（防腐部位；面层厚度；砂浆、混凝土、胶泥种类），以"m^2"为计量单位，工程量按设计图示尺寸以面积计算。1）平面防腐：扣除凸出地面的构筑物、设备基础等所占面积。2）立面防腐：砖垛等突出部分按展开面积并入墙面积内。其中工程内容包括：基层清理；基层刷稀胶泥；砂浆制作、运输、摊铺、养护；混凝土制作、运输、摊铺、养护。

（2）防腐胶泥面层，应根据项目特征（防腐部位；面层厚度；砂浆、混凝土、胶泥种类），以"m^2"为计量单位，工程量按设计图示尺寸以面积计算（同防腐混凝土面层）。其中工程内容包括：基层清理；胶泥调制、摊铺。

（3）玻璃钢防腐面层，应根据项目特征（防腐部位、玻璃钢种类、贴布层数、面层材料品种），以"m^2"为计量单位，工程量按设计图示尺寸以面积计算（同防腐混凝土面层）。其中工程内容包括：基层清理；刷底漆、刮腻子；胶浆配制、涂刷；粘布、涂刷面层。

（4）聚氯乙烯板面层，应根据项目特征（防腐部位、面层材料品种、粘结材料种类），以"m^2"为计量单位，工程量按设计图示尺寸以面积计算。1）平面防腐：扣除凸出地面的构筑物、设备基础等所占面积。2）立面防腐，砖垛等突出部分按展开面积并入墙面积内。3）踢脚板防腐：扣除门洞所占面积并相应增加门洞侧壁面积。其中工程内容包括：基层清理；配料、涂胶；聚氯乙烯板铺设；铺贴踢脚板。

（5）块料防腐面层，应根据项目特征（防腐部位；块料品种、规格；粘结材料种类；勾缝材料种类），以"m^2"为计量单位，工程量按设计图示尺寸以面积计算（同聚氯乙烯板面层）。其中工程内容包括：基层清理；砌块料；胶泥调制、勾缝。

2. 其他防腐（编码：010802）

（1）隔离层，应根据项目特征（隔离层部位；隔离层材料品种；隔离层做法；粘贴材料种类），以"m^2"为计量单位，工程量按设计图示尺寸以面积计算。1）平面防腐扣除凸出地面的构筑物、设备基础等所占面积。2）立面防腐砖垛等突出部分按展开面积并入墙面积内。其中工程内容包括：基层清理、刷油；煮沥青；胶泥调制；隔离层铺设。

（2）砌筑沥青浸渍砖，应根据项目特征（砌筑部位；浸渍砖规格；浸渍砖砌法（平砌、立砌）），以“m^3”为计量单位，工程量按设计图示尺寸以体积计算。其中工程内容包括：基层清理、胶泥调制、浸渍砖铺砌。

（3）防腐涂料，应根据项目特征（涂刷部位；基层材料类型；涂料品种、刷涂遍数），以“m^2”为计量单位，工程量按设计图示尺寸以面积计算（同隔离层）。其中工程内容包括：基层清理、刷涂料。

3. 隔热、保温（编码：010803）

（1）保温隔热屋面、保温隔热顶棚，应根据项目特征（保温隔热部位；保温隔热方式（内保温、外保温、夹心保温）；踢脚线、勒脚线保温做法；保温隔热面层材料品种、规格、性能；保温隔热材料品种、规格；隔气层厚度；粘结材料种类；防护材料种类），以“m^2”为计量单位，工程量按设计图示尺寸以面积计算。不扣除柱、垛所占面积。其中工程内容包括：基层清理、铺粘保温层、刷防护材料。

（2）保温隔热墙，应根据项目特征（同保温隔热屋面），以“m^2”为计量单位，工程量按设计图示尺寸以面积计算。扣除门窗洞口所占面积；门窗洞口侧壁需做保温时，并入保温墙体工程量内。其中工程内容包括：基层清理、底层抹灰、粘贴龙骨、填贴保温材料、粘贴面层、嵌缝、刷防护材料。

（3）保温柱，应根据项目特征（同保温隔热屋面），以“m^2”为计量单位，工程量按设计图示以保温层中心线展开长度乘以保温层高度计算。其中工程内容包括：基层清理、底层抹灰、粘贴龙骨、填贴保温材料、粘贴面层、嵌缝、刷防护材料。

（4）隔热楼地面，应根据项目特征（同保温隔热屋面），以“m^2”为计量单位，工程量按设计图示尺寸以面积计算。不扣除柱、垛所占面积。其中工程内容包括：基层清理、铺设粘贴材料、铺贴保温层、刷防护材料。

三、装饰装修工程工程量清单项目及计算规则

装饰装修工程工程量清单项目包括楼地面工程、墙柱面工程、顶棚工程、门窗工程、油漆涂料、裱糊工程、其他工程共6章47节214个项目。

（一）楼地面工程

1. 整体面层（编码：020101）

（1）水泥砂浆楼地面，应根据项目特征（垫层材料种类、厚度；找平层厚度、砂浆配合比；防水层厚度、材料种类；面层厚度、砂浆配合比），以“m^2”为计量单位，工程量按设计图示尺寸以面积计算。扣除凸出地面构筑物、设备基础、室内铁道、地沟等所占面积，不扣除间壁墙和0.3m^2以内的柱、垛、附墙烟囱及孔洞所占面积。门洞、空圈、暖气包槽、壁的开口部分不增加面积。其中工程内容包括：基层清理、垫层铺设、抹找平层、防水层铺设、抹面层、材料运输。

（2）现浇水磨石楼地面，应根据项目特征（垫层材料种类、厚度；找平层厚度、砂浆配合比；防水层厚度、材料种类；面层厚度、水泥石子浆配合比；嵌条材料种类、规格；石子种类、规格、颜色；颜料种类、颜色；图案要求；磨光、酸洗、打蜡要求），以“m^2”为计量单位，工程量按设计图示尺寸以面积计算（同水泥砂浆楼地面）。其中工程内容包括：基层清理；垫层铺设；抹找平层；防水层铺设；面层铺设；嵌缝条安装；磨光、酸洗、打蜡；材料运输。

(3) 细石混凝土楼地面，应根据项目特征（垫层材料种类、厚度；找平层厚度、砂浆配合比；防水层厚度、材料种类；面层厚度、混凝土强度等级），以"m^2"为计量单位，工程量按设计图示尺寸以面积计算（同水泥砂浆楼地面）。门洞、空圈、暖气包槽、壁的开口部分不增加面积。其中工程内容包括：基层清理、垫层铺设、抹找平层、防水层铺设、面层铺设、材料运输。

(4) 菱苦土楼地面，应根据项目特征（垫层材料种类、厚度；找平层厚度、砂浆配合比；防水层厚度、材料种类；面层厚度；打蜡要求），以"m^2"为计量单位，工程量按设计图示尺寸以面积计算（同水泥砂浆楼地面）。门洞、空圈、暖气包槽、壁的开口部分不增加面积。其中工程内容包括：清理基层、垫层铺设、抹找平层、防水层铺设、面层铺设、打蜡、材料运输。

2. 块料面层（编码：020102）

石材楼地面、块料楼地面，应根据项目特征（垫层材料种类、厚度；找平层厚度、砂浆配合比；防水层、材料种类；填充材料种类、厚度；结合层厚度、砂浆配合比色面层材料品种、规格、品牌、颜色；嵌缝材料种类；防护层材料种类；酸洗、打蜡要求），以"m^2"为计量单位，工程量按设计图示尺寸以面积计算。扣除凸出地面构筑物、设备基础、室内铁道、地沟等所占面积，不扣除间壁墙和 $0.3m^2$ 以内的柱、垛、附墙烟囱及孔洞所占面积。门洞、空圈、暖气包槽、壁龛的开口部分不增加面积。其中工程内容包括：基层清理、铺设垫层、抹找平层；防水层铺设、填充层；面层铺设；嵌缝；刷防护材料；酸洗、打蜡；材料运输。

3. 橡塑面层（编码：020103）

橡胶板楼地面、橡胶卷材楼地面、塑料板楼地面、塑料卷材楼地面，应根据项目特征（找平层厚度、砂浆配合比；填充材料种类、厚度；粘结层厚度、材料种类），以"m^2"为计量单位，工程量按设计图示尺寸以面积计算。门洞、空圈、暖气包槽、壁龛的开口部分并入相应的工程量内。其中工程内容包括：基层清理、抹找平层；铺设填充层；面层铺贴；压缝条装钉。

4. 其他材料面层（编码：020104）

(1) 楼地面地毯，应根据项目特征（找平层厚度、砂浆配合比；填充材料种类、厚度；面层材料品种、规格、品牌、颜色；防护材料种类；粘结材料种类；压线条种类），以"m^2"为计量单位，工程量按设计图示尺寸以面积计算。门洞、空圈、暖气包槽、壁龛的开口部分并入相应的工程量内。其中工程内容包括：基层清理、抹找平层；铺设填充层；铺贴面层；刷防护材料；装钉压条；材料运输。

(2) 竹木地板，应根据项目特征（找平层厚度、砂浆配合比；填充材料种类、厚度、找平层厚度、砂浆配合比；龙骨材料种类、规格、铺设间距；基层材料种类、规格；面层材料品种、规格、品牌、颜色；粘结材料种类；防护材料种类；油漆品种、刷漆遍数），以"m^2"为计量单位，工程量按设计图示尺寸以面积计算（同楼地面地毯）。其中工程内容包括：基层清理、抹找平层；铺设填充层；龙骨铺设；铺设基层；面层铺贴；刷防护材料；材料运输。

（3）防静电活动地板，应根据项目特征（找平层厚度、砂浆配合比；填充材料种类、厚度，找平层厚度、砂浆配合比；支架高度、材料种类；面层材料品种、规格、品牌、颜色；防护材料种类），以“m^2”为计量单位，工程量按设计图示尺寸以面积计算（同楼地面地毯）。其中工程内容包括：清理基层、抹找平层；铺设填充层；固定支架安装；活动面层安装；刷防护材料；材料运输。

（4）金属复合地板，应根据项目特征（找平层厚度、砂浆配合比；填充材料种类、厚度，找平层厚度、砂浆配合比；龙骨材料种类、规格、铺设间距；基层材料种类、规格；面层材料品种、规格、品牌；防护材料种类），以“m^2”为计量单位，工程量按设计图示尺寸以面积计算（同楼地面地毯）。其中工程内容包括：清理基层、抹找平层；铺设填充层；龙骨铺设；基层铺设；面层铺贴；刷防护材料；材料运输。

5. 踢脚线（编码：020105）

（1）水泥砂浆踢脚线，应根据项目特征（踢脚线高度；底层厚度、砂浆配合比；面层厚度、砂浆配合比），以“m^2”为计量单位。工程内容包括：基层清理；底层抹灰；面层铺贴；勾缝；磨光、酸洗、打蜡；刷防护材料；材料运输。

（2）石材踢脚线、块料踢脚线，应根据项目特征（踢脚线高度；底层厚度、砂浆配合比；粘贴层厚度、材料种类；面层材料品种、规格、品牌、颜色；勾缝材料种类；防护材料种类），以“m^2”为计量单位。工程内容包括：基层清理；底层抹灰；面层铺贴；勾缝；磨光、酸洗、打蜡；刷防护材料；材料运输。

（3）现浇水磨石踢脚线，应根据项目特征（踢脚线高度；底层厚度、砂浆配合比；面层厚度、水泥石子浆配合比；石子种类、规格、颜色；颜料种类、颜色；磨光、酸洗、打蜡要求），以“m^2”为计量单位。工程内容包括：基层清理；底层抹灰；面层铺贴；勾缝；磨光、酸洗、打蜡；刷防护材料；材料运输。

（4）塑料板踢脚线，应根据项目特征（踢脚线高度；底层厚度、砂浆配合比；粘结层厚度、材料种类；面层材料种类、规格、品牌、颜色），以“m^2”为计量单位。工程内容包括：基层清理；底层抹灰；面层铺贴；勾缝；磨光、酸洗、打蜡；刷防护材料；材料运输。

（5）木质踢脚线、金属踢脚线、防静电踢脚线，应根据项目特征（踢脚线高度；底层厚度、砂浆配合比；基层材料种类、规格；面层材料品种、规格、品牌、颜色；防护材料种类；油漆品种、刷漆遍数），以“m^2”为计量单位。工程内容包括：基层清理；底层抹灰；基层铺贴；面层铺贴；刷防护材料；刷油漆；材料运输。

各种踢脚线的工程量均按设计图示长度乘以高度以面积计算。

6. 楼梯装饰（编码：020106）

（1）石材楼梯面层、块料楼梯面层，应根据项目特征（找平层厚度、砂浆配合比；粘结层厚度、材料种类；面层材料品种、规格、品牌、颜色；防滑条材料种类、规格；勾缝材料种类；防护层材料种类；酸洗、打蜡要求），以“m^2”为计量单位，工程量按设计图示尺寸以楼梯（包括踏步、休息平台及500mm以内的楼梯井）水平投影面积计算。楼梯与楼地面相连时，算至梯口梁内侧边沿；无梯口梁者，算至最上一层踏步边沿加300mm。其中工程内容包括：基层清理；抹找平层；面层铺贴；贴嵌防滑条；勾缝；刷防护材料；酸洗、打蜡；材料运输。

(2) 水泥砂浆楼梯面，应根据项目特征（找平层厚度、砂浆配合比；面层厚度、砂浆配合比；防滑条材料种类、规格），以"m^2"为计量单位，工程量按设计图示尺寸以楼梯水平投影面积计算（同石材楼梯面层）。其中工程内容包括：基层清理、抹找平层、抹面层、抹防滑条、材料运输。

(3) 现浇水磨石楼梯面，应根据项目特征（找平层厚度、砂浆配合比；面层厚度、水泥石子浆配合比；防滑条材料种类、规格；石子种类、规格、颜色；颜料种类、颜色；磨光、酸洗、打蜡要求），以"m^2"为计量单位，工程量按设计图示尺寸以楼梯水平投影面积计算（同石材楼梯面层）。其中工程内容包括：基层清理；抹找平层；抹面层；贴嵌防滑条；磨光、酸洗、打蜡；材料运输。

(4) 地毯楼梯面，应根据项目特征（基层种类；找平层厚度、砂浆配合比；面层材料品种、规格、品牌、颜色；防护材料种类；粘结材料种类；固定配件材料种类、规格），以"m^2"为计量单位，工程量按设计图示尺寸以楼梯水平投影面积计算（同石材楼梯面层）。其中工程内容包括：基层清理；抹找平层；铺贴面层；固定配件安装；刷防护材料；材料运输。

(5) 木板楼梯面，应根据项目特征（找平层厚度、砂浆配合比；基层材料种类、规格；面层材料品种、规格、品牌、颜色；粘结材料种类；防护材料种类；油漆品种、刷漆遍数），以"m^2"为计量单位，工程量按设计图示尺寸以楼梯水平投影面积计算（同石材楼梯面层）。其中工程内容包括：基层清理；抹找平层；基层铺贴；面层铺贴；刷防护材料、油漆；材料运输。

7. 扶手、栏杆、栏板装饰（编码：020107）

(1) 金属扶手带栏杆、栏板；硬木扶手带栏杆、栏板；塑料扶手带栏杆、栏板，应根据项目特征（扶手材料种类、规格、品牌、颜色；栏杆材料种类、规格、品牌、颜色；栏板材料种类、规格、品牌，颜色；固定配件种类；防护材料种类；油漆品种、刷漆遍数），以"m"为计量单位，工程量按设计图示尺寸以扶手中心线长度（包括弯头长度）计算。其中工程内容包括：制作、运输、安装、刷防护材料、刷油漆。

(2) 金属靠墙扶手、硬木靠墙扶手、塑料靠墙扶手，应根据项目特征（扶手材料种类、规格、品牌、颜色；固定配件种类；防护材料种类；油漆品种、刷漆遍数），以"m"为计量单位，工程量按设计图示尺寸以扶手中心线长度（包括弯头长度）计算。其中工程内容包括：制作、运输、安装、刷防护材料、刷油漆。

8. 台阶装饰（编码：020108）

(1) 石材台阶面、块料台阶面，应根据项目特征（垫层材料种类、厚度；找平层厚度、砂浆配合比；粘结层材料种类；面层材料品种、规格、品牌、颜色；勾缝材料种类；防滑条材料种类、规格），以"m^2"为计量单位，工程量按设计图示尺寸以台阶（包括最上层踏步边沿加 300mm）水平投影面积计算。其中工程内容包括：基层清理；铺设垫层；抹找平层；面层铺贴；贴嵌防滑条；勾缝；刷防护材料；材料运输。

(2) 水泥砂浆台阶面，应根据项目特征（垫层材料种类、厚度；找平层厚度、砂浆配合比；面层厚度、砂浆配合比；防滑条材料种类），以"m^2"为计量单位，工程量按设计图示尺寸以台阶（包括最上层踏步边沿加 300mm）水平投影面积计算。其中工程内容包括：清理基层、铺设垫层、抹找平层、抹面层、抹防滑条、材料运输。

(3) 现浇水磨石台阶面，应根据项目特征（垫层材料种类、厚度；找平层厚度、砂浆配合比；面层厚度、水泥石子浆配合比；防滑条材料种类、规格；石子种类、规格、颜色；颜料种类、颜色；磨光、酸洗、打蜡要求），以“m^2”为计量单位，工程量按设计图示尺寸以台阶（包括最上层踏步边沿加300mm）水平投影面积计算。其中工程内容包括：清理基层；铺设垫层；抹找平层；抹面层；贴嵌防滑条；打磨、酸洗、打蜡；材料运输。

(4) 剁假石台阶面，应根据项目特征（垫层材料种类、厚度；找平层厚度、砂浆配合比；面层厚度、砂浆配合比；剁假石要求），以“m^2”为计量单位，工程量按设计图示尺寸以台阶（包括最上层踏步边沿加300mm）水平投影面积计算。其中工程内容包括：清理基层、铺设垫层、抹找平层、抹面层、剁假石、材料运输。

9. 零星装饰项目（编码：020109）

(1) 石材零星项目、碎拼石材零星项目、块料零星项目，应根据项目特征（工程部位；找平层厚度、砂浆配合比；贴结合层厚度、材料种类；面层材料品种、规格、品牌、颜色；勾缝材料种类；防护材料种类；酸洗、打蜡要求），以“m^2”为计量单位，工程量按设计图示尺寸以面积计算。其中工程内容包括：清理基层；抹找平层；面层铺贴；勾缝；刷防护材料；酸洗、打蜡；材料运输。

(2) 水泥砂浆零星项目，应根据项目特征（工程部位；找平层厚度、砂浆配合比；面层厚度、砂浆厚度），以“m^2”为计量单位，工程量按设计图示尺寸以面积计算。其中工程内容包括：清理基层、抹找平层、抹面层、材料运输。

（二）墙、柱面工程

1. 墙面抹灰（编码：020201）

(1) 墙面一般抹灰、墙面装饰抹灰，应根据项目特征（墙体类型；底层厚度、砂浆配合比；面层厚度、砂浆配合比；装饰面材料种类；分格缝宽度、材料种类），以“m^2”为计量单位，工程量按设计图示尺寸以面积计算。扣除墙裙、门窗洞口及单个0.3m^2以外的孔洞面积，不扣除踢脚线、挂镜线和墙与构件交接处的面积，门窗洞口和孔洞的侧壁及顶面不增加面积。附墙柱、梁、垛、烟囱侧壁并入相应的墙面面积内。1）外墙抹灰面积按外墙垂直投影面积计算。2）外墙裙抹灰面积按其长度乘以高度计算。3）内墙抹灰面积按主墙间的净长乘以高度计算。①无墙裙的，高度按室内楼地面至顶棚底面计算。②有墙裙的，高度按墙裙顶至顶棚底面计算。③内墙裙抹灰面按内墙净长乘以高度计算。其中工程内容包括：基层清理；砂浆制作、运输；底层抹灰；抹面层；抹装饰面；勾分格缝。

(2) 墙面勾缝，应根据项目特征（墙体类型、勾缝类型、勾缝材料种类），以“m^2”为计量单位，工程量按设计图示尺寸以面积计算（同墙面一般抹灰）。其中工程内容包括：基层清理；砂浆制作、运输；勾缝。

2. 柱面抹灰（编码：020202）

(1) 柱面一般抹灰、柱面装饰抹灰，应根据项目特征（柱体类型；底层厚度、砂浆配合比；面层厚度、砂浆配合比；装饰面材料种类；分格缝宽度、材料种类），以“m^2”为计量单位，工程量按设计图示柱断面周长乘以高度以面积计算。其中工程内容包括：基层清理；砂浆制作、运输；底层抹灰；抹面层；抹装饰面；勾分格缝。

(2) 柱面勾缝，应根据项目特征（墙体类型、勾缝类型、勾缝材料种类），以“m^2”为计量单位，工程量按设计图示柱断面周长乘以高度以面积计算。其中工程内容包括：基层清理；砂浆制作、运输；勾缝。

3. 零星抹灰（编码：020203）

零星项目一般抹灰、零星项目装饰抹灰，应根据项目特征（墙体类型；底层厚度、砂浆配合比；面层厚度、砂浆配合比；装饰面材料种类；分格缝宽度、材料种类），以"m^2"为计量单位，工程量按设计图示尺寸以面积计算。其中工程内容包括：基层清理；砂浆制作、运输；底层抹灰；抹面层；抹装饰面；勾分格缝。

4. 墙面镶贴块料（编码：020204）

（1）石材墙面、碎拼石材墙面、块料墙面、干挂石材，应根据项目特征（墙体类型；底层厚度、砂浆配合比；粘结层厚度、材料种类；挂贴方式；干挂方式（膨胀螺栓、钢龙骨）；面层材料品种、规格、品牌、颜色；缝宽、嵌缝材料种类；防护材料种类；磨光、酸洗、打蜡要求），以"m^2"为计量单位，工程量按设计图示尺寸以面积计算。其中工程内容包括：基层清理；砂浆制作、运输；底层抹灰；结合层铺贴；面层铺贴；面层挂贴；面层干挂；嵌缝；刷防护材料；磨光、酸洗、打蜡。

（2）钢骨架，应根据项目特征（骨架种类、规格；油漆品种、刷油遍数），以"t"为计量单位，工程量按设计图示尺寸以质量计算。其中工程内容包括：骨架制作、运输、安装；骨架油漆。

5. 柱面镶贴块料（编码：020205）

（1）石材柱面、拼碎石材柱面、块料柱面，应根据项目特征（柱体材料；柱截面类型、尺寸；底层厚度、砂浆配合比；粘结层厚度、材料种类；挂贴方式；干贴方式；面层材料品种、规格、品牌、颜色；缝宽、嵌缝材料种类；防护材料种类；磨光、酸洗、打蜡要求），以"m^2"为计量单位，工程量按设计图示尺寸以面积计算。其中工程内容包括：基层清理；砂浆制作、运输；底层抹灰；结合层铺贴；面层铺贴；面层挂贴；面层干挂；嵌缝；刷防护材料；磨光、酸洗、打蜡。

（2）石材梁面、块料梁面，应根据项目特征（底层厚度、砂浆配合比；粘结层厚度、材料种类；面层材料品种、规格、品牌、颜色；缝宽、嵌缝材料种类；防护材料种类；磨光、酸洗、打蜡要求），以"m^2"为计量单位，工程量按设计图示尺寸以面积计算。其中工程内容包括：基层清理；砂浆制作、运输；底层抹灰；结合层铺贴；面层铺贴；面层挂贴；嵌缝；刷防护材料；磨光、酸洗、打蜡。

6. 零星镶贴块料（编码：020206）

石材零星项目、拼碎石材零星项目、块料零星项目，应根据项目特征（柱、墙体类型；底层厚度、砂浆配合比；粘结层厚度、材料种类；挂贴方式；干挂方式；面层材料品种、规格、品牌、颜色；缝宽、嵌缝材料种类；防护材料种类；磨光、酸洗、打蜡要求），以"m^2"为计量单位，工程量按设计图示尺寸以面积计算。其中工程内容包括：基层清理；砂浆制作、运输；底层抹灰；结合层铺贴；面层铺贴；面层挂贴；面层干挂；嵌缝；刷防护材料；磨光、酸洗、打蜡。

7. 墙饰面（编码：020207）

装饰板墙面，应根据项目特征（墙体类型；底层厚度、砂浆配合比；龙骨材料种类、规格、中距；隔离层材料种类、规格；基层材料种类、规格；面层材料品种、规格、品牌、颜色；压条材料种类、规格；防护材料种类；油漆品种、刷漆遍数），以"m^2"为计量单位，工程量按设计图示墙净长乘以净高以面积计算。扣除门窗洞口及单个 0.3m² 以上的孔洞所占面积。其中工程内容包括：基层清理；砂浆制作、运输；底层抹灰；龙骨制作、运输、安装；钉隔离层；基层铺钉；面层铺贴；刷防护材料、油漆。

8. 柱（梁）饰面（编码：020208）

柱（梁）面装饰，应根据项目特征（柱（梁）体类型；底层厚度、砂浆配合比；龙骨材料种类、规格、中距；隔离层材料种类；基层材料种类、规格；面层材料品种、规格、品种、颜色；压条材料种类、规格；防护材料种类；油漆品种、刷漆遍数），以“m²”为计量单位，工程量按设计图示饰面外围尺寸以面积计算。柱帽、柱墩并入相应柱饰面工程量内。其中工程内容包括：清理基层；砂浆制作、运输；底层抹灰；龙骨制作、运输、安装；钉隔离层；基层铺钉；面层铺贴；刷防护材料、油漆。

9. 隔断（编码：020209）

隔断，应根据项目特征（骨架、边框材料种类、规格；隔板材料品种、规格、品牌、颜色；嵌缝、塞口材料品种；压条材料种类；防护材料种类；油漆品种、刷漆遍数），以“m²”为计量单位，工程量按设计图示框外围尺寸以面积计算。扣除单个 0.3m² 以上的孔洞所占面积；浴厕门的材质与隔断相同时，门的面积并入隔断面积内。其中工程内容包括：骨架及边框制作、运输、安装；隔板制作、运输、安装；嵌缝、塞口；装钉压条；刷防护材料、油漆。

10. 幕墙（编码：0202010）

（1）带骨架幕墙，应根据项目特征（骨架材料种类、规格、中距；面层材料品种、规格、品种、颜色；面层固定方式；嵌缝、塞口材料种类），以“m²”为计量单位，工程量按设计图示框外围尺寸以面积计算。与幕墙同种材质的窗所占面积不扣除。其中工程内容包括：骨架制作、运输、安装；面层安装；嵌缝、塞口；清洗。

（2）全玻幕墙，应根据项目特征（玻璃品种、规格、品牌、颜色；粘结塞口材料种类；固定方式），以“m²”为计量单位，工程量按设计图示尺寸以面积计算。带肋全玻幕墙按展开面积计算。其中工程内容包括：幕墙安装；嵌缝、塞口；清洗。

（三）顶棚工程

1. 顶棚抹灰（编码：020301）

顶棚抹灰，应根据项目特征（基层类型；抹灰厚度、材料种类；装饰线条道数；砂浆配合比），以“m²”为计量单位，工程量按设计图示尺寸以水平投影面积计算。不扣除间壁墙、垛、柱、附墙烟囱、检查口和管道所占的面积，带梁顶棚、梁两侧抹灰面积并入顶棚面积内，板式楼梯底面抹灰按斜面积计算，锯齿形楼梯底板抹灰按展开面积计算。其中工程内容包括：基层清理、底层抹灰、抹面层、抹装饰线条。

2. 顶棚吊顶（编码：020302）

（1）顶棚吊顶，应根据项目特征（吊顶形式；龙骨类型、材料种类、规格、中距；基层材料种类、规格；面层材料品种、规格、品牌、颜色；压条材料种类、规格；嵌缝材料种类；防护材料种类；油漆品种、刷漆遍数），以“m²”为计量单位，工程量按设计图示尺寸以水平投影面积计算。顶棚面中的灯槽及跌级、锯齿形、吊挂式、藻井式顶棚面积不展开计算。不扣除间壁墙、检查口、附墙烟囱、柱垛和管道所占面积，扣除单个 0.3m² 以外的孔洞、独立柱及与顶棚相连的窗帘盒所占的面积。其中工程内容包括：基层清理；

龙骨安装；基层板铺贴；面层铺贴；嵌缝；刷防护材料、油漆。

(2) 格栅吊顶，应根据项目特征（龙骨类型、材料种类、规格、中距；基层材料种类、规格；面层材料品种、规格、品牌、颜色；防护材料种类；油漆品种、刷漆遍数），以"m^2"为计量单位，工程量按设计图示尺寸以水平投影面积计算。其中工程内容包括：基层清理；底层抹灰；安装龙骨；基层板铺贴；面层铺贴；刷防护材料、油漆。

(3) 吊筒吊顶，应根据项目特征（底层厚度、砂浆配合比；吊筒形状、规格、颜色、材料种类；防护材料种类；油漆品种、刷漆遍数），以"m^2"为计量单位，工程量按设计图示尺寸以水平投影面积计算。其中工程内容包括：基层清理；底层抹灰；吊筒安装；刷防护材料、油漆。

(4) 藤条造型悬挂吊顶、织物软雕吊顶，应根据项目特征（底层厚度、砂浆配合比；骨架材料种类、规格；面层材料品种、规格、颜色；防护层材料种类；油漆品种、刷漆遍数），以"m^2"为计量单位，工程量按设计图示尺寸以水平投影面积计算。其中工程内容包括：基层清理；底层抹灰；龙骨安装；铺贴面层；刷防护材料、油漆。

(5) 网架（装饰）吊顶，应根据项目特征（底层厚度、砂浆配合比；面层材料品种、规格、颜色；防护材料品种；油漆品种、刷漆遍数），以"m^2"为计量单位，工程量按设计图示尺寸以水平投影面积计算。其中工程内容包括：基层清理；底面抹灰；面层安装；刷防护材料、油漆。

3. 顶棚其他装饰（编码：020303）

(1) 灯带，应根据项目特征（灯带形式、尺寸；格栅片材料品种、规格、品牌、颜色；安装固定方式），以"m^2"为计量单位，工程量按设计图示尺寸以框外围面积计算。其中工程内容包括：安装、固定。

(2) 送风口、回风口，应根据项目特征（风口材料品种、规格、品牌、颜色、安装固定方式），以"个"为计量单位，工程量按设计图示数量计算。其中工程内容包括：安装、固定；刷防护材料。

(四) 门窗工程

1. 木门（编码：020401）

(1) 镶板木门、企口木板门、实木装饰门、胶合板门，应根据项目特征（门类型；框截面尺寸、单扇面积；骨架材料种类；面层材料品种、规格、品牌、颜色；玻璃品种、厚度、五金材料、品种、规格；防护层材料种类；油漆品种、刷漆遍数），以"樘"为计量单位，工程量按设计图示数量计算。其中工程内容包括：门制作、运输、安装；五金、玻璃安装；刷防护材料、油漆。

(2) 夹板装饰门、木质防火门、木纱门，应根据项目特征（门类型；框截面尺寸、单扇面积；骨架材料种类；防火材料种类；门纱材料品种、规格；面层材料品种、规格、品牌、颜色；玻璃品种、厚度、五金材料、品种、规格；防护材料种类；油漆品种、刷漆遍数），以"樘"为计量单位，工程量按设计图示数量计算。其中工程内容包括：门制作、运输、安装；五金、玻璃安装；刷防护材料、油漆。

(3) 连窗门，应根据项目特征（门窗类型；框截面尺寸、单扇面积；骨架材料种类；面层材料品种、规格、品牌、颜色；玻璃品种、厚度、五金材料、品种、规格；防护材料种类；油漆品种、刷漆遍数），以"樘"为计量单位，工程量按设计图示数量计算。其中工程内容包括：门制作、运输、安装；五金、玻璃安装；刷防护材料、油漆。

2. 金属门（编码：020402）

金属平开门、金属推拉门、金属地弹门、彩板门、塑钢门、防盗门、钢质防火门，应根据项目特征（门类型；框材质、外围尺寸；扇材质、外围尺寸；玻璃品种、厚度、五金材料、品种、规格；防护材料种类；油漆品种、刷漆遍数），以"樘"为计量单位，工程量按设计图示数量计算。其中工程内容包括：门制作、运输、安装；五金、玻璃安装；刷防护材料、油漆。

3. 金属卷帘门（编码：020403）

金属卷闸门、金属格栅门、防火卷帘门，应根据项目特征（门材质、框外围尺寸；启动装置品种、规格、品牌；五金材料、品种、规格；刷防护材料种类；油漆品种、刷漆遍数），以"樘"为计量单位，工程量按设计图示数量计算。其中工程内容包括：门制作、运输、安装；启动装置、五金安装；刷防护材料、油漆。

4. 其他门（编码：020404）

（1）电子感应门、转门、电子对讲门、电动伸缩门，应根据项目特征（门材质、品牌、外围尺寸；玻璃品种、厚度、五金材料、品种、规格；电子配件品种、规格、品牌；防护材料种类；油漆品种、刷漆遍数），以"樘"为计量单位，工程量按设计图示数量计算。其中工程内容包括：门制作、运输、安装；五金、电子配件安装；刷防护材料、油漆。

（2）全玻门（带扇框）、全玻自由门（无扇框）、半玻门（带扇框），应根据项目特征（门类型；框材质、外围尺寸；扇材质、外围尺寸；玻璃品种、厚度、五金材料、品种、规格；防护材料种类；油漆品种、刷漆遍数），以"樘"为计量单位，工程量按设计图示数量计算。其中工程内容包括：门制作、运输、安装；五金安装；刷防护材料、油漆。

（3）镜面不锈钢饰面门，应根据项目特征（门类型；框材质、外围尺寸；扇材质、外围尺寸；玻璃品种、厚度、五金材料、品种、规格；防护材料种类；油漆品种、刷漆遍数），以"樘"为计量单位，工程量按设计图示数量计算。其中工程内容包括：门扇骨架及基层制作、运输、安装；包面层；五金安装；刷防护材料。

5. 木窗（编码：020405）

木质平开窗、木质推拉窗、矩形木百叶窗、异形木百叶窗、木组合窗、木天窗、矩形木固定窗、异形木固定窗、装饰空花木窗，应根据项目特征（窗类型；框材质、外围尺寸；扇材质、外围尺寸；玻璃品种、厚度、五金材料、品种、规格；防护材料种类；油漆品种、刷漆遍数），以"樘"为计量单位，工程量按设计图示数量计算。其中工程内容包括：窗制作、运输、安装；五金、玻璃安装；刷防护材料、油漆。

6. 金属窗（编码：020406）

（1）金属推拉窗、金属平开窗、金属固定窗、金属百叶窗、金属组合窗、彩板窗、塑钢窗、金属防盗窗、金属格栅窗，应根据项目特征（窗类型；框材质、外围尺寸；扇材质、外围尺寸；玻璃品种、厚度、五金材料、品种、规格；防护材料种类；油漆品种、刷漆遍数），以"樘"为计量单位，工程量按设计图示数量计算。其中工程内容包括：窗制作、运输、安装；五金、玻璃安装；刷防护材料、油漆。

（2）特殊五金，应根据项目特征（五金名称、用途；五金材料、品种、规格），以

“个/套”为计量单位，工程量按设计图示数量计算。其中工程内容包括：五金安装；刷防护材料、油漆。

7. 门窗套（编码：020407）

木门窗套、金属门窗套、石材门窗套、门窗木贴脸、硬木筒子板、饰面夹板筒子板，应根据项目特征（底层厚度、砂浆配合比；立筋材料种类、规格；基层材料种类；面层材料品种、规格、品种、品牌、颜色；防护材料种类；油漆品种、刷油遍数），以“m^2”为计量单位，工程量按设计图示尺寸以展开面积计算。其中工程内容包括：清理基层；底层抹灰；立筋制作、安装；基层板安装；面层铺贴；刷防护材料、油漆。

8. 窗帘盒、窗帘轨（编码：020408）

木窗帘盒；饰面夹板、塑料窗帘盒；铝合金属窗帘盒；窗帘轨。应根据项目特征（窗帘盒材质、规格、颜色；窗帘轨材质、规格；防护材料种类；油漆种类、刷漆遍数），以“m”为计量单位，工程量按设计图示尺寸以长度计算。其中工程内容包括：制作、运输、安装；刷防护材料、油漆。

9. 窗台板（编码：020409）

木窗台板、铝塑窗台板、石材窗台板、金属窗台板，应根据项目特征（找平层厚度、砂浆配合比；窗台板材质、规格、颜色；防护材料种类；油漆种类、刷漆遍数），以“m”为计量单位，工程量按设计图示尺寸以长度计算。其中工程内容包括：基层清理；抹找平层；窗台板制作、安装；刷防护材料、油漆。

（五）油漆、涂料、裱糊工程

1. 门油漆（编码：020501）

门油漆，应根据项目特征（门类型；腻子种类；刮腻子要求；防护材料种类；油漆品种、刷漆遍数），以“樘”为计量单位，工程量按设计图示数量计算。其中工程内容包括：基层清理；刮腻子；刷防护材料、油漆。

2. 窗油漆（编码：020502）

窗油漆，应根据项目特征（窗类型；腻子种类；刮腻子要求；防护材料种类；油漆品种、刷漆遍数），以“樘”为计量单位，工程量按设计图示数量计算。其中工程内容包括：基层清理；刮腻子；刷防护材料、油漆。

3. 木扶手及其他板条线条油漆（编码：020503）

木扶手油漆；窗帘盒油漆；封檐板、顺水板油漆；挂衣板、黑板框油漆；挂镜线、窗帘棍、单独木线油漆。应根据项目特征（腻子种类；刮腻子要求；油漆体单位展开面积；油漆体长度；防护材料种类；油漆品种、刷漆遍数），以“m”为计量单位，工程量按设计图示尺寸以长度计算。其中工程内容包括：基层清理；刮腻子；刷防护材料、油漆。

4. 木材面油漆（编码：020504）

（1）木板、纤维板、胶合板油漆；木护墙、木墙裙油漆；窗台板、筒子板、盖板、门窗套、踢脚线油漆；清水板条顶棚、檐口油漆、吸声板墙面顶棚面油漆、暖气罩油漆；木方格吊顶顶棚油漆。应根据项目特征（腻子种类；刮腻子要求；防护材料种类；油漆品种、刷漆遍数），以“m^2”为计量单位，工程量按设计图示尺寸以面积计算。其中工程内容包括：基层清理；刮腻子；刷防护材料、油漆。

（2）木间壁、木隔断油漆；玻璃间壁露明墙筋油漆；木栅栏、木栏杆（带扶手）油漆，应根据项目特征（腻子种类；刮腻子要求；防护材料种类，油漆品种、刷漆遍数），以“m^2”为计量单位，工程量按设计图示尺寸以单面外围面积计算。其中工程内容包括：基层清理；刮腻子；刷防护材料、油漆。

（3）衣柜、壁柜油漆；梁柱饰面油漆；零星木装修油漆，应根据项目特征（腻子种类；刮腻子要求；防护材料种类；油漆品种、刷漆遍数），以“m^2”为计量单位，工程量按设计图示尺寸以油漆部分展开面积计算。其中工程内容包括：基层清理；刮腻子；刷防护材料、油漆。

（4）木地板油漆，应根据项目特征（腻子种类；刮腻子要求；防护材料种类；油漆品种、刷漆遍数），以“m^2”为计量单位，工程量按设计图示尺寸以面积计算。空洞、空圈、暖气包槽、壁龛的开口部分并入相应的工程量内。其中工程内容包括：基层清理；刮腻子；刷防护材料、油漆。

（5）木地板烫硬蜡面，应根据项目特征（硬蜡品种；面层处理要求），以“m^2”为计量单位，工程量按设计图示尺寸以面积计算。空洞、空圈、暖气包槽、壁龛的开口部分并入相应的工程量内。其中工程内容包括：基层清理、烫蜡。

5. 金属面油漆（编码：020505）

金属面油漆，应根据项目特征（腻子种类；刮腻子要求；防护材料种类；油漆品种、刷漆遍数），以“t”为计量单位，工程量按设计图示尺寸以质量计算。其中工程内容包括：基层清理；刮腻子；刷防护材料、油漆。

6. 抹灰面油漆（编码：020506）

（1）抹灰面油漆，应根据项目特征（基层类型；线条宽度、道数；腻子种类；刮腻子要求；防护材料种类；油漆品种、刷漆遍数），以“m^2”为计量单位，工程量按设计图示尺寸以面积计算。其中工程内容包括：基层清理；刮腻子；刷防护材料、油漆。

（2）抹灰线条油漆，应根据项目特征（基层类型；线条宽度、道数；腻子种类；刮腻子要求；防护材料种类；油漆品种、刷漆遍数），以“m”为计量单位，工程量按设计图示尺寸以长度计算。其中工程内容包括：基层清理；刮腻子；刷防护材料、油漆。

7. 喷塑、涂料（编码：020507）

刷喷涂料，应根据项目特征（基层类型；腻子种类；刮腻子要求；涂料品种、刷喷遍数），以“m^2”为计量单位，工程量按设计图示尺寸以面积计算。其中工程内容包括：基层清理；刮腻子；刷、喷涂料。

8. 花饰、线条刷涂料（编码：020508）

（1）空花格、栏杆刷涂料，应根据项目特征（腻子种类；线条宽度；刮腻子要求；涂料品种、刷喷遍数），以“m^2”为计量单位，工程量按设计图示尺寸以单面外围面积计算。其中工程内容包括：基层清理；刮腻子；刷、喷涂料。

（2）线条刷涂料，应根据项目特征（腻子种类；线条宽度；刮腻子要求；涂料品种、刷喷遍数），以“m”为计量单位，工程量按设计图示尺寸以长度计算。其中工程内容包括：基层清理；刮腻子；刷、喷涂料。

9. 裱糊（编码：020509）

墙纸裱糊、织锦缎裱糊，应根据项目特征（基层类型；裱糊构件部位；腻子种类；刮腻子要求；粘结材料种类；防护材料种类；面层材料品种、规格、品牌、颜色），以

“m^2”为计量单位，工程量按设计图示尺寸以面积计算。其中工程内容包括：基层清理；刮腻子；面层铺粘；刷防护材料。

复习思考题

1. 什么是工程量清单？什么是工程量清单计价？
2. 工程量清单的内容包括哪些方面？
3. 如何编制分部分项工程量清单？
4. 措施项目清单包括哪些内容？
5. 其他项目清单包括哪些内容？
6. 什么是综合单价？如何确定？
7. 工程量清单计价过程是怎样的？
8. 工程量清单格式的组成内容有哪些？
9. 定额计价与工程量清单计价在计算方法有哪些不同？

第七章　设计概算

第一节　概　　述

一、设计概算的概念

设计概算是在初步设计和扩大初步设计阶段，由设计单位根据初步投资估算、设计要求以及初步设计图纸或扩大初步设计图纸，依据概算定额或概算指标、各项费用定额或取费标准、建设地区自然、技术经济条件和设备、材料预算价格等资料，或参照类似工程预（决）算文件，编制和确定的建设项目由筹建至竣工交付使用的全部建设费用的经济文件。

设计概算的编制应包括编制期价格、费率、利率、汇率等确定的静态投资和编制期到竣工验收前的工程和价格变化等多种因素的动态投资两部分。静态投资作为考核工程设计和施工图预算的依据；动态投资则作为筹措、供应和控制资金使用的限额。

二、设计概算的作用

设计概算作为建设工程最初阶段的经济文件，有着重要的作用：

1. 设计概算是制定工程建设计划，确定和控制建设项目总投资，编制基本建设计划的依据。经批准的建设项目设计总概算的投资额，是该工程建设投资的最高限额，在工程建设过程中，年度固定资产投资计划安排，银行拨款或贷款、施工图设计以及其预算、竣工决算等，未经按规定的程序批准，都不能突破这一限额，以确保国家固定资产投资计划的严格执行和有效控制。

2. 设计概算一经批准，将作为银行控制该建设项目投资的最高限额，设计概算是确定贷款总额和签订贷款合同的依据。《中华人民共和国合同法》明确规定，建设工程合同是承包人进行工程建设，发包人支付工程价款的合同。合同价款是以设计概算为依据的，而且总承包合同不得超过设计总概算的总投资额。如果由于设计变更等原因，建设费用超过概算，必须报有关主管部门重新审查批准。

3. 设计概算是控制施工图设计和施工图预算的依据。预算不能突破设计概算，因此必须按照概算进行施工图设计。如确需突破总概算时，应按规定程序报经审批。

4. 设计概算是衡量设计方案经济合理性和选择设计方案的依据。设计概算是设计方案技术经济合理性的综合反映，初步设计应该在几个方案中进行比较，选择最优设计方案。

5. 设计概算是工程造价管理和编制招标标底以及投标报价的依据。以设计概算进行招标的工程，招标单位编制标底是以设计概算为依据并以此作为评定标底的依据。承包单位为了在投标竞争中取胜，也以设计概算为依据，编制出合适的投标报价。

6. 设计概算是考核建设项目投资效果的依据。通过设计概算与竣工决算对比，可以分析和考核投资效果的好坏，同时还可以验证设计概算的准确性，有利于加强设计概算管理和建设项目的造价管理工作。

三、设计概算与施工图预算的主要区别

1. 两者的编制阶段和编制单位不同。设计概算是由设计单位在初步设计和扩大初步设计阶段编制的经济文件。施工图预算是由施工单位在施工图设计完成后编制的经济文件。

2. 两者审批过程和作用不同。设计概算是初步设计文件的一部分，一并申报并由主管部门审批。只有在初步设计图纸和设计总概算批准后，施工图设计及预算才能开始，因此，它是控制工程造价和控制施工图设计的依据。施工图预算是先报建设单位初审后送建设银行经办行审查，作为拨付工程价款和竣工结算的依据。

3. 两者采用的取费标准即定额不同。设计概算采用概算定额，具有较强的综合性。施工图预算采用预算定额。

4. 两者控制的限额不同。设计概算的控制限额是投资估算，被批准的投资估算是设计概算的最高限额；而施工图预算的控制的最高限额是设计概算。

第二节 设计概算的内容

根据范围不同，设计概算分为三级概算，即：单位工程设计概算、单项工程综合概算和建设项目总概算。各级设计概算相互关系如图 7-1 所示。

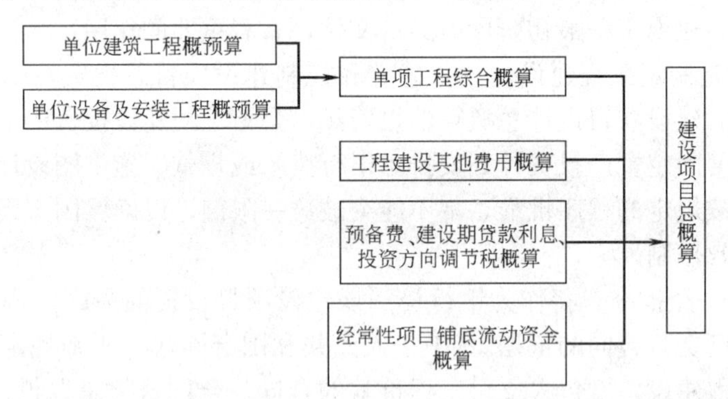

图 7-1 设计概算文件的相互关系

1. 单位工程设计概算

单位工程设计概算是确定单位工程建设费用的文件，是编制单项工程综合概算的依据，是单项工程综合概算的组成部分。单位工程概算按其工程性质分为建筑工程概算和设备及安装工程概算两大类。建筑工程概算包括土建工程概算，给水排水、采暖工程概算，通风、空调工程概算，电气照明工程概算，弱电工程概算，特殊构筑物工程概算等；设备及安装工程概算包括机械设备及安装工程概算，电气设备及安装工程概算等，以及工具、器具及生产家具购置费概算等。

2. 单项工程综合概算

单项工程概算是确定一个单项工程所需建设费用的文件，它是由单项工程中的各单位工程概算汇总编制而成的，是建设项目总概算的组成部分。它一般包括土建、采暖、给水排水、电气等工程和费用。其具体组成如图 7-2 所示。

3. 建设项目总概算

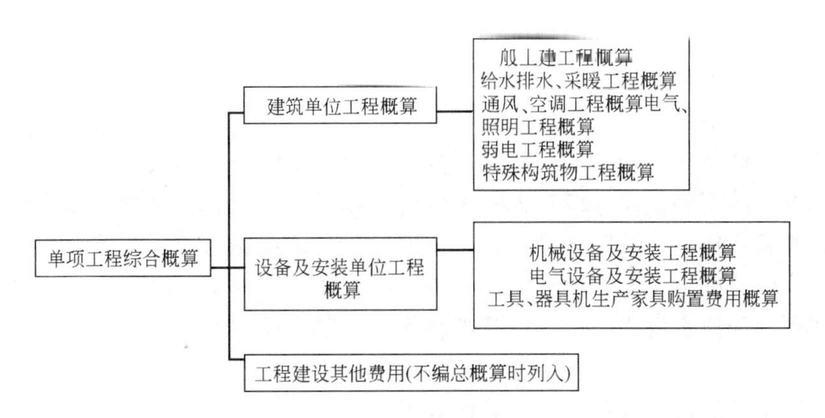

图 7-2　单项工程综合概算组成

建设项目总概算是确定整个建设项目从筹建到竣工验收所需全部费用的文件，它是由各个单项工程的综合概算、工程建设其它费用概算、预备费和投资方向调节税概算等汇总编制而成。建设项目总概算的具体组成如图 7-3 所示。

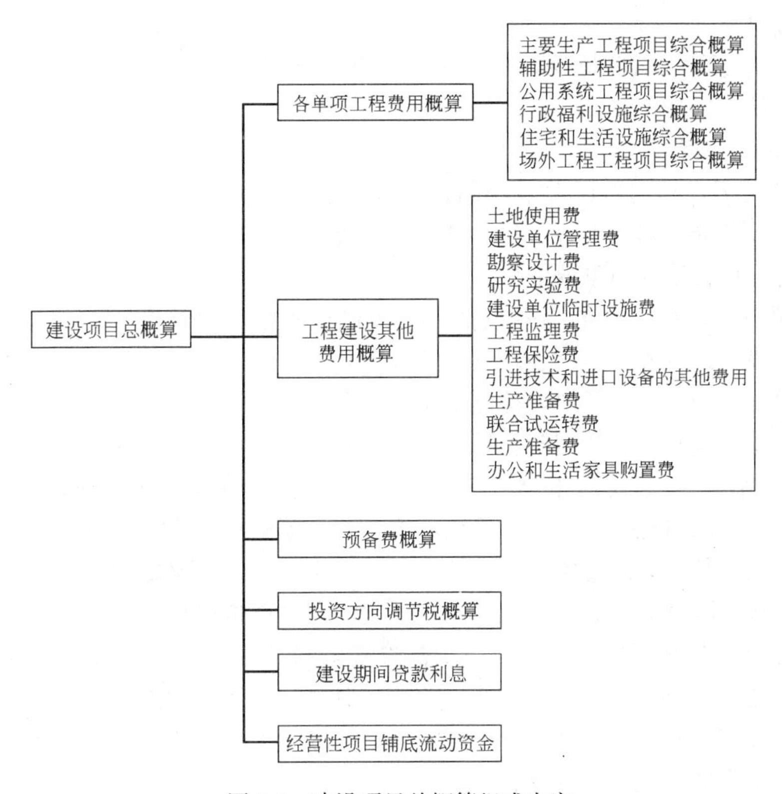

图 7-3　建设项目总概算组成内容

第三节　单位工程概算编制

单位工程是单项工程的组成部分，是指具有单独设计和可以独立组织施工，但不能独立发挥生产能力或使用效益的工程。而单位建筑工程设计概算，包括建筑工程概算和设备及安装工程概算两大类，单位建筑工程设计概算是一个独立工程中分专业工程计算费用的概算文件，它分为土建工程、电气工程、给水排水工程、暖通和空调工程有其他专业工程等，它是单项工程设计概算文件的组成部分。

单位建筑设计概算是确定某一单项工程中的某个单位工程建设费用的文件。单位建筑工程设计概算，是在初步设计或扩大初步设计阶段进行的，它是利用国家或地区颁发的概预算定额、概算指标，并按照设计图样、说明、设备清单和其他要求等，进行概略地计算工程的造价，以及确定人工、材料、机械等需要量的一种经济文件，它由直接工程费、间接费、计划利润和税金组成。设计概算的特点是编制工作较为简单，在精度上没有施工图预算准确。

一、单位工程概算的准备工作和编制依据

（一）准备工作

1. 现场调查，深入研究，掌握第一手资料。认真收集建设项目所采用的新技术、新材料的有关资料，收集有关非标准设备价格的资料（相对于定额而言）。

2. 认真阅读设计投资估算和设计要求，对工程项目的内容、性质以及建设单位的要求有一定把握。

3. 列出设计概算的编制提纲，写出编制计划及步骤。依据定额以及有关资料进行合理取费，认真计算。

（二）建筑工程概算的编制依据

1. 设计任务书。其内容随建设项目的性质而异，它一般包括建设目的、建设规模、建设根据、建设布局、建设内容、建设进度、投资估算、产品方案和原料来源等。设计任务书是进行建设项目设计的重要依据。

2. 设计文件。设计文件的内容包括有初步设计图纸、设计说明书、总平面布置图、工程项目一览表、设备表、主材表。通过这些资料，可以对各个工程性质、内容、构造和生产工艺要求作一个初步的了解，这也是编制概算书必要的前提。在此基础上就可以制定概算的编制方案、编制内容和编制步骤等。

3. 设备价格资料。设备价格资料有：标准设备，即国家定型通用的设备。它必须具有国家或地方主管部门规定的现行产品出厂价格的计算资料。非标准设备，即不是国家定型通用的，而是为某工程需要独立设计的设备。它必须具备国家规定的非标准设备计价资料或由制造厂根据国家的产品报价规定进行补充的产品价格资料。

4. 概算定额、概算指标、各种经济指标参考资料。一般工业与民用建筑工程（包括土建、采暖、通风、空调、制冷、电气）的地区概算定额及概算指标按各地区所规定的概算定额或指标规定编制。有些概算指标因涉及某些专业工程，还应遵守各部属主管部门制定的有关专业工程概算定额的规定。

5. 地质水文资料。包括建设区域的地质情况、土壤类别、地基耐压力、地下水位及冰冻深度等。

6. 地理环境。包括交通运输条件：周围有无障碍物或拆迁房屋、有无地下管道、电缆及其他埋置物；材料来源地的分布状况；水、电资源状况及其线路来源；常年气候变化情况等。

7. 地区价格状况。如该地区的工资标准及材料预算价格。

8. 取费标准。包括其他直接费、间接费、计划利润、税金等费用的取费标准。

二、单位建筑工程概算的主要编制方法

（一）概算定额法

1. 概念

概算定额法也叫扩大单价法或扩大结构定额法。当初步设计或扩大初步设计达到一定的深度，根据设计图纸、概算定额及工程量计算规则，计算各种扩大结构的工程量。套用概算定额基价，再根据计算出的工程直接费计算其他费用后，得到的概算价格，它类似于用预算定额编制建筑工程预算。

2. 编制程序及计算方法

利用概算定额法编制设计概算是一种比较准确的方法。其编制程序及计算方法如下：

（1）根据概算定额中规定的工程量计算规则和初步设计图纸，列出扩大分项工程项目，计算工程量；

（2）根据工程量和概算定额分项基价，逐项套用相应的定额单价、人工和材料消耗指标，计算定额直接费；

（3）按相应地区的工资标准、材料预算价格进行价差调整；

（4）按概算定额和费用定额的规定计算其他直接费；

（5）计算间接费、计划利润、税金等费用；

（6）计算单位工程概算造价。单位工程概算总造价＝总直接费＋间接费＋计划利润＋税金；

（7）进行主要材料耗用量分析，将概算定额中分项材料用量与工程量相乘即得材料耗用量，其方法与施工图预算工料分析汇总方法相同；

（8）计算技术经济指标，即以工程概算造价、各种材料耗用量除以建筑面积而得。技术经济指标便于设计人员进行方案经济合理性分析。

【例 7-1】 据扩大初步设计计算出某工程的扩大分项工程的工程量及当地定额水平的扩大单价，计算该工程的土建单位工程概算造价（本工程按三类取费：现场经费率 6%，其他直接费率 4%，间接费率 4.5%，计划利润率 4.5%，税率 3.5%）。具体计算结果填入表 7-1。

某工程概算表 **表 7-1**

定额号	扩大分项工程名称	单位	工程量	扩大单价(元)	合价(元)
3-1	实心砖基础(含土方工程)	$10m^3$	1.950	1610.26	3140.01
3-27	多孔砖外墙	$100m^3$	2.174	4030.03	8761.29
3-29	多孔砖内墙	$100m^3$	2.282	4884.32	11146.03
4-21	无筋混凝土带形基础	m^3	206.424	560.44	115688.27
4-24	混凝土满堂基础	m^3	169.420	540.54	91578.29
4-33	现浇混凝土矩形梁	m^3	37.450	953.01	35690.22
4-38	现浇混凝土墙	m^3	469.320	669.44	314181.58
4-40	现浇混凝土梁板	m^3	131.550	785.86	103379.89
4-44	现浇整体楼梯	$10m^2$	4.440	1309.46	5814.00

续表

定额号	扩大分项工程名称	单位	工程量	扩大单价(元)	合价(元)
5-42	铝合金地弹门(含运输、安装)	$100m^2$	0.107	35550.53	3803.91
5-45	铝合金推拉窗(含运输、安装)	$100m^2$	0.406	29154.64	11836.78
7-23	双面夹板门	$100m^2$	0.351	17090.25	5998.68
8-81	全瓷防滑砖地面(含垫层、踢脚线)	$100m^2$	2.510	9919.44	24897.79
8-82	全瓷防滑砖楼面(含踢脚线)	$100m^2$	11.52	8930.51	102879.48
8-83	全瓷防滑砖楼梯(含踢脚线)	100m	0.51	10060.39	5130.80
9-23	珍珠岩找坡保温层	$10m^3$	3.00	3630.14	10890.42
9-70	二毡三油一砂防水层	100m	2.520	5426.60	136751.82
	直接费合计	元			991569.30

由表 7-1 可知，直接费＝991569.30 元

其他直接费＝991569.30×4％＝39662.78 元

现场经费＝991569.30×6％＝59494.16 元

直接工程费＝991569.30＋39662.78＋59494.16＝1090726.23 元

间接费＝1090726.23×4.5％＝49082.68 元

利润＝1090726.23×4.5％＝49082.68 元

税金＝(1090726.23＋49082.68＋49082.68)×3.5％＝41611.21元

土建单位工程概算造价＝(1090726.23＋49082.68＋49082.68＋41611.21＝1230502.8元

（二）概算指标法

1. 概算指标法的适用范围和计算方法

当初步设计深度不够，不能准确地计算工程量，但工程采用的技术比较成熟而又有类似概算指标可以利用时，可采用概算指标来编制概算。

当设计对象在结构特征、地质及自然条件上与概算指标完全相同，如基础埋深及形式、层高、墙体、楼板等主要承重构件相同，就可直接套用概算指标编制概算。

概算造价计算公式如下：

$1000m^3$(m^2)建筑物体积(面积)的直接费

＝人工费＋材料费＋机械使用费

＝指标规定的人工工日数×本地区日工资单价

＋指标规定的主要材料数量×相应的地区材料预算价格

＋主要材料费×其他材料费与主要材料费的百分比

每 $1m^3$（m^2）建筑物体积（面积）的工程直接费

＝(人工费＋主要材料费

＋其他材料费＋机械使用费)÷1000×(1＋其他直接费率)×(1＋现场经费率)

每 $1m^3$（m^2）建筑体积（面积）的概算单价＝直接工程费＋间接费

＋计划利润＋税金

单位工程概算造价＝设计对象的建筑体积×概算单价

当选用的概算指标与设计对象的结构特征有局部不同时，则需要对该概算指标进行修正，然后用修正后的概算指标进行计算。

第一种修正方法主要是针对概算单价修正：

单位造价修正指标＝原指标单价－（换出结构构件单价/1000）
＋（换入结构构件单价/1000）

换出（入）结构构件单价＝换出（入）结构构件工程量×相应的概算定额单价

第二种修正方法是从原指标的工料数量中减去与设计对象不同的结构构件的人工、材料数量和机械使用台班，再加上所需的结构构件的人工、材料数量和机械使用台班。换入和换出的结构构件的人工、材料数量和机械使用台班，是根据换入和换出的结构构件的工程量，乘以相应的定额中的人工、材料数量和机械使用台班计算出来的。这种方法不是从概算单价着手修正，而是直接修正指标中的工料数量。

2. 概算指标法编制概算的步骤

（1）计算建筑面积（体积）

与施工图预算计算建筑面积规则相同。

（2）选择相似建筑的概算指标

应尽可能地选择结构特征与初设图纸最接近的单位工程概算指标。

（3）计算人工费

人工费＝概算指标每平方米人工工日×建筑面积×地区人工工资单价

（4）计算主要材料的材料费

主要材料费＝∑（概算指标每平方米材料量×建筑面积×材料预算价格）

（5）计算其他材料费

其他材料费＝概算指标其他材料费占主要材料百分比×
本设计项目已算的主要材料费

（6）计算机械费

机械费＝概算指标机械费占材料费的百分比×（主要材料费＋其他材料费）

（7）计算定额直接费

定额直接费＝人工费＋主要材料费＋其他材料费＋机械费

（8）计算其他直接费、间接费、计划利润、税金等

采用的方法同施工图预算。

（9）计算工程概算造价

将7、8两项的各项费用累加即可计算出单位工程的概算造价。

【例7-2】 新建宿舍一栋，建筑物面积为3500m^2，按地区材料预算价格和概算指标算出每平方米建筑面积的单位造价为738.00元，其中：一般土建工程640.00元；采暖工程32.00元；给水排水工程36.00元；照明工程30.00元。但新建单身宿舍设计资料与概算指标相比较其结构构造有部分改变，需要对概算指标进行调整，其中结构构件的变更和单价调整，如表7-2所示。试计算该工程概算价值。

【解】

根据第一种方法修正：

$$单位造价修正指数=640-\frac{10846.11}{100}+\frac{13589.62}{100}=667.44\ 元/m^2$$

该建筑的概算造价为：3500×(667.44＋32.00＋36.00＋30.00)＝2679040元

（三）类似工程预算法

建筑工程概算指标修正表（每 $100m^2$ 建筑面积）　　**表 7-2**

扩大结构序号	结构名称	单位	数量	单价(元)	合价(元)
换 出 部 分					
1	带形毛石基础	m^3	18	145.57	2620.26
2	砖砌外墙	m^3	46.5	176.90	8225.85
	小计	元			10846.11
换 入 部 分					
1	外墙带形毛石基础	m^3	19.6	145.67	2855.13
2	砖砌外墙	m^3	61.2	175.40	10734.48
	小计				13589.62

1. 类似工程预算法的概念和适用范围

类似工程预算法是利用技术条件与设计对象相类似的已完工程或在建工程的工程造价资料来编制拟建工程设计概算的方法。具体做法是以原有的相似工程的预算为基础，按编制概算指标方法，求出单位工程的概算指标，再按概算指标法编制建筑工程概算。

类似工程预算法适用于拟建工程初步设计与已完工程或在建工程的设计相类似又没有可用的概算指标时采用，但必须对建筑结构差异和价差进行调整。

2. 差异内容

(1) 设计对象与类似预算的设计在建筑结构上的差异；

(2) 地区工资的差异；

(3) 材料预算价格的差异；

(4) 施工机械使用费的差异；

(5) 间接费用的差异等。

3. 差异调整方法

(1) 建筑结构差异

可参考修正概算指标的方法进行修正。

(2) 价格差异

价格差异的调整常有两种方法：

1) 类似工程造价资料有具体的人工、材料、机械台班的用量时，可按类似工程造价资料中的主要材料用量、工日数量、机械台班用量乘以拟建工程所在地的主要材料预算价格、人工单价、机械台班单价，计算出直接费，再按当地取费标准计取其他各项费用，即可得出所需的造价指标。

2) 类似工程造价资料只有人工、材料、机械台班费用和其他直接费、现场经费、间接费时，须编制修正系数。计算修正系数时，先求类似预算的人工工资、材料费、机械使用费、间接费在全部价值中所占比重，然后分别求其修正系数，最后求出总的修正系数。用总修正系数乘以类似预算的价值，就可以得到概算价值。可按下面公式调整：

$$D=AK$$

$$K=a\%K_1+b\%K_2+c\%K_3+d\%K_4+e\%K_5+f\%K_6$$

式中　D——拟建工程单方概算造价；

A——类似工程单方预算造价；

K——综合调整系数；

$a\%$、$b\%$、$c\%$、$d\%$、$e\%$、$f\%$——类似工程预算的人工费、材料费、机械台班费、其他直接费、现场经费、间接费占预算造价的比重；$a\%$=类似工程人工费（或工资标准）/类似工程预算造价×100%；$b\%$、$c\%$、$d\%$、$e\%$、$f\%$类同；

K_1、K_2、K_3、K_4、K_5、K_6——拟建工程地区与类似工程预算造价在人工费、材料费、机械台班费、其他直接费、现场经费和间接费之间的差异系数；K_1=拟建工程概算的人工费（或工资标准）/类似工程预算人工费（或地区工资标准）；K_2、K_3、K_4、K_5、K_6类同。

4. 编制步骤

根据类似预算编制概算步骤如下：

（1）选择类似的工程预算，计算每百平方米建筑面积造价及人工、主要材料、主要结构数量。

（2）当拟建工程与类似预算工程在结构构造上有部分差异时，将上述每百平方米建筑面积造价及人工、主要材料数量进行修正。

（3）当拟建工程与类似预算工程在人工工资标准、材料预算价格、机械台班使用费及有关费用有差异时，测算调整系数。

（4）计算拟建工程建筑面积。

（5）根据拟建工程建筑面积和类似预算资料、修正数据、调整系数，计算出拟建工程的造价和各项经济指标。

【例 7-3】 某建成住宅工程 2950m²，总造价为 165.32 万元。其中人工费、材料费、机械费、现场经费和间接费占单方造价的比例分别为 10%、70%、5%、4%和 11%。现有一拟建住宅结构形式也为砖混结构，只有地面装饰不同。类似工程地面采用普通水泥砂浆抹面，基价为 1120.3 元/100m²；拟建工程地面采用水磨石，基价为 3304.6 元/m²。拟建工程与类似工程预算造价在人工费、材料费、机械费、现场经费和间接费方面的差异系数分别为 2、1、1.5、1 和 1。用类似工程预算法计算拟建工程 3300m² 的概算造价。

【解】

拟建工程概算修正系数 K

$$\begin{aligned}K &= a\%K_1+b\%K_2+c\%K_3+d\%K_4+e\%K_5+f\%K_6\\ &=10\%\times2+70\%\times1+5\%\times1.5+4\%\times1+11\%\times1\\ &=1.125\end{aligned}$$

拟建工程单方概算指标$=\dfrac{165.32\times10^4}{2950}\times1.125=630.46$ 元/m²

由于结构差异，对拟建工程单方概算指标进行换入换出修正：

$$630.46+(3304.6-1120.3)\div100=652.30\text{元/m}^2$$

拟建工程概算造价=652.30×3300=215.26 万元

以上三种方法以概算定额法误差最小，但程序繁琐，其应用直接受初步设计深度的影响，类似工程预算法的应用性介于其他两种方法之间。由于设计概算主要用于决算以及方案选择，因此无论用何种方法计算均于实际造价有10%～20%的误差。特别是在类似工程预算法中，类似工程与拟建工程的相似性（如建造年限是否接近）以及工料消耗的可比性对概算的精确性均有较大的影响。

三、设备及安装工程概算的编制方法

设备及安装工程概算包括设备购置费用概算和设备安装过程费用概算两大部分。

1. 设备购置费概算

设备购置费由设备原价和运杂费两项组成。

设备购置费＝设备原价＋设备运杂费

（1）设备原价

1）国产标准设备原价，一般按可向制造厂家询价或向设备、材料信息部门查询或按主管部门规定的现行价格逐项进行计算。对于非标准设备和工器具、生产家具的原价，可按主要标准设备原价的百分比计算，百分比指标按主管部门或地区有关规定执行。

2）国产非标准设备原价在设计概算时可按下列两种方法确定：

① 非标准设备台（件）估价指标法。根据非标准设备的类别、重量、性能、材质等情况，以每台设备规定的估价指标计算，即

非标准设备原价＝设备台数×每台设备估价指标

② 非标准设备吨重估价指标法。根据非标准设备的类别、性能、质量、材质等情况，以某类设备所规定吨重估价指标计算，即

非标准设备原价＝设备吨重×每吨重设备估价指标

（2）设备运杂费

设备运杂费按有关规定的运杂费率计算，即

设备运杂费＝设备原价×运杂费率（%）

2. 设备安装工程概算

设备安装工程概算的编制方法有：预算单价法、扩大单价法、设备价值百分比法和综合吨位指标法等。

（1）预算单价法。当初步设计较深，有详细的设备清单时，可直接按安装工程预算定额单价编制设备安装工程概算，概算程序基本同于安装工程施工图预算。

（2）扩大单价法。当初步设计深度不够，设备清单不完备，只有主体设备或仅有成套设备重量时，可采用主体设备、成套设备的综合扩大安装单价来编制概算。

（3）设备价值百分比法（又称安装设备百分比法）。当初步设计深度不够，只有设备出厂价而无详细规格、重量时，安装费可按占设备费的百分比计算。其百分比值（即安装费率），由主管部门制定或由设计单位根据已完类似工程确定。该法常用于价格波动不大的定型产品和通用设备产品。数学表达式为：

设备安装费＝设备原价×安装费率（%）

（4）综合吨位指标法。当初步设计提供的设备清单有规格和设备重量时，可采用综合吨位指标编制概算，其综合吨位指标由主管部门或由设计单位根据已完类似工程资料确定。该法常用于设备价格波动较大的非标准设备和引进设备的安装工程概算，其数学表达

式为：

设备安装费＝设备吨重×每吨设备安装费指标

第四节　单项工程综合概算编制

一、单项工程综合概算的含义

单项工程综合概算是根据单项工程内各专业单位工程概算和工器具及生产家具购置费汇总而成的，是确定单项工程建设费用的综合性文件，是建设项目总概算的组成部分。如果建设项目只含有一个单项工程，则单项工程的综合概算造价中，还应包括建造工程的其他工程和费用的概算造价。

二、单项工程综合概算的内容

单项工程综合概算的内容，一般包括编制说明和综合概算表（含其所附的单位工程概算表和建筑材料表）。当建设项目只有一个单项工程时，此时单项工程综合概算文件除包括上述两大部分外，还应包括工程建设其他费用、建设期贷款利息、预备费和固定资产调节税的概算，此时，单项工程综合概算实际上为建设项目的总概算。

1. 编制说明

单项工程综合概算编制说明的内容有：

(1) 工程概况

说明该单项工程的建设规模、投资、主要材料和设备的消耗数量。

(2) 编制依据

说明设计文件依据、定额依据、价格依据及费用指标依据等。

某工业生产厂房的单项工程综合概算表　　　　**表 7-3**

序号	工程或费用名称	概算价值(元)					技术经济指标		
		建筑工程费	安装工程费	设备和工器具及生产家具购置费	工程建设其他费	合计	单位	数量	单位价值(元/m^2)
一	建筑工程	5440937				5440937			
(1)	一般土建	3824970				3824970			
(2)	工业炉筑炉	1544040				1544040	m^2	3960	1374.0
(3)	工艺管道	30775				30775			
(4)	照明	41152				41152			
二	设备及安装工程		2857746	3825808		6683554	m^2		
(1)	机械设备及安装		2407194	3784331		6191525		3960	1687.8
(2)	电力设备及安装		448044	36689		484733			
(3)	自控系统设备及安装		2508	4788		7296			
三	工器具及生产家具购置费			56765		56765	m^2	3960	14.3
合计		5440937	2857746	3882573		12181256			3076.1
占综合概算造价比例		44.7%	23.4%	31.9%		100%			

编制单位：　　　　编制时间：

(3) 编制方法

(4) 有关问题说明

2. 综合概算表及其示例

单项工程综合概算表是按照国家统一规定的格式进行设计的。综合概算表除将该单项工程所包括的所有单位工程概算，按费用构成和项目划分填入表内外，还须列出技术经济指标。表7-3为某工业建筑单项工程综合概算表。

第五节 建设项目总概算编制

一、概念

建设项目总概算是设计文件的重要组成部分，是确定整个建设项目从筹建到竣工交付使用所预计全部建设费用的总文件。它由各单项工程综合概算、工程建设其他费用、建设期贷款利息、预备费、固定资产投资方向调节税和经营性项目的铺底资金概算所组成，它是按照主管部门规定的统一表格进行编制而成的。

二、建设项目总概算的内容

设计总概算文件一般应包括：封面及目录、编制说明、总概算表、工程建设其他费用概算表、单项工程综合概算表、单位工程概算表、工程量计算表、分年度投资汇总表与分年度资金流量汇总表以及主要材料汇总表与工日数量表等。现将有关主要问题说明如下：

1. 封面、签署页及目录

设计概算文件的封面、签署页格式如表7-4所示。

设计概算文件的封面、签署页格式 **表7-4**

建设项目设计概算文件

建设单位____________________

建项目名称____________________

设计单位(或工程造价咨询单位)____________________

编制单位____________________

编制人(资格证号)____________________

审核人(资格证号)____________________

项目负责人____________________

总工程师____________________

单位负责人____________________

年 月 日

2. 编制说明

设计总概算的编制说明应包括下列内容：

(1) 工程概况。简述建设项目性质、特点、生产规模、建设周期、建设地点等工程基本概况。引进项目需要说明引进内容以及与国内配套工程等主要情况。

(2) 资金来源及投资方式。

(3) 编制依据及编制原则。说明设计文件依据、概算指标或概算定额、材料概算价格及各种费用标准等编制依据。

(4) 编制方法。说明设计概算是采用概算定额法、概算指标法，还是采用的类似工程预算法等。

(5) 投资分析。主要分析各项投资的比重、各专业投资的比重等经济指标以及与类似工程比较、分析投资高低的原因，说明该设计是否经济合理。

(6) 其他需要说明的问题。

3. 总概算表

总概算表应反映静态投资和动态投资两个部分。静态投资是按设计概算编制期价格、费率、利率、汇率等确定的投资；动态投资是指概算编制时期到竣工验收前因价格变化等多种因素所需的投资。表 7-5 为某工业性建设项目的综合概算表。

建设项目总概算表 **表 7-5**

序号	工程项目或费用	建筑工程概算价值(万元)						技术经济指标(元)			占总投资额(%)
		建筑工程费	设备安装费	设备构造费	工器具购置费	其他工程费	合计	单位	数量	单位造价	
一	第一部分费用	616.21	437.41	1370.67	21.58		2445.87				84.80
(一)	主要生产项目	185.49	290.08	1055.18	18.00		1548.75	1	5000	3097.5	53.37
	1.……										
	2.……										
(二)	辅助生产项目	80.15	1.75	50.05	3.58		135.53				4.67
	1.……										
	2.……										
(三)	公共设施项目	100.53	145.58	265.44			511.55				18.23
	1.……										
	2.……										
(四)	生活福利项目	250.04					250.04		4238	585.28	8.53
	1.……										
	2.……										
二	第二部分费用					215.12	215.12				10.44
(一)	征地费					80.00	80.00				2.58
(二)	⋮					⋮	⋮				
⋮	⋮					⋮	⋮				
⋮	其他费用										
三	预备费					135.12	135.12				7.86
	总概算价值	1236.76	443.45	1376.67	23.38	442.38	5403.01				
	占总投资比例%	21.43	15.24	47.32	0.8	15.21	100				100

4. 工程建设其他费用概算表

经有关部门批准的设计任务书；初步设计的现场总平面布置图；工程概算书中的直接费部分和国家或地区有关的费用定额、取费标准和指标等。工程建设其他费用概算应根据工程所处的地理位置、自然和社会等条件，按国家或地区或部委所规定的项目和标准确定，并按统一表格式编制。

5. 单项工程综合概算表和建筑安装单位工程概算表

单位建筑工程概算表可参考表 7-1 和表 7-2，单项工程综合概算表可参考表 7-3。

6. 工程量计算表和工、料数量汇总表

7. 分年度投资汇总表和分年度资金流量汇总表

其表格示例见表 7-6 和表 7-7。

分年度投资汇总表 **表 7-6**

建设项目名称________________ 第　页　共　页

序号	主序号	工程项目或费用名称	总投资(万元)		分年度投资(万元)								备注
			总计	其中外币(币种)	第一年		第二年		第三年		……		
					合计	其中外币(币种)	合计	其中外币(币种)	合计	其中外币(币种)	合计	其中外币(币种)	

编制：　　　　校对：　　　　审核：

分年度资金流量汇总表 **表 7-7**

建设项目名称________________ 第　页　共　页

序号	主序号	工程项目或费用名称	总投资(万元)		分年度资金供应流量(万元)								备注
			总计	其中外币(币种)	第一年		第二年		第三年		……		
					合计	其中外币(币种)	合计	其中外币(币种)	合计	其中外币(币种)	合计	其中外币(币种)	

编制：　　　　校对：　　　　审核：

第六节　设计概算的审查

一、设计概算审查的意义

1. 审查设计概算，有利于落实投资计划，合理确定工程造价和合理分配投资资金，提高投资效益。如果概算编制不准确，偏高或偏低，会使投资得不到落实，也会影响投资的合理分配和项目建设的发展速度。审查设计概算，有利于为建设项目投资的落实提供可行的依据，打足投资，不留缺口，有助于提高建设项目的投资效益。

2. 审查设计概算，有利于核定建设项目的投资规模，可以使建设项目总投资力求做到准确、完整，防止任意扩大投资规模或出现滑项，从而减少投资缺口，缩小概算与预算之间的差距，避免故意压低概算投资，最后导致实际造价大幅度地突破概算的现象。

3. 审查设计概算，有利于促进设计的技术先进性与经济合理性。概算中的技术经济指标是概算的综合反映，通过与同类工程概算相比，可分析得出该建设项目概算的先进和合理程度。

4. 审查设计概算，有利于促进概算编制单位严格执行国家有关概算的编制规定和费用标准，从而提高概算的编制质量。

二、设计概算的审查内容

1. 审查设计概算的编制依据

编制设计概算的依据很多，主要是对编制依据的“三性”进行审查：

（1）合法性。设计概算采用的各种编制依据必须经过国家和授权机关的批准，符合国家的编制规定，未经批准的不能采用。不能擅自提高概算定额、指标和费用标准。

（2）时效性。设计概算编制的各种依据，如概算定额、概算指标、预算价格和各种取费标准等，都应根据国家有关部门现行的各种当前规定进行，特别注意有无调整和新的规定，如果有，应按新的规定和调整后的办法执行。

（3）适用性。概预算的各种编制依据都有规定的适用范围，如定额有国家定额、部门定额和地方定额之分。各主管部门规定的各种专业定额和取费标准，只适用于该部门的专业工程；各地区规定的定额及其取费标准，只适用于该地区的范围之内，特别是地区的材料预算价格区域性更强，不能跨区域取价。

2. 审查设计概算文件

（1）审查编制说明。审查编制说明可以检查概算的编制方法、深度和编制依据等重大原则性问题。若审查出编制说明有问题，则具体概算也必然存在有误差。

（2）审查概算文件是否齐全。审查按概算编制规定的各种概算表、编制说明及工程量计算表是否齐全，是否符合规定和建设项目的实际情况。一般大中型的建设项目应有完整的编制说明和“三级概算”（即总概算表、单项工程综合概算表、单位工程概算表）。

（3）审查概算的深度。审查“三级概算”的编制是否符合规定，各级概算的编制、核对、审查是否按规定签署，有无随意简化。

（4）审查概算的编制范围。概算文件的编制范围和具体内容要全面完整，审查概算编制范围及具体内容是否与主管部门批准的内容一致；对已列入设计文件的工程项目不能遗漏，设计外的项目不能列入；审查分期建设项目的范围及具体工程内容有无重复交叉，是否重复计算或漏算。审查其他费用应列的项目是否符合规定，静态投资、动态投资和经营性项目铺底流动资金是否分别列出等。

3. 审查建设规模及标准

审查概算的投资规模、生产能力、建设用地、建筑面积、配套工程、设计定员等是否符合原批准可行性研究报告或立项批文的标准。如果投资可能增加，如概算总投资超过原批准投资估算10%以上，应进一步审查超过估算的原因，重新上报审批。

4. 审查设备的规格、数量和配置

工业建设项目设备投资比重比较大，一般占投资的30%～50%，因此需要认真审查。主要审查设备规格、数量和配置是否符合设计要求，是否与设备清单相一致；设备预算价格是否真实，设备价值的计算是否符合规定。

5. 审查建筑工程费用

（1）审查工程量是否正确。工程量是概预算套价和取费的依据，它的准确性关系到整个概预算的编制质量。要根据初步设计图纸、概算定额以及工程量计算规则和施工组织设计等，审查工程量的计算有无多算、重算和漏算，尤其对工程量大、造价高的项目要重点审查。

(2) 审查单价。定额计价时应审查采用定额单价是否正确，清单计价时应审查采用单价的确定是否正确合理。

(3) 材料用量和价格。审查主要材料（钢材、木材、水泥、砖）的用量数据是否正确，材料预算价格是否符合工程所在地的价格水平，材料价差调整是否符合现行规定及其计算是否正确等。

(4) 审查建筑安装工程的各项费用的计取是否符合国家或地方有关部门的现行规定，计算程序和取费标准是否正确。

6. 审查其他费用

工程建设其他费用投资约占项目总投资的25%以上，且弹性大，因此必须认真逐项审查。审查费用项目是否严格按照国家和省市、自治区建设主管部门的规定进行，不属于总概算范围的费用项目不能列入概算，有无随意列项、多项、交叉计列和漏项等；具体费率或计取标准是否按国家、行业有关部门规定计算。

7. 审查项目的“三废”治理

拟建项目必须同时安排“三废”（废水、废气、废渣）的治理方案和投资，对于未作安排或多算、重算的项目，要按国家有关规定核实投资，以满足“三废”排放达到国家标准。

8. 审查技术经济指标和投资经济效果

(1) 审查技术经济指标计算方法和程序是否正确，综合指标和单项指标与同类型工程指标相比，是偏高还是偏低，其原因是什么并予纠正。

(2) 审查投资经济效果。设计概算是初步设计经济效果的反映，要按照生产规模、工艺流程、产品品种和质量，从企业的投资效益和投产后的运营效益全面分析，是否达到了先进可靠、经济合理的要求。

三、设计概算审查的方法

采用适当方法审查设计概算，是确保审查质量、提高审查效率的关键。审查设计概算时，应根据工程项目的投资规模、工程类型性质、结构复杂程度和概算编制质量，来确定审查方法。审查方法有以下几种：

1. 对比分析法

对比分析法主要通过建设项目的建设规模、建设标准与建设项目的立项批文的对比；计算工程量与设计图纸的对比；概算的综合范围、内容与概算的编制方法、规定的对比；各项取费与规定标准对比；材料、人工单价与统一信息对比；引进设备、技术投资与报价要求的对比，技术经济指标与同类工程的对比等等，发现设计概算存在的主要问题和偏差。因此，对比分析法能较快、较好地判别设计概算的偏差程度和准确性。

2. 查询核实法

查询核实法是对一些关键设备和设施、重要装置、引进工程图纸不全、难以核算的较大投资进行多方查询核对，采取逐项落实的方法。主要设备的市场价向设备供应部门或招标公司查询核实；重要生产装置、设施向同类企业或工程查询了解；引进设备价格及有关费税向进出口公司调查落实；复杂的建筑安装工程向同类工程的建设、承包、施工单位征求意见；深度不够或不清楚的问题直接向原概算编制人员、设计者询问。

3. 重点审查法

重点审查法是指对概算价值较大、工程量数值大而计算又复杂，关键设备、生产装置或投资较大的项目，或概算单价存在调整换算的分部分项工程，进行重点的全面审查，而其他一般的分项工程就不进行审查的方法。

4. 联合会审法

联合会审前，可先采取多种形式分头审查，包括设计单位自审，主管、建设、承包单位初审，工程造价咨询公司评审，邀请同行专家预审，审批部门复审等，经层层审查把关后，由有关单位和专家进行会审。在会审大会上，由设计单位介绍概算编制情况及有关问题，各有关单位、专家汇报初审、预审意见。然后进行认真分析、讨论，结合对各专业技术方案的审查意见所产生的投资增减，逐一核实原概算出现的问题。认真听取设计单位的意见，经过充分协商，实事求是地处理。对审查中出现的问题和偏差，按照单项、单位工程的顺序，先按设备费、安装费、建筑工程费和工程建设其他费用分类整理，然后按静态投资、动态投资和铺底流动资金三大类，汇总核增或核减的项目和投资额。最后将具体审核数据，按照“原编概算”、“审核结果”、“增减投资”、“增减幅度”四栏列表，按照原总概算表汇总顺序，将增减项目一一列出，相应调整所属项目投资总额，再依次汇总审核总投资及其增减投资额。如果审查中发现概算差错较多、问题较大或不能满足要求，则责成按会审意见修改返工，重新报批；对于重大原则问题，深度基本满足要求的，投资增减不多的，应当场核定概算投资额，并提交审批部门复核后，正式下达审批概算。

四、设计概算审查的步骤

1. 掌握数据和收集资料

收集项目可行性研究报告、设计任务书，了解建设项目的建设规模、设计能力、工艺流程、自身建设条件以及外部条件等。在审查前要熟悉掌握设计概算编制的依据、编制内容和编制方法。收集概算定额、概算指标、综合预算定额、现行费用标准和其他文件资料等。

2. 调查研究

当对概预算数据资料有疑问时（包括随着建筑技术的发展而出现的新情况、新问题），必须做必要的调查研究。这既可解决资料、数据中所存在的疑问，又可了解同类建设项目的建设规模、工艺流程设计是否经济合理，概算采用的定额、指标、费用标准是否符合现行规定，有无扩大规模，多估投资或预留缺口等情况，以便及时掌握第一手资料，有利于审查。

3. 分析技术经济指标

在调查研究、掌握数据资料的基础上，利用概算定额、概算指标或有关的其他技术经济指标，与已建同类型设计概算进行对比（如设计概算的占地面积、建筑面积、结构类型、建设条件、投资比例、生产规模、造价指标、费用构成等方面，与已建同类型工程的概算作对比分析）。

4. 进行审查

根据工程项目投资规模的大小，由建委或建设主管部门，组织建设单位、施工单位、建设银行以及其他有关单位，组成会审小组进行“会审”定案，或分头“单审”，再由主管部门定案。填写审查报告，审查报告的主要内容包括：审查单位、审查依据、审查中发现的问题、概算修改意见等。并经原批准单位下达文件。

5. 整理积累资料

对已通过审查的工程项目设计概算，要进行认真的收集和整理，以便收集有关数据和技术经济指标资料，为今后修订概算定额、概算指标和审查同类型工程设计概算，提供有效的参考数据。

复习思考题

1. 设计概算的概念是什么？设计概算有何作用？
2. 设计概算与施工图预算有哪些主要区别？
3. 设计概算分哪三级概算？试述各级概算的组成。
4. 单位建筑工程概算有几种编制方法？试述各种方法的优缺点和适用条件。
5. 设计概算编制的依据有哪些？
6. 设计概算的审查内容有哪些？设计概算审查有哪些具体的方法？

第八章 投资估算

投资估算是在编制建设项目建议书和可行性研究阶段，对建设项目总投资的粗略估算，作为建设项目投资决策时一项重要的参考性经济指标，投资估算是判断项目可行性的重要依据之一；作为工程造价的目标限额，投资估算是控制初步设计概算和整个工程造价的目标限额；投资估算也是作为编制投资计划、资金筹措和申请贷款的依据。

第一节 投资估算概述

一、投资估算的概念

投资估算是指建设项目在整个投资决策过程中，依据已有的资料，运用一定的方法和手段，对拟建项目全部投资费用进行的预测和估算。

与投资决策过程中的各个工作阶段相对应，投资估算也按相应阶段进行编制。

二、投资估算的作用

投资估算是项目建议书和可行性研究报告的重要组成部分，是项目决策的重要依据之一。其准确性直接影响到项目的决策、建设工程规模、投资效果等诸多方面。因此，全面准确地估算建设项目的工程造价，是可行性研究乃至整个决策阶段造价管理的重要任务。投资估算作用如下：

1. 项目建议书阶段的投资估算，是项目主管部门审批项目建议书的依据之一，并对项目的规划、规模起参考作用。

2. 项目可行性研究阶段的投资估算是项目投资决策的重要依据，也是研究、分析和计算项目投资经济效果的重要条件。当可行性研究报告被批准之后，其投资估算额就作为设计任务书中下达的投资限额，即作为建设项目投资的最高限额，不得随意突破。

3. 项目投资估算对工程设计概算起控制作用，设计概算不得突破经有关部门批准的投资估算，并应控制在投资估算额以内。

4. 项目投资估算可作为项目资金筹措及制定建设贷款计划的依据，建设单位可根据批准的项目投资估算额，进行资金筹措和向银行申请贷款。

5. 项目投资估算是核算建设项目固定资产投资需要额和编制固定资产投资计划的重要依据。

6. 项目投资估算是进行工程设计招标、优选设计方案的依据之一。它也是实行工程限额设计的依据。

三、投资估算的划分

投资估算贯穿于整个建设项目投资决策过程中，由于投资决策过程可化分为项目规划阶段、项目建议书阶段、初步可行性阶段和详细可行性阶段，因此投资估算工作也可划分为相应的四个阶段。不同阶段所具备的条件和掌握的资料不同，对投资估算的要求也各不相同，因此投资估算的准确程度在不同阶段也不尽相同，每个阶段投资估算所起的作用也不一样。投资估算各阶段划分如表 8-1 所示。

投资估算的阶段划分 **表 8-1**

序号	投资估算各阶段划分	投资估算误差幅度	各阶段投资估算的作用
1	项目规划阶段投资估算	>±30%	按照建设项目规划的要求和内容，粗略估算建设项目所需要的投资额
2	项目建议书阶段投资估算	±30%以内	判断一个项目是否需要进行下一步阶段的工作
3	初步可行性阶段投资估算	±20%以内	确定是否进行详细可行性研究
4	详细可行性阶段投资估算	±10%以内	作为对可行性研究结果进行最后评价的依据，该阶段经批准的投资估算作为该项目的投资限额

四、投资估算编制内容

根据国家规定，从满足建设项目投资设计和投资规模的角度，建设项目投资估算包括固定资产投资估算和流动资金估算两部分。

固定资产投资估算的内容按照费用的性质划分，包括建筑安装工程费、设备及工器具购置费、工程建设其他费用、基本预备费、涨价预备费、建设期贷款利息、固定资产投资方向调节税等。固定资产投资可分为静态部分和动态部分。涨价预备费、建设期贷款利息和固定资产投资方向调节税构成动态投资部分，其余部分为静态投资部分。

流动资金是指生产经营性项目投产后，用于购买原材料、燃料、支付工资及其他经营费用等所需的周转资金。

一份完整的投资估算，应包括投资估算编制依据，投资估算编制说明和投资估算总表，其中投资估算总表是核心内容，它主要包括建设项目总投资的构成。

建设项目投资估算构成参见第二章图 2-1。

五、投资估算编制依据及步骤

(一) 投资估算依据

1. 主管机构发布的建设工程造价费用构成、估算指标、各类工程造价指数及计算方法，以及其他有关计算工程造价的文件。

2. 主管机构发布的工程建设其他费用计算办法和费用标准，以及政府部门发布的物价指数。

3. 拟建项目的项目特征及工程量，它包括拟建项目的类型、规模、建设地点、时间、总体建筑结构、施工方案、主要设备类型、建设标准等。

(二) 估算步骤

1. 分别估算各单项工程所需的建筑工程费、设备及工器具购置费、安装工程费；
2. 在汇总各单项工程费用的基础上，估算工程建设其他费用和基本预备费；
3. 估算涨价预备费和建设期贷款利息；
4. 估算流动资金；
5. 汇总得到建设项目总投资估算。

第二节　投资估算的编制

编制投资估算首先应分清项目的类型；然后根据该类项目的投资构成列出项目费用名

称；进而依据有关规定、数据资料选用一定的估算方法，对各项费用进行估算。具体估算时，一般可分为动态、静态及铺底流动资金三部分的估算，其中静态投资部分的估算，又因民用建设项目与工业生产项目的出发点及具体方法不同而有显著的区别，一般情况下，工业生产项目的投资估算从设备费用入手，而民用建设项目则往往从建筑工程投资估算入手。

一、固定资产投资的估算方法

（一）静态投资部分的估算

1. 生产能力指数法

根据已建成项目的投资额或其设备投资额，估算同类而不同生产规模的项目投资或其设备投资。计算公式为：

$$C_2=C_1\left(\frac{Q_2}{Q_1}\right)^n f \tag{8-1}$$

式中 C_1——已建类似项目或装置的投资额；

C_2——拟建项目或装置的投资额；

Q_1——已建类似项目或装置的生产能力；

Q_2——拟建项目或装置的生产能力；

f——不同时期、不同地点的定额、单价、费用变更等的综合调整系数；

n——生产规模指数（$0\leqslant n\leqslant 1$）。

若已建类似项目或装置的规模和拟建项目或装置的规模相差不大，生产规模比值在0.5～2之间，则指数 n 的取值近似为1。

若已建类似项目或装置与拟建项目或装置的规模相差不大于50倍，且拟建项目的扩大仅靠增大设备规格来达到时，则 n 取值在0.6～0.7之间；若是靠增加相同规格设备的数量达到时，则 n 的取值在0.8～0.9之间。

采用这种方法，计算简单，速度快；但要求类似工程的资料可靠，条件基本相同，否则误差就会增大。

2. 比例估算法

（1）分项比例估算法。该法是将项目的固定资产投资分为设备投资、建筑物与构筑物投资、其他投资三部分，先估算出设备的投资额，然后再按一定比例估算出建筑物与构筑物的投资及其他投资，最后将三部分投资加在一起计算。

① 设备投资估算

设备投资按其出厂价格加上运输费、安装费等，其估算公式如下：

$$K_1=\sum_{i=1}^{n} Q_i\times P_i\times(1+L_i) \tag{8-2}$$

式中 K_1——设备的投资估算值；

Q_i——第 i 种设备所需数量；

P_i——第 i 种设备的出厂价格；

L_i——同类项目同类设备的运输；

n——所需设备的种数。

② 建筑物与构筑物投资估算

公式如下：

$$K_2 = K_1 \times L_b \tag{8-3}$$

式中 K_2——建筑物与构筑物的投资估算值；

L_b——同类项目中建筑物与构筑物投资占设备投资的比例，露天工程取0.1～0.2，室内工程取0.6～1.0。

③ 其他投资估算

公式如下：

$$K_3 = K_1 \times L_w \tag{8-4}$$

式中 K_3——其他投资的估算值；

L_w——同类项目其他投资占设备投资的比例。

则项目固定资产投资总额的估算值 K 的计算公式如下：

$$K = (K_1 + K_2 + K_3) \times (1 + S\%) \tag{8-5}$$

式中 $S\%$——考虑不可预见因素而设定的费用系数，一般为10%～15%。

(2) 以拟建项目或装置的设备费为基数，根据已建成的同类项目或装置的建筑安装费和其他工程费用等占设备价值的百分比，求出相应的建筑安装费及其他工程费用等，再加上拟建项目的其他有关费用，其总和即为项目或装置的投资。

公式如下：

$$C = E(1 + f_1 P_1 + f_2 P_2 + f_3 P_3) + I \tag{8-6}$$

式中 C——拟建项目或装置的投资额；

E——根据拟建项目或装置的设备清单按当时当地价格计算的设备费（包括运杂费）的总和；

P_1、P_2、P_3——分别为已建项目中建筑、安装及其他工程费用占设备费百分比；

f_1、f_2、f_3——分别为由于时间因素引起的定额、价格、费用标准等变化的综合调整系数；

(3) 以拟建项目中的最主要、投资比重较大并与生产规模直接相关的工艺设备的投资（包括运杂费及安装费）为基数，根据同类型的已建项目的有关统计资料，计算出拟建项目的各专业工程（总图、土建、暖通、给水排水、管道、电气及电信、自控及其他工程费用等）占工艺设备投资的百分比，据以求出各专业的投资，然后把各部分投资费用（包括工艺设备费）相加求和，再加上工程其他有关费用，即为项目的总费用。

公式如下：

$$C = E'(1 + f_1 P'_1 + f_2 P'_2 + f_3 P'_3 + \cdots) + I \tag{8-7}$$

式中 E'——拟建项目中的最主要、投资比重较大并与生产规模直接相关的工艺设备的投资（包括运杂费及安装费）；

P'_1，P'_2，P'_3——各专业工程费用占工艺设备费用的百分比。

3. 朗格系数法

这种方法是以设备费为基础，乘以适当系数来推算项目的建设费用。基本公式如下：

$$D = C(1 + \sum K_i) K_C \tag{8-8}$$

式中 D——总建设费用；

C——主要设备费用；

K_i——管线、仪表、建筑物等项费用的估算系数；

K_C——包括管理费、合同费、应急费等间接费在内的总估算系数。

总建设费用与设备费用之比为朗格系数 K_L 即：

$$K_L=(1+\sum K_i)K_C \tag{8-9}$$

这种方法比较简单，但没有考虑设备规格、材质的差异，所以精确度不高。

4. 指标估算法

根据有关部门编制的各种具体的投资估算指标，进行单位工程投资的估算。投资估算指标的表示形式较多，可用元/m、元/m^2、元/m^3、元/t、元/(kV・A) 等单位来表示。利用这些投资估算指标，乘以所需的长度、面积、体积、重量、容量等，就可以求出相应的土建工程、给水排水土程、照明工程、采暖工程、变配电工程等各种单位工程的投资额。在此基础上，可汇总成某一单项工程的投资额，再估算工程建设其他费用等，即求得投资总额。

在实际工作中，要根据国家有关规定、投资主管部门或地区主管部门颁布的估算指标，结合工程的具体情况编制。若套用的指标与具体工程之间的标准或条件有差异时，应加以必要的换算或调整；使用的指标单位应密切结合每个单位工程的特点，能正确反映其设计参数。

指标估算法简便易行，但由于项目相关数据的确定性较差，投资估算的精度较低。

（二）动态投资部分的估算

动态投资估算主要包括由价格变动可能增加的投资额，即涨价预备费和建设期贷款利息，对于涉外项目还应考虑汇率的变化对投资的影响。

1. 涨价预备费的估算

一般按下式估算：

$$PC=\sum_{i=1}^{n}K_t[(1+i)^t-1] \tag{8-10}$$

式中 PC——涨价预备费估算额；

K_t——建设期中第 t 年的投资计划数；

n——项目的建设期年数；

i——平均价格预计上涨指数；

t——施工年度。

【例 8-1】 某项目的静态投资为 42280 万元，按本项目进度计划，项目建设期为 3 年，3 年的投资分年使用比例为第一年 20%，第二年 55%，第三年 25%，建设期内年平均价格变动率预测为 6%，估计该项目建设期的涨价预备费。

【解】

第一年投资计划用款额：

$$K_1=42280\times20\%=8456 \text{ 万元}$$

第一年涨价预备费：

$$PC_1=K_1[(1+i)-1]=8456\times[(1+6\%)-1]=507.36 \text{ 万元}$$

第二年投资计划用款额：

$$K_2=42280\times55\%=23254 \text{ 万元}$$

第二年涨价预备费：

$$PC_2=K_1[(1+i)^2-1]=23254\times[(1+6\%)^2-1]=2874.2\text{ 万元}$$

第三年投资计划用款额：

$$K_3=42280\times25\%=10570\text{ 万元}$$

第三年涨价预备费：

$$PC_3=K_1[(1+i)^3-1]=10570\times[(1+6\%)^3-1]=2019.04\text{ 万元}$$

所以，建设期的涨价预备费为：

$$PC=PC_1+PC_2+PC_3=507.36+2874.2+2019.04=5400.60\text{ 万元}$$

2. 建设期贷款利息估算

一般按下式计算：

$$\text{建设期每年应计利息}=\left(\text{年初借款累计}+\frac{1}{2}\times\text{当年贷款额}\right)\times\text{年利率}$$

注：当年贷款额乘以$\frac{1}{2}$是考虑贷款在年中支付，计息为半年。

【例 8-2】 某工程项目估算的静态投资为 31240 万元，根据项目实施进度规划，项目建设期为 3 年，3 年的投资分年使用比例分别为 30%、50%、20%，其中各年投资中贷款比例为年投资的 20%，预计建设期中 3 年的贷款利率分别为 5%、6%、6.5%，试求该项目建设期内的贷款利息。

【解】

$$\text{第一年利息}=\left(0+31240\times30\%\times20\%\times\frac{1}{2}\right)\times5\%=46.86\text{万元}$$

$$\begin{aligned}\text{第二年利息}&=\left(31240\times30\%\times20\%+46.86+31240\times50\%\times20\%\times\frac{1}{2}\right)\times6\%\\&=209\text{万元}\end{aligned}$$

$$\begin{aligned}\text{第三的利息}&=\left(31240\times80\%\times20\%+46.86+209+31240\times20\%\times20\%\times\frac{1}{2}\right)\\&\quad\times6.5\%=382.14\text{万元}\end{aligned}$$

建设期贷款利息合计为：46.86+209+382.14=638.00 万元

二、铺底流动资金估算

铺底流动资金是保证项目投产后，能正常生产经营所需要的最基本的周转资金数额。铺底流动资金是项目总投资中流动资金的一部分，在项目决策阶段，这部分资金就要求落实。铺底流动资金的计算公式为：

$$\text{铺底流动资金}=\text{流动资金}\times30\%$$

该部分的流动资金是指项目建成后，为保证项目正常生产或服务运营所必须的周转资金。它的估算对于项目规模不大且同类资料齐全的可采用分项估算法，其中包括劳动工资、原材料、燃料动力等部分；对于大项目及设计深度浅的项目可采用指标估算法。一般有以下几种方法：

（一）扩大指标估算法

1. 按产值（或销售收入）资金率估算

一般加工工业项目大多采用产值（或销售收入）资金率进行估算。

$$流动资金额=年产值(年销售收入额)\times产值(销售收入)资金率$$

【例 8-3】 已知某项目的年产值为2500万元，其类似企业百元产值的流动资金占用率为20%，则该项目的流动资金应为：

$$2500\times20\%=500\ 万元$$

2. 按经营成本（或总成本）资金率估算

由于经营成本（或总成本）是一项综合性指标，能反映项目的物资消耗、生产技术和经营管理水平以及自然资源条件的差异等实际状况，一些采掘工业项目常采用经营成本（或总成本）资金率估算流动资金。

$$流动资金额=年经营成本(年总成本)\times经营成本(总成本)资金率$$

【例 8-4】 某企业年经营成本为4000万元，经营成本资金率取35%，则该企业的流动资金额为：

$$4000\times35\%=1400\ 万元$$

3. 按固定资产价值资金率估算

有些项目如火电厂可按固定资产价值资金率估算流动资金。

$$流动资金额=固定资产价值总额\times固定资产价值资金率$$

固定资产价值资金率是流动资金占固定资产价值总额的百分比。

4. 按单位产量资金率估算

有些项目如煤矿，按吨煤资金率估算流动资金。

$$流动资金额=年生产能力\times单位产量资金率$$

（二）分项详细估算法

分项详细估算法是根据周转额与周转速度之间的关系，对构成流动资金的各项流动资产和流动负债分别进行估算。在可行性研究中，为简化计算，仅对存货、现金、应收账款和应付账款四项内容进行估算，计算公式为

$$流动资金=流动资产-流动负债$$

其中：

$$流动资产=现金+存货+应收账款$$

$$流动负债=应付账款$$

式中的现金、存货、应收账款、应付账款的计算分别如下所述：

1. 现金的估算

$$现金=\frac{年工资+年福利费+年其他费}{年现金周转次数}$$

其中：

年其他费=制造费用+管理费用+销售费用-(前三项中所含的工资及福利费、折旧费、维简费、摊销费、修理费)

2. 存货的估算

$$存货=外购原材料+外购燃料+在产品+产成品$$

其中：

$$外购原材料、燃料=\frac{年外购材料燃料费用}{年原材料、燃料周转次数}$$

$$在产品占用资产=\frac{年外购原材料、燃料费+年工资福利费+年修理费+年其他费用}{年在产品周转次数}$$

$$产成品占用资金=\frac{年经营成本}{年产成品周转次数}$$

3. 应收账款的估算

$$应收账款=\frac{年销售收入}{年应收账款周转次数}$$

4. 流动负债的估算

$$流动负债=应付账款=\frac{年外购原材料+年外购燃料动力费}{年周转次数}$$

流动资金估算应注意以下问题：

（1）在采用分项详细估算法时，需要分别确定现金、应收账款、存货和应付账款的最低周转天数。在确定周转天数时要根据实际情况，并考虑一定的保险系数。对于存货中的外购原材料、燃料要根据不同品种和来源，考虑运输方式和运输距离等因素确定。

（2）不同生产负荷下的流动资金是按照相应负荷时的各项费用金额和给定的公式计算出来的，而不能按100％负荷下的流动资金乘以负荷百分数求得。

（3）流动资金属于长期性（永久性）资金，流动资金的筹措可通过长期负债和资本金（权益融资）方式解决。流动资金借款部分的利息应计入财务费用。项目计算期末应收回全部流动资金。

第三节　投资估算编制实例

一、项目的基本情况

项目名称：某大学教师住宅小区

项目地址：某大学（驻省会城市）校区附近，土地面积约38.4亩（$25600m^2$）。

规划建筑物：新征地集资修建8栋12层小高层住宅楼，初级装修，框架结构，地质条件较好，采用人工挖孔桩基础，无地下室，场地平坦，交通便利，现场施工条件良好。

总建筑面积：$64000m^2$

容积率：2.5

绿化率：＞35％

工期：两年

二、投资费用的估算

（一）建筑安装工程费

根据规划建筑物的结构特点及装饰标准，结合本地区工程造价资料及市场状况，按指标估算法估算如下：

1. 主要建筑物建安工程费

包括规划建筑物的土建、给水排水、电气照明等单位工程建筑安装费用。按每平方米1020元计，其估算额为：

$$1020\times64000=6528万元$$

2. 室外工程费

包括道路、绿化景观、围墙、排污管、各种管沟工程以及水、电、天然气等配套工程费用。按每平方米200元计，其估算额为：

200×64000=1280 万元

建筑安装工程费合计：6528+1280=7808 万元

（二）设备及工器具购置费（含设备安装工程费）

包括电梯（广州奥梯斯）、泵房变频设备等购置及安装费用。按每平方米 120 元计，其估算额为：

120×64000=768 万元

（三）工程建设其他费用

根据相关的政策和法规，结合本地区工程造价资料及市场状况，按指标估算法估算如下：

1. 土地使用费

包括土地出让金、城市建设配套费、拆迁安置补偿费、手续费及税金等费用。本建设项目计划用地 38.4 亩，按当地包干价每亩 80 万元计，其估算额：

38.4×80=3072 万元

2. 勘察设计费

按每平方米 40 元计，其估算额：

40×64000=256 万元

3. 建设单位临时设施费

暂按 40 万元计算。

4. 工程监理、招投标代理等费用

按照建筑安装工程费的 1.5%计，其估算额：

7808×1.5%=117.12 万元

5. 城市基础设施配套费、工程建设报建、质量监督等手续费

该部分属于政策性费用，应按当地政府有关收费标准计算。本项目按每平米 58 元计算，其估算额为：

58×64000=371.2 万元

6. 白蚁防治、水电增容等费用

按当地有关收费标准计算。本项目按每平米 60 元计算，其估算额为：

60×64000=384 万元

7. 人防易地建设费

该工程未建防空地下室，按当地政府有关收费标准计算。本项目按照地面以上建筑面积的 3%和 1500 元/m^2 标准减半（集资建房）交纳人防易地建设费，其估算额为：

1500×64000×3%×0.5=144 万元

工程建设其他费用合计：

3072+256+40+117.12+371.2+384+144=4384.32 万元

（四）预备费用估算

预备费用包括基本预备费、涨价预备费，按照建筑安装工程费、设备及工器具购置费和工程建设其他费用之和的 3%计算，其估算额：

(7808+768+4384.32)×3%=388.91万元

（五）贷款利息

1. 贷款利息

本项目需贷款5000万元，贷款期限定为2年。根据项目实施进度规划，项目建设期为2年，其投资分年使用比例分别为60%、40%，预计贷款利率为5.8%，贷款利息估算额为：

$$第一年利息=\left(0+5000\times60\%\times\frac{1}{2}\right)\times6\%=90万元$$

$$第二年利息=\left(5000\times60\%+90+5000\times40\%\times\frac{1}{2}\right)\times6\%=245.4万元$$

建设期贷款利息合计为：90+245.4=335.4万元

2. 融资成本

融资成本按照贷款利息的10%计算，其估算额为：

$$335.4\times10\%=33.54万元$$

筹资费用小计：335.4+33.54=368.94万元

（六）固定资产投资方向调节税

此项费用暂停征收，暂不估算。

投资费用总额为：7808+768+4384.32+388.91+368.94=13718.17万元

单方造价：$\frac{137181700}{64000}=2143.46元/m^2$

投资费用估算汇总见表8-2。

某大学教师住宅小区投资费用估算表 **表8-2**

序号	项目或费用名称	投资金额(万元)	备注
一	建筑安装工程费	7808	
1	主要建筑物建安工程费	6528	
2	室外工程费	1280	
二	设备及工器具购置费(包括设备安装工程费)	768	
三	工程建设其他费用	4384.32	
1	土地使用费	3072	
2	勘察设计费	256	
3	建设单位临时设施费	40	
4	工程监理、招投标代理等费用	117.12	
5	城市基础设施配套费、工程建设报建、质量监督等手续费	371.2	
6	白蚁防治、水电增容等费用	384	
7	人防易地建设费	144	
四	预备费用	388.91	
五	贷款利息	368.94	
1	贷款利息	335.4	
2	融资成本	33.54	
六	固定资产投资方向调节税	不计	暂停征收
合计	该项目投资费用估算总额	13718.17	

单方造价：$13718.17\times10^3\div64000=2143.46元/m^2$

复习思考题

1. 简述投资估算的概念及内容。
2. 简述投资估算的常用编制方法的特点及其适用范围。
3. 投资估算的编制应关注哪些注意事项?

第九章　建设工程招标投标

第一节　概　　述

一、概念

建设工程招标是指发包人（即招标人）在发包建设项目之前通过公共媒介告示或直接邀请潜在的投标人，由投标人根据招标文件的要求提出实施方案及报价进行投标，经开标、评标、决标等环节，从众多的投标人中择优选定承包人的一种经济活动。投标是指具有合法资格和能力的投标人根据招标文件的要求，提出实施方案和报价，在规定的期限内提交标书，并参加开标，努力争取中标并与招标人签订承包合同的经济活动。

招投标实质上是一种市场竞争行为。建设工程招投标是以工程设计、施工、监理或以工程所需的物资、设备、建筑材料等为对象，在招标人和若干个投标人之间进行的，它是商品经济发展到一定时期的产物。在市场经济的条件下，建设工程招投标是一种普遍的、常见的择优方式。

二、建设工程招投标的范围

1. 必须进行招投标的项目

依据我国招投标法及有关规定，在中华人民共和国境内进行下列工程建设项目包括项目的勘察、设计、施工、监理以及与工程建设有关的重要设备、材料等的采购，必须通过招投标方式来选择承包商：

（1）大型基础设施、公用事业等关系社会公共利益、公众安全的项目。

（2）全部或者部分使用国有资金投资或者国家融资的项目。

（3）使用国际组织或者外国政府贷款、援助资金的项目。

2. 可以不进行招投标的项目

依据我国招投标法及有关规定，在我国境内建设的以下项目可以不通过招投标方式确定承包商：

（1）涉及国家安全、国家秘密、抢险救灾或者属于利用扶贫资金实行以工代赈、需要使用农民工等特殊情况，不适宜进行招标的项目，按照国家有关规定可以不进行招标。

（2）建设项目的勘察设计，采用特定专利或者专有技术的，或者建筑艺术造型有特殊要求的，经过项目主管部门批准后可以不进行招标。

三、建设工程招标方式

工程建设项目招标的方式主要有公开招标和邀请招标。

1. 公开招标

公开招标是指招标人以招标公告的方式邀请不特定的法人或者其他组织投标。即招标人通过报刊、信息网络或者其他媒介发布招标公告进行的招标。

公开招标是一种无限制的竞争方式，最大的特点是一切有资格的承包人或者供应商均可以参加投标竞争，都有同等的机会。公开招标的优点是招标人有较大的选择范围，可以在众多的投标人中选择有实力、技术较强、管理水平高的中标人。当然，由于参加投标的单位多，资格预审和评标的工作量就会很大，整个招投标过程的时间长、费用也较大。

2. 邀请招标

邀请招标是指招标人以投标邀请书的方式邀请特定的法人或者其他组织投标。招标人采取邀请招标方式的，应邀请三个以上具备承担招标项目的能力并有良好信誉的潜在投标人投标。

邀请招标一般邀请的都是招标人所熟悉的，或者是拟建项目所处行业内有良好的业绩和良好的信誉的投标人。邀请招标可以针对拟建项目的特点有选择地邀请投标人，这样就会大大减少投标人的数量，也减少了资格审查和评标的工作量，缩短招投标周期、节约费用。但是邀请招标也人为地限制了竞争的范围，可能失去技术和报价上有竞争力的投标人，容易导致不公平竞争和招投标中的腐败现象产生。

有下列情形之一的，经批准可以进行邀请招标：

（1）项目技术复杂或有特殊要求，只有少量几家潜在投标人可供选择的。

（2）受自然地域环境限制的。

（3）涉及国家安全、国家秘密或者抢险救灾，适宜招标但不宜公开招标的。

（4）和公开招标的费用与项目的价值相比，不值得的。

（5）法律、法规规定不宜公开招标的。

国家重点建设项目的邀请招标，应当经国务院发展计划部门批准；地方重点建设项目的邀请招标，应当经各省、自治区、直辖市人民政府批准。全部使用国有资金投资或国有资金投资占控股或者主导地位的并需要审批的工程建设项目的邀请招标，应当经项目审批部门批准；当项目审批部门只审批立项的，应由有关行政监督部门审批。

四、建筑工程招标的基本要求

1. 工程建设招标人是依法提出工程招标项目、进行招标的法人或者其他组织。

2. 依法必须招标的工程建设项目，应当具备下列条件才能进行工程招标：

（1）招标人已经依法成立。

（2）初步设计及概算应当履行审批手续的，已经获得批准。

（3）招标范围、招标方式和招标组织形式等应当履行核准手续的，已经核准。

（4）有相应资金或资金来源已经落实。

（5）有招标所需的设计图纸及技术资料。

3. 依法必须进行施工招标的工程建设项目，按工程建设项目审批管理规定，凡应报送项目审批部门审批的，招标人必须在报送的可行性研究报告中将招标范围、招标方式、招标组织形式等有关招标内容报项目审批部门核准。

第二节　我国建设工程招投标程序

工程建设项目招标的程序较多，涉及的单位和部门多，经历的时间长、费用也较高，因此开始招标前应该做好计划，使招投标工作能够顺利的进行。

建设工程公开招标的程序如图 9-1 所示。

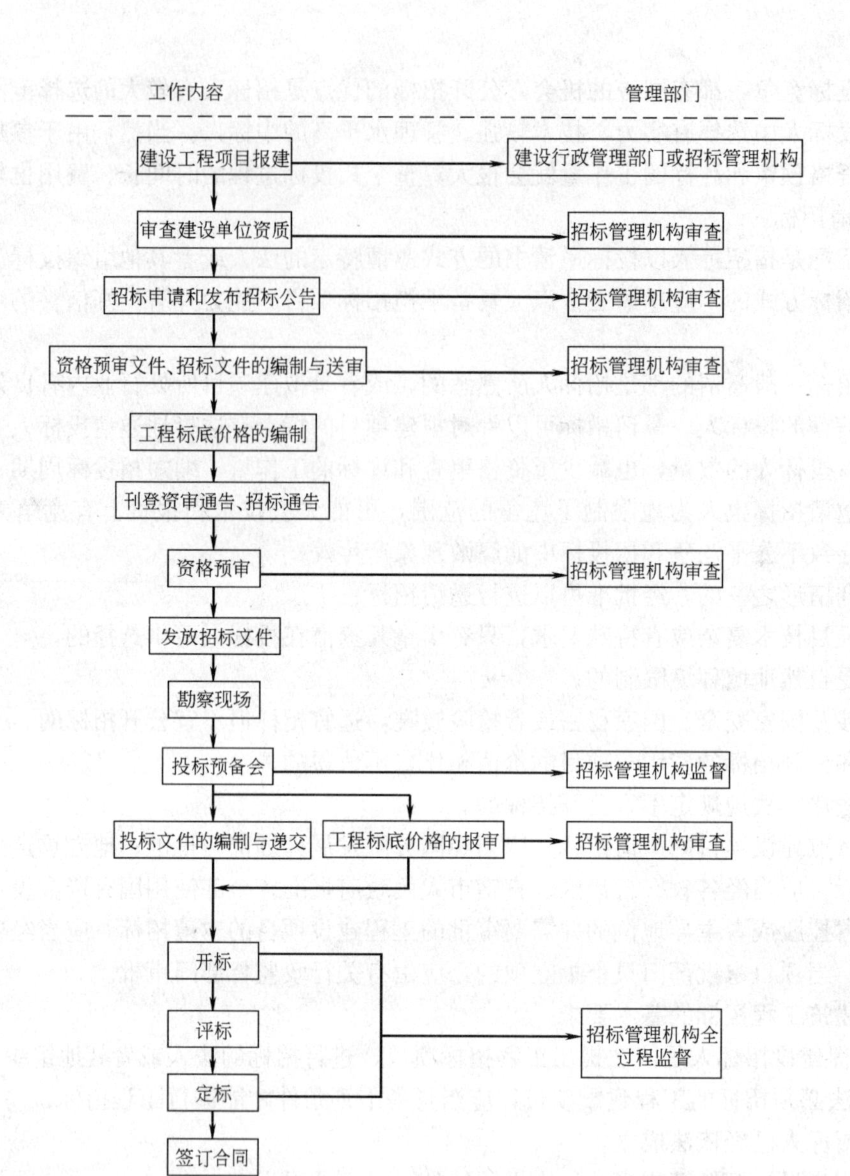

图 9-1　公开招投标程序

对于邀请招标，其程序基本上与公开招标相同，其不同之处只在于没有资格预审，而增加了发出投标邀请函的步骤。

1. 建设工程项目报建

建设工程项目的立项批准文件或年度投资计划下达后，按照《工程建设项目报建管理办法》规定具备条件的，须向建设行政主管部门报建备案。

建设工程项目报建内容主要包括：工程名称、建设地点、投资规模、资金来源、当年投资额、工程规模、结构类型、发包方式、计划开竣工日期、工程筹建情况等。

2. 审查建设单位资质

建设单位办理招标应具备如下条件：

（1）是法人或依法成立的其他组织。

（2）有与招标工程相适应的经济、技术管理人员。

(3) 有组织编制招标文件的能力。

(4) 有审查投标单位的资质的能力。

(5) 有组织开标、评标、定标的能力。

如建设单位不具备上述 (2)～(5) 项条件的，须委托具有相应资质的中介机构代理招标，并与其签订委托协议，并报招标管理机构备案。

3. 提出招标申请和发布招标公告

招标单位填写“建设工程施工招标申请表”，招标申请获准后，由招标单位发布招标公告或投标邀请函，招标公告或者投标邀请书应当至少载明下列内容：

(1) 招标人的名称和地址。

(2) 招标项目的内容、规模、资金来源。

(3) 招标项目的实施地点和工期。

(4) 获取招标文件或者资格预审文件的地点和时间。

(5) 对招标文件或者资格预审文件收取的费用。

(6) 对投标人的资质等级的要求。

4. 招标文件编制与送审

(1) 招标人应根据招标项目的特点和需要编制招标文件。招标人应当在招标文件中规定实质性要求和条件，并用醒目的方式标明。招标文件具体应包括下列内容：

1) 投标须知；

2) 合同条件；

3) 合同协议条款；

4) 合同格式；

5) 技术规范；

6) 图纸；

7) 投标文件参考格式，包括：投标书及投标附录、工程量清单与报价表、辅助资料表、资格审查表（资格预审的不采用）。

(2) 招标人可以要求投标人在提交符合招标文件规定要求的投标文件外，提交备选投标方案，但应当在招标文件中做出说明，并提出相应的评审和比较方法。

(3) 招标文件规定的各项技术标准应符合国家强制性标准。招标文件中规定的各项技术标准均不得要求或标明某一特定的专利、商标、名称、设计、原产地或生产供应者，不得含有倾向或者排斥潜在投标人的其他内容。

5. 编制工程标底，报招标投标管理部门审批

招标人可以根据项目特点决定是否编制标底。招标项目可以不设标底，进行无标底招标。任何单位或个人不得强制招标人编制或报审标底，或干预其确定标底。

如果进行有标底招标，标底由招标人自行编制或委托中介机构编制，一个工程只能编制一个标底。工程项目招标的标底价格在开标前报招标管理机构审定，招标管理机构在规定的时间内完成标底价格的审定工作，未经过审定的标底价格一律无效。标底价格审定的内容与标底价格的组成内容一致。且标底价格应该严格保密，标底价格的编制人员在保密的环境中编制，完成后应该密封送审标底。

6. 发布招标通告

招标人采用公开招标方式的，应当发布招标公告。依法必须进行招标的项目的公告，应当通过国家指定的报刊、信息网络或其他媒介发布。招标公告应当载明招标人的名称和地址，招标项目的性质、数量、实施地点和时间以及获取招标文件的办法等事项。

7. 资格预审

《中华人民共和国招标投标法》规定，招标人可以根据招标项目本身的特点，在招标公告或者招标邀请书中，要求潜在投标人提供有关资质证明文件和业绩情况，并对潜在投标人进行资格审查，将审查的结果通知申请投标单位。

资格预审审查的主要内容为：投标单位组织机构和企业概况；近三年完成工程情况；目前正在履行的合同情况；资源方面，如财务、管理、技术、劳力、设备等方面的情况；其他资料（如各种奖励或者处罚等）。

8. 发售招标文件

招标人应根据工程招标项目的特点和需要编制招标文件。将招标文件、图纸和有关的技术资料发放给通过了资格预审获得投标资格的投标单位。

9. 组织现场踏勘

招标单位组织投标单位进行勘察现场的目的在于了解工程场地和周围的情况，以获取投标单位认为有必要的信息。为便于投标单位提出问题并得到解答，勘察现场一般安排在投标预备会的前1～2天。投标人在勘察现场中如有疑问，应在投标预备会前以书面形式向招标人提出，并应给招标人留出解答时间。招标人应向投标人介绍有关现场的以下情况：施工现场是否达到招标文件规定的条件；施工现场的地理位置和地形、地貌；施工现场的地质、土质、地下水位和水文等情况；施工现场的气候条件；现场的环境；工程在施工现场中的位置或布置；临时用地和临时设施搭建等。

10. 投标预备会

投标预备会在招标管理机构监督下由招标单位组织主持召开，其目的在于澄清招标文件中的疑问，解答投标单位对招标文件和勘察现场中所提出的疑问和问题。投标预备会可以安排在发出招标文件后的7日后28日内举行。

在投标预备会上由招标单位对招标文件和现场情况作介绍或解释，并解答投标单位提出的书面和口头问题，还应在投标预备会上对图纸进行交底和解释。

所有参加投标预备会的投标人应签到登记，投标预备会结束后，由招标人整理会议记录和解答内容，由招标管理机构核准后，尽快以书面形式将问题及解答同时发送到所有获得招标文件的投标人。

11. 投标文件的编制与递交

投标文件应当对招标文件提到的实质性要求和条件做出响应，投标人应当按照招标文件的要求编制投标文件。投标文件一般包括下列内容：

（1）投标函

（2）投标报价

（3）施工组织设计

（4）商务和技术偏差表

投标文件是投标活动的一个书面成果，投标人应当在招标文件要求提交投标文件的截止时间前，将投标文件密封送达投标地点，逾期或未送达指定地点的投标文件以及未按招标文件密封的投标文件，为无效的投标文件。

此外，招标人如果要求投标人提交投标保证金的，投标人应当按照招标文件要求的方式和金额，将投标保证金随投标文件提交给招标人。投标人不按招标文件要求提交投标保证金的，该投标文件作废标处理。投标保证金除现金外，可以是银行出具的银行保函、保兑支票、银行汇票或现金支票。

投标文件是投标人能否通过评标、决标而签订合同的依据。因此，投标人应对投标文件的编制和投送给以高度的重视。

12. 开标

在投标截止后，开标应当按照招标文件规定的时间、地点和程序以公开方式进行。开标会议由招标单位组织并主持，并邀请评标委员会成员、投标单位法定代表人或授权代理人和有关单位代表参加。开标会议应在招标管理机构监督下进行，开标会议还可以邀请公证部门对开标全过程进行公证。投标人检查投标文件的密封情况，确认无误后，由有关工作人员当众拆封、验证投标资格，并宣读投标人名称、投标价格以及其他主要内容。投标人可以对唱标作必要的解释，但所作的解释不得超过投标文件记载的范围或改变投标文件的实质性内容。开标应做记录，存档备查。

13. 评标

评标由招标人依法组建的评标委员会负责进行，招标管理机构监督，评标应当按照招标文件的规定进行。招标人负责组建评标委员会，评标委员会由招标人的代表及在专家库中随机抽取的技术、经济、法律等方面的专家组成，总人数一般为5人以上且总人数为单数，其中受聘的专家不得少于总人数的2/3。与投标人有利害关系的人员不得进入评标委员会。评标委员会负责评标，对所有投标文件进行审查，对与招标文件规定有实质性不符的投标文件，应当决定其无效。

投标文件有下列情形之一的，由评标委员会初审后按废标处理：

（1）无单位盖章并无法定代表人或法定代表人授权的代理人签字或盖章的。

（2）未按规定的格式填写，内容不全或关键字迹模糊、无法辨认的。

（3）投标人递交两份或多份内容不同的投标文件，或在一份招标文件中对同一招标项目报有两个或多个报价，且未声明哪一个有效，按招标文件规定提交备选方案的除外。

（4）投标人名称或组织结构与资格预审时不一致的。

（5）未按招标文件要求提交投标保证金的。

（6）联合体投标未附联合体各方共同投标协议的。

评标方法可采用评议法、综合评分法和合理低价法等，所采用的评标方法应在招标文件中确定。

14. 中标

评标委员会完成评标后，应当向招标人提出书面评标报告，并推荐1～3个合格的中标候选人，并标明其排列顺序。招标人根据评标委员会提出的书面评标报告和推荐的中标候选人确定中标人。招标人也可以授权评标委员会直接确定中标人。

依法必须进行招标的项目，招标人应当确定排名第一的中标候选人为中标人。排名第一的中标候选人明确提出放弃中标或因不可抗力提出不能履行合同，或者招标文件规定应当提交履约保证金而在规定的期限内未能提交的，招标人可以确定排名第二的中标候选人为中标人，排名第二的中标候选人因同样原因不能签订合同的，招标人可以确定排名第三的中标候选人为中标人。

15. 合同签订

中标单位确定后，建设单位与中标单位应在规定的期限内签订合同。结构不太复杂的中小型工程7天内，机构复杂的14天内，在约定的日期、时间和地点，根据《中华人民共和国经济合同法》、《建设工程施工合同管理办法》的规定，依据招标文件、投标文件双方签订工程建设合同。招标人和中标人不得再行订立背离合同实质性内容的其他协议。

第三节 投标报价的编制

一、投标报价的概念和特点

（一）概念

投标报价是投标单位根据招标文件及有关的计算工程造价的依据，计算出投标价，并在此基础上采取一定的投标策略，为争取到投标项目提出的有竞争力的投标报价。这项工作对投标单位投标的成败和将来实施工程的盈亏起着决定性作用。

（二）投标报价的特点

1. 投标报价是投标单位根据招标文件和有关的计算工程造价的依据计算出的标价为基础，结合本单位的经营策略和投标项目的特点提出的工程造价，为了争取到项目，投标报价可在一定的范围内浮动。

2. 投标报价除了跟市场价格因素、投标单位技术水平、管理水平有关外，还跟投标单位的经营策略相关。投标单位为了维持运转或抢占某一片市场，可以提出较低的报价，但是必须以保证按要求完成项目为前提。

二、投标报价的程序

任何一个项目的投标报价都是一项系统工程，应遵循一定的程序，一般可分为如下六个步骤：

1. 研究招标文件。投标单位报名参加或受邀请参加某一工程的投标，通过了资格审查并取得招标文件后，首要的工作就是认真仔细地研究招标文件，充分了解内容和要求，以便有针对性地安排投标工作。

2. 调查投标环境。所谓投标环境就是招标工程施工的自然、经济和社会条件，这些条件都可能成为工程施工的制约因素或有利因素，必然会影响到工程成本，是投标单位报价时必须考虑的，所以在报价前要尽可能了解清楚。

3. 制定施工方案。施工方案是投标报价的一个前提条件，也是招标单位评标时要考虑的因素之一。施工方案应由施工单位的技术负责人主持制定，主要考虑施工方法，主要施工机具的配备，各工种劳动力的安排及现场施工人员的平衡，施工进度及分批竣工的安排，安全措施等。施工方案的制定应在技术和工期两个方面对招标单位有吸引力，同时又有助于降低施工成本。

4. 投标计算。投标计算是投标单位对承建招标工程所发生的各种费用的计算。在进行投标计算时，必须首先根据招标文件复核或计算工程量。作为投标计算的必要条件，应预先确定施工方案和施工进度，此外，投标计算还必须与采用的合同形式相协调。报价是投标的关键性工作，报价是否合理直接关系到投标的成败。

5. 确定投标策略。正确的投标策略对提高中标率获得较高的利润有重要作用。常用的投标策略有以信誉取胜、以低价取胜、以缩短工期取胜、以改进设计取胜，同时还可采取以退为进策略、以长远发展为目标策略等。综合考虑企业目标、竞争对手情况、投标策略等多种因素后作出报价决策。

6. 投标报价决策作出后，即应编制正式投标书。投标单位应按招标单位的要求编制投标书，并在规定的时间内送到指定地点。

三、投标报价的编制方法

（一）标价的计算依据

1. 招标单位提供的招标文件。

2. 招标单位提供的图纸、工程量清单及有关技术说明书等。

3. 国家及地区颁发的现行建筑、安装工程预算定额及与之相配套执行的各种定额、规定等。

4. 地方现行材料预算价格、采购地点及供应方式等。

5. 因招标文件及设计图纸等不明确经咨询后由招标单位书面答复的有关资料。

6. 企业内部制定的有关取费、价格等的规定、标准。

7. 其他与报价计算有关的各项政策、规定及调价系数等。

（二）标价的计算方法

投标报价的编制方法同标底的编制一样，可采用定额计价和工程量清单计价来编制。

1. 以定额计价模式投标标价

以定额计价法编制投标标价是我国传统一直采用的方法。一般采用预算定额编制，即按照定额规定计算分部分项工程量，套用定额基价或定额消耗量根据市场价格确定直接费，然后再按规定的费用定额计取各项费用，最后汇总形成标价。

2. 以工程量清单计价模式投标标价

以工程量清单计价模式投标报价，是与市场经济相适应的投标报价方法，也是国际通用的竞争性招标方式所要求的。投标人是根据工程量清单所列项目及工程量逐项填报综合单价，计算出总价，作为投标报价。

我国工程造价改革的总体目标是形成以市场形成价格为主的价格体系。但目前尚处于过渡时期，今后一段时间，我国工程造价管理模式将会出现多种模式并存的局面，工程项目投标报价方面存在的几种基本模式及报价编制步骤见表 9-1。

我国投标报价的模式及报价编制步骤 **表 9-1**

定额计价模式投标标价		工程量清单计价模式投标标价
单位估价法	实物量估价法	综合单价法
1. 计算工程量 2. 查套定额单价 3. 计算直接费 4. 计算取费 5. 确定投标报价书	1. 计算工程量 2. 查套定额消耗量 3. 套用市场价格 4. 计算直接费 5. 计算取费 6. 确定投标报价书	1. 计算各分项工程资源消耗量 2. 套用市场价格 3. 计算直接费 4. 按实计算分摊费用 5. 分摊管理费和利润 6. 得到分项综合单价 7. 计算其他费用 8. 确定投标报价书

（三）投标报价的编制程序和过程

1. 投标报价编制的一般过程

(1) 计算或复核工程量。若招标文件中没有提供工程量清单，则必须根据图纸计算全部工程量。工程招标文件中若提供有工程量清单，投标价格计算之前，要对工程量进行校核。

(2) 确定分部分项工程单价。在投标报价中，计算或复核各个分部分项工程的实物工程量以后，就需要确定每一个分部分项工程的单价，并按照招标文件中工程量表的格式填写。在投标价格编制的各个阶段，投标价格一般以表格的形式进行计算。

一般来说，承包企业应建立自己的价格数据库，并据此计算工程的投标价格。在应用单价数据库针对某一具体工程进行投标报价时，需要对选用的单价进行审核评价与调整，使之符合拟投标工程的实际情况，反映市场价格的变化。因此单价的确定是一项十分细致的工作。

(3) 确定分包工程费。来自分包人的工程分包费用是投标价格的一个重要组成部分，有时总承包人投标价格中的相当部分来自于分包工程费。因此，在编制投标价格时需要有一个合适的价格来衡量分包人的价格，需要熟悉分包工程的范围，对分包人的能力进行评估。

(4) 确定其他费用及利润。利润指的是承包人的预期利润，确定利润取值的目标是考虑既可以获得最大的可能利润，又要保证投标价格具有一定的竞争性。投标报价时承包人应根据市场竞争情况确定在该工程上的利润率。

(5) 确定风险费。风险费对承包商来说是一个未知数，如果风险费估计不足，则由盈利来补贴；如果预计的风险没有全部发生，则风险费有剩余，这部分剩余和计划利润加在一起就是盈余。在投标时应该根据该工程规模及工程所在地的实际情况，由有经验的专业人员对可能的风险因素进行逐项分析后确定一个比较合理的费用比率。

(6) 确定投标价格。将以上费用汇总后就可以得到工程的总价。再根据工程对象和竞争条件，确定报价决策，对计算出来的工程总价作某些必要的调整后，确定最后的投标报价。

2. 投标报价编制的过程

投标报价是由询价、估价和报价组成的一个非常复杂的过程。

(1) 询价。询价主要是了解劳务市场、建材市场、机械设备市场或租赁市场及施工分包市场的价格信息，它是工程估价的重要依据。

(2) 估价。估价是在施工总进度计划、主要施工方法、分包施工单位和资源安排确定后，根据施工单位工料消耗定额和询价结果，承包商对完成招标工程所需费用进行计算和汇总。

(3) 报价。报价是在估价的基础上，分析竞争对手的情况，考虑施工企业在该工程中的竞争地位及承包商自身的经营目标和预期盈利水平，运用一定的投标策略和投标报价技巧，最后确定的工程投标价格。

详细、准确的询价是合理估价的基础，而正确的估价又是报价的有利依据。

四、投标报价的决策、策略与技巧

（一）投标报价决策

投标报价决策是指投标人召集算标人和决策人、高级咨询顾问人员共同研究，就上述报价计算结果和报价的静态、动态风险分析进行讨论，作出调整报价计算的最后决定。在报价决策中应当考虑和注意以下问题：

1. 承包招标项目的可能性和可行性。如应充分分析招标文件，如招标工程的工期要求、付款方式、现场条件和技术复杂程度等，确定企业是否有能力承包该项目，其他竞争对手是否有明显的优势。

2. 报价决策的依据。决策的主要依据应当是自己的算标人员的计算书和分析指标。至于其他途径获得的所谓“标底价格”或竞争对手的“标价情报”等，只能作为参考。参加投标的单位要尽最大的努力去争取中标，但更为主要的是中标价格应当基本合理，不应导致亏损。以自己的报价计算为依据进行科学分析，在此基础上做出恰当的报价决策，能够保证不会落入竞争的陷阱而导致将来的亏损。

3. 在可接受的最小预期利润和可接受的最大风险内做出决策。由于投标情况纷繁复杂，投标中碰到的情况并不相同，很难界定需要决策的问题和范围。一般来说，报价决策并不仅限于具体的计算，而是应当由决策人与算标人员一起，对各种影响报价的因素进行恰当的分析，并做出果断的决策。除了对算标时提出的各种方案、基价、费用摊入系数等予以审定和进行必要的修正外，更重要的是决策人应从全局考虑期望的利润和承担风险的能力

4. 低报价不是得标的唯一因素。招标文件中一般明确申明“本标不一定授给最低报价者或其他任何投标者”。所以决策者可以在其他方面战胜对手。例如，可以提出某些合理的建议，或采用较好的施工方法，使业主能够降低成本、缩短工期。如果可能的话，还可以提出对业主优惠的支付条件等。总之，低报价是得标的重要因素，但不是唯一因素。

（二）投标报价的策略

承包商在做出投标决策后，必须深入地研究投标策略，投标策略一般可以从以下几个角度考虑：

1. 靠提高经营管理水平取胜。主要靠搞好工程的施工组织设计，合理安排人力和机械，多方询价，精心采购材料和设备，合理安排工期和合理开支管理费用，提高企业的经营管理水平，降低企业的成本。

2. 靠改进设计取胜。认真深入地研究设计图纸，发现不合理处，提出备选方案，提出降低造价的措施。

3. 靠缩短工期的策略取胜。采取有效的措施，促使目标工期提前，从而使招标方早投产，早收益，这有利于吸引业主的兴趣。

4. 低利润的策略。这种策略主要在承包商为打开市场或承包任务不足时采用。

5. 发展的策略。承包商为了掌握某种新技术、新工艺，情愿目前少赚钱，而从企业发展的观点出发，以求将来企业争取更大的技术优势，增强企业的竞争力。

（三）报价技巧

报价技巧是指在投标报价中采用一定的手法或技巧使业主可以接受，而中标后又能获得更多的利润。常用的报价技巧主要有：

1. 根据招标项目的不同特点采用不同报价。投标报价时，既要考虑自身的优势和劣

势，也要分析招标项目的特点。按照工程项目的不同特点、类别、施工条件等来选择报价策略。

（1）遇到如下情况报价可高些：施工条件差的工程；专业要求高的技术密集型工程，而本公司在这方面又有专长，声望也高；总造价低的小工程，以及自己不愿意做、又不方便不投标的工程；特殊的工程，如港口码头、地下开挖工程等；工期要求急的工程；投标对手少的工程；支付条件差的工程。

（2）遇到如下工程报价可低一些：施工条件好的工程，工作简单、工程量大而一般公司都可以做的工程；本公司目前急于打入某一市场、某一地区，或在该地区面临工程结束、机械设备等无工地转移时；本公司在附近有工程，而本项目又可以利用该工程的设备、劳务，或有条件短期内突击完成的工程；投标对手多，竞争激烈的工程；非急需工程；支付条件好的工程。

2. 不平衡报价法。这一方法是指一个工程项目总报价基本确定后，通过调整内部各个项目的报价，以期望既不提高总报价、不影响中标，又能在结算时得到更理想的经济效益。一般可以考虑在以下几个方面采用不平衡报价：

（1）能够早日结账的项目（如开办费、基础工程、土方开挖、桩基工程等）可适当提高报价。

（2）预计今后工程量会增加的项目，单价适当提高，这样在最终结算时可多赚钱；将工程量可能减少的项目单价降低，工程结算时损失不大。

（3）设计图纸不明确，估计修改后工程量要增加的，可以提高单价；而工程内容解释不清楚的，则可适当报低一些单价，待澄清后再要求提价。

（4）暂定项目，又叫任意项目或选择项目，对这类项目要具体分析。因为这类项目要在开工后再由业主研究决定是否实施，以及由哪家承包商实施。如果工程不分标，另由一家承包商施工，则其中肯定要做的单价可高些，不一定做的则应低一些。如果工程分标，该暂定项目也可能由其他承包商施工时，则不宜报高价，以免抬高报价。

采用不平衡报价法，要注意单价调整时，不能太高也不能太低，一般来说，单价调整幅度不宜超过±10%，只有对投标单位具有特别优势的某些分项，才可适当增大调整幅度。采用不平衡报价一定要建立在对工程量表中工程量仔细核对分析的基础上，特别是对报低单价的项目，如工程量执行时增多将造成承包商的重大损失；不平衡报价过多和过于明显，可能会引起业主的反对，甚至导致废标。

3. 多方案报价法。对于一些招标文件，如果发现工程范围不很明确，条款不清楚或很不公正，或技术规范要求过于苛刻时，则要在充分估计投标风险的基础上，按多方案报价法处理。即按原招标文件报一个价，然后再提出，如果某条款作某些变动目标即可降低多少，由此可报出一个较低的价。这样可降低总造价，吸引业主。

4. 增加建议方案。有时招标文件中规定，可以提一个建议方案，即可以修改原设计方案，提出投标者的方案。投标者这时应抓住机会，组织一批有经验的设计和施工工程师，对原招标文件的设计和施工方案仔细研究，提出更为合理的方案以吸引业主，促成自己的方案中标。这种新建议方案可以降低总造价或缩短工期，或使工程运用更为合理。但要注意对原方案也一定要报价。建议方案不要写得太具体，要保留方案的技术关键，防止业主将此方案交给其他承包商。同时要强调的是，建议方案一定要比较成熟，有很好的操作性。

5. 分包商报价的采用。由于现代工程的综合性和复杂性，总承包商不可能将全部工程内容完全独家包揽，特别是有些专业性较强的工程内容，须分包给其他专业工程公司施工，还有些招标项目，业主规定某些工程内容必须由他指定的几家分包商承担。因此，总承包商通常还应在投标前先取得分包商的报价，并增加总承包商摊入的一定的管理费，而后作为自己投标总价的一个组成部分一并列入报价单中。应当注意，分包商在投标前可能同意接受总承包商压低其报价的要求，但等到总承包商得标后，他们常以种种理由要求提高分包价格，这将使总承包商处于十分被动的地位。解决的办法是，总承包商在投标前找2、3家分包商分别报价，而后选择其中一家信誉较好、实力较强和报价合理的分包商签订协议，同意该分包商作为本分包工程的唯一合作者，并将分包商的姓名列到投标文件中，但要求该分包商相应地提交投标保函。这种把分包商的利益同投标人捆在一起的做法，不但可以防止分包商事后反悔和涨价，还可能迫使分包商报出较合理的价格，以便共同争取得标。

6. 突然降价法。报价是一项保密性的工作，但是竞争对手往往都会通过各种渠道、手段来刺探对手的情况，因此在报价时可以采取先按一般情况报价或者表现对该工程的兴趣不大，但快到投标截止日期时再突然降价，以此迷惑对手。运用此方法时，在准备投标报价的过程中考虑好降价的幅度，在临近投标截止日期时，根据情报信息和分析判断，对报价做出最后的决策。

7. 无利润投标法。缺乏竞争优势的承包商，在不得已的情况下，只好在投标报价中根本不考虑利润去夺标。这种办法一般是处于以下条件时采用：

（1）有可能在中标后，将大部分工程分包给索价较低的一些分包商。

（2）对于分期建设的项目，先以低价获得首期工程，而后凭借首期工程的经验、临时设施和创立的信誉，赢得机会创造第二期工程中的竞争优势获取第二期工程，并在以后的实施中赚得利润。

（3）较长时间内，承包商没有在建工程项目，如果再不得标，就难以维持生存。因此，虽然本工程无利可图，只要有一定的管理费能维持公司的日常运转，就可以设法渡过暂时的困难，以图将来东山再起。

【例 9-1】 某承包商通过资格预审后，组织了一个投标报价班子对招标文件进行了深入地研究和分析，通过分析发现业主提出的工期过于苛刻，且合同条款中规定工期每延后1天罚合同价的1‰。若承包商要保证该工期的要求，必须采取措施和赶工，这将大大增加承包商的成本。承包商投标报价小组还发现原设计方案采用的剪力墙结构过于保守。因此，承包商在投标文件中说明业主要求的工期难以实现，因而计算出了自己认为合理的和能接受的工期，即比业主要求的工期增加了3个月，并对增加后的工期编制了施工进度计划并据此报价，承包商还建议将剪力墙结构体系改成框架剪力墙结构，并对这两种结构体系进行了技术经济分析和比较，证明框架剪力墙结构不仅完全能保证工程结构的可靠性和安全性、增加建筑物的使用面积和提高空间利用的灵活性，而且还可以降低工程造价约2%，该承包商将技术标和商务标分别封装密封加盖了该公司公章和法定代表人亲笔签名，在投标截止日期前2天的下午将投标文件送交给了业主，并在投标截止日期当天下午，即在规定的开标时间前40分钟，该承包商又向业主递交了一份补充材料，其中声明将原投标报价降低3%。

问题：该承包商在此工程的投标报价中运用了哪几种报价技巧？其运用是否恰当？为什么？

【解】 该承包商运用了三种报价技巧，即多方案报价法、增加建议方案法和突然降价法。其中，多方案报价法运用不当，因为运用该报价技巧时，承包商必须同时对原方案（即业主的工期要求）和现方案（即承包商认为合理的工期）报价，而在此案例中，承包商仅说明业主要求的工期难以实现，未就按该工期完成该工程增加的费用进行计算，且并未就该工期要求进行相应的报价。

增加建议方案运用恰当，因为运用该报价技巧时，该承包商对剪力墙结构和框架剪力墙结构两种结构体系进行了技术经济分析和比较，这意味着对这两个方案都进行了报价，通过分析比较，论证了建议方案（即框架剪力墙结构体系）的技术可行性和经济合理性，对业主有很强的说服力。

突然降价法运用恰当，因为运用该报价技巧时，承包商将原投标文件的递交时间比规定的投标截止日期仅提前了2天，这既符合招投标的有关规定，又为竞争对手调整、确定最终报价留有一定的时间，起到了迷惑对手的作用，若承包商提前时间太多，会引起竞争对手的怀疑，而在开标前40分钟突然递交补充材料，这时竞争对手已经没有时间再调整报价了。

五、签订合同

投标人在中标后，根据《中华人民共和国合同法》、《建设工程施工合同管理办法》的规定，依据招标文件、投标文件与招标方签订工程承包合同。

（一）工程承包合同的类型

依据承包价格的确定方式不同，工程承包合同可分为三种类型：可调价格合同、固定价格合同、成本加酬金合同。

1. 可调价格合同

可调价格合同是指在约定的合同价格的基础上，如果出现物价的涨落，合同价格可以相应调整。一般适用于物价不稳定的国家和地区。

我国的大部分省市确定合同价格的依据是当地的定额，与定额相配套有各种各样的调价方式：月或季度的调价系数、竣工期调价系数、材料信息价或市场价与招标文件规定的基期价的差额等。

2. 固定价格合同

根据风险范围的不同，固定价格合同可分为固定总价合同和固定单价合同。

（1）固定总价合同。固定总价合同是指承包商以约定的固定合同金额，完成设计规范规定的全部工作的合同。当然，当委托项目内容、设计、规范发生变更时，相应的合同金额也会发生变更。一般来说，固定总价合同对承包商的风险相对较大，故在投标报价时应适当提高不可预见费，以防范风险。

（2）固定单价合同。这种方式是把工程细分为单位单项工程子项，业主在招标前估算出每个单位单项工程的数量，投标人只需确定每个单位单项工程子目的价格，实际支付按照实际发生的工程量乘以每个单位工程子目的价格进行。

3. 成本加酬金合同

采用这种合同，首先要确定一个目标成本，这个目标成本是根据估算的工程量和单价表编制出来的。在此基础上，根据目标成本来确定酬金的数额，可以是百分比例的形式，也可以是一笔固定的酬金或者是浮动的酬金，也可能是目标成本加奖罚。成本加酬金之和即为合同价。

（二）不同合同形式的比较和选择

不同合同形式的比较，如表 9-2 所示。

不同合同形式的比较 **表 9-2**

合同类型	固定总价合同	固定单价合同	可调价格合同	成本加酬金合同			
				百分比酬金	固定酬金	浮动酬金	目标成本加奖罚
应用范围	广泛	广泛	广泛	很少	局限		酌情
业主投资控制	易	较易	较易	最难	难	较难	较难
承包商风险	大	较大	较小	较小	基本无风险	较小	较大

具体采用哪一种形式的合同，是由业主根据项目的特点、技术经济指标研究的深度以及确保工程成本、工期和质量要求等因素综合考虑后决定的，业主选择合同形式时所要考虑的因素包括：

1. 项目的复杂程度。建设规模大且技术复杂的工程项目，承包风险较大，各项费用不易估算准确的工程，不宜采用固定总价合同。但对此类工程，可以在同一工程中采用不同的合同形式，如对有把握的部分采用固定价合同，而对估算不准的部分采用单价合同或成本加酬金合同。这有利于业主和承包商合理分担施工中不确定风险因素。

2. 项目设计的具体深度。建设项目的设计深度，即建设工程的工作范围的明确程度和预计完成工程量的准确程度是选择合同形式的重要因素。

3. 项目施工技术的难度。如果施工中有较大部分采用新技术和新工艺，当业主和承包商在这方面过去都没有经验，且在国家颁布的标准、规模、定额中又没有可作为依据的标准时，这类工程不宜采用固定价合同，较为保险的是选用成本加酬金合同。这样有利于避免投标人盲目地提高承包价款，同时也可以避免承包商对施工难度估计不足而导致承包亏损。

4. 项目进度要求的紧迫程度。一些紧急工程，如灾后恢复工程等，要求尽快开工且工期较紧，此时可能仅有实施方案，但没有施工图纸，因此承包商不可能报出合理的投标价格，对此类工程，以邀请招标的方式选择有信誉、有能力的承包商采用成本加酬金合同较为合适。

总之，一个工程项目究竟采用哪种合同形式不是固定不变的。有时候，同一个项目中各个不同的工程部分或不同阶段，可以采用不同形式的合同。制定合同的分标或分包规划时，必须依据实际情况权衡各种利弊，进而作出最佳合同选择决策。

第四节 评标方法

评标方法可采用评议法、综合评分法和合理低价法等，所采用的评标方法应在招标文件中确定。

一、评议法

评议法不量化评标指标，通过对投标单位的能力、业绩、财务状况、信誉、投标价格、工期质量、施工方案（或施工组织设计）等内容进行定性的分析和比较。进行评议后，选择投标单位在各项指标上都优良者为中标单位，也可以用无记名投票的方式确定中标单位。这种方法是定性的评价方法，由于没有对各投标书的量化比较，评标的科学性较差。其优点是简单易行，在较短时间内即可以完成。

二、综合评分法

根据综合评分法，最大限度地满足招标文件规定的各项综合评价标准的投标，应当推荐为中标候选人。衡量投标文件是否最大限度地满足招标文件规定的各项评价标准，可以采取折算为货币的方法、打分的方法或者其他方法。需量化的因素及其权重应当在招标文件中明确规定。

在综合评分法中，最为常见的方法是百分法，这种方法是先在评标办法中确定若干评价因素，并确定各评价因素在百分以内所占的比例和评分标准。开标后评标小组每位成员按评分标准，对投标书打分，最后统计各投标人的得分，总分最高者为中标人。评标委员会对各个因素进行量化时，应当将量化建立在同一基础或者标准上，即这种评标方法的价格因素的比较需要一个基准价（或者被称为参考价），一般以标底作为基准价，这样各投标文件才具有可比性。对技术部分和商务部分进行量化后，评标委员会应当对这两部分的量化结果进行加权，计算出每一投标报价的最终评审结果。

根据综合评分法完成评标后，评标委员会应当拟定一份“综合评估比较表”，和书面评标报告一起交给招标人。“综合评估比较表”应载明投标人的投标报价、所作的任何修正、对商务偏差的调整、对技术偏差的调整、对各评审因素的评估及对每一投标报价的最终评审结果。

三、合理低标价法

所谓合理低标价法，即指根据经评审的最低投标价法，能够满足招标文件的实质性要求，并且经评审的最低投标价的投标，应当推荐为中标候选人。这一方法是按照评标程序，经初审后以合理低标价作为中标的主要条件。所谓合理低价是指经过审查并进行答辩，证明该投标报价是能够完成项目的有效报价。

采用合理低标价法评标时评标委员会应根据招标文件中规定的评标价格调整方法，对所有投标人的投标报价以及投标文件的商务部分进行价格调整，而在比较价格时必须考虑一些修正因素，需要考虑的修正因素包括：一定条件下的优惠条件（如世界银行贷款项目对借款国国内投标有7.5%的评标优惠）；工期提前的效益对报价的修正；同时投多个标的评标修正等。所有的这些修正因素都应当在招标文件中明确规定。这种评标方法一般适用于具有通用技术、性能标准或者招标人对其技术、性能没有特殊要求的招标项目，这种评标方法是一般项目首选的评标方法。

采用合理低标价法的，中标人的投标应当符合招标文件规定的技术要求和标准，且合理低价并不一定是最低标价。根据经评审的最低标价法完成详细评审后，评标委员会应当拟一份“标价比较表”，此表应当载明投标人的投标报价、对商务偏差的价格调整和说明以及已评审的最终投标价。合理低标价法的分析评分方法有“投标报价与标底比较法”、“各投标报价相互比较法”等。

第五节　国际工程招投标简介

一、国际工程（International Project）的概念和特点

1. 国际工程的概念

当今，不同的学者对国际工程的定义不尽相同，一般认为：国际工程是指一个工程项目的策划、咨询、融资、采购、承包和管理及培训等各个阶段或环节，其主要参与者（单位或个人，产品或服务）来自不止一个国家或地区，并且按照国际上通用的工程项目管理理念进行管理的工程。国际工程包括我国公司去海外参与投资或实施的各项工程，又包括国际组织或海外的公司到中国来投资和实施的工程。

国际工程的主要参与者的涵盖范围非常广阔，它包括各国际组织、国际金融机构、各国政府等投资方、各咨询公司和工程承包公司等，并且国际工程的定义是一个开放的范畴，它随着实践工作和研究的深入而不断完善。

国际工程主要包括国际工程咨询和国际工程承包两大行业。国际工程咨询主要包括对工程项目前期的投资机会研究、预可行性研究、可行性研究、项目评估、勘测和设计及招标文件编制、工程监理、项目管理和项目后评价等，它是以高水平的智力劳动为主的服务行业，一般，国际工程咨询都是为业主一方服务的，有时也可为承包商进行质量管理、成本管理等服务，但不得在同一个工程项目中同时为双方服务。而国际工程承包主要包括对工程项目进行施工、设备采购以及安装调试、分包等。同时国际工程承包也可按照业主的要求，承担施工详图设计和部分永久工程的设计。目前国际工程承包中出现了许多新的模式，如“建造-运营-移交”（BOT）模式、“设计-采购-施工”（EPC）模式等，将咨询的部分内容和承包一并发包。

2. 国际工程的特点

由于国际工程的涵盖范围非常广阔，因此，国际工程具有很多与一般项目不同的特点，如国际项目比一般项目复杂，其复杂程度高、整体性强、建设周期长，工程项目具有不可逆转性，工程产品具有固定性，其生产者的流动性也很大，且国际工程在具体实施过程中还受到当地政府的管理和干预。此外，国际工程还是一个跨多个学科的系统工程，同时国际工程是一项跨国的经济活动，它涉及不同国家、不同民族和不同的政治、经济、文化和宗教背景及不同利害关系者的经济利益，因而项目有关各方不像一般项目那样容易沟通，容易产生矛盾和纠纷。国际工程与一般项目相比，其合同管理更严格，它的高风险与高利润并存，且目前国际工程主要还是处于一个由发达国家垄断的现状，但总体来讲，国际工程市场是一个持续稳定发展的市场。

二、国际工程招标方式

加入 WTO 后，我国的建筑市场也将融入国际建筑市场，在国内建筑施工企业进军国外建筑市场的同时，外国的投资商和承包商也随之而来。国内工程实际也是国际工程，承发包方式也将逐渐向国际惯例过渡。国际工程的承发包方式主要采用招标和投标的方式，国际招标与投标是一种国际上普遍应用的、有组织的市场交易行为，是国际贸易中一种商品、技术和劳务的买卖方法。主要有三种方式，即：国际竞争性招标（又称国际公开招标）、国际有限招标、两阶段招标。

1. 国际竞争性招标

国际竞争性招标是指在国际范围内，采用公平竞争方式，对所有具备资格的投标人一视同仁，根据其投标报价及评标的原则进行评标、定标。采用这种方式可以展开最大限度的竞争，形成买方市场，使招标人有充分的挑选余地，选择最合适的承包人并以最有利的条件发包建设项目。国际竞争性招标是目前世界上最普遍采用的招标方式。

根据工程项目的资金来源，实行国际竞争性招标的工程项目主要有以下几种情况：

（1）由世界银行及其附属组织提供优惠贷款的工程项目。

（2）由联合国多边援助机构和国际开发组织地区性金融机构（如亚洲开发银行）提供援助性贷款的工程项目。

（3）由某些国家的基金会和一些政府提供资助的工程项目。

（4）由国际财团或多家金融机构投资的工程项目。

（5）两国或两国以上合资的项目。

（6）需要承包商提供资金即带资承包或延期付款的工程项目。

（7）以实物偿付（如石油、矿产等）的工程项目。

（8）发包国拥有足够的自有资金，而自己无力实施的工程项目。

按照工程的性质，国际竞争性招标主要适用于以下情况：

（1）大型土木工程，如水坝、电站、高速公路等。

（2）施工难度大，发包国在技术或人力方面均无能力实施的工程，如工业综合工程、海底工程。

（3）跨越国境的国际工程，如洲际公路。

（4）极其巨大的现代工程，如过海隧道。

2. 国际有限招标

国际有限招标是一种有限竞争招标。与国际竞争性招标相比，它对投标人选有一定的限制，不是任何对发包项目有兴趣的承包商都有资格参加投标。国际有限招标包括两种方式：

（1）一般限制性招标

这种招标虽然也是在世界范围内进行，但对投标人选有一定的限制。其具体做法与国际竞争性招标颇为近似，只是强调投标人的资信，采用一般限制性招标方式也应该在国内外主要报刊上刊登广告，只是必须注明是有限招标和对投标人选的限制范围。

（2）特邀招标

特邀招标即特别邀请性招标。采用这种方式时，一般不在报刊上刊登广告，而是根据招标人自己积累的经验和资料或由咨询公司提供的承包商名单，由招标人在征得投资方的同意后对某些承包商发出邀请，经过对应邀人进行资格审查后，再通知其提出报价，递交投标书。这种方式的优点是经过选择的投标商在经验、技术和信誉方面比较可靠，基本上能够保证招标的质量和进度。但这种方式也有其缺点，即由于发包人所了解的承包商的数目有限，在邀请时可能漏掉一些在技术和报价上有竞争力的承包商。

国际有限招标是国际竞争性招标的一种修改方式。这种方式通常适用于以下情况：

（1）工程量不大，投标商数目有限或考虑其他不宜国际竞争性招标的正当理由，如对工程有特殊要求等。

（2）某些大而复杂的且专业性很强的项目，如石油化工项目，可能的投标人很少，准备招标的成本很高。为了节省时间和费用，只有针对性的邀请投标人参加。

（3）由于工程性质特殊，要求有专门经验的技术队伍和熟练的技工以及专门的技术设备，只有少数承包商能够胜任。

（4）工程规模太大，中小型公司不能胜任，只好邀请若干家大公司投标。

（5）工程项目招标通知发出后无人投标，或投标人数目不足法定的数目（至少三家），招标人可以再邀请少数公司投标。

（6）由于工期紧迫，或由于保密要求或其他原因不宜公开招标的工程。

3. 两阶段招标

两阶段招标实质上是国际竞争性招标和国际有限招标相结合的方式。第一阶段按公开招标方式招标，经过开标和评标后，再邀请其中报价较低的或者较合理的三家或四家投标人进行第二次投标标价。两阶段招标主要适用于以下三种情况：

（1）招标工程内容属于高新技术，需在第一阶段招标中博采众议，进行评价，选出最新最优的设计方案，然后在第二阶段中邀请选中方案的投标人进行详细的报价。

（2）在某些新型的大项目承包之前，招标人对此项目的建设方案还没有最后确定，这时可以在第一阶段招标中向投标人提出要求，就其最擅长的建造方案进行报价。经过评价，选出其中方案较佳的投标人按照详细方案进行第二阶段的详细报价。

（3）一次招标不成功，即所有投标报价均超出拦标价，只好在现有基础上邀请若干家较低报价的投标人再次报价。

三、国际工程招标程序

对于吸收世界银行、亚洲开发银行、外国政府、财团和基金会的贷款作为建设资金的工程项目，其招标和投标必须符合世界银行有关规定或遵从国际惯例。以下结合世界银行贷款项目介绍国际竞争性招标程序，国际竞争性招标程序一般可以分为以下十二个阶段：

1. 组织招标机构
2. 刊登招标公告及资格预审公告
3. 投标人的资格预审
4. 选定和通知合格的投标人
5. 出售标书
6. 考察现场
7. 招标投标文件的修订
8. 投标人质疑
9. 投标书的提交和接受
10. 开标
11. 评标
12. 授予合同

四、国际工程招标文件

国际工程项目的招标文件一般分为五卷。

第一卷：投标邀请书、投标人须知、合同条件

包括投标邀请书、投标人须知、合同条件（合同通用条件和专用条件）以及合同表格

格式。

第二卷：技术规格书

技术规格书（也叫技术规范）详细载明了承包人的施工对象、材料、工艺特点和质量要求，以及在合同的一般条件和专用条件中未规定的承包人的一切特殊责任。同时，技术规格书中还对工程各部分的施工程序，应采用的施工方法和向承包人提供的各种设施作出规定。技术规格书中还要求承包人提出工程施工组织计划，对已决定的施工方法和临时工程作出说明。技术规格书是对整个工程施工的具体要求和对程序的详细描述，它与工程竣工后的质量优劣有直接关系。所以，技术规格书一般比较详细和明确。

第三卷：投标书格式及其附件、辅助资料表和工程量清单

1. 投标书格式及其附件

投标书格式及其附件是投标必须填好递送的文件。投标书及其附件内容主要是报价及投标人对工期、保留金等承包条件的书面承诺。

2. 辅助资料表

辅助资料表内容包括外汇需求表，合同支付的现金流量表，主要施工机具和设备表、主要人员表和分包人表、临时工程用地需求表和借土填方资料表，这些表格应按照具体建设项目的特殊情况而定。

3. 工程量清单

(1) 工程量清单的编制原则。工程量清单是招标文件的主要组成部分，其分部分项工程的划分和次序与技术规格书是完全相对应的、一致的。绝大部分土建项目的招标文件中都有工程量清单表，国际上大部分工程项目的划分和计算方法是采用《建筑工程量计算原则（国际通用）》或以英国《建筑工程量标准计算方法》为标准结合我国对土建工程项目的具体要求为依据。所以，工程量清单中分部分项工程的划分往往十分繁多而细致。一个工程的工程量清单少则几百项、多则上千项。工程量清单中所标明的工程量一般比较准确，即使发现错误，也不准轻易改动。在绝大部分的土建工程项目的招标文件中，均附有对工程量及其项目进行补充或调整的项目，以备工程量出错或遗漏时，可在此项目上补充或调整。

(2) 暂定金额。暂定金额是指包含在合同价中的、并在工程量清单中以此名义开列的金额，可作为工程施工或供应货物与材料的费用。这些项目将按工程师的指示和决定全部或部分使用。

(3) 临时工程量。除暂定金额外，有的工程量清单中还列有临时工程量。在未取得工程师正式书面准许前，承包人不应进行临时工程量所包括的任何工程。

(4) 工程量的计算单位。工程量清单中的工程量计算单位应使用公制，如“m”、“t”等。

(5) 其他。有的工程量清单中只有项目而无工程量，但需注明只填单价。这是作为以后实际结算的依据。

综上所述，工程量清单是一张只有工程量而没有标价的工程量预算表。它是投标工作的核心部分，投标人的主要工作是确定单价，然后算出分项目造价、分部造价，最后确定投标总价。

第四卷：图纸

图纸是和第二卷技术规格书以及第三卷工程量清单相关联的。承包人应按第二卷技术规格书的要求按图纸进行施工。

第五卷：参考资料

参考资料为工程项目提供了更多的信息，如水文、气象、气候、地质、地理等资料，对投标人编制投标书有重要的参考价值。但它更主要的是用于指导以后的施工。值得注意的是，参考资料不构成以后所签订合同文件的一部分。

复习思考题

1. 建设工程的施工招标方式有哪几种？各有何特点？
2. 简述建设工程施工招投标的程序。
3. 招标文件应包括哪些内容？
4. 投标报价的计算有哪几种主要的方法？并简要说明。
5. 常见的工程投标策略有哪些？
6. 请简要阐述工程投标报价的主要技巧。
7. 工程承包合同有哪几种，各有何特点？
8. 工程承包合同的选择应考虑哪些因素？
9. 常用的评标方法有哪几种？各自有何特点？

第十章 工程价款结算和竣工决算

第一节 工程价款结算

一、概述

（一）工程价款结算的概念及意义

工程价款结算是指承包商在工程实施过程中，依据承包合同中关于付款条款的规定和已经完成的工程量，并按照规定的程序进行工程预付款、工程进度款、工程竣工价款结算的活动。

工程价款结算是工程项目承包中的一项十分重要的工作，主要表现在：

1. 工程价款的结算是工程建设能够顺利进行的重要保障。建设项目的周期一般较长，资金需求量大，只有及时地结算工程价款承包商才能保证项目的顺利实施。

2. 工程价款结算是反映工程进度的主要指标。在施工过程中，工程价款结算的依据之一就是按照已经完工的工程量进行结算，承包商完成的工程量越多，应结算的工程价款就越多。所以，根据累计已结算的工程价款占合同总价款的比例，能够近似地反映工程的进度情况，有利于掌握工程的总体进度情况。

（二）工程价款的主要结算方式

根据财政部、建设部《建设工程价款结算暂行办法》（财建［2004］369 号）的规定，工程价款结算的方式主要有按月结算、分段结算两种方式。在实际工程中采用何种方式结算应在合同中写明。

1. 按月结算。实行旬末或月中预支，月终结算，竣工后清算的办法。跨年度竣工的工程，在年终进行工程盘点，办理年度结算。我国现行建筑安装工程价款结算中，相当一部分工程是实行这种按月结算方式。

2. 分段结算。即当年开工，当年不能竣工的单项工程或单位工程按照工程形象进度，分为不同阶段进行结算。分段结算可以按月预支工程款。

3. 竣工后一次结算。建设项目或单项工程全部建筑安装工程建设期在 12 个月以内，或者工程承包合同价值在 100 万元以下的，可以实行工程价款每月月中预支，竣工后一次结算。

（三）工程价款结算合同约定的内容

发包人、承包人应当在合同条款中对涉及工程价款结算的下列事项进行约定：

1. 预付工程款的数额、支付时限及抵扣方式；

2. 工程进度款的支付方式、数额及时限；

3. 工程施工中发生变更时，工程价款的调整方法、索赔方式、时限要求及金额支付方式；

4. 发生工程价款纠纷的解决方法；

5. 约定承担风险的范围及幅度以及超出约定范围和幅度的调整办法；

6. 工程竣工价款的结算与支付方式、数额及时限；

7. 工程质量保证（保修）金的数额、预扣方式及时限；

8. 安全措施和意外伤害保险费用；

9. 工期及工期提前或延后的奖惩办法；

10. 与履行合同、支付价款相关的担保事项。

二、工程价款结算

（一）工程预付款备料款的结算

施工企业承包工程，一般都实行包工包料，需要一定数量的备料周转金，即备料款（或称预付款）。采用按月结算方式时，建设单位一般按规定拨付给承包单位备料周转金，以便承包单位提前储备材料和定购构配件。实行预付款的工程项目，建设单位与承包商应在签订的施工合同中写明工程备料款预支数额、扣还的起扣点、办理的手续和方法。

承包单位向建设单位预收备料款的数额应以保证当年施工正常储备需要为原则，一般取决于主要材料（包括构配件）占建筑安装工作量的比重，材料储备期和施工期以及承包方式等因素。

1. 预收备料款的数额。预收备料款数额由下列主要因素决定：主要材料（包括外购构配件）占工程造价的比例、材料储备期、施工工期。

对于施工企业常年应备的备料款限额，可按下式计算：

$$备料款数额=\frac{年度承包工程总值\times 主要材料所占比重}{年度施工日历天数}\times 材料储备天数$$

包工包料工程的预付款按合同约定拨付，原则上预付比例不低于合同金额的10%，不高于合同金额的30%，对重大工程项目，按年度工程计划逐年预付。执行《建设工程工程量清单计价规范》（GB 50500—2003）的工程，实体性消耗和非实体性消耗部分应在合同中分别约定预付款比例。

对一般建筑工程，备料款额度不应超过当年建筑工作量（包括水、电、暖）的30%，安装工程按年安装工作量的10%；材料占比重较多的安装工程按年计划产值的15%左右拨付。

对于不包材料，一切材料由建设单位供给的工程项目，则可以不预付备料款。

2. 预收备料款的时限。在具备施工条件的前提下，发包人应在双方签订合同后的一个月内或不迟于约定的开工日期前的7天内预付工程款，发包人不按约定预付，承包人应在预付时间到期后10天内向发包人发出要求预付的通知，发包人收到通知后仍不按要求预付，承包人可在发出通知14天后停止施工，发包人应从约定应付之日起向承包人支付应付款的利息（利率按同期银行贷款利率计），并承担违约责任。

3. 备料款的扣回。由于备料款是按施工图预算或当年建安投资额所需要的储备材料计算的，因而当工程施工达到一定进度、材料储备随之减少时，预付的备料款应当陆续扣还给建设单位，在工程竣工前扣完。扣款的方法有两种：

（1）可以从未施工工程尚需的主要材料及构件的价值相当于备料款数额时起扣，从每次结算工程价款中，按材料比重扣抵工程价款，竣工前全部扣清。

预付备料款起扣点的计算：

未施工工程主要材料、结构件价值＝预付备料款

由于　未施工工程主要材料、结构件价值＝未施工工程价值×主要材料费比重

所以　未施工工程价值×主要材料费比重＝预付备料款

即
$$未施工工程价值=\frac{预付备料款}{主要材料费比重}$$

此时，工程所需的主要材料、结构件储备资金，可全部由预付备料款供应，以后就可陆续扣回备料款。

$$开始扣回预付备料款时的工程价值=年度承包工程总值-\frac{预付备料款}{主要材料费比重}$$

其中开始扣回预付备料款时的工程价值即为开始扣回预付备料款时累计完成工程量金额。

当已完工程超过开始扣回预付备料款时的工程价值时，就要从每次结算工程价款中陆续扣回预付备料款。每次应扣回的数额按下列方法计算：

第一次应扣回预付备料款＝(累计已完工程价值－开始扣回预付备料款时的工程价值)×主要材料费比重

以后各次应扣回预付备料款＝每次结算的已完工程价值×主要材料费比重

在实际经济活动中，对工期较短的工程，则不需分期扣回。对跨年度工程，预计次年承包工程价值大于或相当于当年承包工程价值时，可以不扣回当年的预付备料款；如小于当年承包工程价值时，应按实际承包工程价值进行调整，在当年扣回部分预付备料款，并将未扣回部分转入次年，直到竣工年度，再按上述办法扣回。

(2) 建设部《招标文件范本》中规定，在承包方完成金额累计达到合同总价的10%后，由承包方开始向发包方开始还款，发包方从每次应付给承包方的金额中扣回工程预付款，发包方至少在合同规定的完工期前三个月将工程预付款的总计金额按逐次分摊的办法扣回。

(二) 中间结算

施工单位在工程建设过程中，按逐月（或形象进度等）完成的分部分项工程数量计算各项费用，向建设单位办理中间结算手续。

以按月结算为例，现行的中间结算办法是，施工单位在旬末或月中向建设单位提出预支工程款账单，预支一旬或半月的工程款，月终再提出工程款结算账单和已完工程月报表，收取当月工程价款，并通过银行进行结算。按月进行结算，要对现场已施工完毕的工程逐一进行清点，资料提出后要交工程师和业主审查签证。为简化手续，多年来采用的办法是以施工单位提出的统计进度月报表为支取工程款的凭证，即通常所称的工程进度款。工程进度款的支付步骤如图10-1表示。

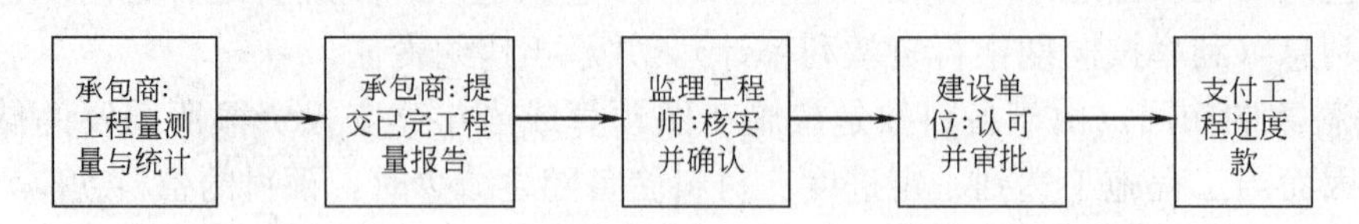

图10-1　工程进度款结算程序

工程进度款支付过程中，应遵循如下规定：

1. 工程量的确认。根据财政部、建设部关于《建设工程价款结算暂行办法》（财建

［2004］369号）的规定：

（1）承包方应按约定时间，向工程师提交已完工程量的报告。工程师接到报告后7天内按设计图纸核实已完工程量（以下称计量），并在计量前24小时通知承包方，承包方为计量提供便利条件并派人参加。承包方不参加计量，发包方可自行进行，计量结果有效，作为工程价款支付的依据。

（2）工程师收到承包方报告后7天内未进行计量，从第8天起，承包方报告中开列的工程量即视为已被确认，作为工程价款支付的依据。工程师不按约定时间通知承包方，使承包方不能参加计量，计量结果无效。

（3）工程师对承包方超出设计图纸范围和（或）因自身原因造成返工的工程量，不予计量。

2. 合同收入组成

财政部制定的《企业会计准则—建造合同》中对合同收入的组成内容进行了解释。合同收入包括两部分内容：

（1）合同中规定的初始收入。即建造承包商与客户在双方签订的合同中最初商定的合同总金额，它构成了合同收入的基本内容。

（2）追加收入。因合同变更、索赔、奖励等构成的收入，这部分收入并不构成合同双方在签订合同时已在合同中商定的合同总金额，而是在执行合同过程中由于合同变更、索赔、奖励等原因而形成的追加收入。

3. 工程进度款支付

按照财政部、建设部关于《建设工程价款结算暂行办法》（财建［2004］369号）的规定：

（1）根据确定的工程计量结果，承包人向发包人提出支付工程进度款申请，14天内，发包人应按不低于工程价款的60％，不高于工程价款的90％向承包人支付工程进度款。按约定时间发包人应扣回的预付款，与工程进度款同期结算。

（2）发包人超过约定的支付时间不支付工程进度款，承包人应及时向发包人发出要求付款的通知，发包人收到承包人通知后仍不能按要求付款，可与承包人协商签订延期付款协议，经承包人同意后可延期支付，协议应明确延期支付的时间和从工程计量结果确认后第15天起计算应付款的利息（利率按同期银行贷款利率计）。

（3）发包人不按合同约定支付工程进度款，双方又未达成延期付款协议，导致施工无法进行，承包人可停止施工，由发包人承担违约责任。

（三）建设工程质量保证金（保修金）

按照《建设工程质量保证金管理暂行办法》（建质［2005］7号）规定，建设工程质量保证金（保修金）（以下简称保证金）是指发包人与承包人在建设工程承包合同中约定，从应付的工程款中预留，用以保证承包人在缺陷责任期内对建设工程出现的缺陷进行维修的资金。

1. 保证金的预留和返还

（1）保证金的预留。全部或者部分使用政府投资的建设项目，按工程价款结算总额5％左右的比例预留保证金。社会投资项目采用预留保证金方式的，预留保证金的比例可参照执行。

（2）保证金的返还。缺陷责任期内，承包人认真履行合同约定的责任，到期后，承包人向发包人申请返还保证金。发包人在接到承包人返还保证金申请后，应于14日内会同承包人按照合同约定的内容进行核实。如无异议，发包人应当在核实后14日内将保证金返还给承包人，逾期支付的，从逾期之日起，按照同期银行贷款利率计付利息，并承担违约责任。发包人在接到承包人返还保证金申请后14日内不予答复，经催告后14日内仍不予答复，视同认可承包人的返还保证金申请。

2. 保证金的管理和缺陷修复

（1）保证金的管理。缺陷责任期内，实行国库集中支付的政府投资项目，保证金的管理应按国库集中支付的有关规定执行。其他政府投资项目，保证金可以预留在财政部门或发包方。缺陷责任期内，如发包方被撤销，保证金随交付使用资产一并移交使用单位管理，由使用单位代行发包人职责。社会投资项目采用预留保证金方式的，发、承包双方可以约定将保证金交由金融机构托管；采用工程质量保证担保、工程质量保险等其他保证方式的，发包人不得再预留保证金，并按照有关规定执行。

（2）缺陷修复及责任。缺陷责任期内，由承包人原因造成的缺陷，承包人应负责维修，并承担鉴定及维修费用。如承包人不维修也不承担费用，发包人可按合同约定扣除保证金，并由承包人承担违约责任。承包人维修并承担相应费用后，不免除对工程的一般损失赔偿责任。由他人原因造成的缺陷，发包人负责组织维修，承包人不承担费用，且发包人不得从保证金中扣除费用。

（四）竣工结算

1. 竣工结算的含义

工程竣工结算是指施工企业按照合同规定的内容全部完成所承包的工程，经验收质量合格，并符合合同要求之后，向发包单位进行的最终工程价款结算。工程竣工结算一般是由施工单位编制，建设单位审核同意后，按照合同规定签章认可。最后通过银行办理工程价款的竣工结算。

2. 工程竣工结算编审依据

（1）工程竣工报告及工程竣工验收单。这是编制工程竣工结算书的首要条件。未竣工的工程，或虽竣工但没有进行验收的工程，均不能进行竣工结算。

（2）工程承包合同或施工协议书。

（3）经建设单位及有关部门审核批准的原工程概预算及增减概预算。

（4）施工图、设计变更图、技术洽商现场施工记录。

（5）国家和当地现行的概预算定额，材料预算价格，费用定额及有关文件规定，解释说明等。

（6）其他有关资料。

3. 竣工结算的有关规定

（1）发包人收到承包人递交的竣工结算报告及完整的结算资料后，应根据《建设工程价款结算暂行办法》规定的期限（合同约定有期限的，从其约定）进行核实，给予确认或者提出修改意见。发包人根据确认的竣工结算报告向承包人支付工程竣工结算价款，保留5%左右的质量保证（保修）金，待工程交付使用一年质保期到期后清算（合同另有约定的，从其约定），质保期内如有返修，发生费用应在质量保证（保修）金内扣除。

（2）发包人收到竣工结算报告及完整的结算资料后，在本办法规定或合同约定期限内，对结算报告及资料没有提出意见，则视同认可。

（3）承包人未在规定时间内提供完整的工程竣工结算资料，经发包人催促后14天内仍未提供或没有明确答复，发包人有权根据已有资料进行审查，责任由承包人自负。

（4）根据确认的结算报告，承包人向发包人申请支付工程竣工结算款。发包人应在收到申请后15天内支付结算款，到期没有支付的应承担违约责任。承包人可以催告发包人支付结算价款，如达成延期支付协议，发包人应按同期银行贷款利率支付拖欠工程价款的利息。如未达成延期支付协议，承包人可以与发包人协商将该工程折价，或申请人民法院将该工程依法拍卖，承包人就该工程折价或者拍卖的价款优先受偿。

（5）发包人和承包人要加强施工现场的造价控制，及时对工程合同外的事项如实记录并履行书面手续。凡由发、承包双方授权的现场代表签字的现场签证以及发、承包双方协商确定的索赔等费用，应在工程竣工结算中如实办理，不得因发、承包双方现场代表的中途变更改变其有效性。

（6）合同以外零星项目工程价款结算。发包人要求承包人完成合同以外零星项目，承包人应在接受发包人要求的7天内就用工数量和单价、机械台班数量和单价、使用材料和金额等向发包人提出施工签证，发包人签证后施工，如发包人未签证，承包人施工后发生争议的，责任由承包人自负。

（7）索赔价款结算。发承包人未能按合同约定履行自己的各项义务或发生错误，给另一方造成经济损失的，由受损方按合同约定提出索赔，索赔金额按合同约定支付。

4. 竣工结算工程价款

在竣工结算时，若因某些条件变化，使合同工程价款发生变化，则需按规定对合同价款进行调整。

在实际工作中，当年开工、当年竣工的工程，只需办理一次性结算。跨年度工程，在年终办理一次年终结算，将未完工程转结到下一年度。此时，竣工结算等于各年结算的总和。办理工程价款竣工结算的一般公式为：

竣工结算工程价款＝预算（或概算）或合同价款＋施工过程中预算或合同价款调整数额－预付及已结算工程价款－保修金

5. 工程竣工结算的审查

工程竣工结算审查是竣工结算阶段的一项重要工作。经审查核定的工程竣工结算是核定建设工程造价的依据，也是建设项目验收后编制竣工决算和核定新增固定资产价值的依据。因此，建设单位、监理公司以及审计部门等，都十分关注竣工结算的审核把关。一般从以下几方面着手：

（1）核对合同条款。首先，应核对竣工工程内容是否符合合同条件要求，工程是否竣工验收合格，只有按合同要求完成全部工程并验收合格才能列入竣工结算。其次，应按合同约定的结算方法、计价定额、取费标准、主材价格和优惠条款等，对工程竣工结算进行审核，若发现合同开口或有漏洞，应请建设单位与施工单位认真研究，明确结算要求。

（2）检查隐蔽验收记录。所有隐蔽工程均需进行验收，两人以上签证；实行工程监理的项目应经监理工程师签证确认。审核竣工结算时应该对隐蔽工程施工记录和验收签证，手续完整，工程量与竣工图一致方可列入结算。

（3）审核设计变更签证。设计修改变更应由原设计单位出具设计变更通知单和修改图纸，设计、校审人员签字并加盖公章，经建设单位和工程师审查同意、签证；重大设计变更应经原审批部门审批，否则不应列入结算。

（4）审查工程量。竣工结算的工程量应依据竣工图、设计变更单和现场签证等进行核算，并按国家统一规定的计算规则计算工程量。审查分项工程工程量是审查工程结算的重点，工作量很大，因此，在审查工作中，对一些造价大和容易出错的分项工程，要特别仔细的审核。在审查工程量时，应着重审查项目是否齐全，有无遗漏或重复；工程量计算是否符合规定的计算规则，尤其是计算规则容易混淆的部位。

（5）审查单价。结算单价应按合同约定或招投标规定的计价定额或按《建设工程工程量清单计价规范》（GB 50500—2003）的综合单价执行。

（6）审查各项费用计取。对于定额计价，建安工程的取费标准应按合同要求或项目建设期间与计价定额配套使用的建安工程费用定额及有关规定执行，先审核各项费率、价格指数或换算系数是否正确，价差调整计算是否符合要求，再核实特殊费用和计算程序。对于按《建设工程工程量清单计价规范》（GB 50500—2003）的计价，应注意单位工程费汇总表的内容。两者均要注意各项费用的计取基数。

（五）工程价款的动态结算

对于工程建设项目合同工期较长的，随着时间的推移，经常要受到物价浮动等多种因素的影响，其中主要是人工费、材料费、施工机械费、运费等的动态影响。但是，我国现行工程价款的结算基本上是按照设计预算价值，以预算定额单价和各地方工程造价管理部门公布的调价文件为依据进行的，在结算中对价格波动（如通货膨胀或通货紧缩）等动态因素考虑不足，致使承包商（或业主）遭受损失。为了避免这一现象，有必要在工程价款结算中充分考虑动态因素，也就是要把多种动态因素纳入到结算过程中对结算加以调整，使工程价款结算能够基本上反映工程项目的实际消耗费用。目前常用的动态结算方法主要有工程造价指数调整法、实际价格调整法、调价文件计算法、调值公式法四种。

1. 工程造价指数调整法。这种方法是甲乙双方采取当时的预算（或概算）定额单价计算出承包合同价，待竣工时，根据合理的工期及当地工程造价管理部门所公布的该月度（或季度）的工程造价指数，对原工程造价在定额价格的基础上调整由于实际人工费、材料费、机械使用费等费用上涨及工程变更等因素造成的价差。调整系数的计算基础为直接工程费。

【例 10-1】 武汉市某建筑公司承包一办公楼（框架结构），工程合同价款 800 万元，2006 年 1 月签订合同并开工，2006 年 11 月竣工，如根据工程造价指数调整法予以动态结算，求价差调整的数额应为多少？

【解】

如果根据资料查得：办公楼（框架结构）2006 年 1 月的造价指数为 100.04，2006 年 11 月的造价指教为 100.20，则

$$\text{工程合同价}\times\frac{\text{竣工时工程造价指数}}{\text{签订合同时工程造价指数}}=800\times\frac{100.20}{100.04}=801.28\text{ 万元}$$

所以此工程价差调整额为 1.28 万元。

2. 实际价格调整法。按实际价格结算法是对钢材、木材、水泥等主材的价格采取凭发票据实报销的办法。为了避免副作用，造价管理部门要定期公布最高结算限价，合同文件中还规定建设单位有权要求承包商选择更廉价的供应来源。

3. 调价文件计算法。这种方法是甲乙方采取按当时的预算价格承包，在合同工期内，按照造价管理部门调价文件的规定，进行抽料补差。如有的地区按每季度或每半年发布一次主要材料预算价格，进行抽料补差就是对这一时期的工程按所完成的材料用量乘以价差。

4. 调值公式法。根据国际惯例，对建设项目工程价款的动态结算，一般是采用此法。事实上，在绝大多数国际工程项目中，甲乙双方在签订合同时就明确列出这一调值公式，并以此作为价差调整的计算依据。该调价公式的一般形式为：

$$P=P_0\left(a_0+a_1\frac{A}{A_0}+a_2\frac{B}{B_0}+a_3\frac{C}{C_0}+a_4\frac{D}{D_0}\right)$$

式中 P——调整后合同价款或工程实际结算款；

P_0——合同价款中工程预算进度款；

a_0——固定要素，代表合同支付中不能调整的部分；

a_1、a_2、a_3、……——代表有关各项费用（如：人工费用、钢材费用、水泥费用、运输费等）在合同总价中的比重，$a_1+a_2+a_3+\cdots\cdots=1$；

A_0、B_0、C_0、……——投标截止日期前 28 天与 a_1、a_2、a_3、……对应的各项费用的基期价格指数或价格；

A、B、C、D……——在工程结算月份与 a_1、a_2、a_3、……对应的各项费用的现行价格指数或价格。

【例 10-2】 某建筑工程承包合同中规定：

1. 建筑安装工程造价为 800 万元，建筑材料及设备费占施工产值的比重为 60%；

2. 工程预付款为建筑安装工程造价的 20%，工程实施后，工程预付款从未施工工程尚需的主要材料及构件的价值相当于工程预付款数额时起扣，从每次结算工程价款中按材料和设备占施工产值的比重扣抵工程预付款，竣工前全部扣清；

3. 工程进度款逐月计算；

4. 工程保修金为建筑安装工程造价的 3%，竣工结算月一次扣留；

5. 材料和设备价差调整按规定进行（按有关规定上半年材料和设备价差上调 10%，在 5 月份一次调增）。

承包商每月实际完成并经工程师签证确认的工程量如表 10-1 所示。

某工程每月实际完成并经工程师签证确认的工程量 **表 10-1**

月份	1 月	2 月	3 月	4 月	5 月
完成产值(万元)	67	133	200	267	133

问：

1. 该工程的工程预付款、起扣点为多少？

2. 该工程每月拨付工程款为多少？累计工程款为多少？

3. 5月份办理工程竣工结算，该工程结算造价为多少？甲方应付工程结算款为多少？

【解】

问题1：

工程预付款：800×20%＝160万元

起扣点：800－160/60%＝533万元

问题2：

各月拨付工程款为：

1月：工程款67万元，累计工程款67万元

2月：工程款133万元，累计工程款200万元

3月：工程款200万元，累计工程款400万元

4月：工程款267－(267＋400－533)×60%＝186.6万元

累计工程款586.6万元

问题3：

工程结算总造价为：

800＋800×0.6×10%＝848万元

甲方应付工程结算款：

848－586.6－(848×3%)－160＝75.96万元

第二节　竣工决算

一、概述

（一）竣工决算的概念

建设项目竣工决算是指所有建设项目竣工后，建设单位按照国家有关规定在新建、改建和扩建工程建设项目竣工验收阶段所编制的竣工决算报告。竣工决算是以实物数量和货币指标为计量单位，综合反映竣工项目从筹建开始到项目竣工交付使用为止的全部建设费用、建设成果和财务情况的总结性文件，是竣工验收报告的重要组成部分，竣工决算是正确核定新增固定资产价值，考核分析投资效果，建立健全经济责任制的依据，是反映建设项目实际造价和投资效果的文件。

（二）工程竣工结算与竣工决算的关系

建设项目竣工决算是以工程竣工结算为基础进行编制的。它是在整个建设项目竣工结算的基础上，加上从筹建开始到工程全部竣工，有关基本建设的其他工程和费用支出，便构成了建设项目竣工决算的主体。它们的区别就在于以下几个方面；

1. 编制单位不同：竣工结算是由施工单位编制的，而竣工决算是由建设单位编制的。

2. 编制范围不同：竣工结算主要是针对单位工程编制的，每个单位工程竣工后，便可以进行编制，而竣工决算是针对建设项目编制的，必须在整个建设项目全部竣工后，才可以进行编制。

3. 编制作用不同：竣工结算是建设单位与施工单位结算工程价款的依据，是核对施工企业生产成果和考核工程成本的依据，是建设单位编制建设项目竣工决算的依据。而竣工决算是建设单位考核基本建设投资效果的依据；是正确确定固定资产价值和正确计算固

定资产折旧费的依据。

二、竣工决算的内容

竣工决算应包括从筹划到竣工投产全过程的全部建设费用，即建筑工程费用、安装工程费用、设备工器具购置费用和其他费用。

竣工决算的内容由竣工决算报告说明书、竣工决算报表、工程竣工图和工程造价对比分析四个部分构成，前两个部分又称之为建设项目竣工财务决算，是竣工决算的核心内容和重要组成部分。

（一）竣工决算报告说明书

其主要反映竣工工程建设成果和经验，是对竣工决算报表进行分析和补充说明的文件，是全面考核分析工程投资与造价的书面总结，其内容主要包括：

1. 建设项目概况，以及对工程总的评价；
2. 会计账务的处理、财产物资情况及债权债务的清偿情况；
3. 资金节余、基建结余资金等的上交分配情况；
4. 主要技术经济指标的分析、计算情况；
5. 基本建设项目管理及决算中存在的问题、建议；
6. 需说明的其他事项。

（二）建设项目竣工财务决算报表

建设项目竣工财务决算报表按大、中型建设项目和小型建设项目分别制定。报表的组成如图 10-2 所示。

大、中型建设项目竣工财务决算报表
- 1. 建设项目竣工财务决算审批表（表 10-2）
- 2. 大、中型建设项目概况表（表 10-3）
- 3. 大、中型建设项目竣工财务决算表（表 10-4）
- 4. 大、中型建设项目交付使用财产总表（表 10-5）
- 5. 建设项目交付使用财产明细表（表 10-6）

小型建设项目竣工财务决算报表
- 1. 建设项目竣工财务决算审批表（表 10-2）
- 2. 小型建设项目竣工财务决算总表（表 10-5）
- 3. 建设项目交付使用资产明细表（表 10-6）

图 10-2　建设项目竣工财务决算报表组成

各种常用表格如表 10-2～表 10-6 所示。

建设项目竣工财务决算审批表　　**表 10-2**

建设项目法人（建设单位）		建设性质	
建设项目名称		主管部门	
开户银行意见： （盖章） 年　月　日			
专员办审批意见： （盖章） 年　月　日			
主管部门或地方财政部门审批意见： （盖章） 年　月　日			

大、中型建设项目概况表 **表 10-3**

<table>
<tr><td>建设项目名称</td><td colspan="3"></td><td>建设地址</td><td></td><td></td><td>项　目</td><td>概算（元）</td><td>实际（元）</td><td rowspan="9">备注</td></tr>
<tr><td>主要设计单位</td><td colspan="3"></td><td>主要施工企业</td><td></td><td></td><td>建设安装工程</td><td></td><td></td></tr>
<tr><td rowspan="3">占地面积</td><td>设计</td><td>实际</td><td rowspan="3">总投资（万元）</td><td>设计</td><td>实际</td><td rowspan="7">基建支出</td><td>设备、工具、器具</td><td></td><td></td></tr>
<tr><td rowspan="2"></td><td rowspan="2"></td><td rowspan="2"></td><td rowspan="2"></td><td>待摊投资</td><td></td><td></td></tr>
<tr><td>其中：建设单位管理费</td><td></td><td></td></tr>
<tr><td rowspan="2">新增生产能力</td><td colspan="3">能力（效益）名称</td><td>设计</td><td>实际</td><td>其他投资</td><td></td><td></td></tr>
<tr><td colspan="3"></td><td></td><td></td><td>待核销基建支出</td><td></td><td></td></tr>
<tr><td rowspan="2">建设起止时间</td><td>设计</td><td colspan="4">从 年 月 日开工至 年 月 日竣工</td><td>非经营项目转出投资</td><td></td><td></td></tr>
<tr><td>实际</td><td colspan="4">从 年 月 日开工至 年 月 日竣工</td><td></td><td>合　计</td><td></td><td></td></tr>
</table>

<table>
<tr><td>设计概算批准文号</td><td colspan="4"></td></tr>
<tr><td rowspan="3">完成主要工程量</td><td colspan="2">建设规模</td><td colspan="2">设备（台、套、t）</td></tr>
<tr><td>设计</td><td>实际</td><td>设计</td><td>实际</td></tr>
<tr><td></td><td></td><td></td><td></td></tr>
<tr><td rowspan="3">收尾工程</td><td>工程项目、内容</td><td>已完成投资额</td><td>尚需投资额</td><td>完成时间</td></tr>
<tr><td></td><td></td><td></td><td></td></tr>
<tr><td>小　计</td><td></td><td></td><td></td></tr>
</table>

大、中型建设项目竣工财务决算表 **表 10-4**

资　金　来　源	金 额	资　金　占　用	金 额	补　充　资　料
一、基建拨款		一、基本建设支出		1. 基建投资借款期末余额
1. 预算拨款		1. 交付使用资产		2. 应收生产单位投资借款期末数
2. 基建基金拨款		2. 在建工程		3. 基建结余资金
其中：国债专项资金拨款		3. 待核销基建支出		
3. 专项建设基金拨款		4. 非经营项目转出投资		
4. 进口设备转账拨款		二、应收生产单位投资借款		
5. 器材转账拨款		三、拨付所属投资借款		
6. 煤代油专用基金拨款		四、器材		
7. 自筹资金拨款		其中：待处理器材损失		
8. 其他拨款		五、货币资金		
二、项目资本		六、预付及应收款		
1. 国家资本		七、有价证券		
2. 法人资本		八、固定资产		
3. 个人资本		固定资产原价		
4. 外商资金本		减：累计折旧		
三、项目资本公积		固定资产清理		
四、基建借款		待处理固定资产损失		
其中：国债转贷				
五、上级拨入投资借款				
六、企业债券投资借款				
七、待冲基建支出				
八、应付款				
九、未交款				
1. 未交税金				
2. 其他未交款				
十、上级拨入资金				
十一、留成收入				
合　计		合　计		

大、中型建设项目交付使用财产总表　　表 10-5

单项工程项目名称	总计	固定资产					流动资产	无形资产	递延资产
		建筑工程	安装工程	设备	其他	合计			

交付单位： 负责人： （盖章） 年　月　日	接收单位： 负责人： （盖章） 年　月　日

建设项目交付使用财产明细表　　表 10-6

单项工程名称	建筑工程			设备工具器具家具						流动资产		无形资产		递延资产	
	结构	面积（m^2）	价值	名称	规格	单位	数量	价值（元）	设备安装费（元）	名称	价值	名称	价值	名称	价值（元）

支付单位盖章　　年　月　日　　　　接收单位盖章　　年　月　日

（三）建设工程竣工图

建设工程竣工图是真实地记录各种地上地下建筑物、构筑物等情况的技术文件，是工程进行交工验收、维护改建和扩建的依据，是国家的重要技术档案。国家规定：各项新建、扩建、改建的基本建设工程，特别是基础、地下建筑、管线、结构、井巷、桥梁、隧道、港口、水坝以及设备安装等隐蔽部位，都要编制竣工图。为确保竣工图质量，必须在施工过程中（不能在竣工后）及时做好隐蔽工程检查记录，整理好设计变更文件。其具体要求：

1. 凡按图竣工没有变动的，由施工单位（包括总包和分包施工单位，下同）在原施工图上加盖“竣工图”标志后，即作为竣工图；

2. 凡在施工过程中，虽有一般性设计变更，但能将原施工图加以修改补充作为竣工图的，可不重新绘制，由施工单位负责在原施工图（必须是新蓝图）上注明修改的部分，并附以设计变更通知单和施工说明，加盖“竣工图”标志后，作为竣工图。

3. 凡结构形式改变、施工工艺改变、平面布置改变、项目改变以及有其他重大改变，不宜再在原施工图上修改、补充者，应重新绘制改变后的竣工图。由设计原因造成的，由设计单位负责重新绘图；由施工原因造成的，由施工单位负责重新绘图，由其他原因造成的，由建设单位自行绘图或委托设计单位绘图。施工单位负责在新图上加盖“竣工图”标志，并附以有关记录和说明，作为竣工图。

4. 为了满足竣工验收和竣工决算需要，还应绘制能反映竣工工程全部内容的工程设计平面示意图。

（四）工程造价比较分析

批准的概算是考核建设工程造价的依据。为考核概算执行情况，正确核实建设工程造价，财务部门首先必须积累概算动态变化资料，包括材料价差、设备价差、人工费价差、费率价差等。同时还要收集设计方案变化资料以及对工程造价有重大影响的设计变更资料。在此基础上，考查竣工形成的实际工程造价节约或超支的数额。为了便于进行比较，可先对比整个项目的总概算，之后对比工程项目（或单项工程）的综合概算和其他工程费用概算，最后再对比单位工程概算，并分别将建筑安装工程，设备、工器具购置和其他基建费用逐一与项目竣工决算编制的实际工程造价进行对比，找出节约或超支的具体环节。应主要分析的内容是：

1. 主要实物工程量；

2. 主要材料消耗量；

3. 考核建设单位管理费、建筑及安装工程间接费等取费标准。

以上所列内容是工程造价对比分析的重点，应侧重分析，但对具体项目应进行具体分析，究竟选择哪些内容作为考核、分析重点，应因地制宜，视项目的具体情况而定。

三、竣工决算的编制

（一）编制竣工决算的依据

1. 工程合同、工程结算等有关资料；

2. 竣工图、工程竣工报告和工程验收单；

3. 经审批的施工图预算、设计总概算；

4. 设计变更记录、施工记录或施工签证单及其他施工发生的费用记录；

5. 材料、设备和其他各项费用的调整依据；

6. 有关定额、费用调整的补充规定；

7. 其他有关资料。

（二）竣工决算的编制步骤

1. 编制方法

根据经审定的及施工单位竣工结算等原始资料，对原概（预）算进行调整，重新核定各单项工程和单位工程造价。用于增加固定资产价值的其他投资，如建设单位管理费、研究试验费、土地征用及拆迁补偿费等，应分摊于受益工程，随同受益工程交付使用的同时，一并计入新增固定资产价值。

2. 竣工决算的编制步骤

（1）收集、整理、分析原始资料。从工程开始就按编制依据的要求，收集、清点、整理有关资料，主要包括所有的技术资料、工料结算的经济文件、施工图纸和各种变更与签证资料，并分析它们的准确性。

（2）工程对照、核实工程变动情况，重新核实各单位工程、单项工程造价。将竣工资料与原设计图纸进行查对、核实，必要时可实地测量，确认实际变更情况，根据经审定的施工单位竣工结算等原始资料，按照有关规定对原概（预）算进行增减调整，重新核定工程造价。

（3）经审定的待摊投资、其他投资、待核销基建支出和非经营项目的转出投资，按照国家规定，严格划分和核定后，分别计入相应的基建支出（占用）栏目内。

（4）编制竣工财务决算说明书。

（5）填报竣工财务决算报表。

（6）进行工程造价对比分析。

（7）清理、装订好竣工图。

（8）按照国家规定上报审批，存档。

（三）竣工决算的审查

竣工决算编制完成后，在建设单位或委托咨询单位自查的基础上，应及时上报主管部门并抄送有关部门审查。

竣工决算的审查一般从以下几方面进行：

1. 审查竣工决算的文字说明是否实事求是，有无掩盖问题的情况。

2. 审查工程建设的设计概算、年度建设计划执行情况、设计变更情况以及是否有超计划的工程和无计划的楼堂馆所工程，工程增减有无业主与施工企业的双方签证。

3. 审查各项支出是否符合规章制度，有无乱挤乱摊以及扩大开支范围和铺张浪费等问题。

4. 审查报废工程损失、非常损失等项目是否经有关部门批准。

5. 审查工程建设历年财务收支是否与开户银行账户收支额相符。

6. 审查工程建设拨款、借贷款，交付使用财产应核销投资、转出应核销其他支出等项的金额是否与历年财务决算中有关项目的合计数额相符。

7. 审查应收、应付的每笔款项是否全部结清。工程建设应摊销的费用是否已全部摊销。应退余料是否已清退。

8. 审查工程建设有无结余资金和剩余物资，数额是否真实，处理是否符合有关规定。

四、保修费用的处理

（一）保修的基本概念

1. 保修的含义

根据《中华人民共和国建筑法》第六十二条规定，我国建筑工程实行质量保修制度。项目保修是指项目竣工验收交付使用后，在规定的保修期限内，由施工单位按照国家或行业现行的有关技术标准、设计文件以及合同中对质量的要求，对该建设工程进行维修、返工等工作，直至达到正常使用的标准。因为建设产品在竣工验收后仍可能存在质量缺陷和隐患，在使用过程中才能逐步暴露出来，例如：屋面漏雨、墙体渗水、建筑物基础超过规定的不均匀沉降、采暖系统供热不佳、设备及安装工程达不到国家或行业现行的技术标准等，需要在使用过程中检查观测和维修。

建设工程质量保修制度是国家所确定的重要法律制度，建设工程保修制度对于促进承包方加强质量管理、保护用户及消费者的合法权益能够起到重要的作用。

2. 保修期限的规定

根据国务院颁布的《建设工程质量管理条例》第四十条规定，在正常使用条件下，建设工程的最低保修期限为：

（1）基础设施工程、房屋建筑的地基基础工程和主体结构工程，为设计文件规定的该工程的合理使用年限；

(2) 屋面防水工程、有防水要求的卫生间、房间和外墙面的防渗漏，一般为5年；

(3) 供热与供冷系统，分别为两个采暖期、供冷期；

(4) 电气管线、给水排水管道、设备安装和装修工程，为两年；

其他项目的保修期限由发包方与承包方约定。建设工程的保修期，自竣工验收合格之日起计算。

(二) 保修费用及其处理

1. 保修费用的含义

保修费用是指对保修期间和保修范围内所发生的维修、返工等各项费用支出。

2. 保修费用的处理

根据《中华人民共和国建筑法》的规定，在保修费用的处理问题上，必须根据修理项目的性质、内容以及检查修理等多种因素的实际情况，区别保修责任的承担问题，对于保修的经济责任的确定，应当由有关责任方承担，由建设单位和施工单位共同商定经济处理办法。

(1) 承包单位未按国家有关规范、标准和设计要求施工，造成的质量缺陷，由承包单位负责返修并承担经济责任。

(2) 由于设计方面的原因造成的质量缺陷，由设计单位承担经济责任，可由施工单位负责维修，其费用按有关规定通过建设单位向设计单位索赔，不足部分由建设单位负责协同有关方解决。

(3) 因建筑材料、建筑构配件和设备质量不合格引起的质量缺陷，属于承包单位采购的或经其验收同意的，由承包单位承担经济责任；属于建设单位采购的，由建设单位承担经济责任。

(4) 因使用单位使用不当造成的损坏问题，由使用单位自行负责。

(5) 因地震、洪水、台风等不可抗拒原因造成的损坏问题，施工单位、设计单位不承担经济责任，由建设单位负责处理。

(6) 因建设工程质量不合格而造成损害的，受损害人有权向责任者要求赔偿。因建设单位或者勘察设计的原因、施工的原因、监理的原因产生的建设质量问题，造成他人损失的，以上单位应当承担相应的赔偿责任。受损害人可以向任何一方要求赔偿，也可以向以上各方提出共同赔偿要求。有关各方之间在赔偿后，可以在查明原因后向真正责任人追偿。

(7) 涉外工程的保修问题，除参照上述办法进行处理外，还应依照原合同条款的有关规定执行。

复习思考题

1. 工程价款结算方式有哪几种？
2. 什么是工程预付款？其拨付方式和扣还方式如何？
3. 工程款调整方式有哪几种？
4. 简述竣工决算的概念及内容。
5. 简述竣工决算的编制步骤。

第十一章　计算机在工程估价中的应用

第一节　概　　述

一、计算机辅助工程预算的特点

（一）传统概预算编制过程的缺点

传统概预算的编制过程要求预算员必须熟悉相关概预算定额、取费标准、各种图纸和地区有关取费规定。传统建筑工程预算的编制工作耗用人力多、计算时间长、人工计算慢、计算容易出错、工作效率低。手工编制概预算已渐渐不能适应日益激烈的建筑市场。

建筑市场对建筑工程概预算的编制提出了新的要求：随机性、及时性、准确性。当前，在建筑市场的经营活动中，为适应工程招投标需要，要及时、迅速、准确地计算出工程项目的预算价格，确定标底或报价策略。这样就加重了预算员的工作强度。建筑施工企业急需改革原来的预算管理体制。概预算工作迫切需要新的技术力量的渗入。而计算机技术的广为发展为此提供了可能。

（二）计算机辅助工程预算的优点

现代化的管理，离不开现代化的工具计算机。随着计算机的发展，建筑业中越来越广泛地使用计算机来解决工程中的实际问题。计算机在我国工程建设领域中已经广泛用于建筑设计、建筑工程概预算、施工组织计划及招投标等方面。

应用计算机编制概预算具有如下优点：

1. 精确度高。采用计算机进行概预算的编制，较之传统的手工编制方法，精确度大为提高。例如在工程量列式计算、定额的套价计算、对数据精度的取舍等方面，手工操作精确度要远低于计算机。而利用计算机及预算程序，只需将工程初始数据输入计算机，并确认无误，就可保证计算结果的准确。

2. 编制速度快、工作效率高，适应快节奏的市场要求。应用计算机进行概预算的编制具有快速、准确的特点，可大大提高工作效率。在竞争日益激烈的市场经济环境下，提高工作效率更显重要，应用计算机也势在必行。

3. 易修改、调整。应用预算软件后，对工程量计算规则的调整、修改，定额套取、换算，工程变更的修改等都很方便。

4. 预算成果项目完整，数据齐全。应用计算机编制预算，除完成预算文件本身的编制外，还可以提供各分部分项工程及各分层分段工程的工料分析、单位建筑面积工料消耗指标、各项费用的组成比例等丰富的技术经济资料，为备料、施工计划、经济核算等提供大量有用的数据。

5. 人机对话，使用简便，有利于培训新的预算技术人员。只要对电脑基础知识有所了解的预算人员，如能够合适地选用定额和根据要求输入工程初始数据，就能独立地完成预算的编制工作。

目前，我国建筑工程概预算软件国内已有很多种，电算化工作已逐步完善，用计算机辅助编制建筑工程预算已经相当普遍。

二、计算机辅助工程预算系统的功能

目前的计算机辅助工程预算系统，一般都提供了工程项目管理、定额管理、费用管理及预算编制等四大功能，供操作选择。另外还有图形算量的功能。

1. 工程项目管理功能。主要是对项目管理库进行工程登录、查询、补充数据、技术经济指标分析及了解预算工作进度等操作。项目管理库的作用在于：每项工程在编制预算前把各种基本特征数据输入该库，并在预算结束后把各种造价分析数据补充在该工程记录内。该库的基本内容包括工程名称、建设单位名称、施工单位名称、工程结构类型、取费类别等，还包括建筑面积、定额直接费、综合间接费等数据（值），后一部分数据由预算结束时得到。

2. 定额管理功能。主要是对已存入计算机内的定额库进行管理，可以对定额库进行查询、修改、补充等操作。

3. 费用管理功能。主要是对预算费用项目及其标准的费用数据库进行查询、修改、补充等操作。不同结构类型、不同承包方式的建筑工程，其预算取费不同，因此，根据预算的特点，把规定的各种间接费及材差等取费标准录入费用数据库内，以备电算时引用。

4. 预算编制功能。具有初始数据输入、补充或换算定额数据输入、对所输入的数据打印供校对用（如有输入数据错误可选用修改功能进行修改）、预算计算、自动打印出一份完整的工程预算书文件（可根据需要选择或全部打印实物工程量直接费计算表、其他费用表、材料分析表、材料汇总表等）等子功能。

5. 图形算量功能。主要是帮助预算人员快速从图纸中计算出工程量，目前主要有作图法和识别CAD图的方法。

预算人员不必自己动手编制预算程序。预算电算的关键是要保证填写和输入的工程初始数据正确无误。因此，预算人员必须对程序的使用说明、工程初始数据的输入方法和注意事项等，要有详尽的了解和掌握。

第二节　计算机辅助工程预算系统

一、系统设计

计算机辅助工程预算系统首先是设计一个通用的程序，并将全部的程序内容、定额数据和备用数据等输入到计算机中，一般是先存储在外存储器，然后在引用时调入内存，便可进行预算的编制工作。在上机操作时，应按照施工图和工程各种初始数据逐项输入与预算有关的数据，然后由计算机完成计算过程。

（一）系统模块设计

计算机辅助工程预算系统一般包括建筑工程、安装工程等预算子系统。各子系统间既是相互联系的整体，又是相对独立的子系统。系统模块结构设计图如图 11-1 所示。

（二）系统数据结构

应用计算机编制工程概预算的步骤和手工编制的步骤基本上是一致的，都遵循“计量、套价、取费”这三个步骤，即先根据给出的工程初始资料计算工程量，然后根据给定

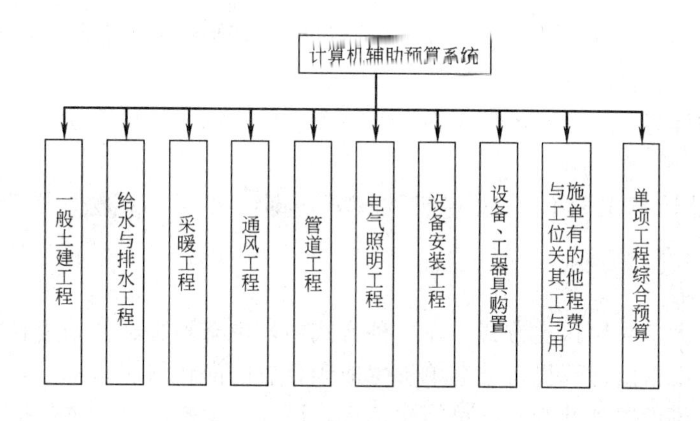

图 11-1　系统模块结构

的定额号，在定额库中找出相应的工料、费用等数据，最后套用定额，即可得到相应的结果。因此，预算软件就是通过定额库的建立、数据的输入、预算文件的生成三个主要步骤进行编制的。

建设工程预算项目繁多、计算量大而重复次数多、数据处理复杂。为了提高计算机的运行速度，优化内存空间，可将数据分为动态数据和静态数据两大类。

1. 动态数据

动态数据是由具体工程直接决定的、编制概预算所需要的有关数据。如工程的几何尺寸，工程量的大小，人工、材料和机械台班的消耗量，工程造价等数据。

2. 静态数据

静态数据是由国家和地方主管部门颁布的编制概预算的有关依据。如概算指标、概算定额、预算定额、间接费定额、其他费用取费标准等数据。

系统数据结构图如图 11-2 所示。

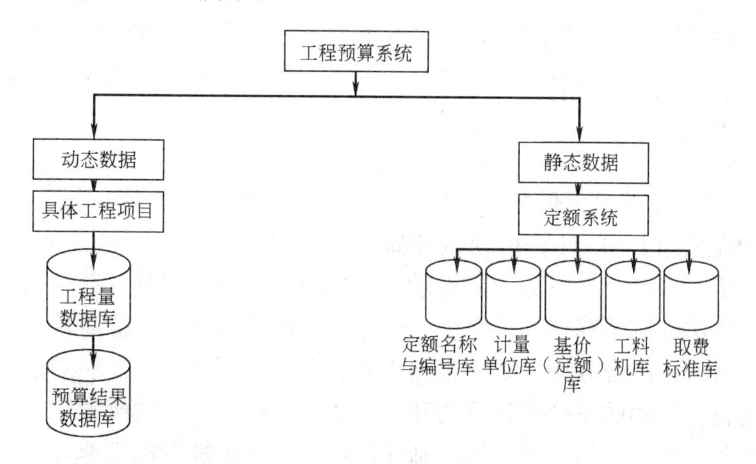

图 11-2　系统数据结构图

（三）工程量计算方法

编制建筑工程概预算时，最基本的问题是工程量的计算问题，一般说来，工程量的计算工作占手工编制预算 60%～70%的工作量，可以说解决了工程量的计算问题，基本上也就解决了预算软件的实现问题。最早期的概预算软件，工程量完全通过手工计算，在软件中输入工程量的值，利用软件来处理工程造价的计算和作其他分析。随后，又出现了提供表达式的概预算软件，即把工程量的计算表达式编入软件，由人手工输入数据，由计算机完成工程量的计算。这是对预算员很大的一个解放，以后的预算软件基本按着这个思路发展下去。

目前工程量计算电算化方法有四种模式，即：公式计算法、图形法、扫描法和CAD法。

1. 公式计算法

目前的软件大多采用这类方式。在这种方式中，也有不少软件采用直接输入经人工计算好的工程量结果，由计算机自动套单价生成预算表的简化情况。

公式计算法可设置公共变量，可简化输入，可任意编辑增删调整数据，编辑的结果即可打印输出工程量计算书。

公式计算法的另一种表现形式是填表法。根据施工图纸及预算工程量计算规则，摘取工程量计算的基础数据，填写专门设计的初始数据表，包括套用的定额号及工程量计算原始数据、相应的计算类型（公式）等，然后输入计算机，由计算机自动运算生成预算书。

公式计算法的优点是直观、简单、类似人工操作、容易掌握。不足之处是预算人员输入数据量很大。

2. 图形法

图形法计算工程量是把施工图按一定规则通过预算程序在计算机上画一遍，然后自动生成工程量、套用定额。目前有一批优秀预算软件都应用了这类方法。

图形法的优点是预算人员只要将建筑物的平面图形输入计算机内，就能自动计算工程量和套用定额。它适用于建筑物轴线为正交矩形平面的住宅或办公楼，但对较复杂的建筑工程就难以适用。

3. 扫描法

扫描法是指直接由计算机读图计算工程量。由计算机直接读图算出工程量是人们向往已久的事。但由于图纸不规范，所以目前还无法采用这种方法。但经多年研究，已经取得了一些成果。

4. CAD法

CAD出图时直接得出工程量是解决工程量计算问题的一条根本途径。

其思路为在采用CAD计算机辅助建筑工程设计时，对各分项工程图形进行属性定义，当设计完毕，自动计算各分项工程量，并将同类分项工程量自动相加，套用定额编制预算书。这种方法编制预算能彻底解决工程量数据的输入问题，提高预算质量，能根据预算书及时地分析设计的合理性，是未来预算软件工程量计算方法发展的方向。

就当前而言，可用的是公式计算法和图形法这两种模式。这两种模式都要求使用者首先做好以下准备工作：仔细读图、标出轴线位置、选好定额号和其他有关计算参数。

（四）定额库建立

1. 定额库组成

定额库的建立就是把现行预算定额存储于计算机中，为编制预算做准备。

建立预算定额库时，应考虑定额的量、价两种因素，因此定额库主要由工料机定额消耗库、单位估价表（单价表）、费用定额库等组成。

(1) 工料机定额消耗库

工料机定额消耗库是对分项工程的资源消耗量定额进行管理。资源消耗定额库除非施工承包单位有重大的技术进步、重大的专利技术突破使其正常的消耗量发生变动外，一般不作调整，因此是静态的。

(2) 单位估价表

单位估价表即价格库，是对分项工程的资源价格进行管理。资源价格随市场供求关系时常变化，因此价格库是动态的。

(3) 费用定额库

费用定额库中主要是取费标准文件，它的基本组成包括取费类别号、工程项目类型(性质)、施工企业性质（等级)、计算基础、各项取费项目及标准等数据项。计算时，通过在工程初始数据项目信息表中给出取费类别号而正确引用。

2. 建立定额库思路

目前，建立定额库的思路是：

(1) 概预算编制程序和定额库相分离，这样就可以达到定额库的维护功能，也可以达到不同地区使用同一个概预算的编制软件。

(2) 定额库的更新性能，一般的软件公司都提供定额库的更新服务。

(3) 定额库对不同地区概预算软件的支持有两个方向，一是建立一个大型的定额数据库，将尽可能多的定额包含进来。二是建立不同地区的不同定额库模块，在不同地区使用时，再加载相应地区的定额数据库。

二、国外电算软件的发展现状

从20世纪60年代开始，工业发达国家的一些公司已经开始利用计算机做估价工作，比我国要早10年左右。但是，由于国内外在造价管理体制和方法上的差异，造成我国工程造价软件的发展与国外出现了较大的差异。工业发达国家的工程造价软件一般重视已完工程数据的利用、价格管理、造价估计和造价控制这几个方面。由于各国的造价管理都具有不同的特点，这些软件在各国体现出不同的特点，这也说明了应用软件的首要原则在于满足用户的需求。

在已完工程数据利用方面，英国的BCIS（Building Cost Information Service，建筑成本信息服务部）是英国建筑业最权威的信息中心。它专门收集已完工程的资料，存入数据库，并随时向其成员单位提供。当成员单位要对某些新工程进行估算时，可选择最类似的已完工程数据估算工程成本。

价格管理方面，RSA（Property Service Agency，物业服务社）是英国的一家官方建筑业物价管理部门，在许多价格管理领域都成功地应用了计算机，比如在建筑投标价格管理等方面。该组织收集投标文件，对各项目造价进行加权平均，求得平均造价和各种投标价格指数，并定期发布，供招标者和投标者参考。同样地，BCIS要求其成员单位定期向自己报告各种工程造价信息，也向成员单位提供他们需要的各种信息。

由于国际间工程造价彼此关系密切，欧洲建筑经济委员会（CEEC）在1980年6月成立造价分委会（Cost Commission)，专门从事各成员国之间的工程造价信息交换服务工作。造价估计方面，英美等国也都有自己的软件，但它们一般针对计划阶段、草图阶段、初步设计阶段、详细设计阶段和开标阶段，分别开发有不同功能的软件。其中预算阶段的软件开发也存在一些困难，例如工程量的计算和价格数据的获得等，尤其是在工程量计算方面，国外在与图形的结合问题上，从目前资料来看，并未获得大的突破。

造价控制方面，加拿大的 Revay 公司开发的 CT-4（成本与工期综合管理软件）则是一个比较优秀的代表。

第三节　计算机辅助工程预算系列软件简介

由于目前全国各地所采用的定额不同，定额栏目各异，因此，概预算软件的应用有很大的地区性限制。目前的概预算软件一般都建立了不同地区的不同定额库（如建筑工程、安装工程、装饰工程、市政工程、房屋维修工程定额库），以适应于不同的地区和不同的预算要求。

下面介绍目前比较有代表性的预算软件。

一、广联达概预算系列软件

北京广联达技术开发有限公司开发的广联达工程造价系列软件，包括图形自动计算工程量软件、工程概预算软件、钢筋翻样及下料软件、钢筋预算统计软件等。

1. 模块化组成

广联达软件的模块化组成如图 11-3 所示。

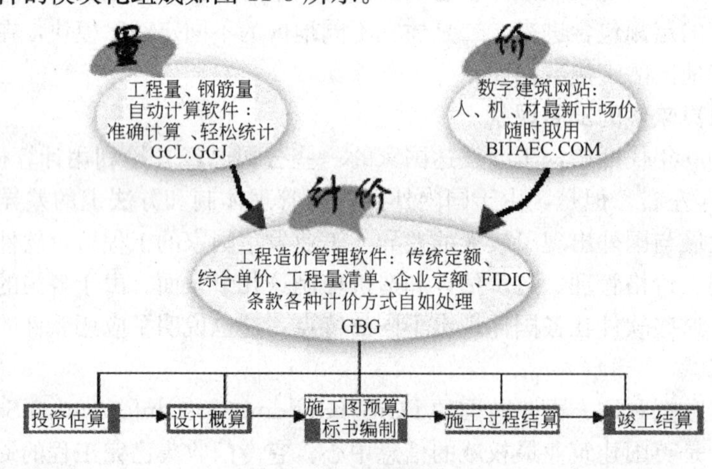

图 11-3　广联达软件的模块

2. 项目管理思想

广联达工程概预算软件采用的是树状结构的项目管理方式，在建立项目的过程中，该软件明确提出了三级管理的概念，即建设项目、单项工程和单位工程。它清楚地表示了一种层次关系，像树干到树枝再到树叶一样。从大到小，从粗到细，又有一定的附属关系。当编制工程概预算时，以单位工程为基本单位，各单位工程的概预算文件可自动逐级汇总形成单项工程综合概算，各单项工程的综合概算进而可自动汇总为建设项目总概算。这种设计层次感强，对大型项目的管理十分方便。

3. 工程量计算

广联达软件在解决工程量计算方法时采用了以下六种方法：

（1）直接输入工程量。就是将计算好的工程量结果值直接输入到工程量表达式栏。这种输入方式一般适用于习惯手工计算工程量或预算校核者。

(2) 利用表达式输入工程量。就是将工程量计算的四则运算表达式直接输入到工程量表达式栏，系统会自动将计算出的结果值显示在工程量栏。

(3) 草稿纸计算法。这是模仿手工的计算过程，在软件中也提供了一张“草稿纸”。使用者可以按一定的规则，将类似手工书写在草稿纸上的计算步骤写入软件，每一步骤还能加上注释，软件就可以自动地汇总出最终工程量。这种方法和手工习惯几乎一致，省去人工计算过程，并且该计算过程可以在输出的工程量计算书中完全反映，这对于工程量的核对也非常方便。

(4) 引用工程量法。即一个子目在计算工程量时能够引用其他子目的工程量，这样，当被引用的子目工程量发生变化时，该子目的工程量也能自动发生相应变化。这种方法完全是根据统筹法计算工程的原理而设计的，使用者根据该原理，确定一个科学的工程量计算次序，即能大大提高工程量的计算速度。

(5) 常用标准公式法计算工程量。工程量计算非常复杂，需要使用大量的计算公式。手工计算工程量时，常常要翻阅有关手册查找某个计算公式。该软件提供所有常用的计算公式，而且是以图形的方式提供，使用者需要时不必再去查阅资料，只需选择相应的图形公式，并输入软件提示的参数，就可以得到工程量。

(6) 图形自动计算工程量。广联达公司研制开发了《广联达图形自动计算工程量软件》。该软件和广联达工程概预算软件有内置接口，使用该软件计算的工程量可以很方便地传入概预算软件，然后再做取费调价，就可完成工程概预算。

4. 定额管理功能

广联达概预算软件充分利用计算机存储量大、检索速度快的特点，把所有的定额信息都建立了数据库，这样，使用软件时就可采用多种方式随时调用。该软件中常用的子目输入方法如下：

(1) 直接输入。即输入定额编号，软件就能够自动检索出子目的名称、单位、单价及人材机消耗量等。这一功能非常适合于习惯人工查套定额的用户。

(2) 按章节检索定额子目。它模仿手工翻查定额手册的过程，通过在软件界面上直接选择定额章节来查找子目。软件还提供了定额的章节说明、计算规则、工作内容以及注意事项，所以使用该软件，一般用户都可以脱离定额手册，而完全使用软件来编制工程概预算。

(3) 按关键字查询定额子目。例如，如果需要检索标号为 Q5 的混凝土子目，只需在软件中输入关键字“Q5”，则所有定额名称中包含该关键字的定额子目都能显示出来供选择。这一功能主要用于查找不太常用的、难于凭记忆区分章节的子目。

(4) 标准图集智能查套子目。在工程设计中常有许多标准设计，设计图纸上一般标明了所采用的图集及代号，但并不给出具体的做法。所以在编制工程概预算时。一般都需要查阅相应的标准图集，如门窗图集、做法图集、预制构件图集等。软件对这个问题的处理是，首先工料分析是由软件自动产生的，不需要人工任何劳动；第二，对于市场信息价，采用“电子信息盘”方式来解决。

(5) 在解决子目换算和子目补充方面采用了以下方法：

1) 直接换算。即可以直接打开一条需要换算子目的人材机消耗表，在该表中可以任意删除、增加和替换材料，可以对任意工料的消耗量进行修改。这种方法可以实现所有的换算形式，但相对繁琐。

2）智能换算。一般子目都有一些常用的换算形式。如砂浆、混凝土换算，抹灰厚度的换算等。软件开发了智能换算功能。智能换算有两种操作形式。一是输入换算信息换算法，例如输入定额编号时输入“2-84 C40”，则2-84这条子目在输入的同时被智能换算为C40混凝土等级；二是先输入子目，再调用智能换算子目，例如，先输入“2-84”这条子目，如果需要换算时按一个快捷键，系统即弹出一个可能的换算形式选择窗口，如果选择“C40”，同样也能完成上面的操作。

另外，在实际编制工程概预算的过程中，总有一些子目需要补充。广联达概预算软件提供了直接补充子目或借用定额子目建立补充子目等方法，操作也同样十分方便。在该软件中补充子目还可以存档和维护，经过存档的补充子目在下一次使用时，可以和普通定额子目一样被调用。

5. 工程取费

软件在各地的定额库中建立当地所有类型建筑的取费模板。一套模板针对一个建筑类型，取费程序、费率和取费基数都已经完全做好。这样用户在软件中取费时，只需要选定自己需要的模板，一般的取费工作就完成了。软件提供了强大的取费模板编辑功能。用户在取费表中可以任意定义自己需要的取费项，对费率可以任意修改，可以对取费基数进行自行编辑。由于软件提供了强大的自定义分部功能，所以在取费表中可以作为取费基数的不仅有直接费、人工费、材料费、机械费和工日数，还可以取得各自定义分部（例如基础分部）的直接费、人材机费用和工日数，软件提供细到一条子目的费用，甚至还提供某一种材料的总价和数量作为取费基数。

二、神机妙算概预算系列软件

1. 图形算量软件

该软件采用了以下技术：

（1）独特的图形参数工程量钢筋自动计算，少画图，甚至不需要画图，就可以自动计算工程量钢筋，不但可以自动计算基础、结构、装饰、房修工程量，还可以自动计算安装、市政、钢结构工程量，跟预算有关的所有工程量钢筋都可以自动计算。

（2）不需要定义工程量计算规则，就可以自动计算出符合需要的工程量，达到一量多算。先画图，后计算，再选工程量计算模板自动套定额。

（3）画好的图形，自动生成参数图标，可以重复使用，下次使用，只需要改变参数，就可以自动生成符合需要的图形，对于近似工程，可以起到事半功倍的效果。

（4）对于画图，提供了100多种图形编辑方法，可以画出大部分工程图纸。

（5）工程量钢筋自动计算宏语言，实现透明计算，整个计算过程，看得见，摸得着，可以改。因此不存在算不准，可以计算出符合需要的工程量钢筋。

（6）个性化设置，软件的界面，整个计算过程可以自己设置，自己定义，以便提高工作效率。

2. 参数算量软件

该系列软件有以下特点：

（1）继承神机妙算构件钢筋自动计算软件的成熟的技术，重新改写计算引擎和人机界面，增加100多项新功能。

(2) 重新改写钢筋自动计算图标库，原钢筋图标库以构件为单位计算钢筋，工作效率不高，新钢筋图标库是以楼层或整个建筑物为单位自动计算钢筋，因此工作效率相比原来软件提高5倍以上，相比手工计算钢筋提高20倍以上。一栋建筑面积大于3万m^2的高层，地上地下的全部钢筋，使用神机妙算新钢筋软件，在3天之内可以全部计算完毕。

(3) 增加单根钢筋自动嵌入功能。

3. 工程造价（工程量清单报价）软件

该软件具有以下特点：

(1) 采用智能感知技术、模糊关联技术、多级树形数据库技术对定额库进行管理。

(2) 用户可以自定义软件功能和人机用户界面。

(3) 可以跨专业跨地区相互拖拉定额子目，全部功能和操作符合Windows标准。

(4) 具有倒算功能，工程量清单功能，审计审核功能，投标报价功能。

三、海文概预算系列软件

海文电脑软件有限公司的建筑工程造价软件系列，其主要功能和特点是：

1. 专业齐全，包括土建、安装、市政等专业软件。
2. 针对不同地区开发不同的版本。
3. 多种灵活的输入方式，强大的换算功能。
4. 工程分期报价，不同工期套用不同的信息价。
5. 用户可灵活调整取费标准。
6. 与工程量自动计算软件配合使用，不用重复输入数据。

四、梦龙工程概预算系统

北京梦龙科技开发公司开发的《梦龙智能项目管理集成系统》，其中的梦龙工程概预算系统具有以下特点：

1. 开放式数据库，适应全国各种情况，任意挂接各地定额。
2. 专为定额站而做的设计，使定额及工料机的建库工作迅速准确，完全符合各地定额标准，用户可用来建立自己的补充定额库及材料库。
3. 允许跨定额库操作，如做建筑工程预算时可以取安装工程定额库的定额子目。
4. 用户可以自定义数据的分类方式和编码规则，各个常用部分均提供模板功能，允许用户自行维护。
5. 可以将工程分割成若干部分，同时对各部分进行预算，最后进行合并，从而大大提高工作效率。
6. 由于梦龙软件是一个集成系统，预算系统所得的数据可以直接进入梦龙投资控制系统和材料管理系统，亦可与梦龙项目管理系统交互数据，最大限度地利用数据资源，减少数据的重复录入。

五、清华斯维尔软件科技有限公司概预算系统

深圳市清华斯维尔软件科技有限公司开发的《工程量及钢筋算量一体化2006》，其符合GB 50500—2003规范，可自动挂接做法和处理定额换算，工程量计算结果可直接生成预算文件，实现了工程量计算、套价数据一体化。有以下特点：

1. 使用简单：符合手工算量习惯，计算结果所见即所得，方便核对。

2. 操作方便：通过工程属性、楼层设置功能，可批量修改构件相关属性；通过构件复制功能，可批量复制构件。

3. 做法智能：系统根据构件属性，自动判定挂接清单和定额、识别定额换算、计算清单和定额工程量。

4. 功能开放：用户可自定义构件属性、计算公式，也可手工挂接做法，输入零星钢筋。

5. 输入直观：图文并茂，钢筋公式可视化，构件属性录入直观。

6. 输出灵活：可灵活选择构件进行汇总和输出报表，也可选择钢筋汇总方式。

7. 报表简洁：剔除了冗余记录，大大节约了报表篇幅。

8. 功能一体化：实现工程量计算和钢筋抽量一体化。

9. 出量多样化：可同时计算清单、定额和实物工程量。

10. 钢筋录入智能：系统自动根据钢筋规范和构件特征生成默认钢筋。

11. 系统构件丰富：提供一百多类构件，三千多条钢筋计算公式。

12. 维护功能开放：用户可任意追加构件、定额判定、钢筋计算公式。

13. 和计价软件无缝连接：计量结果可直接生成预算文件，并自动识别换算信息。

第四节 《建设工程工程量清单计价规范》应用软件

一、"清单专家"工程量清单计价软件

"清单专家"工程量清单计价软件以先进的数据库技术为内核并与标准定额工程量清单数据库和计量、计价规则紧密结合，定额数据、工程量清单数据面向应用高度开放，强大的二次开发功能和网络化应用，使其可成为标准、规范的工程量清单计价软件和灵活易用的建设工程造价业务功能平台。"清单专家"具有如下系统功能：

1. 工程量清单报价编制

（1）分部分项工程量清单项目报价编制。可根据招标文件要求，自动生成工程量清单编号、名称、计量单位；构造体现企业技术管理水平和特点的工程量清单项目及其工程内容子目体系；自动完成清单项目组价。投标人可根据自身技术装备状况和生产管理水平，灵活调整工程内容定额子目消耗量项目含量及其市场价格和修改综合单价中管理费、利润等费用的取费标准，做出企业最具竞争力的投标报价。

（2）措施项目报价编制。在其清单报价编制过程中，对于子目系数费用项目、综合系数费用项目及包干费用项目均可在"自定义"插页预先定义取费规则（取费基数、费率），在编制措施项目报价时，自动完成该措施项目报价。对于"脚手架"、"施工降水"等须套用定额子目的措施项目报价，在套价窗口直接套用相应定额子目完成。投标人可根据自身情况和报价策略灵活调整措施项目费用。

（3）其他项目报价编制。对于除分部分项工程量清单项目、措施项目外工程中可能发生的其他项目费用，通过在"其他费"插页自由编辑，可灵活实现包干费用、系数取费费用的编制取定。

2. 人材机汇总分析

提供从普遍人材机分析汇总、价差分析汇总到大材分析汇总、特项材料分析汇总、甲

供材料分析汇总的全面人材机分析汇总功能，实现详尽的全方位、多层次人材机分析汇总。且价格库动态挂接，可灵活选用不同期价格信息。

3. 综合单价分析与报价优化处理

对工程量清单报价进行逐层逐项的单价分析，包括各工程量清单项目综合单价构成分析（所属各工程内容人工费、材料费、机械费、管理费、税金等）、工程量清单项目各工程内容定额子目的人材机消耗及费用分析。依据分析结果、工程招投标特点和企业自身技术装备状况及管理水平，通过系统快速优化调整分部分项工程量清单项目、措施项目、其他项目费用（费率调整、单价调整、工程内容定额子目调整、直至子目消耗量项目含量调整），充分体现企业自主报价的理念，编制出投标人最具竞争力的投标报价。

4. 审计审核功能

可直接读取、传送送审造价数据至审计审核数据区，通过清单项目及工程内容定额子目适用性、工程量、费率、单价等项目全面审查核减造价，并输出详细的审计审核成果。

5. 报表编辑输出功能

6. 造价数据格式化存储与共享调用

对全部造价数据采用数据库和多层次格式文件管理，方便用户全面、完整地保存并积累经验性造价数据资料，逐步建立起自己的企业定额和经验报价数据。用户可随时根据需要构造补充定额、综合定额、典型工程套价文件、常用工程量清单项目及其工程内容子目组合、常用费率表、取费表等。

7. 定额库编辑与管理

二、《全国工程量清单计价系统》BSTAT

《全国工程量清单计价系统》BSTAT 包括三部分：（1）建筑工程、装饰装修工程的工程量自动计算软件；（2）智能钢筋统计软件；（3）清单计价软件。

1. 系统功能

（1）利用算量和钢筋统计可以快速生成工程量清单。

（2）利用该软件（STATI-4）及标书制作软件可以快速生成工程量清单模式标书、标底。

（3）利用该软件实现投标方工程量清单报价审核。

（4）利用清单报价软件及投标系统快速生成经济标和技术标。

（5）利用清单报价软件根据招标方工程量清单快速生成不同消耗量定额的工程量清单报价，进行方案比较。

（6）利用该软件及项目管理系统实现施工过程的成本、物资管理。

（7）利用该软件及合同管理系统实现设计变更计价、工程结算。

（8）利用该软件实现投标方工程量清单报价审核和方案比较。

2. 系统特点

系统技术特点如下：

（1）自动计算工程量

1）充分利用 PKPM 等软件的设计数据。BSTAT 可直接读取、分析 PKPM 已有设计数据实现工程量自动统计。还可读取其他在设计单位较流行的软件产生的设计数据，完成工程量统计。如建筑设计软件 ABD、天正（ARCT）等。

2）提供三维建模功能，完成建筑、结构、基础的图纸录入。对于不是 PKPM 软件等生成的设计数据，系统提供了三维建模技术，使用户可用三维建模方法方便地完成建筑、结构、基础的图纸录入。

3）提供自动生成工程量清单项目编码及项目名称的功能。《清单规范》对清单项目编码及项目名称做了统一规定，程序设置了建筑构件特性与清单项目特征的对应关系，从而自动生成工程量清单项目编码及项目名称。

4）自动套取不同地区的消耗量定额、依据《清单规范》的计算规则实现清单工程量的计算。

（2）钢筋智能统计

以建筑、结构、基础模型为对象自动生成几何数据和构件属性，结合设计智能完成梁、柱、楼板、剪力墙、楼梯、基础的钢筋统计。

（3）清单计价

三、"清单大师"工程量清单计价软件

"清单大师"系列软件主要包括工程量清单计价软件、计算机辅助评标软件、图表算量和图形算量软件、结算与支付软件，辅以电子标书作为联系纽带，与企业级成本控制系统、项目级管理系统及其他应用级工具有机地结合起来，为工程全生命周期提供了一个整体的解决方案，即"工程全生命周期造价管理信息平台"。

"清单大师"功能有：招标文件编制、投标报价、标底及预算编制、工程量计算、评标定标、结算支付、指标积累等。

附录1　建筑面积计算

自2005年7月1日起，建筑面积计算应以国家标准《建筑工程建筑面积计算规范》（GB/T50353—2005）为准。

建筑面积是指建筑物外墙结构所围的水平投影面积的总和。它是根据建筑平面图在统一规则下计算出来的一项重要经济指标，例如单方造价、商品房售价的确定以及基本建设计划面积、房屋竣工面积、在建房屋建筑面积等指标。同时，建筑面积也是计算某些分部分项工程量的基本数据，如综合脚手架、建筑物超高施工增加费、垂直运输等工程量都是以建筑面积计算的。

一、建筑面积计算规则

根据国家标准《建筑工程建筑面积计算规范》（GB/T50353—2005）规定，下列内容应计算建筑面积。

（1）单层建筑物的建筑面积，应按其外墙勒脚以上结构外围水平面积计算，并应符合下列规定：

① 单层建筑物高度在2.20m及以上者应计算全面积；高度不足2.20m者应计算1/2面积。

② 利用坡屋顶内空间时，净高超过2.10m的部位应计算全面积；净高在1.20～2.10m的部位应计算1/2面积；净高不足1.20m的部位不应计算面积。

（2）单层建筑物内设有局部楼层者，局部楼层的二层及以上楼层，有围护结构的应按其围护结构外围水平面积计算，无围护结构的应按其结构底板水平面积计算。层高在2.20m及以上者应计算全面积；层高不足2.20m者应计算1/2面积。

（3）多层建筑物首层应按其外墙勒脚以上结构外围水平面积计算；二层及以上楼层应按其外墙结构外围水平面积计算。层高在2.20m及以上者应计算全面积；层高不足2.20m者应计算1/2面积。

（4）多层建筑坡屋顶内和场馆看台下，当设计加以利用时净高超过2.10m的部位应计算全面积；净高在1.20～2.10m的部位应计算1/2面积；当设计不利用或室内净高不足1.20m时不应计算面积。

（5）地下室、半地下室（车间、商店、车站、车库、仓库等），包括相应的有永久性顶盖的出入口，应按其外墙上口（不包括采光井、外墙防潮层及其保护墙）外边线所围水平面积计算。层高在2.20m及以上者应计算全面积；层高不足2.20m者应计算1/2面积。

（6）坡地的建筑物吊脚架空层、深基础架空层，设计加以利用并有围护结构的，层高在2.20m及以上的部位应计算全面积；层高不足2.20m的部位应计算1/2面积。设计加以利用、无围护结构的建筑吊脚架空层，应按其利用部位水平面积的1/2计算；设计不利用的深基础架空层、坡地吊脚架空层、多层建筑坡屋顶内、场馆看台下的空间不应计算面积。

（7）建筑物的门厅、大厅按一层计算建筑面积。门厅、大厅内设有回廊时，应按其结构底板水平面积计算。层高在 2.20m 及以上者应计算全面积；层高不足 2.20m 者应计算 1/2 面积。如附录图 1 所示。

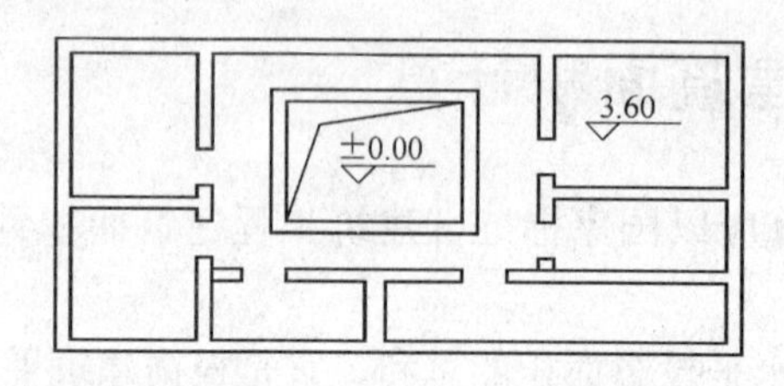

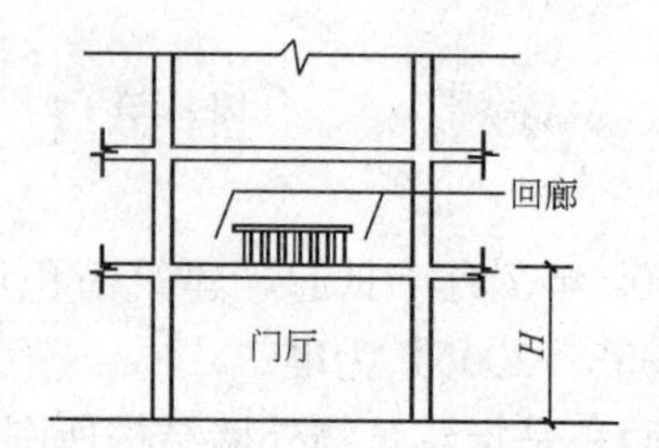

附录图 1　门厅回廊

（8）建筑物间有围护结构的架空走廊，应按其围护结构外围水平面积计算。层高在 2.20m 及以上者应计算全面积；层高不足 2.20m 者应计算 1/2 面积。有永久性顶盖无围护结构的应按其结构底板水平面积的 1/2 计算。

（9）立体书库、立体仓库、立体车库，无结构层的应按一层计算，有结构层的应按其结构层面积分别计算。层高在 2.20m 及以上者应计算全面积；层高不足 2.20m 者应计算 1/2 面积。

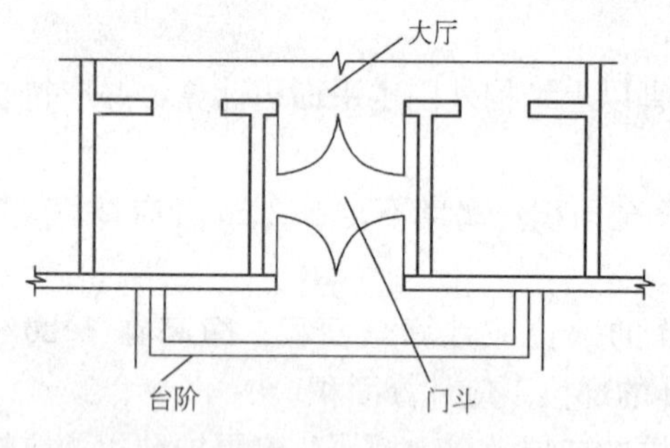

附录图 2　门斗示意图

（10）有围护结构的舞台灯光控制室，应按其围护结构外围水平面积计算。层高在 2.20m 及以上者应计算全面积；层高不足 2.20m 者应计算 1/2 面积。

（11）建筑物外有围护结构的落地橱窗、门斗、挑廊、走廊、檐廊，应按其围护结构外围水平面积计算。层高在 2.20m 及以上者应计算全面积；层高不足 2.20m 者应计算 1/2 面积。有永久性顶盖无围护结构的应按其结构底板水平面积的 1/2 计算。如附录图 2、附录图 3 所示。

（12）有永久性顶盖无围护结构的场馆看台应按其顶盖水平投影面积的 1/2 计算。

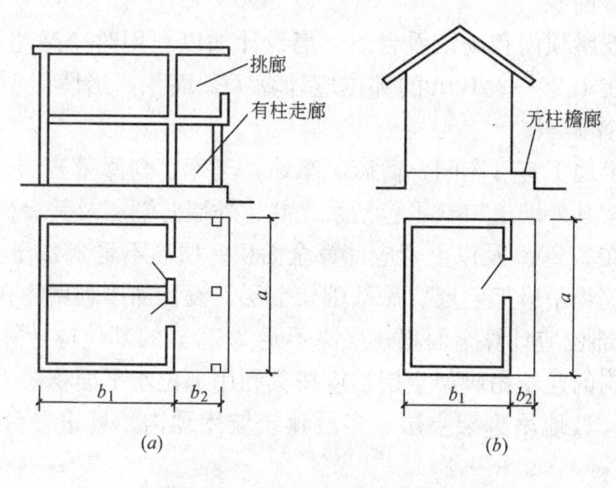

附录图 3　挑廊及檐廊示意图

(13) 建筑物顶部有围护结构的楼梯间、水箱间、电梯机房等，层高在 2.20m 及以上者应计算全面积；层高不足 2.20m 者应计算 1/2 面积。

(14) 设有围护结构不垂直于水平面而超出底板外沿的建筑物，应按其底板面的外围水平面积计算。层高在 2.20m 及以上者应计算全面积；层高不足 2.20m 者应计算 1/2 面积。

(15) 建筑物内的室内楼梯间、电梯井、观光电梯井、提物井、管道井、通风排气竖井、垃圾道、附墙烟囱应按建筑物的自然层计算。

(16) 雨篷结构的外边线至外墙结构外边线的宽度超过 2.10m 者，应按雨篷结构板的水平投影面积的 1/2 计算。如附录图 4 所示。

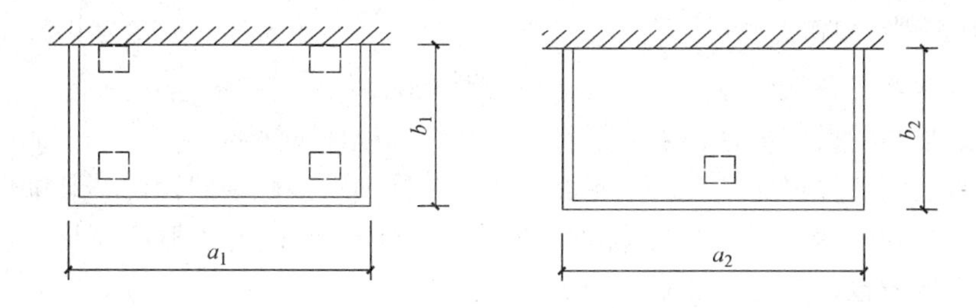

附录图 4　雨篷示意

(17) 有永久性顶盖的室外楼梯，应按建筑物自然层的水平投影面积的 1/2 计算。

(18) 建筑物的阳台均应按其水平投影面积的 1/2 计算。

(19) 有永久性顶盖无围护结构的车棚、货棚、站台、加油站、收费站等，应按其顶盖水平投影面积的 1/2 计算。车棚、货棚、站台等的计算如附录图 5 所示。

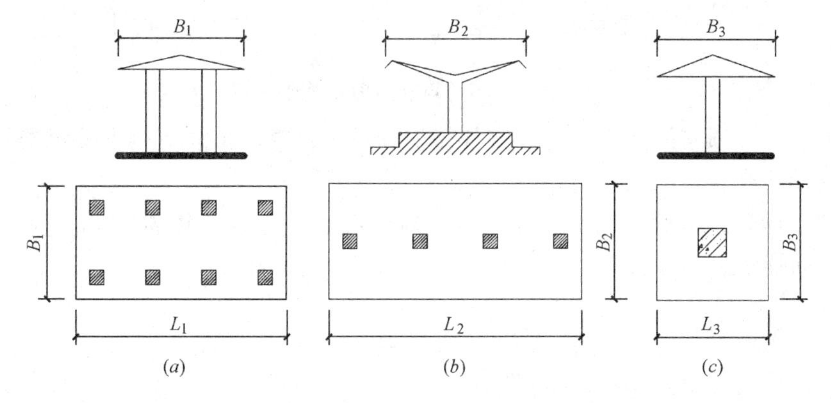

附录图 5　车棚示意

(20) 高低联跨的建筑物，应以高跨结构外边线为界分别计算建筑面积；其高低跨内部连通时，其变形缝应计算在低跨面积内。如附录图 6、附录图 7 所示。

二、不计算建筑面积的范围

根据国家标准《建筑工程建筑面积计算规范》(GB/T 50353—2005) 规定，下列内容不计算建筑面积：

(1) 建筑物通道 (骑楼、过街楼的底层)。

(2) 建筑物内的设备管道夹层。

(3) 建筑物内分隔的单层房间，舞台及后台悬挂幕布、布景的天桥、挑台等。

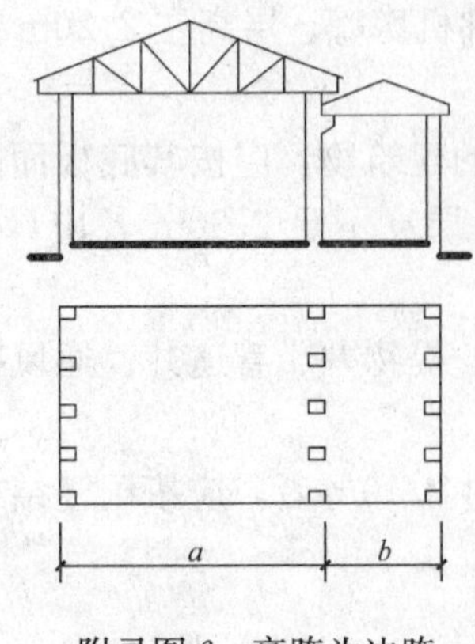

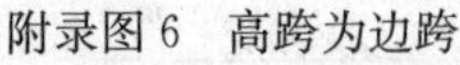

附录图 6　高跨为边跨

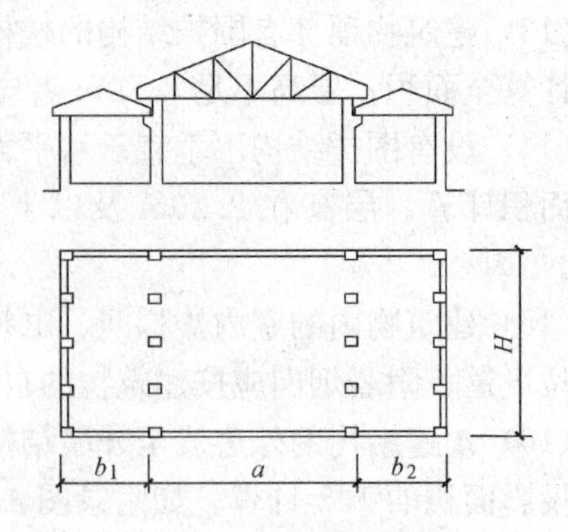

附录图 7　高跨为中跨

（4）屋顶水箱、花架、凉棚、露台、露天游泳池。

（5）建筑物内的操作平台、上料平台、安装箱和罐体的平台。

（6）勒脚、附墙柱、垛、台阶、墙面抹灰、装饰面、镶贴块料面层、装饰性幕墙、空调机外机搁板（箱）、飘窗、构件、配件、宽度在 2.10m 及以内的雨篷以及与建筑物内不相连通的装饰性阳台、挑廊。如附录图 8 所示。

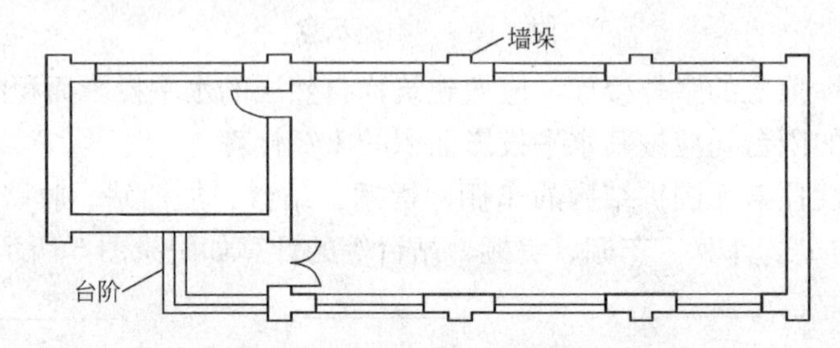

附录图 8　不计算建筑面积范围示意

（7）无永久性顶盖的架空走廊、室外楼梯和用于检修、消防等的室外钢楼梯、爬梯。

（8）自动扶梯、自动人行道。

（9）独立烟囱、烟道、地沟、油（水）罐、气柜、水塔、贮油（水）池、贮仓、栈桥、地下人防通道、地铁隧道。

附录 2　建筑工程施工图定额预算编制实例

一、题目

某办公楼工程施工图预算。

二、施工现场情况及施工条件

1. 工程建设地点在武汉市区内，交通运输便利，有城市道路可供使用。施工中所用的主要建筑材料、混凝土构配件和木门窗等，均可直接运进工地。施工中所需用的电力、给水亦可直接从已有的电路和水网中引用。

2. 施工场地地形平坦，地基土质较好，经地质钻探查明土层结构为：表层厚 0.7～1.30m 的素填土层（夹少量三合土及碎砖不等），其下为厚度 1.10～7.80m 的粉质黏土层和强风化残积层。设计可直接以素土层为持力层，地基容许承载力按 $100kN/m^2$ 设计。常年地下水位在离地面 2.5m 以下，施工时可考虑为三类干土开挖。

3. 工程中使用的门、钢筋混凝土空心板及架空板、楼梯铁栏杆等构配件，均在场外加工制作，由汽车运入工地安装，运距为 5km。成型钢筋及其他零星预制构配件，均在工地现场制作。

4. 中标单位为武汉市某县属国有三级建筑公司。根据该公司的施工技术设备条件和工地的情况，施工中土方工程采用人工开挖、回填、人力车运土；其他工程为人力车水平运输，卷扬机井架垂直运输；场外建材及构配件由汽车运输。

三、设计图纸

设计图纸见建施 1～建施 7，结施 1～结施 8。

施工图预算实例图纸

建筑施工图统一说明

一、设计依据

1. 建设单位提供的设计委托书。

2. 由我院编制并经甲方认可，规划局批准的设计方案图。

3. 规划土地管理局划定的红线图，甲方提供的建设地点地形图（1∶500）。

4. 国家现行有关设计及施工验收规范、规定。

二、设计概况

1. 建筑层数2层，建筑面积675.1m^2。建筑总高度8.25m。

2. 防火等级为2级。

3. 建筑物防水等级为2级，防水年限15年，建筑物使用年限50年。

三、墙体

1. 本工程结构为框架结构，框架填充墙、楼梯间墙体为250mm厚加气混凝土砌块，砌筑砂浆为M5混合砂浆。用户二次装修时只能使用轻质隔墙。

2. 室内门垛一般为120mm，门窗居中安装。

3. 墙身防潮除有地梁外均在－0.060处粉20mm厚1∶2水泥砂浆防潮层内掺5%防水剂。

四、室外及室内装修

1. 一般做法均详见建筑装修统一做法表。

2. 外墙饰面材料及颜色见立面图标注。

3. 内墙面抹灰凡墙面阳角及门洞转角处均粉1∶2水泥砂浆护角，每边50mm宽、高2100mm与墙面粉刷面平。

4. 所有埋入砌体或混凝土内的木制构件均须涂刷防腐油，埋入砌体内的金属件须刷防锈漆二遍。

5. 各层设计标高除屋面为结构标高外，楼地面均为完成面标高，凡室内有上下水的房间，其楼面的结构标高或地面的垫层标高应比设计标高低40mm，粉刷层做1%的坡向地漏，完成面最高处应低于设计标高20mm。

6. 所有挑出屋面和外墙面的构件的边沿和外墙上无遮挡的门窗洞顶边沿，室内楼梯井的梁侧面和室外楼梯的临空梁侧面应做滴水线。滴水线宽40mm，高出板底粉刷层不小于10mm，门窗洞顶和挑出尺寸小于100mm的构件，可做凹槽滴水线或鹰嘴滴水线。

7. 本工程雨水管用$D150$半圆截面的新型阻燃PVC落水管，颜色为白色。

五、门窗

1. 铝合金门，塑钢窗须由有资格证书的专业公司设计安装。

2. 门窗安装位置除图中注明者外，一般铝合金门、塑钢窗位于墙中，木门除图中注明外，一般平内安装。

3. 门窗及阳台防盗网甲方自理。

六、油漆

1. 楼梯栏杆做浅灰色调和漆，一底三道，做法详见中南标 98ZJ001 涂 14。楼梯木质扶手做清漆，一底三度，做法详见中南标 98ZJ001 涂 5。

2. 木门均做米黄色调和漆一底二道，做法详见中南标 98ZJ001 涂 1。

3. 除上述做法外所有外露金属管材及管件做银粉漆，做法详见中南标 98ZJ001 涂 17。

七、其他

1. 本工程所有装饰材料的颜色及质地、油漆等均应先取样板（或色板）会同设计人员认可后方能正式施工或订货。

2. 土建施工应与设备安装密切配合，注意留孔洞线槽和预埋件，预埋位置准确避免错漏，如有需要，更改设计情况必须征得设计人员同意，出具变更通知后方可施工。

3. 所有的防火材料及设备须采用消防部门认可厂家的材料。

4. 图中未详之处须严格按照国家现行施工操作规程及验收规范办理。

建筑装修统一做法表

类别及编号		选用标准图	做法	用于部位
地面	地 1	中南标 98ZJ001 地 19	·防滑地面砖地面 ·80mm 厚混凝土垫层	食堂地面 （踢脚线同地面）
地面	地 2	中南标 98ZJ001 地 48 马赛克地面	·陶瓷锦砖地面 ·60mm 厚细石混凝土找平层 ·聚氨酯防水涂料四周沿墙上翻 150mm 高 ·80mm 厚混凝土垫层	卫生间地面
地面	地 3	中南标 98ZJ001 地 9 细石混凝土地面	·细石混凝土地面 ·80 厚混凝土垫层	机修车间 （踢脚线同地面）
楼面	楼 1	中南标 98ZJ001 楼 27 地面砖楼面	·陶瓷地砖 ·1.5mm 厚聚氨酯防水涂料四周沿墙上翻 150mm 高 ·15mm 厚 1∶2 水泥砂浆找平 ·50mm 厚细石混凝土找坡	厨房地面
楼面	楼 2	中南标 98ZJ001 楼 26 地面砖楼面	·陶瓷锦砖 ·1.5mm 厚聚氨酯防水涂料四周沿墙上翻 150mm 高 ·15mm 厚 1∶2 水泥砂浆找平 ·50mm 厚细石混凝土找坡	卫生间楼面
楼面	楼 3	中南标 98ZJ001 楼 10 地面砖楼面	·地面砖	宿舍楼面 （踢脚线同地面）
内墙	内墙 1	中南标 98ZJ001 内墙 4 混合砂浆内墙乳胶漆涂 23	·混合砂浆 ·乳胶漆两遍	
顶棚	顶 1	防火面纸面石膏板吊顶详 98ZJ001 顶 7	·轻钢龙骨 ·防火面纸面石膏板吊顶	食堂
顶棚	顶 2	木龙骨塑料扣板吊顶详 98ZJ001 顶 27		卫生间
顶棚	顶 3	混合砂浆顶棚乳胶漆涂料详 98ZJ001 顶 3 涂 23		车间　宿舍　走廊
屋面	屋 1	水泥砂浆平屋面详 98ZJ201 P7 图 8	·架空隔热板 ·3mm 厚再生橡胶沥青 ·20mm 厚 1∶2 水泥砂浆找平层	详屋面平面
外墙	外墙 1	涂料外墙面参照 98ZJ001 外墙 23	·15mm 厚混合砂浆 ·5mm 厚 1∶2.5 水泥砂浆 ·喷刷涂料两遍	详立面
外墙	外墙 2	面砖外墙面参照 98ZJ001 外墙 13	·15mm 厚混合砂浆 ·面砖，水泥浆擦缝	详立面

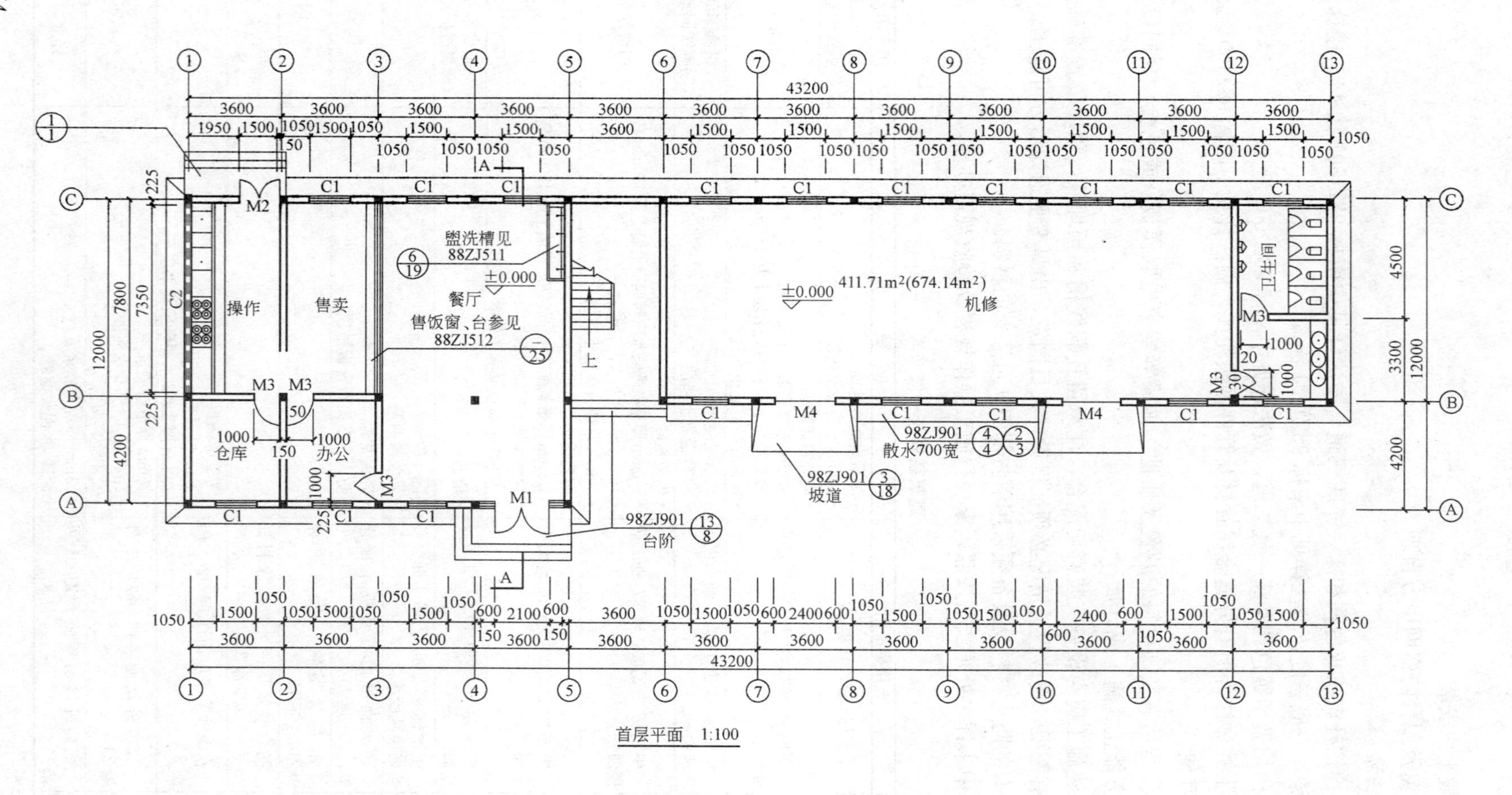

盥洗槽见
88ZJ511
±0.000
餐厅
售饭窗、台参见
88ZJ512
操作
售卖
仓库
办公
±0.000
411.71m²(674.14m²)
机修
卫生间
98ZJ901
散水700宽
98ZJ901
坡道
98ZJ901
台阶
上
43200
12000
首层平面 1:100

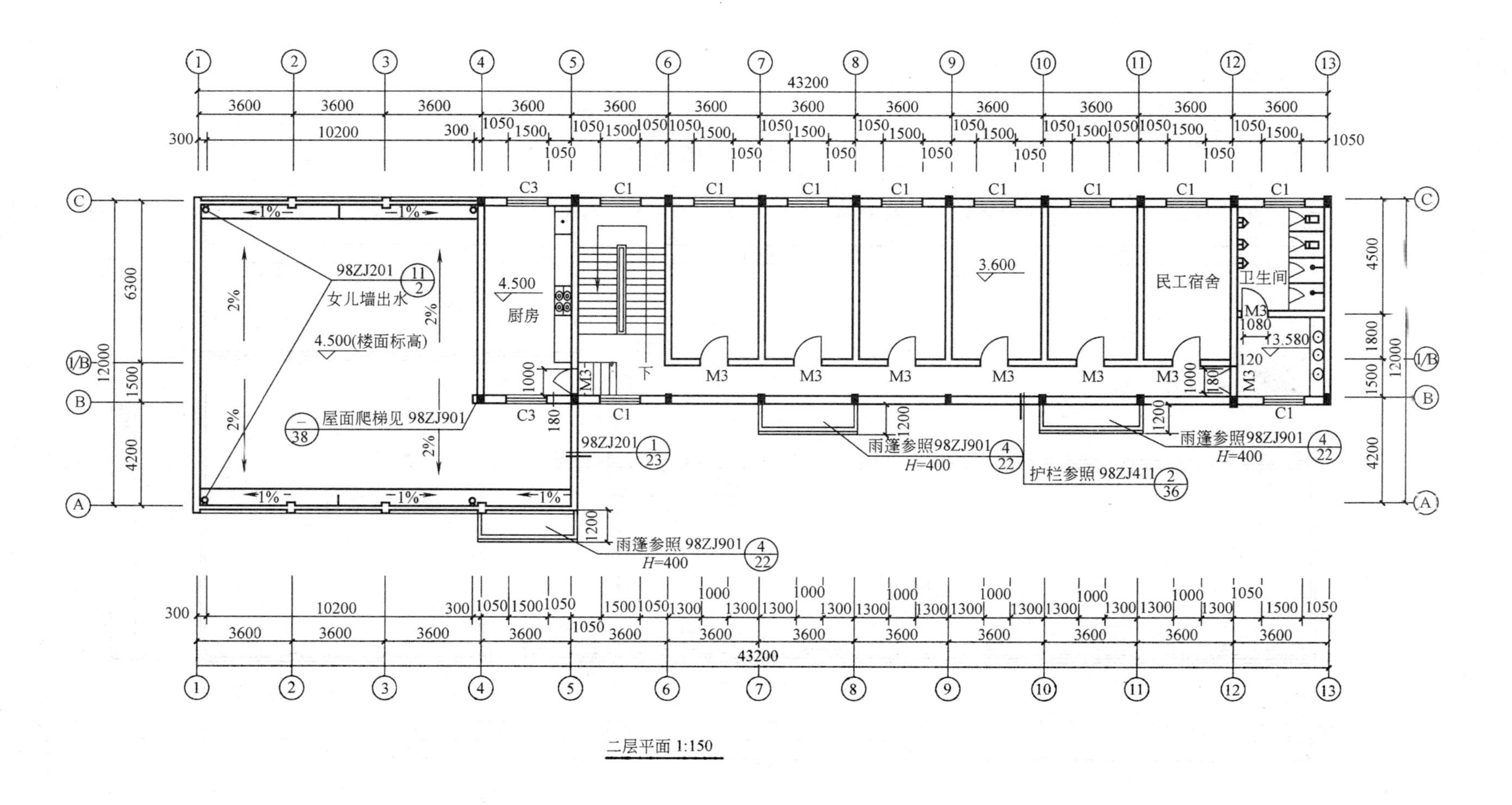

98ZJ201
女儿墙出水
4.500(楼面标高)
屋面爬梯见 98ZJ901
厨房
4.500
3.600
民工宿舍
卫生间
3.580
98ZJ201
雨篷参照98ZJ901
H=400
护栏参照 98ZJ411
雨篷参照 98ZJ901
43200
12000
10200

二层平面 1:150

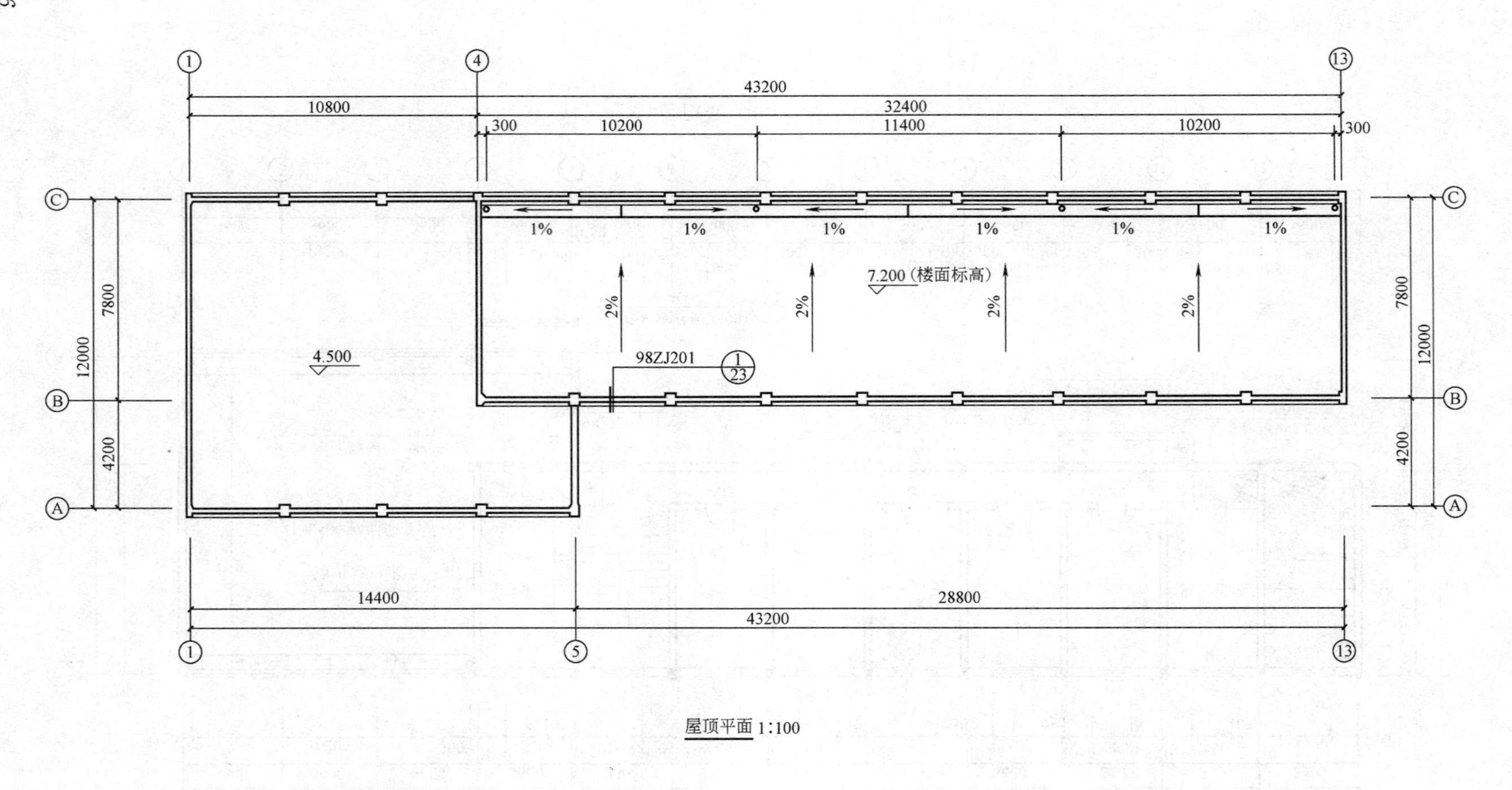

43200
10800
32400
300
10200
11400
10200
300
1%
7.200（楼面标高）
2%
4.500
98ZJ201
1
23
7800
12000
4200
14400
28800
43200

屋顶平面 1:100

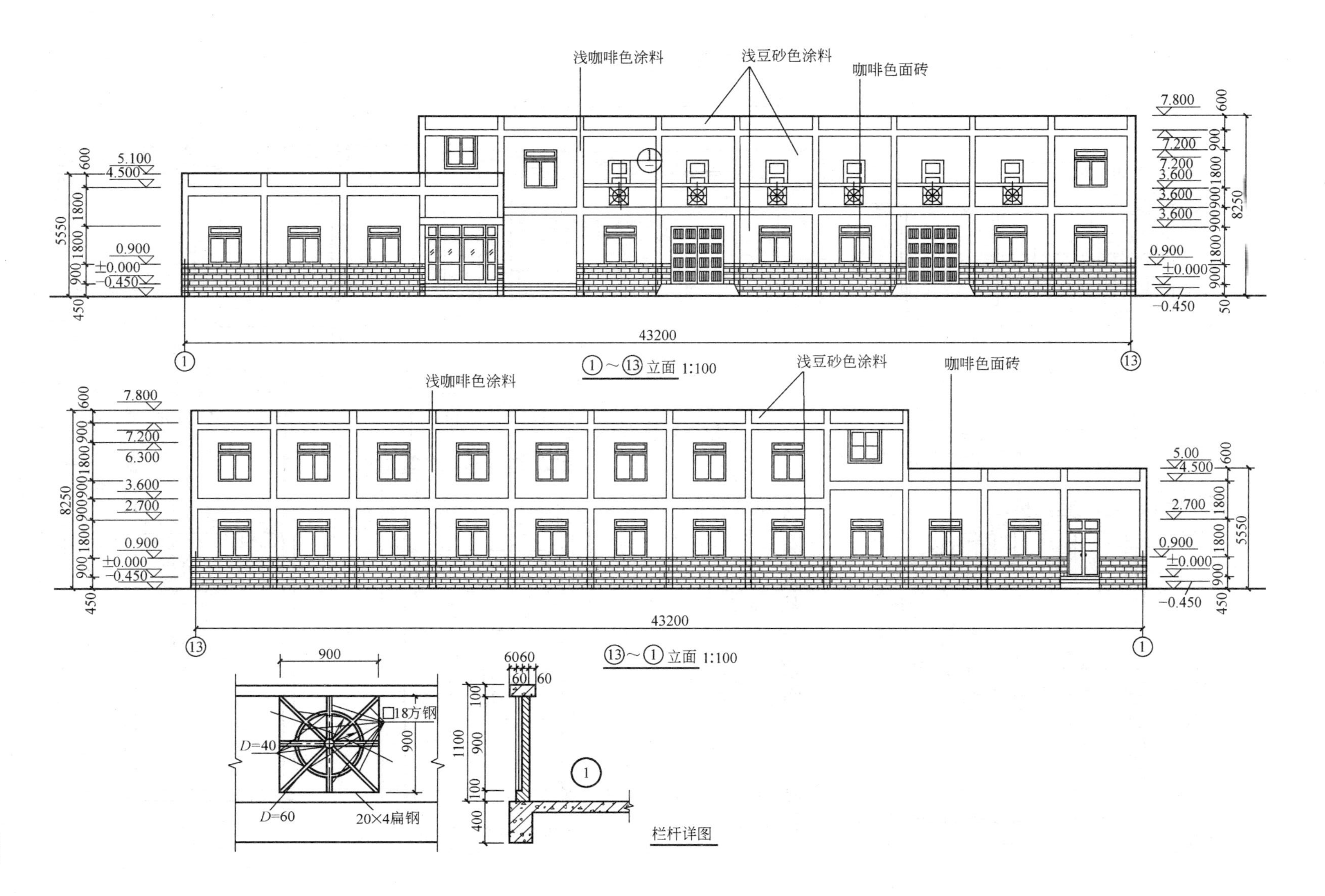

浅咖啡色涂料
浅豆砂色涂料
咖啡色面砖
①～⑬立面 1:100
浅咖啡色涂料
浅豆砂色涂料
咖啡色面砖
⑬～①立面 1:100
43200
8250
5550
7.800
7.200
6.300
5.100
4.500
3.600
2.700
0.900
±0.000
−0.450
□18方钢
D=40
D=60
20×4扁钢
900
1100
栏杆详图

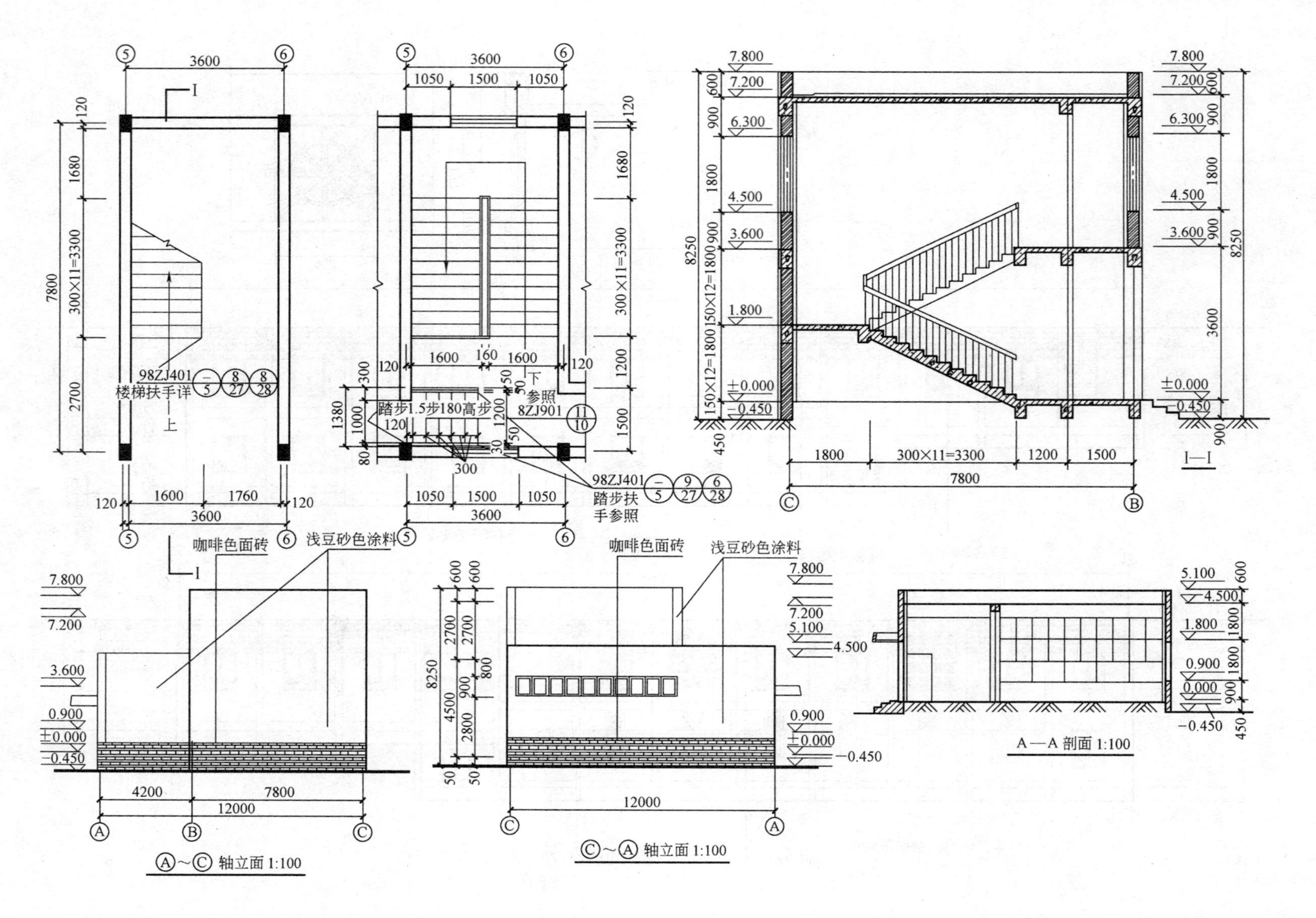

Ⓐ～Ⓒ 轴立面 1:100

Ⓒ～Ⓐ 轴立面 1:100

A—A 剖面 1:100

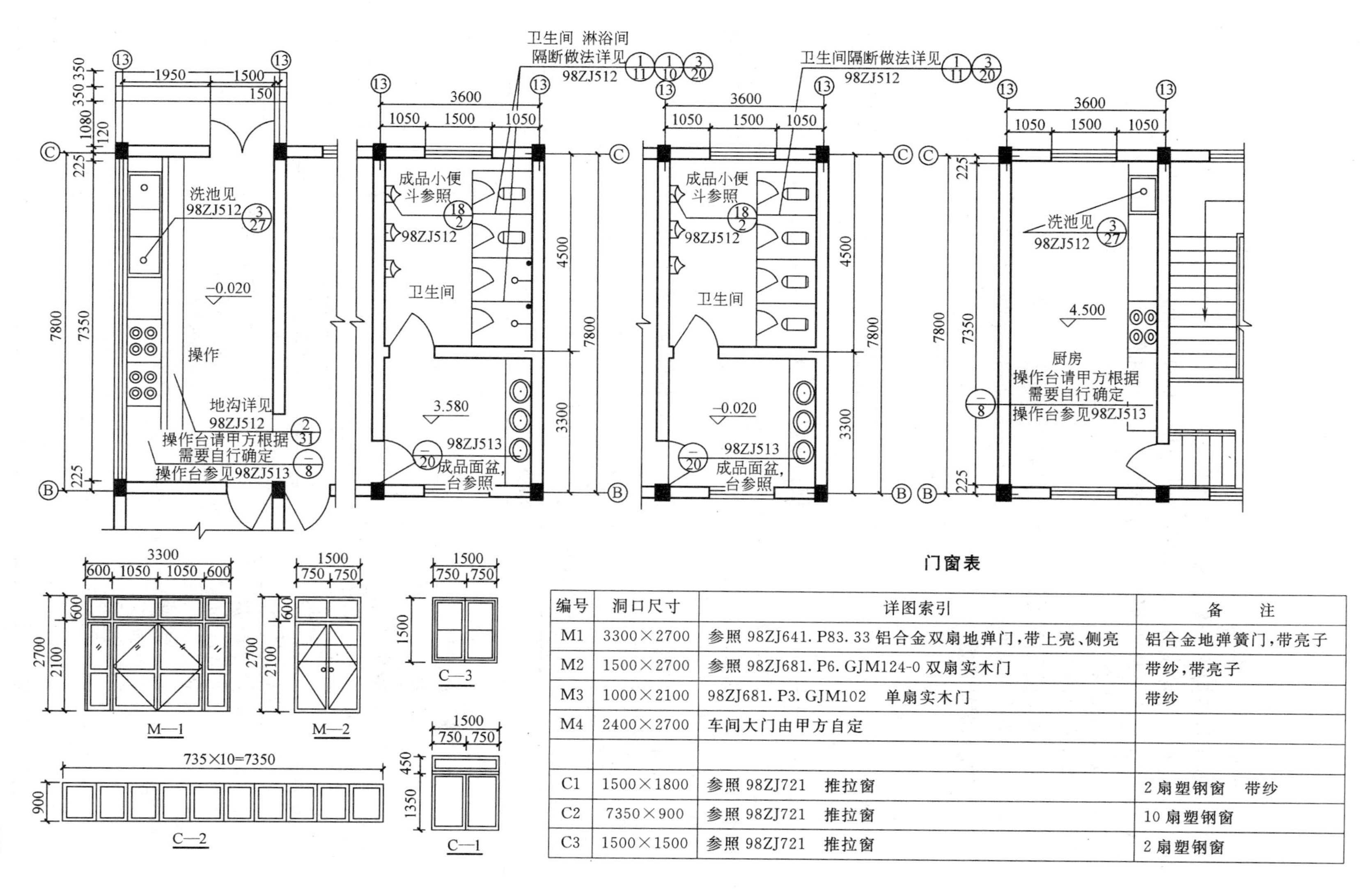

门窗表

编号	洞口尺寸	详图索引	备　注
M1	3300×2700	参照 98ZJ641. P83. 33 铝合金双扇地弹门,带上亮、侧亮	铝合金地弹簧门,带亮子
M2	1500×2700	参照 98ZJ681. P6. GJM124-0 双扇实木门	带纱,带亮子
M3	1000×2100	98ZJ681. P3. GJM102　单扇实木门	带纱
M4	2400×2700	车间大门由甲方自定	
C1	1500×1800	参照 98ZJ721　推拉窗	2 扇塑钢窗　带纱
C2	7350×900	参照 98ZJ721　推拉窗	10 扇塑钢窗
C3	1500×1500	参照 98ZJ721　推拉窗	2 扇塑钢窗

结构设计总说明

一、一般说明

（一）本工程结构安全等级为二级。

（二）全部尺寸除注明外，均以毫米为单位，标高为米。

（三）本工程施工时，应遵守各有关施工规范及规程。

二、抗震设计要求

（一）本工程为丙类建筑。

（二）本工程抗震设防烈度为6度，近震，抗震等级：框架部分四级。

（三）本工程建筑场地类别Ⅱ类，±0.000标高相当于绝对标高22.30。

三、使用荷载标准值

基本风压 w_0=0.35kN/m^2，基本雪压：0.40kN/m^2。

四、地基基础部分

基础设计依据×××研究院于二〇〇一年十月提供的《××营业所岩土工程勘察报告书》。

（一）地基

1. 本工程采用柱下独立基础，根据地质勘察资料，基础埋置在第（3～2）黏土层。地基承载力为1800kPa，基底入持力层300mm。

2. 底层隔墙（非承重200mm填充墙，轻质砌块墙，高度小于4m）直接砌置在混凝土地面上时，按图一施工。

（二）若施工时发现地质情况与设计不符，请通知设计人员。

五、钢筋混凝土结构部分

（一）现浇部分

1. 各部分用料，除图中注明外，按下表采用。

<table>
<tr><th colspan="2">结构部分</th><th>混凝土强度等级</th><th>钢材级别</th><th>备注</th></tr>
<tr><td colspan="2">基础</td><td>C20</td><td rowspan="13">钢筋级别按图纸要求：
ϕ为HPB235级钢，
Φ为HRB335级钢，
钢板及型钢一律选普通碳素钢(A3)</td><td></td></tr>
<tr><td colspan="2">基础梁(板)</td><td>C20</td><td></td></tr>
<tr><td colspan="2">基础垫层</td><td>C10</td><td></td></tr>
<tr><td colspan="2">楼梯及楼梯支柱</td><td>C25</td><td></td></tr>
<tr><td rowspan="4">楼(屋)面梁板</td><td>1层～2层</td><td>C25</td><td></td></tr>
<tr><td>层～层</td><td></td><td></td></tr>
<tr><td>层～层</td><td></td><td></td></tr>
<tr><td>层～层</td><td></td><td></td></tr>
<tr><td rowspan="4">框架柱剪力墙</td><td>1层～2层</td><td>C25</td><td></td></tr>
<tr><td>层～层</td><td></td><td></td></tr>
<tr><td>层～层</td><td></td><td></td></tr>
<tr><td>层～层</td><td></td><td></td></tr>
<tr><td colspan="2">构造柱(GZ)</td><td>C25</td><td></td></tr>
<tr><td colspan="2">圈梁(QL)</td><td></td><td></td></tr>
</table>

2. 结构构件主筋保护层见下表（特殊要求另见施工图）。

构件名称	基础		水池	梁	板	柱	墙
	有垫层	无垫层					
保护层厚度	35			25	15	25	20

3. 双向板的底筋布置，短向筋放在底层，长向筋放在短向筋之上。

4. 钢筋接头宜优先采用焊接接头或机械连接接头，除注明外，受力筋 $d \geqslant 22$ 时，采用焊接接头。

5. 采用搭接接头时，搭接长度范围内，当搭接钢筋受拉，梁柱的箍筋间距不大于 $5d$，搭接长度范围内，当搭接钢筋受压，梁柱的箍筋间距不大于 $10d$，d 为受力钢筋的最小直径。

受拉钢筋的搭接长度不小于 $1.2l_a$，且不小于 300mm，

受压钢筋的搭接长度不小于 $0.85l_a$，且不小于 200mm。

6. 跨度大于 4m 的板，要求板跨中起拱 $L/400$，跨度大于 6m 的梁，要求跨中起拱 $L/400$，跨度大于 2m 的悬挑梁，梁端起拱 $L/400$。

7. 框架梁梁面贯通筋是为抗震而设置，应保证每跨均有抗震需要的直通面筋（数量及直径按图施工），并尽施工之可能按最长下料，优先采用焊接接头。

8. 钢筋混凝土墙、柱与砌体填充墙的连结应沿钢筋混凝土墙、柱高度每隔 500mm 或砌体皮数的二倍预埋 2ϕ6 拉筋锚入混凝土墙柱 200mm，拉筋伸入填充墙内长度 l_a：一、二级框架沿墙全长布置，三、四级框架不应小于墙长的 1/5 且不应小于 700mm；若墙垛不足上述长度时，则伸入墙内长度等于墙垛长，且末端弯直钩，详 98ZG003，34 页，大样7～10。

9. 砌体填充墙净高大于 4m 时中间应设拉梁，墙长大于 5m 时的顶部应拉结，详《多层及高层钢筋混凝土结构抗震构造》(98ZG003) 第 34 页，大样 1～5。

10. 需预埋构造柱的纵向钢筋，应先砌填充墙，后浇捣构造柱混凝土。

11. 纵向受拉钢筋的最小锚固长度 l_{aE} l_a。

钢筋类型 l_{aE} l_a	混凝土强度等级			
	C15	C20	C25	≥C30
Ⅰ级	$40d$	$30d$	$25d$	$20d$
月牙纹Ⅱ级	$50d$	$40d$	$35d$	$30d$

注：1. 月牙纹 $d>25$mm 时，需按表中增加 $5d$。

2. 当螺纹钢筋 $d \leqslant 25$mm 时，可按表中减少 $5d$。

3. 任何情况受拉钢筋，锚固长度不应小于 250mm。

12. 接头区段内受力钢筋接头面积的允许百分率：

接 头 形 式	接头面积允许百分率(%)	
	受拉区	受压区
绑扎骨架和绑扎网的搭接	25	50
焊接骨架和焊接网的搭接	50	50
受力钢筋的焊接接头	50	不限

接头位置，梁底筋不得在跨中接头，上部（负）钢筋不得在支座处接头，柱应尽量在楼层中部接头。

支撑于钢筋混凝土梁上的构造柱，钢筋锚入梁内 $l_a=40d$（详见图二）。

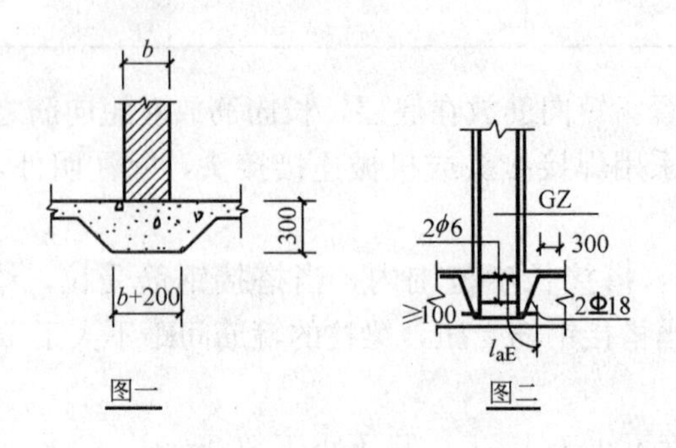

图一　　图二

13. 梁板钢筋示意

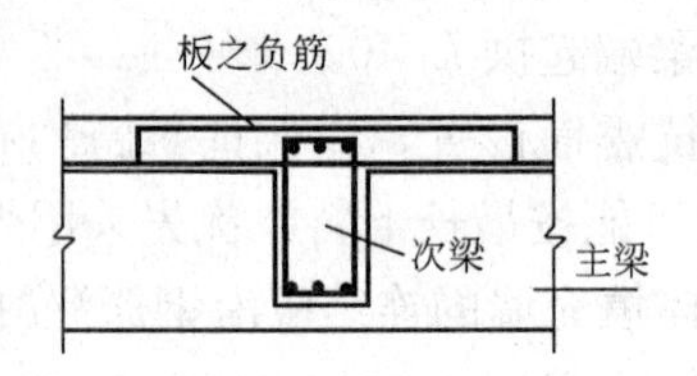

14. 水暖电等专业的预留孔洞（>100）均需按平面图示位置及大小预留，不得后凿。

15. 箍筋未注明肢数的，均为双肢箍。

16. 柱顶边节点大样详 98GZ003 $\frac{2}{5}$。

17. 梁侧面纵向构造筋和拉筋详 00G101P43 页，拉筋均为Φ 16。

（二）非承重结构部分

1. 钢筋混凝土框架结构的填充墙，除注明外，外墙及楼梯间墙厚度均详建施，用加气混凝土砌块，TM 砂浆砌筑，砌块及砂浆强度等级 M5。

加气混凝土砌块，TM 砂浆砌筑，砌块及砂浆强度等级 M5；砌块重度不大于 5.5kN/m³，±0.000 以下砌体用 MU10 灰砂砖，M5 水泥砂浆砌筑。

2. 凡 60mm 厚砖隔墙采用 M10 混合砂浆砌筑，120mm 厚砖隔墙采用 M5 混合砂浆砌筑。

3. 承重墙或柱与后砌的非承重隔墙交接处，沿墙（或柱）高每隔 500mm 在灰缝内配 2φ6 钢筋与非承重墙拉结，每边伸入墙（或柱）内 500mm。

（三）砖墙内的门洞、窗洞或设备留孔，其洞顶均需设过梁，除图上另有注明外，统一按下述处理；

1. 凡在各层结构平面图门窗位置处未注明过梁 GL 编号时，均选用《钢筋混凝土过梁》（91EG323）中 GL××××荷载设计值代号为 3 号，箍筋 ϕ^b4 改为 φ6。

2. 当采用钢筋混凝土过梁（梁上允许荷载小于 24kN/m）时，梁宽与墙厚同，底筋 2φ12，架立筋 2φ10，箍筋 2φ6@200，支座长度大于 250mm。

C20 混凝土，当洞宽小于 1000mm 时，梁高 120mm；当洞宽为 1200～1500mm 时，梁高 180mm。

3. 当洞边为钢筋混凝土柱时，须在过梁标高处的柱内预埋 4ϕ12 钢筋，待施工过梁时，将过梁底筋及架立筋与之焊接，（当洞宽小于 1000mm 时，H=120mm；当洞宽为 1000～1500mm 时，H=180mm）详见图三。

4. 当洞顶高结构梁或圈梁底小于钢筋 1 混凝土过梁高度且 h<350mm 时，过梁与结构梁或圈梁浇成整体，详见图四。

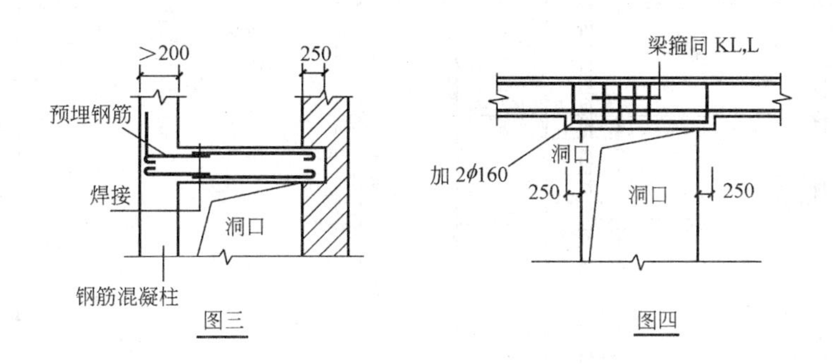

图三　　图四

六、其他

1. 走道及楼梯栏杆必须按建施，在相应的梁上预埋预埋件。

2. 屋面按建施所示排水方向建筑找坡。

3. 预埋件及预留孔详见建筑、水电专业图纸。

4. 钢筋强度等级设计值 ϕ 为Ⅰ级，f_y=210N/mm^2。Φ为Ⅱ级；f_y=310N/mm^2。

5. 凡未尽事宜按国家现行规范执行。

6. 本图所采用的标准图集。

湖北省工程建设标准设计图集《钢筋混凝土过梁》(91EG323)。

湖北省工程建设标准设计图集《120 厚预应力混凝土空心板》(96EG404) 钢筋选用 L650 级。

中南地区通用建筑标准设计《多层及高层钢筋混凝土结构坑震构造》(98ZG003)。

《混凝土结构施工图平面整体表示方法制图规则和构造详图》(00G101)。

7. 本工程梁配筋采用平法表示，说明详《混凝土结构施工图平面整体表示方法制图规则和构造详图》(00G101)。

梁构造详图详 98ZG003 (一/18)(一/19)

柱构造详图详 98ZG003 (一/20)(一/21)

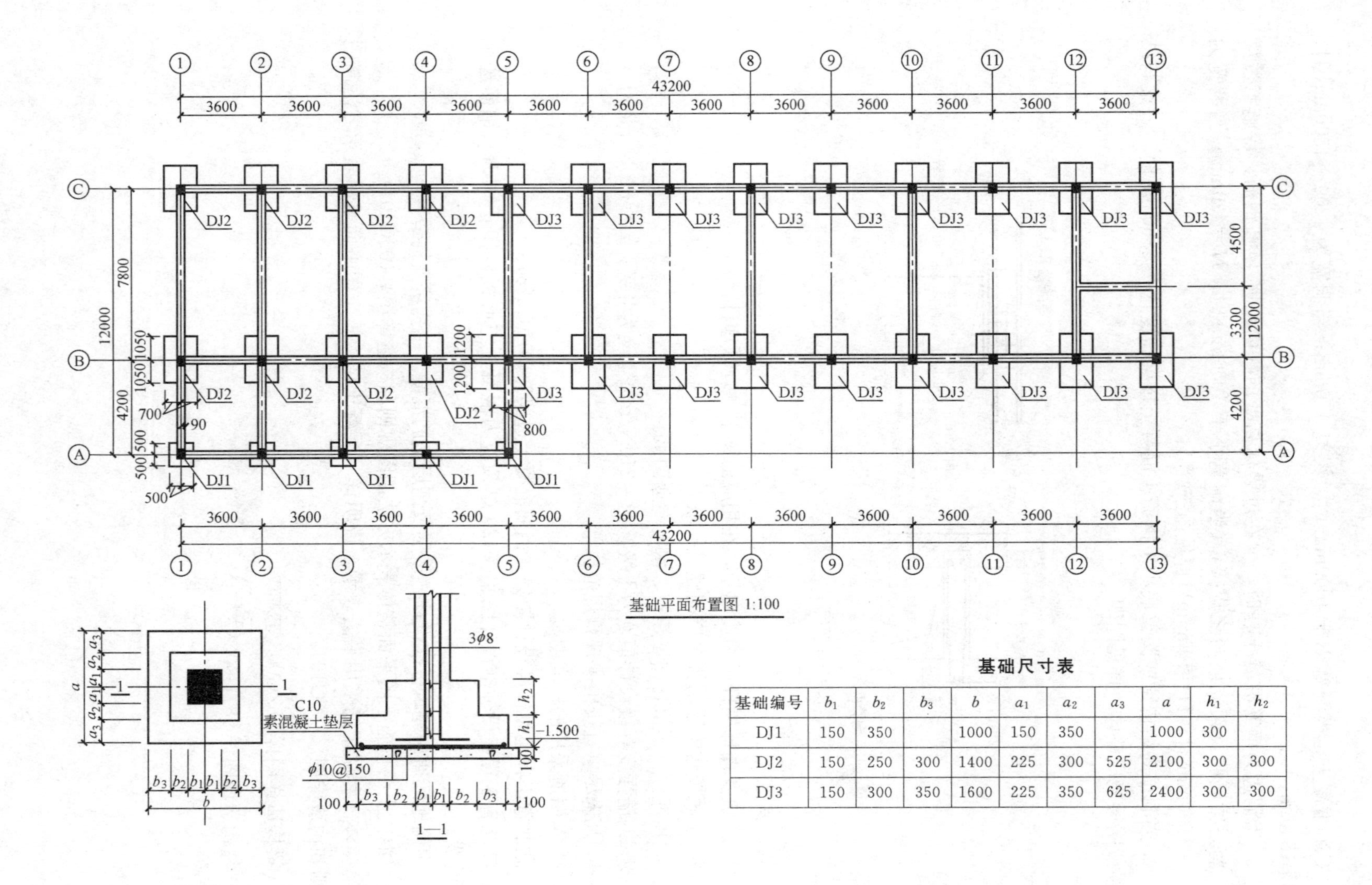

基础平面布置图 1:100

1—1

基础尺寸表

基础编号	b_1	b_2	b_3	b	a_1	a_2	a_3	a	h_1	h_2
DJ1	150	350		1000	150	350		1000	300	
DJ2	150	250	300	1400	225	300	525	2100	300	300
DJ3	150	300	350	1600	225	350	625	2400	300	300

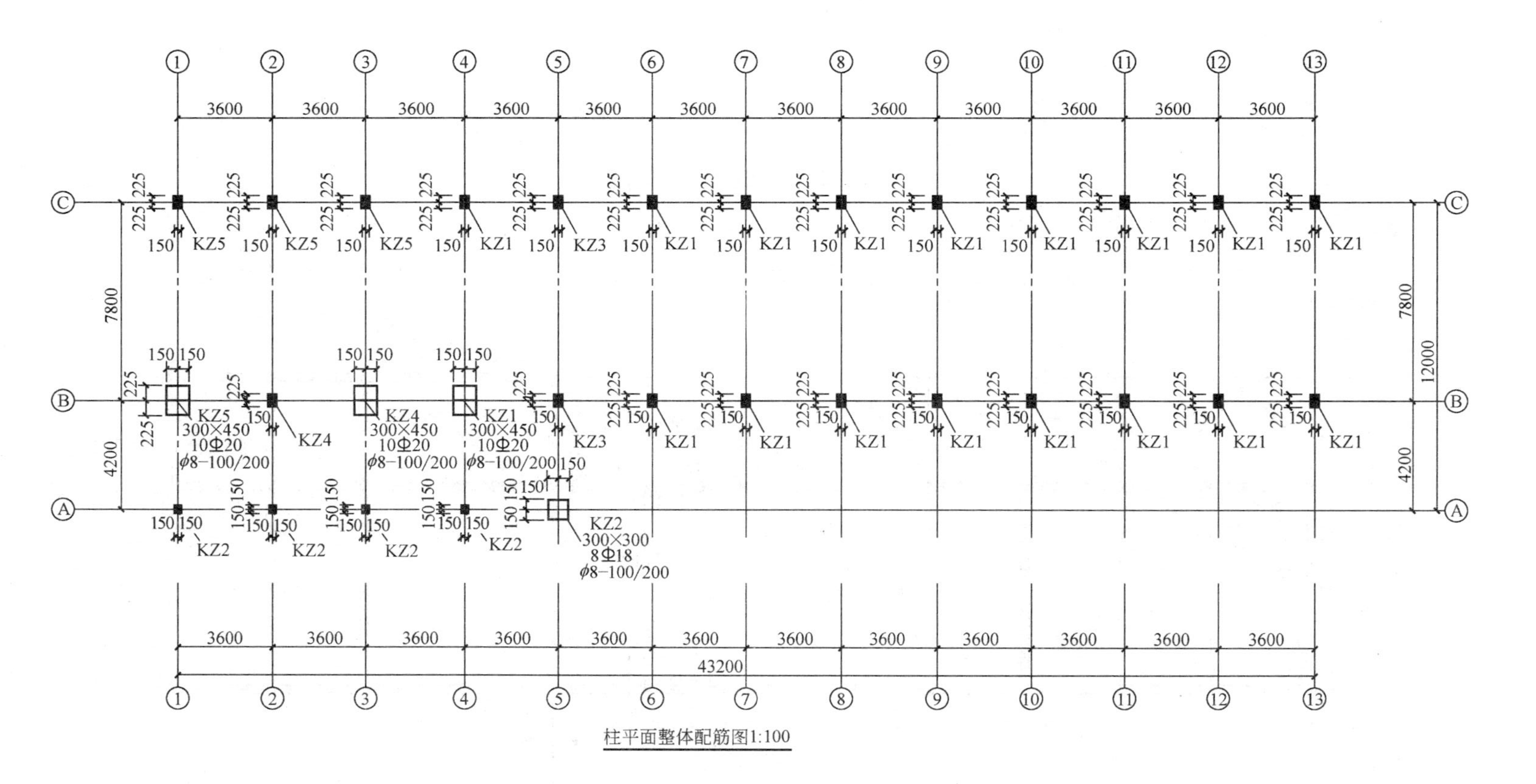

柱平面整体配筋图1:100

注:

1. KZ1 KZ3标高为-1.400～7.800,KZ2 KZ5 标高为-1.400～5.100。
   KZ4标高为-1.400～4.500。
2. KZ3配筋同KZ1,箍筋全长加密。

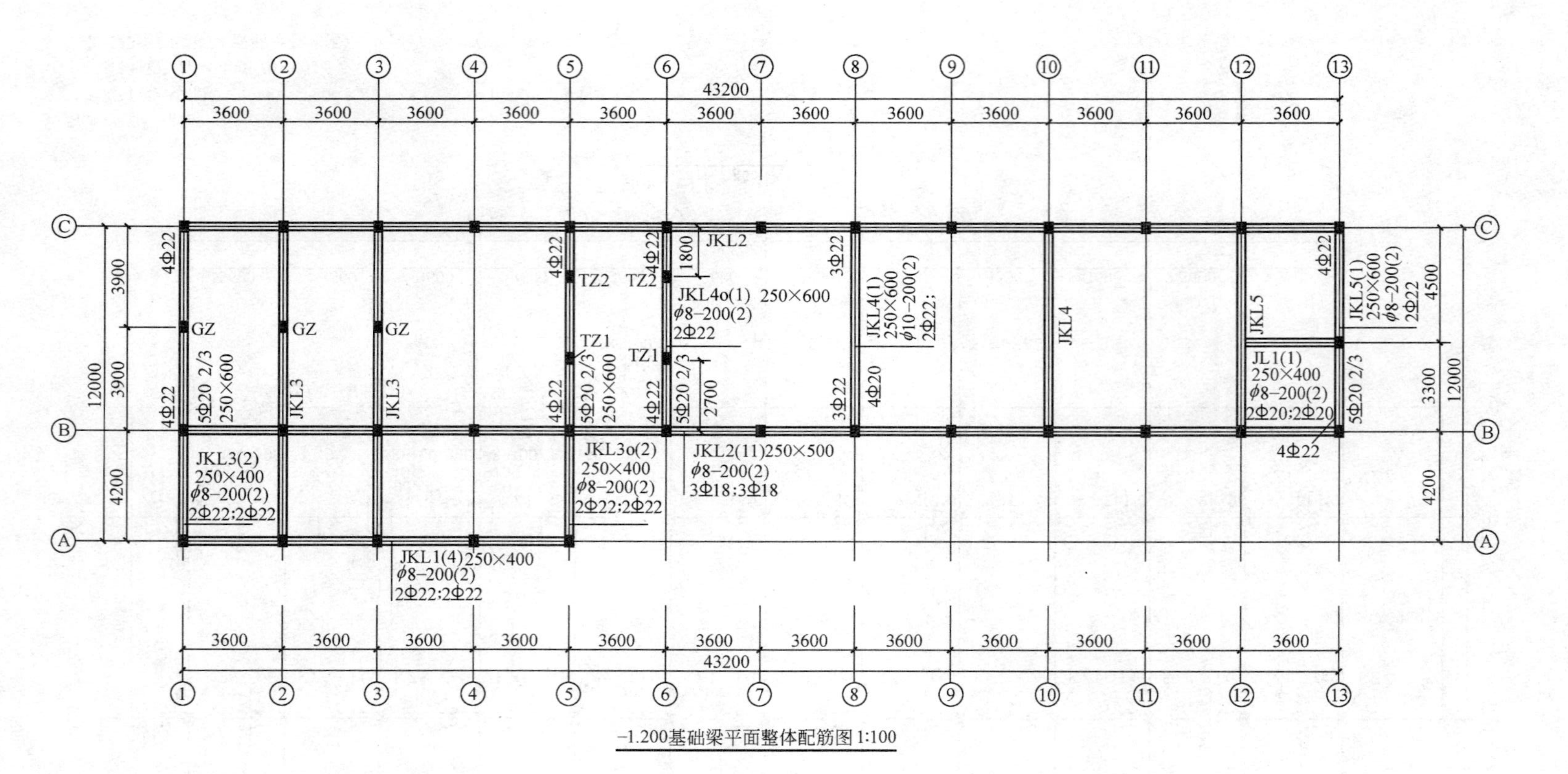

−1.200基础梁平面整体配筋图 1:100

注：凡主次梁相交处，均在主梁中附加箍筋2×3φ10@50，附加吊筋均为2Φ18。

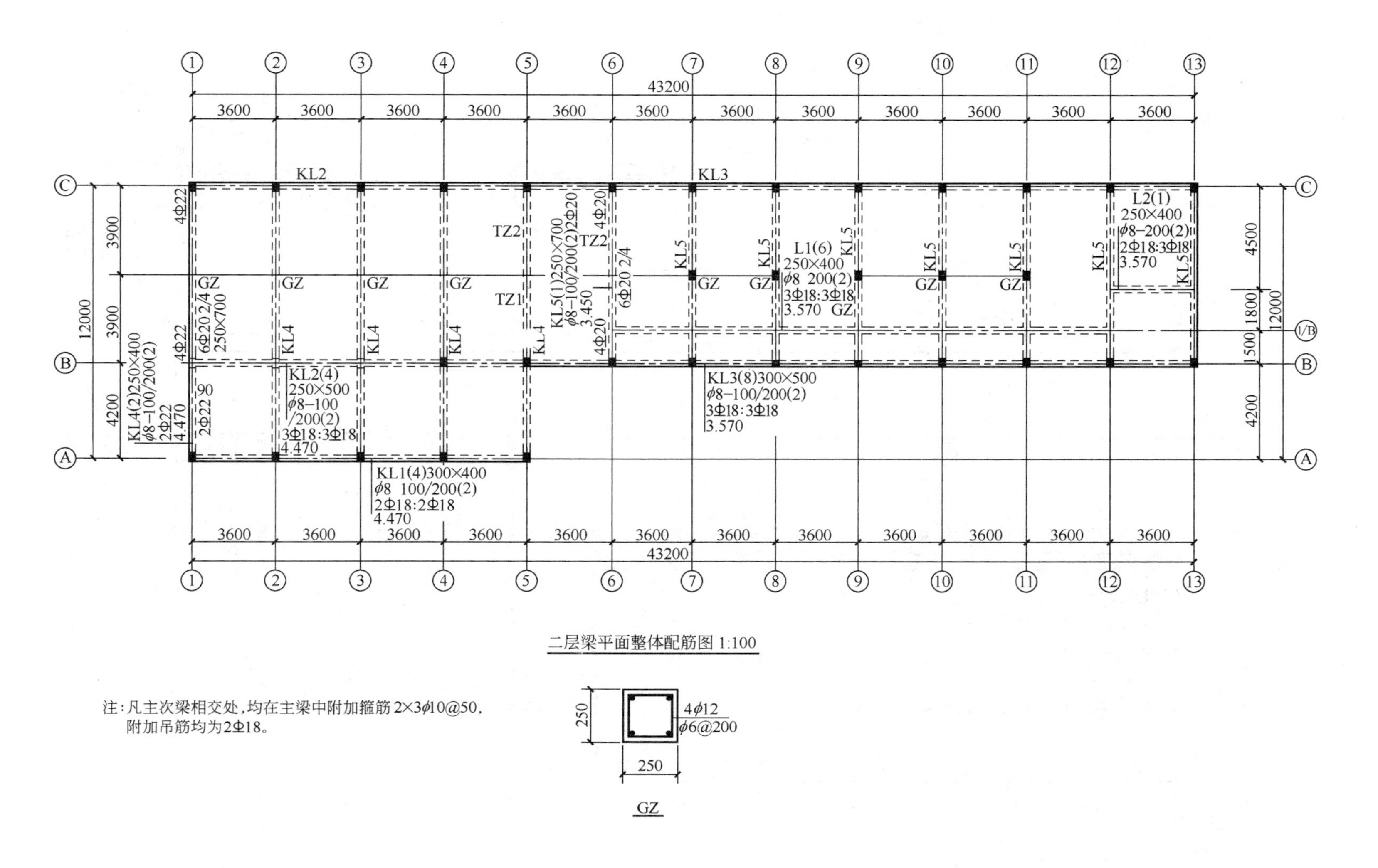

二层梁平面整体配筋图 1:100

注：凡主次梁相交处，均在主梁中附加箍筋 2×3φ10@50，附加吊筋均为2Φ18。

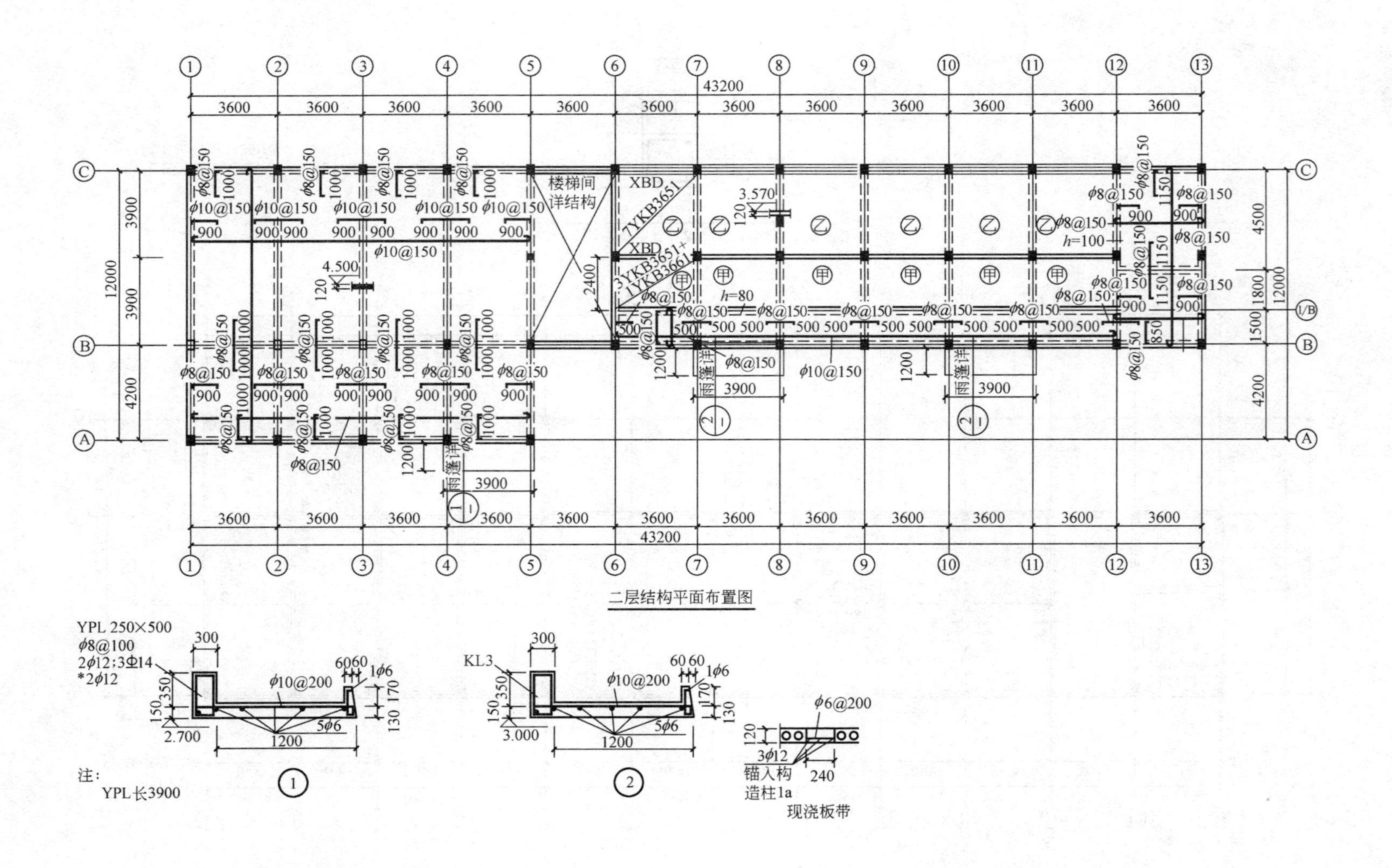
楼梯间
详结构
XBD
7YKB3651
3YKB3651+
1YKB3661
雨篷详
YPL 250×500
φ8@100
2φ12;3Φ14
*2φ12
KL3
锚入构
造柱1a
现浇板带
注：
YPL长3900

二层结构平面布置图

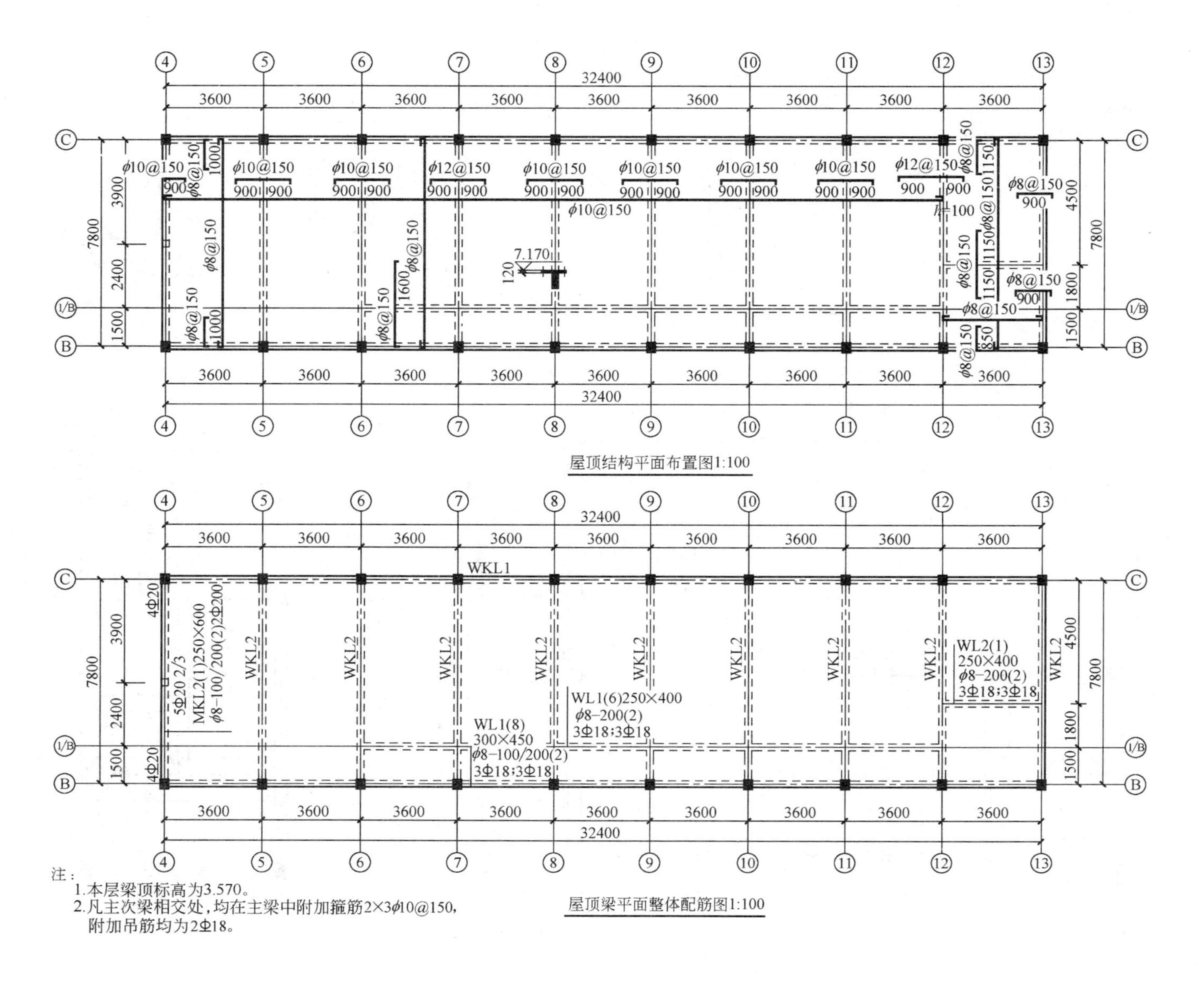

屋顶结构平面布置图1:100

屋顶梁平面整体配筋图1:100

注：
1.本层梁顶标高为3.570。
2.凡主次梁相交处，均在主梁中附加箍筋2×3φ10@150，附加吊筋均为2Φ18。

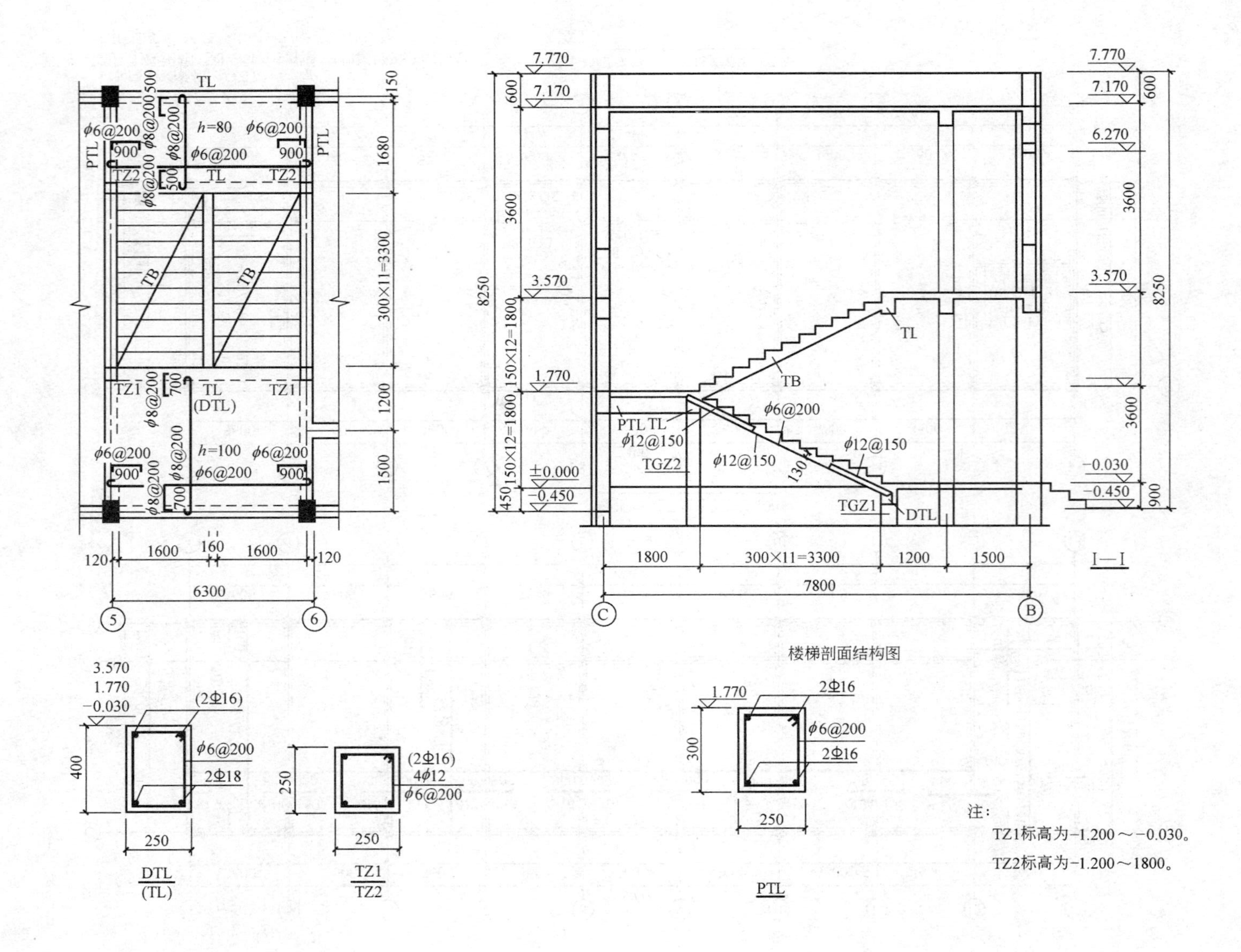
TL
PTL
TZ2
TZ1
TB
TL
(DTL)
h=80
h=100
ϕ6@200
ϕ8@200
900
500
700
150
1680
300×11=3300
1200
1500
120
1600
160
6300
5
6
7.770
7.170
6.270
3.570
1.770
±0.000
−0.030
−0.450
600
3600
8250
900
450
150×12=1800
TL
TB
ϕ6@200
ϕ12@150
PTL TL
TGZ2
TGZ1
DTL
130
1800
7800
C
B
I—I
楼梯剖面结构图
3.570
1.770
−0.030
(2Φ16)
2Φ18
400
250
DTL
(TL)
(2Φ16)
4ϕ12
TZ1
TZ2
2Φ16
300
PTL
注：
TZ1标高为-1.200～-0.030。
TZ2标高为-1.200～1800。

总说明　　附表 2-1

1. 工程概况：

本工程建筑层数2层，建筑面积675.1m^2，建筑总高度为8.25m，防火等级为2级，建筑防水等级为2级，防水年限为15年，建筑物使用年限50年。本工程为现浇混凝土框架结构，独立柱基础，加气混凝土砌块，采用细石混凝土楼（地）面和地面砖地面。本工程内墙采用乳胶漆装饰，外墙涂料和面砖饰面。顶棚部分采用纸面石膏板吊顶。

2. 编制依据：

(1)某甲级设计院设计的××办公楼建筑及结构设计施工图。

(2)采用中南地区通用建筑标准设计建筑配件图集(98ZJ)；湖北省工程建设标准设计图集91EG323和96EG404。

(3)《湖北省建筑工程消耗量定额及统一基价表》(2003年)。

(4)《湖北省装饰装修工程消耗量定额及统一基价表》(2003年)。

(5)《湖北省建筑安装工程费用定额》(2003年)。

(6)某单位基建与后勤管理处签发的本工程招标文件和本工程投标答疑文件。

(7)采用2005年6月材料市场价格。

附：投标答疑主要内容：

1. 结施02图中－1.200标高为基础梁梁底面标高。

2. 结施03图中KZ的起止标高有误，应为：

(1)KZ1 KZ3标高为－0.900～7.800，KZ2标高为－1.200～5.100

(2)KZ4标高为－0.900～4.500，KZ5标高为－0.900～5.100

工程预算编制说明　　附表 2-2

建筑类型	框架结构	建筑面积	674.97m^2
工程总造价	￥519748.76元	单方造价	￥770.03元/m^2
总造价大写	伍拾壹万玖仟柒佰肆拾捌元柒角陆分		
编　制　说　明			

1. 本工程按武汉市四类工程取费；
2. 本工程预算采用现场搅拌混凝土；
3. 本工程预算采用九夹扳模板，钢支撑；
4. 本工程预算车间大门M4未计，由甲方自定；
5. 工程中使用的门、钢筋混凝土空心板及架空、余土外运，其运距均为5km；
6. 本工程未计算材料价差

编制人：×××　　　　审核人：×××

工程造价取费表　　附表 2-3

序　号	费用名称	计算表达式	金额(元)
一	直接工程费	一般项目工料机费+[4]+[5]	409746.33
1	其中：人工费	一般项目人工费	96985.17
2	材料费	一般项目材料费	295116.26
3	机械费	一般项目机械费	16716.30
4	检验试验费	一般项目材料费×0.2%	590.23
5	一般构件增值税	一般构件费×7.05%	338.35
二	施工组织措施费	[6]+[7]+[8]+[9]+[10]+[11]+[12]	13193.83
6	安全防护、文明施工措施费	[一]×2.17%	8891.50
7	夜间施工	[一]×0.1%	409.75
8	二次搬运	[一]×0.05%	204.87

续表

序　号	费用名称	计算表达式	金额(元)
9	施工排水降水	[一]×0.1%	409.75
10	冬、雨期施工	[一]×0.2%	819.49
11	生产工具用具使用	[一]×0.5%	2048.73
12	工程定位、点交、场地清理	[一]×0.1%	409.75
13	其中：人工费	([6]+[7]+[8]+[9]+[10]+[11]+[12])×15%	1979.07
三	直接费	[一]+[二]	422940.16
四	间接费	[14]+[15]	33835.21
14	施工管理费	([一]+[二])×2.0%	8458.80
15	规费	([一]+[二])×6.0%	25376.41
五	利润	[三]×2.0%	8458.80
六	意外伤害保险	([三]+[四]+[五])×0.05%	232.62
七	施工安全技术服务费	([三]+[四]+[五])×0.15%	697.85
八	不含税工程造价	[三]+[四]+[五]+[六]+[七]	466164.64
九	税金	([八])×3.6914%	17208.00
十	含税工程造价	[八]+[九]	483372.65
十一	塑钢门窗安装直接工程费	塑钢工料机费+[19]	31118.27
16	其中：人工费	塑钢人工费	2965.87
17	材料费	塑钢材料费	27971.14
18	机械费	塑钢机械费	125.32
19	检验试验费	塑钢材料费×0.2%	55.94
十二	施工组织措施费	[20]+[21]+[22]+[23]+[24]+[25]+[26]	1002.01
20	安全防护、文明施工措施费	[十一]×2.17%	675.27
21	夜间施工	[十一]×0.1%	31.12
22	二次搬运	[十一]×0.05%	15.56
23	施工排水降水	[十一]×0.1%	31.12
24	冬、雨期施工	[十一]×0.2%	62.24
25	生产工具用具使用	[十一]×0.5%	155.59
26	工程定位、点交、场地清理	[十一]×0.1%	31.12
27	其中：人工费	([20]+[21]+[22]+[23]+[24]+[25]+[26])×15%	150.30
十三	直接费	[十一]+[十二]	32120.28
十四	间接费	[28]+[29]	2248.42
28	施工管理费	([十一]+[十二])×1.0%	321.20
29	规费	([十一]+[十二])×6.0%	1927.22
十五	利润	[十三]×2.0%	642.41
十六	意外伤害保险	([十三]+[十四]+[十五])×0.05%	17.51
十七	施工安全技术服务费	([十三]+[十四]+[十五])×0.15%	52.52
十八	不含税工程造价	[十三]+[十四]+[十五]+[十六]+[十七]	35081.12
十九	税金	([十八])×3.6914%	1294.98
二十	含税工程造价	[十八]+[十九]	36376.11
二十一	工程造价	[十]+[二十]	519748.76

直接费计价表 **附表 2-4**

序号	定额代码	定额名称	单位	数量	单价	合价
建 筑 工 程 部 分						
一、土、石方工程						
1	A1-17	人工挖沟槽三类土深度(2m 以内)	$100m^3$	0.870	1615.78	1405.73
2	A1-26	人工挖基坑三类土深度(2m 以内)	$100m^3$	2.010	1909.61	3838.32
3	A1-39	回填土夯填	$100m^3$	3.295	1053.97	3472.83
4	A1-42	平整场地	$100m^2$	6.507	94.5	614.91
		小 计	元			9331.79
三、砌筑工程						
5	A3-1	水泥砂浆砖基础水泥砂浆 M5	$10m^3$	2.989	1624.84	4856.65
6	A3-20	混水砖墙 1/2 砖水泥砂浆 M5	$10m^3$	0.214	1887.07	403.83
7	A3-100	砖砌台阶水泥砂浆 M5	$10m^2$	0.221	435.43	96.23
8	A3-120	砌体钢筋加固	t	0.051	3370.97	171.92
9	A3-165	加气混凝土砌块墙 600×300×(125、200、250)混合砂浆 M5	$10m^3$	19.881	2180.78	43356.09
		小 计	元			48884.72
四、混凝土及钢筋混凝土工程						
10	A4-2	带形基础 C20 碎石混凝土有梁式	$10m^3$	1.831	2105	3854.26
11	A4-5	独立基础 C20	$10m^3$	3.690	2125.81	7844.24
12	A4-11	基础垫层 C10	$10m^3$	1.762	2005.99	3534.55
13	A4-22 换	矩形柱 C20 换:C25 碎石混凝土 40mm(坍落度 30～50)	$10m^3$	3.103	2601.4	8072.16
14	A4-25	构造柱 C20	$10m^3$	0.313	2573.14	805.39
15	A4-28 换	单梁\连续梁\悬臂梁 C20 换:C25 碎石混凝土 40mm(坍落度 30～50)	$10m^3$	0.972	2404.55	2337.23
16	A4-31	过梁 C20	$10m^3$	0.400	2644.99	1058
17	A4-40 换	有梁板 C20 换:C25 碎石混凝土 40mm(坍落度 30～50)	$10m^3$	10.269	2348.62	24117.95
18	A4-42 换	平板 C20 换:C25 碎石混凝土 40mm(坍落度 30～50)	$10m^3$	0.057	2476.79	141.18
19	A4-47 换	雨篷 C20 换:C25 碎石混凝土 40mm(坍落度 30～50)	$10m^2$	1.404	205.48	288.49
20	A4-50 换	整体楼梯 C20 换:C25 碎石混凝土 40mm(坍落度 30～50)	$10m^2$	2.521	642.07	1618.66
21	A4-52	压顶 C20	$10m^3$	0.283	2756.82	780.18
22	A4-55 换	台阶 C20 换:C15 碎石混凝土 40mm(坍落度 30～50)	$10m^2$	1.211	384.86	466.06

续表

序号	定额代码	定额名称	单位	数量	单价	合价
23	A4-59	混凝土散水面层一次抹光	$100m^2$	0.692	1810	1252.52
24	A4-60	水泥砂浆防滑坡道	$100m^2$	0.195	1131.55	220.65
25	A4-88	空心板 C30	$10m^3$	0.914	2885.2	2637.07
26	A4-261	一类预制混凝土构件运距(5km 以内)	$10m^3$	0.913	1156.22	1055.63
27	A4-576	空心板不焊接每个构件体积(0.2m^3以内)卷扬机	$10m^3$	0.905	325.68	294.74
28	A4-632	空心板灌缝	$10m^3$	0.900	554.66	499.19
29	A4-641	现浇构件圆钢筋(ϕ6.5mm 以内)	t	0.560	3538.87	1981.77
30	A4-642	现浇构件圆钢筋(ϕ8mm 以内)	t	6.765	3245.54	21956.08
31	A4-643	现浇构件圆钢筋(ϕ10mm 以内)	t	4.064	3083.1	12529.72
32	A4-644	现浇构件圆钢筋(ϕ12mm 以内)	t	0.801	3172.64	2541.28
33	A4-656	现浇构件螺纹钢筋(ϕ14mm 以内)	t	0.017	3253.85	55.32
34	A4-657	现浇构件螺纹钢筋(ϕ16mm 以内)	t	0.131	3222.14	422.1
35	A4-658	现浇构件螺纹钢筋(ϕ18mm 以内)	t	4.826	3193.98	15414.15
36	A4-659	现浇构件螺纹钢筋(ϕ20mm 以内)	t	11.933	3171.66	37847.42
37	A4-660	现浇构件螺纹钢筋(ϕ22mm 以内)	t	1.903	3137.2	5970.09
38	A4-711	先张法预应力钢筋(ϕ5mm)以内	t	0.243	3825.4	929.57
		小 计	元			160525.64
		七、屋面及防水工程				
39	A7-107	塑料(PVC)落水管 ϕ150mm	10m	4.880	518.75	2531.5
40	A7-109	塑料雨水口方形(接口直径)ϕ150mm	10 个	0.800	388.52	310.82
41	A7-111	塑料水斗方形(接口直径)ϕ150mm	10 个	0.800	643.88	515.1
42	A7-139	聚氨脂二遍	$100m^2$	0.839	3062.98	2569.84
43	A7-160	水乳型再生胶沥青聚酯布二布三涂平面	$100m^2$	4.281	1881.06	8052.82
44	A7-186	塑料油膏嵌缝(6cm^2 以内)	100m	0.879	237.82	209.04
		小 计	元			14189.12
		八、防腐、隔热、保温工程				
45	A8-218	架空隔热层混凝土板面	$100m^2$	3.477	2882.96	10024.05
		小 计	元			10024.05
		十、混凝土、钢筋混凝土模板及支撑工程				
46	A10-8	带形基础(有梁式)钢筋混凝土九夹板模板木支撑	$100m^2$	1.712	2904.86	4973.12
47	A10-17	独立基础钢筋混凝土九夹板模板木支撑	$100m^2$	0.970	2674.05	2593.83
48	A10-50	矩形柱九夹板模板钢支撑	$100m^2$	3.261	2447.42	7981.04
49	A10-58	构造柱木模板木支撑	$100m^2$	0.263	4336.06	1140.38

续表

序号	定额代码	定额名称	单位	数量	单价	合价
50	A10-59	柱支撑高度超过3.6m每增加1m钢支撑	$100m^2$	0.117	143	16.73
51	A10-66	单梁、连续梁九夹板模板钢支撑	$100m^2$	0.889	2981.58	2650.62
52	A10-70	过梁九夹板模板木支撑	$100m^2$	0.474	4201.38	1991.45
53	A10-76	圈梁、压顶直形九夹板模板木支撑	$100m^2$	0.146	2327.58	339.83
54	A10-96	有梁板九夹板模板钢支撑	$100m^2$	7.958	2774.79	22081.78
55	A10-104	平板九夹板模板钢支撑	$100m^2$	0.048	2368.75	113.7
56	A10-112	板支撑高度超过3.6m每超过1m钢支撑	$100m^2$	2.625	261.43	686.25
57	A10-114	楼梯直形木模板木支撑	$10m^2$	2.521	876.53	2209.73
58	A10-116	阳台、雨篷直形木模板木支撑	$10m^2$	1.725	745.99	1286.83
59	A10-118	台阶木模板木支撑	$10m^2$	1.211	196.03	237.39
60	A10-126	混凝土散水	$100m^2$	0.692	93.9	64.98
61	A10-154	长线台预应力钢拉模空心板厚(120mm以内)	$10m^3$	0.914	1348.7	1232.71
		小　计	元			49600.39
十一、脚手架工程						
62	A11-1	综合脚手架建筑面积	$100m^2$	6.750	489.55	3305.44
		小　计	元			3305.44
十二、垂直运输工程						
63	A12-1	20m(6层)以内卷扬机施工	$100m^2$	6.750	619.73	4184.42
		小　计	元			4184.42
装　饰　工　程　部　分						
一、楼地面工程						
64	B1-1	3∶7灰土	$10m^3$	0.746	984.63	734.53
65	B1-17换	混凝土垫层 换:C15碎石混凝土40mm(坍落度30～50)	$10m^3$	0.396	2051.95	812.57
66	B1-17	混凝土垫层	$10m^3$	2.965	1999.63	5928.9
67	B1-19	水泥砂浆混凝土或硬基层上厚度20mm	$100m^2$	3.809	666.5	2538.7
68	B1-25	细石混凝土厚度30mm	$100m^2$	0.245	873.84	214.09
69	B1-26	细石混凝土厚度每增减5mm	$100m^2$	1.468	140.5	206.25
70	B1-28	水泥砂浆楼梯面厚20mm	$100m^2$	0.232	1955.64	453.71
71	B1-29	水泥砂浆台阶面厚20mm	$100m^2$	0.022	1679.61	36.95
72	B1-31	水泥砂浆踢脚板(底12mm面8mm)	100m	0.770	214.39	165.08
73	B1-32	80mm厚细石混凝土面层	$100m^2$	1.873	2684.69	5028.42
74	B1-46	剁假石水泥豆石浆台阶(水平投影面积)	$100m^2$	0.199	5045.05	1003.96
75	B1-81	彩釉砖楼地面(每块周长1200mm以内)水泥砂浆	$100m^2$	1.522	5530.49	8417.41

续表

序号	定额代码	定额名称	单位	数量	单价	合价
76	B1-92	彩釉砖踢脚板水泥砂浆	100m	1.610	856.33	1378.69
77	B1-97	缸砖楼地面勾缝水泥砂浆	$100m^2$	1.610	3589.57	5779.21
78	B1-103	缸砖踢脚板水泥砂浆	100m	1.112	749.53	833.48
79	B1-106	陶瓷锦砖楼地面不拼花水泥砂浆	$100m^2$	0.252	2816.9	709.86
80	B1-111	陶瓷锦砖踢脚板水泥砂浆	100m	0.218	470.61	102.59
81	B1-185	硬木扶手型钢栏杆	10m	1.286	703.96	905.29
82	B1-187	硬木扶手弯头	10个	0.300	376.45	112.94
		小　计	元			35362.64
		二、墙柱面装饰工程				
83	B2-25	墙面、墙裙水泥砂浆15+5mm砖墙	$100m^2$	0.479	906.15	434.05
84	B2-40	墙面、墙裙混合砂浆15+5mm轻质墙	$100m^2$	19.355	831.74	16098.33
85	B2-46	独立柱面混合砂浆矩形混凝土柱	$100m^2$	0.238	989.61	235.53
86	B2-225	150×75面砖墙面、墙裙砂浆粘贴(灰缝10mm内)	$100m^2$	1.344	5201.47	6990.78
87	B2-393	活动塑料隔断	$100m^2$	0.355	5106.46	1812.79
		小　计	元			25571.47
		三、顶棚装饰工程				
88	B3-2	混凝土面顶棚水泥砂浆	$100m^2$	0.370	757.18	280.16
89	B3-3	混凝土面顶棚混合砂浆	$100m^2$	4.764	675.74	3219.23
90	B3-23	方木顶棚龙骨吊在人字屋架或砖墙上(3m以内)一级	$100m^2$	0.489	3711.23	1814.79
91	B3-30	顶棚装配式U形轻钢龙骨不上人型面层规格450mm×450mm一级	$100m^2$	1.586	3902.6	6189.52
92	B3-129	阻燃钙塑装饰板素色	$100m^2$	0.489	1812.55	886.34
93	B3-137	纸面石膏板	$100m^2$	1.586	1184.78	1879.06
94	B3-273	顶棚石膏装饰角线宽200mm	10m	11.020	32.15	354.29
95	B3-273换	顶棚石膏装饰角线宽200mm换:塑料条[10×10]	10m	5.600	17.82	99.78
		小　计	元			14723.17
		四、门窗工程				
96	B4-10	带纱镶板门双扇带亮框扇制安	$100m^2$	0.041	16205.19	664.41
97	B4-15	带纱镶板门单扇无亮框扇制安	$100m^2$	0.294	18035.89	5302.55
98	B4-240	双扇地弹门带上亮带侧亮	$100m^2$	0.089	26492.41	2357.82
99	B4-259	固定窗25.4×101.5	$100m^2$	0.204	19323.21	3941.93
100	B4-261	纱扇制作安装窗	$100m^2$	0.378	6898.08	2607.47
101	B4-291	塑钢推拉窗	$100m^2$	0.867	25553.74	22155.09
102	B4-436	木门窗运输运输距离(5km以内)	$100m^2$	0.455	283.99	129.22
		小　计	元			37158.51

续表

序号	定额代码	定额名称	单位	数量	单价	合价
五、油漆、涂料、裱糊工程						
103	B5-1	底漆一遍刮腻子调和漆二遍单层木门	100m^2	0.455	1139.73	518.58
104	B5-91	润油粉、刮腻子、油色清漆三遍木扶手无托板	100m	0.340	351.72	119.58
105	B5-190	调和漆二遍其他金属面	t	0.400	112.54	45.02
106	B5-192	调和漆每增加一遍其他金属面	t	0.400	55.19	22.08
107	B5-225	乳胶漆抹灰面二遍	100m^2	19.617	651.34	12777.34
108	B5-281	外墙 AC-97 弹性涂料抹灰面	100m^2	7.169	1413.14	10130.8
		小　计	元			23613.39
六、脚手架工程						
109	B7-1	满堂脚手架基本层 3.6m 高	100m^2	1.587	437.88	694.92
110	B7-3	装饰内脚手架简易(3.6m 以内)内墙、柱面	100m^2	12.887	6.75	86.99
111	B7-4	装饰内脚手架简易(3.6m 以内)顶棚面	100m^2	4.905	21.6	105.95
		小　计	元			887.85
八、垂直运输工程						
112	B8-1	20m(6 层)以内卷扬机施工	100m^2	6.750	264.96	1788.48
		小　计	元			1788.48
补充项目						
113	B 补-1	金属铁艺栏杆	m^2	4.860	150	729
		小　计	元			729
		合　计	元			439880.07

工程指标　　　　**附表 2-5**

序号	项目名称	单位	数量	指标(每 100m^2)
1	人工	工日	3327.65	493.01
2	工程用材	m^3	3.71	0.55
3	施工用材	m^3	8.82	1.31
4	水泥	吨	138.82	20.57
5	钢筋	吨	33.04	4.9
6	型钢	吨	0.12	0.02
7	管材	m	0.19	0.03
8	塑钢门窗	m^2	83.8	12.42

工程量计算表（预算） 附表 2-6

序号	分部分项工程名称	部位与编号	单位	计 算 式	计算结果
0	建筑面积		m²	按外墙外围面积计算	
		底层		(3.6×4＋0.16＋0.125)×(12＋0.125＋0.125)＋(3.6×8)×(7.8＋0.25)＝411.73m²	
		二层		(3.6×9＋0.15×2)×(7.8＋0.25)＝263.24m²	
			m²	合计面积：411.92＋263.24＝674.97m²	674.97
	（建筑工程） 第一部分 工程项目				
	第一章 土(石)方工程（包含基础工程分部）				
1	平整场地		m²	按外墙外边线每边各增加 2m 后，所围成的水平面积计算	650.67
				$S_{平整场地}=S_{底}+2L_{外}+16$＝411.73＋2×[(43.2＋0.16＋0.125)×2＋(12＋0.25)×2]＋16＝650.67m²	
2	人工挖地坑(深 2m 以内三类干土)		m³	按实挖体积以 m³ 计算	201.02
		DJ1		地坑宽度：(考虑支模板需要，每边加宽工作面 30cm)	
				图示长 两边加宽 1.00＋0.30×2＝1.60m	
				图示宽 两边加宽 1.00＋0.30×2＝1.60m	
				地坑深度：(从室外地坪算至槽底的垂直高度)	
				坑底标高 室内外高差 1.60－0.45＝1.15m	
				DJ1 实挖体积＝地坑实长×地坑实宽×地坑深度×数量 1.6×1.6×1.15×5＝14.72m³	
		DJ2		地坑宽度：(考虑支模板需要，每边加宽工作面 30cm)	
				图示长 两边加宽 2.10＋0.30×2＝2.70m	
				图示宽 两边加宽 1.40＋0.30×2＝2.00m	
				地坑深度：(从室外地坪算至槽底的垂直高度)	
				坑底标高 室内外高差 1.60－0.45＝1.15m	
				DJ2 实挖体积＝地坑实长×地坑实宽×地坑深度×数量 2.70×2.00×1.15×8＝49.68m³	
		DJ3		地坑宽度：(考虑支模板需要，每边加宽工作面 30cm)	
				图示长 两边加宽 2.40＋0.30×2＝3.00m	
				图示宽 两边加宽 1.60＋0.30×2＝2.20m	
				地坑深度：(从室外地坪算至坑底的垂直高度)	
				坑底标高 室内外高差 1.60－0.45＝1.15m	
				DJ3 实挖体积＝地坑实长×地坑实宽×地坑深度×数量 3.00×2.20×1.15×18＝136.62m³	
		汇总		DJ 合计＝VDJ1＋VDJ2＋VDJ3 ＝14.72＋49.68＋136.62＝201.02m³	

续表

序号	分部分项工程名称	部位与编号	单位	计 算 式	计算结果
3	人工挖地槽(深2m以内三类干土)		m^3	按实挖体积以m^3计算。由于墙基宽小于3m,故按挖地槽计算	86.95
				地槽宽度:(因钢筋混凝土条形基础,考虑支模板需要,每边加宽工作面30cm)	
				图示宽 两边加宽 0.45+0.30×2=1.05m	
				地槽深度:(从室外地坪算至槽底的垂直高度)	
				槽底标高 室内外高差 1.3−0.45=0.85m	
				地槽断面面积:槽宽×槽深=1.05×0.85=0.89m^2	
				地槽长度:按地槽净长计算(中到中的轴线长度减地坑宽度)	
	(纵向)	①→③上/(A)→(C)		地槽长度=(轴线长度−A轴地坑宽度−B轴地坑宽度−C轴地坑宽度)×轴线数=(12−0.8−2.7−1.35)×3=21.45m	
		⑤上/(A)→(C)		地槽长度=(轴线长度−A轴地坑宽度−B轴地坑宽度−C轴地坑宽度)×轴线数=(12−0.8−3.0−1.50)×1=6.70m	
		⑥⑧⑩(12)(13)上/(A)→(C)		地槽长度=(轴线长度−B轴地坑宽度−C轴地坑宽度)×轴线数=(7.8−1.5−1.5)×5=24.00m	
	(横向)	(A)上/①→⑤		地槽长度=(轴线长度−①轴地坑宽度−②轴地坑宽度−③轴地坑宽度−④轴地坑宽度−⑤轴地坑宽度)×轴线数=(14.4−0.8−1.6−1.6−1.6−0.8)×1=8.00m	
		(B)(C)上/①→(13)		地槽长度=(轴线长度−①轴地坑宽度−②③④轴地坑宽度−⑤⑥⑦⑧⑨⑩(11)(12)轴地坑宽度−(13)轴地坑宽度)×轴线数=(43.2−1.0−2.0×3−2.2×8−1.1)×2=35.00m	
		(2/B)上/(12)→(13)		地槽长度=(轴线长度−(12)(13)轴基础梁宽度)×轴线数=(3.6−1.05)×1=2.55m	
				地槽总长度=21.45+6.70+24.00+8.00+35.00+2.55=97.7m	
		汇总		地槽挖土总体积=地槽断面×地槽总长度=0.89×97.70=86.95m^3	
4	C10基础垫层混凝土		m^3	按垫层图示尺寸的体积以m^3计算	17.62
	(1)独立柱基础垫层混凝土	DJ1		垫层水平投影面积=垫层长度×垫层宽度×数量=1.2×1.2×5=7.2m^2	
		DJ2		垫层水平投影面积=垫层长度×垫层宽度×数量=2.3×1.6×8=29.44m^2	
		DJ3		垫层水平投影面积=垫层长度×垫层宽度×数量=2.6×1.8×18=84.24m^2	

续表

序号	分部分项工程名称	部位与编号	单位	计 算 式	计算结果
	(2)基础梁垫层混凝土	①→③上/(A)→(C)		垫层水平投影面积=垫层长度×垫层宽度×数量=(12−0.5−2.1−1.05)×0.45×3=11.27m^2	
		⑤上/(A)→(C)		垫层水平投影面积=垫层长度×垫层宽度×数量=(12−0.5−2.4−1.2)×0.45×1=3.56m^2	
		⑥⑧⑩(12)(13)上/A→B		垫层水平投影面积=垫层长度×垫层宽度×数量=(7.8−1.2−1.2)×0.45×5=12.15m^2	
		(A)上/①→⑤		垫层水平投影面积=垫层长度×垫层宽度×数量=(14.4−0.5−1.0×3−0.5)×0.45×1=4.68m^2	
		(B)(C)上/①→(13)		垫层水平投影面积=垫层长度×垫层宽度×数量(43.2−0.7−1.4×3−1.6×8−0.8)×0.45×2=22.23m^2	
		(2/B)上/①→(13)		垫层水平投影面积=垫层长度×垫层宽度×数量=(3.6−0.45)×0.45×1=1.42m^2	
				垫层水平投影总面积=7.20+29.44+84.24+11.27+3.56+12.15+4.68+22.23+1.42=176.19m^2	
		汇总		垫层总体积=垫层水平投影总面积×垫层厚度=176.19×0.10=17.62m^3	
5	现浇C20钢筋混凝土独立基础		m^3	按混凝土基础图示尺寸的体积以“m^3”计算	36.9
		DJ1		混凝土独立基础体积=长×宽×高×数量=1.0×1.0×0.3×5=1.5m^3	
		DJ2		混凝土独立基础体积=长×宽×高×数量=(1.4×2.1×0.3+0.8×1.05×0.3)×8=9.07m^3	
		DJ3		混凝土独立基础体积=长×宽×高×数量=(2.4×1.6×0.3+1.15×0.9×0.3)×18=26.33m^3	
		汇总		混凝土独立基础总体积=1.5+9.07+26.33=36.9m^3	
6	现浇C20钢筋混凝土带形基础		m^3	按混凝土基础图示尺寸的体积以“m^3”计算带形基础体积=基础断面×基础长度	18.305
	(纵向)JKL3×3	①②③上/(A)→(C)	m^3	带形基础体积=基础断面×基础长度×数量=基础宽度×基础高度×基础长度×数量=[0.25×0.4×(4.2−0.15−0.525)+0.25×0.1×0.3+0.25×0.6×(7.8−0.525×2)+0.25×0.3×0.3×2]×3=4.21m^3	(注意:带形基础与独立柱基础有相交部分)
	JKL3a×1	⑤上/(A)→(C)	m^3	带形基础体积=基础断面×基础长度×数量=基础宽度×基础高度×基础长度×数量=[0.25×0.4×(4.2−0.15−0.575)+0.25×0.1×0.35+0.25×0.6×(7.8−0.575×2)+0.25×0.3×0.35×2]×1=1.406m^3	

续表

序号	分部分项工程名称	部位与编号	单位	计 算 式	计算结果
	JKL4、JKL4a、JKL5×5	⑥⑧⑩(12)(13)上/(B)→(C)	m^3	带形基础体积＝基础断面×基础长度×数量＝基础宽度×基础高度×基础长度×数量＝[0.25×0.6×(7.8－0.575×2)＋0.25×0.3×0.35]×5＝5.119m^3	
	(横向)JKL1×1	(A)上/①→⑤	m^3	带形基础体积＝基础断面×基础长度×数量＝基础宽度×基础高度×基础长度×数量＝0.25×0.6×(14.4－0.15－0.3×3－0.15)×1＝1.98m^3	
	JKL2×2	(B)(C)上/①→(13)	m^3	带形基础体积＝基础断面×基础长度×数量＝基础宽度×基础高度×基础长度×数量＝[0.25×0.6×(43.2－0.4－0.8×3－0.9×8－0.45)＋0.25×0.2×(0.25＋0.5×3＋0.6×8＋0.3)×2＝5.255m^3	
	JL1×1	(2/B)上/(12)→(13)	m^3	带形基础体积＝基础断面×基础长度×数量＝基础宽度×基础高度×基础长度×数量＝0.25×0.4×(3.6－0.125－0.125)×1＝0.335m^3	
		汇总	m^3	钢筋混凝土带形基础总体积＝4.21＋1.406＋5.119＋1.98＋5.255＋0.335＝18.305m^3	
7	墙基(地槽)回填土		m^3	按实回填土方体积以“m^3”计算	202.96
				回填土体积＝挖土体积－设计室外地坪以下建筑物被埋置部分所占的体积＝挖土体积－(垫层体积＋混凝土体积＋砖砌体体积)	
	室外地坪以下建筑物埋置部分		m^3		
	(1)矩形柱			按矩形柱图示尺寸的体积以“m^3”计算	
				KZ1 0.45×0.3×(0.9－0.45)×18＝1.093m^3	
				KZ2 0.3×0.3×(1.2－0.45)×5＝0.338m^3	
				KZ3 0.45×0.3×(0.9－0.45)×2＝0.122m^3	
				KZ4 0.45×0.3×(0.9－0.45)×2＝0.122m^3	
				KZ5 0.45×0.3×(0.9－0.45)×4＝0.243m^3	
		小计		1.918m^3	
	(2)M5水泥砂浆砌砖砌体埋置部分		m^3	按砌砖砌体图示尺寸的体积以“m^3”计算	
				砌砖砌体高度＝基础梁顶高标高－室外地坪垫层标高	
				砖基宽度＝0.25m	
				砌体体积＝砌体长度×砌体宽度×砌体高度	
	(纵向)	①→③上/(A)→(C)		砌体体积＝砌体长度×砌体宽度×砌体高度＝[(4.2－0.15－0.225)×0.25×(0.8－0.45)＋(7.8－0.15－0.225)×0.25×(0.6－0.45)]×3＝1.84m^3	
		⑤上/(A)→(B)		砌体体积＝砌体长度×砌体宽度×砌体高度＝[(4.2－0.15－0.225)×0.25×(0.8－0.45)＋(7.8－0.225－0.225)×0.25×(0.6－0.45)]×1－0.25×0.25×(0.6－0.45)×2＝0.59m^3	

续表

序号	分部分项工程名称	部位与编号	单位	计 算 式	计算结果
		⑥⑧⑩(12)(13)上/(A)→(B)		砌体体积=砌体长度×砌体宽度×砌体高度=(7.8−0.225−0.225)×0.25×(0.6−0.45)×5−0.25×0.25×(0.6−0.45)×2=1.36m³	
	(横向)	(A)上/①→⑤		砌体体积=砌体长度×砌体宽度×砌体高度=(14.4−0.15−0.3×3−0.15)×0.25×(0.8−0.45)×1=1.16m³	
		(B)(C)上/①→(13)		砌体体积=砌体长度×砌体宽度×砌体高度=(43.2−0.15−0.3×11−0.15)×0.25×(0.7−0.45)×2=4.95m³	
		(2/B)上/(12)→(13)		砌体体积=砌体长度×砌体宽度×砌体高度=(3.6−0.125−0.125)×0.25×(0.8−0.45)×1=0.29m³	
		小计		1.849+0.59+1.36+1.16+4.95+0.29=10.19m³	
	(3)构造柱			按构造柱图示尺寸的体积以“m³”计算	
	(按一字形马牙槎计算)	GZ		0.25×(0.25+0.03×2)×(0.6−0.45)×3=0.035m³	
		TZ1		0.25×(0.25+0.03×2×(0.6−0.45)×2=0.023m³	
		TZ2		0.25×(0.25+0.03×2×(0.6−0.45)×2=0.023m³	
		小计		0.035+0.023+0.023=0.081m³	
	墙基(地槽)回填土汇总		m³	按实回填土方体积以“m³”计算	
				回填土体积=挖土体积−设计室外地坪以下建筑物被埋置部分所占的体积=挖土体积−(垫层体积+混凝土体积+砖砌体体积)=(基坑201.02+基槽86.95)−(17.62+36.9+18.305+1.918+10.19+0.081)=287.97−85.014=202.96m³	
8	地坪(室内)回填土		m³	按室内主墙间实填土方体积以“m³”计算	126.55
		①→⑤/(A)→(C)		地面主墙间净面积×回填土厚度=底层建筑面积×(室内外高差−地坪厚度)=6.95×11.75+3.35×3.95×2+3.35×7.55×2=158.71m² 158.71×(0.45−0.08−0.02)=55.55m³	
		⑤→(13)/(B)→(C)		7.55×21.35+3.35×7.8=187.32m² 187.32×(0.45−0.08−0.03)=63.91m³	
		(12)→(13)/(B)→(C)		3.35×(4.25+3.05)=24.46m² 24.46×(0.45−0.08−0.06−0.02)=7.09m³	
		小计		55.55+63.91+7.09=126.55m³	
9	回填土合计		m³	7项+8项=202.96+126.55=329.51m³	329.51
	第三章　砌体工程				
10	M5水泥砂浆灰砂砖砌体		m³	按砌砖砌体图示尺寸的体积以“m³”计算	29.89
				砌砖砌体高度=基础梁顶高标高−室外地坪垫层标高	

续表

序号	分部分项工程名称	部位与编号	单位	计 算 式	计算结果
				砖基宽度=0.25m	
				砌体体积=砌体长度×砌体宽度×砌体高度	
	(纵向)	①→③上/(A)→(C)		砌体体积=砌体长度×砌体宽度×砌体高度=[(4.2−0.15−0.225)×0.25×0.8+(7.8−0.15−0.225)×0.25×0.6]×3=5.49m³	
		⑤上/(A)→(B)		砌体体积=砌体长度×砌体宽度×砌体高度=[(4.2−0.15−0.225)×0.25×0.8+(7.8−0.225−0.225)×0.25×0.6]×1−0.25×0.25×0.6×2=1.79m³	
		⑥⑧⑩(12)(13)上/(A)→(B)		砌体体积=砌体长度×砌体宽度×砌体高度=(7.8−0.225−0.225)×0.25×0.6×5−0.25×0.25×0.6×2=5.44m³	
	(横向)	(A)上/①→⑤		砌体体积=砌体长度×砌体宽度×砌体高度=(14.4−0.15−0.3×3−0.15)×0.25×0.8×1=2.64m³	
		(B)(C)上/①→(13)		砌体体积=砌体长度×砌体宽度×砌体高度=(43.2−0.15−0.3×11−0.15)×0.25×0.7×2=13.86m³	
		(2/B)上/(12)→(13)		砌体体积=砌体长度×砌体宽度×砌体高度=(3.6−0.125−0.125)×0.25×0.8×1=0.67m³	
		合计	m³	5.49+1.79+5.44+2.64+13.86+0.67=29.89m³	
11	M5混合砂浆加气混凝土砌块墙		m³	按墙实砌体积以“m³”计算	198.813
	1. 一层M5混合砂浆混凝土砌块内墙		m³	按墙实砌体积以“m³”计算	
				墙长:(内墙按净长线计算)	
				墙厚:0.25m	
				墙高:自室内±0.00计算至梁底面	
				内墙虚体积:	
	(纵向)	②.③上/(A)→(C)	m³	墙长×墙高×墙厚×轴线数=[(4.2−0.15−0.225)×(4.5−0.4)×0.25+(7.8−0.225×2)×(4.5−0.7)×0.25]×2=21.81m³	
		⑤上/(B)→(C)	m³	墙长×墙高×墙厚(7.8−0.225×2)×(4.5−0.7)×0.25=6.98m³	
		⑥(12)上/(B)→(C)	m³	墙长×墙高×墙厚×轴线数(7.8−0.225×2)×(3.6−0.7)×0.25×2=10.66m³	
	(横向)	B上/①→③轴	m³	墙长×墙高×墙厚×轴线数 (3.6−0.15×2)×(4.5−0.5)×0.25×2=6.6m³	
		(2/B)上/(12)→(13)	m³	(3.6−0.25)×(4.5−0.4)×0.25=3.43m³	

续表

序号	分部分项工程名称	部位与编号	单位	计算式	计算结果
				应扣除体积部分包括：	
				(1)门窗洞口体积：	
			m^3	门窗洞口体积(M3,计5樘)＝1.0×2.1×0.25×5＝2.63m^3	
			m^3	洞口体积：1.5×(4.5－0.7)×0.25＋7.35×(4.5－0.7－0.9)×0.25＝1.38＋5.11＝6.58m^3	
				(2)门窗过梁体积： (门窗洞口长＋250×2)×梁宽×梁厚	
			m^3	过梁体积：(1＋0.25)×0.25×0.12×4＋(1＋0.25×2)×0.25×0.12＝0.195m^3	
				(3)构造柱、TZ体积：	
				构造柱截面面积×柱高度	
			m^3	1.739(计算见14项)	
				内墙实体积：	
		小计	m^3	内墙虚体积－门窗洞口体积－门窗过梁－构造柱体积＝(21.81＋6.98＋10.66＋6.6＋3.43－2.63－6.58－0.195－1.739)＝38.336m^3	
	2. 一层M5混合砂浆混凝土砌块外墙		m^3	按墙实砌体积以“m^3”计算	
				墙长：(按外墙中线长度计算)	
				墙厚：0.25m	
				墙高：自室内±0.000计算至框架梁底	
				外墙虚体积：	
		①上/(A)→(C)	m^3	(墙长×墙高×墙厚)＝(4.2－0.15－0.225)×(4.5－0.4)×0.25＋7.35×(5.1－0.7)×0.25＝12.01m^3	
		⑤上/(A)→(B)	m^3	(墙长×墙高×墙厚)＝(4.2－0.15－0.225)×(5.1－0.4)×0.25＝4.49m^3	
		(13)上/(B)→(C)	m^3	(墙长×墙高×墙厚)＝7.35×(5.1－0.7)×0.25＝6.25m^3	
		(A)上/①→⑤	m^3	(墙长×墙高×墙厚)＝(3.6×4－0.3×4)×(5.1－0.4)×0.25＝15.51m^3	
		(B)上/⑥→③	m^3	(墙长×墙高×墙厚)＝(3.6－0.3)×7×(5.1－0.5)×0.25＝15.51m^3	
		(C)上/①→⑤	m^3	(墙长×墙高×墙厚)＝(3.6－0.3)×3×(5.1－0.5)×0.25＝11.39m^3	
		(C)上/⑤→(13)		＝(3.6－0.3)×3×(3.6－0.5)×0.25＝7.67m^3	
				应扣除体积部分包括：	

续表

序号	分部分项工程名称	部位与编号	单位	计算式	计算结果
				(1)门窗洞口：	
			m^3	门窗洞口体积=门窗面积×墙厚[C1、1.5×1.8×18+C2、7.35×0.9+M1、3.3×2.7+M2、1.5×2.7+M4、2.4×2.7×2]×0.25=20.28m^3	
				(2)门窗过梁体积 (窗洞口长+250×2)×墙宽×墙厚	
			m^3	(1.5+0.25×2)×0.25×0.18×18+3.3×0.25×0.5+(1.5+0.5)×0.25×0.18=2.123m^3	
				(3)PTL(楼梯)	
			m^3	0.25×0.4×(3.6−0.3)=0.33m^3	
				外墙实体积：	
		小计	m^3	外墙虚体积−门窗洞口体积−门窗过梁体积−楼梯体积=64.697m^3	
	3. 二层M5混合砂浆砌块内墙		m^3	墙长×墙高×墙厚×轴线数	
		⑤上/(B)→(C)		[7.35×(2.7−0.6)]×0.25=3.86m^3	
		⑥→(12)上/(B)→(C)		(6.3−0.225−0.125)×(3.6−0.6)×0.25]×6=26.78m^3	
		(12)上/(B)→(C)		7.35×(3.6−0.6)×0.25=5.51m^3	
		(1/B)上/⑥～(12)		(3.6×6)×(3.6−0.4)×0.25=17.28m^3	
		(2/B)上/(12)～(13)		(3.6−0.25)×(3.6−0.4)×0.25=2.68m^3	
				应扣除体积部分包括：	
				(1)门窗洞口：	
			m^3	门窗洞口体积=门窗面积×墙厚(M3,9樘)(1.0×2.1×9)×0.25=4.725m^3	
				(2)门窗过梁体积： (门窗洞口长+250×2)×墙宽×墙厚	
			m^3	(1+0.25×2)×0.25×0.12×7+(1+0.25)×0.25×0.12×2=0.39m^3	
			m^3	(3)构造柱体积： 1.395m^3(计算见14项)	
				内墙实体积：	
		小计	m^3	内墙虚体积−门窗洞口体积−门窗过梁体积−构造柱体积=49.72m^3	

续表

序号	分部分项工程名称	部位与编号	单位	计 算 式	计算结果
	4. 二层 M5 混合砂浆砌块外墙	④(13)上/(B)→(C)	m^3	(墙长×墙高×墙厚)＝7.35×(2.7－0.6)×0.25＋7.35×(3.6－0.6)×0.25＝9.37m^3	
		(B)(C)上/④→⑤	m^3	(3.6－0.3)×(2.7－0.45)×0.25×2＝3.71m^3	
		(C)上/⑤→(13)	m^3	(3.6－0.3)×8×(3.6－0.45)×0.25＝20.79m^3	
		(B)上/⑤→⑥、(12)→(13)	m^3	(3.6－0.3)×(3.6－0.45)×0.25×2＝5.2m^3	
		(B)上/⑥→(12)		(3.6－0.3)×0.1×0.25×6＝0.5m^3	
				应扣除体积部分包括：	
				(1)门窗洞口：	
			m^3	门窗洞口体积＝门窗面积×墙厚[1.5×1.5×2＋1.5×1.8×10]×0.25＝7.88m^3	
				(2)门窗过梁体积：(门窗洞口长＋250×2)×墙宽×墙厚	
			m^3	(1.5＋0.25×2)×0.25×0.18×10＝0.9m^3	
				外墙实体积：	
			m^3	外墙虚体积－门窗洞口体积－门窗过梁＝30.79m^3	
	5. 女儿墙砌体	标高 4.5m 处屋面	m^3	中线长度×高度(扣压顶)×厚度[(3.6－0.3)×7＋(12－0.15－0.225－0.45)＋(4.2－0.375)]×(0.6－0.06)×0.25＝5.14m^3	
		7.2m 屋面	m^3	中线长度×高度(扣压顶)×厚度[(3.6－0.3)×9×2＋(7.8－0.225×2)×2]×(0.6－0.06)×0.25＝10m^3	
	砌体合计：		m^3	38.336＋64.697＋49.85＋30.79＋5.14＋10＝198.813m^3	
12	1/2 砖墙	走道栏板	m^3	长度×高度×厚度	2.138
		(B)上/⑥→(12)	m^3	(3.6－0.3)×6×(1.1－0.2)×0.12＝2.138m^3	
13	砖砌台阶	楼梯间顶面	m^2	按水平投影面积以“m^2”计算	2.21
			m^2	面积＝1.6×1.38＝2.21m^2	
	第四章 混凝土及钢筋混凝土工程				
14	现浇 C25 钢筋混凝土框架柱混凝土	KZ	m^3	框架柱按断面面积乘以高度以“m^3”计算	31.03

续表

序号	分部分项工程名称	部位与编号	单位	计 算 式	计算结果
				框架柱断面=框架柱长度×框架柱宽度	
		KZ1、KZ3	m^3	0.3×0.45×(1.5−0.6+7.8)×20(根数)=23.49m^3	
		KZ2	m^3	0.3×0.3×(1.5−0.3+5.1)×5=2.835m^3	
		KZ4	m^3	0.3×0.45×(1.5−0.6+4.5)×2=1.458m^3	
		KZ5	m^3	0.3×0.45×(1.5−0.6+5.1)×4=3.24m^3	
		合计	m^3	31.03	
15	现浇 C20 构造柱混凝土及楼梯柱(TZ)	GZ1	m^3	构造柱按断面乘高度以"m^3"计算 断面面积(马牙槎计算)高度 一层:{0.25×(0.25+0.03×2)×[(4.5−0.7)−(−0.6)]}×4=1.364m^3 二层:{0.25×(0.25+0.03×2)×[(7.2−0.6)−3.6]}×6=1.395m^3	3.134
		TZ	m^3	基础:0.25×0.25×(1.2−0.6)×4=0.15m^3 一层:0.25×0.25×1.8×2=0.225m^3	
		合计	m^3	GZ+TZ:3.134m^3	
16	现浇 C25 有梁板混凝土		m^3	按梁、板图示尺寸以体积计算	102.69
	1. 二层有梁板结构框架梁混凝土		m^3	框架梁按断面乘长度以"m^3"计算	
		KL1(4)	m^3	0.3×(0.4−0.12板厚)×(3.6−0.3)×4=11.08m^3	
		KL2(4)	m^3	0.25×(0.5−0.12)×(3.6−0.3)×4=1.25m^3	
		KL2(4)	m^3	0.25×(0.5−0.12)×(3.6−0.3)×4=1.25m^3	
		KL3(8)	m^3	0.3×(0.5−0.12)×(3.6−0.3)×7+0.3×(0.5−0.1)×(3.6−0.3)×2=3.425m^3	
		KL4(2)	m^3	[0.25×(0.4−0.12)×(4.2−0.15−0.225)+0.25×(0.7−0.12)×(7.8−0.225×2)]×5=5.60m^3	
		KL5(1)	m^3	0.25×(0.7−0.08)×(1.5+0.125−0.225)×6=1.09m^3	
		KL5(1)	m^3	0.25×(0.7−0.1)×(7.8−0.45)×2=2.205m^3	
		L1(6)	m^3	0.25×(0.4−0.08)×(3.6−0.25)×6=1.61m^3	
		L2(1)	m^3	0.25×(0.4−0.1)×(3.6−0.25)=0.27m^3	
		小计	m^3	27.78m^3	
	2. 二层有梁板结构现浇板混凝土		m^3	图示面积×板厚以"m^3"计算	
	①→⑤/(A)→(C)	H=120	m^3	(3.6×4+0.16+0.125)×(12+0.15+0.125)×0.12=21.631m^3	

续表

序号	分部分项工程名称	部位与编号	单位	计 算 式	计算结果
	⑥→(12)/(1/B)→(B)	H=80	m^3	(1.5＋0.125＋0.15)×(3.6×6＋0.25)×0.08＝3.10m^3	
	(12)→(13)/(B)→(C)	H=100	m^3	3.6×(7.8＋0.3)×0.1＝2.92m^3	
		小计	m^3	27.65	
	3. 屋面有梁板框架梁混凝土		m^3	框架梁按断面乘长度以"m^3"计算	
	H=120处	WKL1(8)×2根	m^3	0.3×(0.45－0.12)×(3.6－0.3)×8×2＝5.06m^3	
	H=120处	WKL2(1)×10根	m^3	0.25×(0.6－0.12)×(7.8－0.45)×8＝7.06m^3	
	H=120处	WL1(6)	m^3	0.25×(0.4－0.12)×(3.6－0.25)×6＝1.37m^3	
	H=100处	WKL1	m^3	0.3×(0.45－0.1)×(3.6－0.3)×2＝0.64m^3	
	H=100处	WKL2(1)	m^3	0.25×(0.6－0.1)×(7.8－0.45)×2＝1.78m^3	
	H=100处	WL2(1)	m^3	0.25×(0.4－0.1)×(3.6－0.25)＝0.23m^3	
		小计	m^3	16.14	
	4. 屋面有梁板现浇板混凝土		m^3	图示面积×板厚以"m^3"计算	
	④→(12)/(B)→(C)	H=120	m^3	(3.6×8＋0.25)×(7.8＋0.3)×0.12＝28.24m^3	
	(12)→(13)/(B)→(C)	H=100	m^3	3.6×(7.8＋0.3)×0.1＝2.92m^3	
		小计	m^3	31.12	
		合计	m^3	1＋2＋3＋4＝27.78＋27.65＋16.14＋31.12＝102.69	
17	框架单梁及连续梁C25混凝土		m^3	框架梁按断面乘长度以"m^3 计算"	9.718
	3.6m标高处	KL3(8)	m^3	0.3×0.5×(3.6－0.3)×1＝0.50m^3	
		KL3	m^3	0.3×0.5×(3.6－0.3)×7＝3.47m^3	
		KL5	m^3	0.25×0.7×(6.3－0.225－0.125)×6＝6.248m^3	
	框架梁合计		m^3	9.718m^3	
18	现浇整体楼梯C25混凝土		m^2	按投影面积计算	25.21
			m^2	(3.6－0.25)×(7.8－0.125－0.15)＝25.21m^2	
19	现浇雨篷C25混凝土		m^2	按投影面积计算	14.04
			m^2	3.9×1.2×3＝14.04m^2	
20	现浇压顶C20混凝土		m^3	断面面积×长度计算	2.83
	1. 走道栏板处	(B)上/⑥→(12)	m^3	0.25×0.1×(3.6－0.3)×6＝0.5m^3	

续表

序号	分部分项工程名称	部位与编号	单位	计算式	计算结果
	2. 女儿墙压顶	4.5m处 7.2m处	m^3	断面面积×长度计算 0.32×0.06×(3.6×3+12+3.6×4+4.2)=0.79m^3 0.32×0.06×(3.6×9×2+7.8×2)=1.544m^3 女儿墙压顶合计： 0.79+1.54=2.33m^3	
		合计	m^3	=0.5+2.33=2.83	
21	预制空心板C30制作		m^3	以实际体积(考虑损耗)计算	9.14
	预制空心板制作	YKB3651 YKB3661	m^3	块数×每块体积×损耗(YKB3651) 60块×0.1342×1.015=8.173m^3 块数×每块体积×损耗(YKB3651) 6块×0.1592×1.015=0.97m^3 预应力空心板体积合计： 8.173+0.97=9.143m^3	
22	空心板灌缝		m^3	块数×每块体积 60×0.1342+6×0.1592=9.0m^3	9.0
23	现浇混凝土板带 C25混凝土	厚120	m^3	按板带长度×宽度×厚度以"m^3"计算 板缝超过150mm才计算工程量	0.57
	(按平板套项)			断面面积×长度 0.24×0.12×(3.6−0.3)×6=0.57m^3	
24	100厚C15混凝土 台阶混凝土		m^2	按水平投影面积计算	12.11
		M-1、M-2处		台阶与平台连接时，最外沿加300mm计算长度×宽度×步数 面积=(4.5×0.9+0.9×1.2)+(3.9×0.9)=8.64m^2	
		楼梯入口处		面积=3.85×0.3×3=3.465m^2	
		合计		8.64+3.465=12.11m^2	
25	混凝土散水		m^2	按散水水平投影面积以"m^2"计算	69.16
				散水宽度:0.70m	
				周长:(12+0.25+3.6×12+0.3+7.8+0.25+3.6×8+4.2+3.6×4+0.3+0.7×5)=115m	
				扣减台阶坡道:3.9+4.5+3.9×2=16.2m	
				散水投影面积=散水中线长度×散水宽度=(115−16.2)×0.70=69.16m^2	
26	水泥砂浆防滑坡道		m^2	投影面积计算	19.5
			m^2	3.9×2.5×2(个)=19.5m^2	
27	门窗过梁混凝土		m^3	砌体里已算(第11项)，合计 一层:0.159+2.55=2.71m^3 二层:0.39+0.9=1.29m^3 2.71+1.29=4.00m^3	4.00
	钢筋铁件部分:			按重量以"kg"计算	
	1. 独立柱基础钢筋				

续表

序号	分部分项工程名称	部位与编号	单位	计 算 式	计算结果
	ϕ10@150	DJ1×5	kg	钢筋长度＝构件长度－保护层＋两头弯钩 (1－0.035×2＋12.5×0.01)＝1.055kg 需要钢筋根数 (1÷0.15＋1)＝8 根 钢筋重量＝长度×每米重量 ＝1.055×8×0.617×5＝26.037kg 双向排列：25.297×2＝52.075kg	52.08
	ϕ10@150	DJ2×8	kg	(1.4－0.035×2＋12.5×0.01)×(2.1÷0.15＋1)×8×0.617＝107.73kg (2.1－0.035×2＋12.5×0.01)×(1.4÷0.15＋1)×8×0.617＝109.92kg	217.65
	ϕ10@150	DJ3×18	kg	(1.6－0.035×2＋12.5×0.01)×(2.4÷0.15＋1)×18×0.617＝312.46kg (2.4－0.035×2＋12.5×0.01)×(1.6÷0.15＋1)(取整)×18×0.617＝327.118kg	639.58
	2.－1.2 基础梁				
	JKL1(4)×1	4Φ20	kg	梁钢筋长度＝梁跨净长度＋两边锚固长度 (3.6×4－0.3)＋35×0.02×2＝15.5m 钢筋重量＝长度×根数×每米重量 15.5×4×2.47＝153.14kg	153.14
		ϕ8@200	kg	箍筋长度＝构件断面尺寸－保护层＋弯钩长度 (0.25－0.035×2)×2＋(0.4－0.035×2)×2＋10×0.008×2＝1.18m 根数＝构件长度÷间距＋1 (3.6－0.3)÷0.2＋1＝18×4 档＝72 根 钢筋重量＝长度×根数×每米重量 1.18×72×0.395＝33.56kg	33.56
	JKL2(12)×2	6Φ18	kg	梁钢筋长度＝梁跨净长度＋两边锚固长度 (7.2－0.3)＋35×0.018×2＝8.16m 钢筋重量＝长度×根数×每米重量 8.16×6×2.0＝97.92×6 档＝587.52×2＝1175.04kg	1175.04
		ϕ8@200	kg	箍筋长度＝构件断面尺寸－保护层＋弯钩长度 (0.25－0.035×2)×2＋(0.5－0.035×2)×2＋10×0.008×2＝1.38m 根数＝构件长度÷间距＋1 (3.6－0.3)÷0.2＋1＝18×12 档＝216 根 钢筋重量＝长度×根数×每米重量 1.38×216×0.395＝117.74kg×2 根梁＝235.48kg	235.48
	JKL3(2)×4	2Φ22 (上部贯通筋)	kg	梁钢筋长度＝梁跨净长度＋两边锚固长度 (12－0.45)＋35×0.022×2＝13.09m 钢筋重量＝长度×根数×每米重量 13.09×2×2.98＝78.016×4 档＝312.066kg	312.07

续表

序号	分部分项工程名称	部位与编号	单位	计 算 式	计算结果
		4Φ22 中间支座	kg	梁钢筋长度=1/3梁跨净长度×2+支座长度 (7.8−0.45)÷3×2+0.45=5.35m 钢筋重量=长度×根数×每米重量 5.35×2×2.98=31.886×4档=127.54kg	127.54
		角部支座 4Φ22	kg	梁钢筋长度=梁跨净长度+单边锚固长度 (7.8−0.45)÷3+35×0.022=3.22m 钢筋重量=长度×根数×每米重量 3.22×2×2.98=19.19×4档=76.765kg	76.76
		2Φ22 (底筋)	kg	梁钢筋长度=梁跨净长度+两边锚固长度 (4.2−0.375)+35×0.022×2=5.365m 钢筋重量=长度×根数×每米重量 5.365×2×2.98=31.975×4档=127.90kg	127.9
		5Φ20 (底筋)	kg	梁钢筋长度=梁跨净长度+两边锚固长度 (7.8−0.45)+35×0.022×2=8.89m 钢筋重量=长度×根数×每米重量 8.89×5×2.47=109.79×4档=439.17kg	439.17
		ϕ8@200 (A)→(B)	kg	箍筋长度=构件断面尺寸−保护层+弯钩长度 (0.25−0.035×2)×2+(0.4−0.035×2)×2+10×0.008×2=1.18m 根数=构件长度÷间距+1 (4.2−0.375)÷0.2+1=20×4档=80根 钢筋重量=长度×根数×每米重量 1.18×80×0.395=37.29kg	37.29
		ϕ8@200 (B)→(C)	kg	箍筋长度=构件断面尺寸−保护层+弯钩长度 (0.25−0.035×2)×2+(0.6−0.035×2)×2+10×0.008×2=1.58m 根数=构件长度÷间距+1 (7.8−0.45)÷0.2+1=38×4档=152根 钢筋重量=长度×根数×每米重量 1.58×152×0.395=94.86kg	94.86
	JKL4(1)×3 (包括JKL4a)	2Φ22 (上部贯通筋)	kg	梁钢筋长度=梁跨净长度+两边锚固长度 (7.8−0.45)+35×0.022×2=8.89m 钢筋重量=长度×根数×每米重量 8.89×2×2.98=52.984×3档=158.95kg	158.95
		角部支座 4Φ22 3Φ22	kg	梁钢筋长度=梁跨净长度+单边锚固长度 (7.8−0.45)÷3+35×0.022=3.22m 钢筋重量=长度×根数×每米重量 3.22×(2×2+1×2×2)×2.98=76.76kg	76.76
		5Φ20 4Φ20 (底筋)	kg	梁钢筋长度=梁跨净长度+两边锚固长度 (7.8−0.45)+35×0.020×2=8.75m 钢筋重量=长度×根数×每米重量 8.75×(5+4×2)×2.47=280.96kg	280.96

续表

序号	分部分项工程名称	部位与编号	单位	计 算 式	计算结果
		ϕ8@200 (JKL4a)	kg	箍筋长度＝构件断面尺寸－保护层＋弯钩长度 (0.25－0.035×2)×2＋(0.6－0.035×2)×2＋10×0.008×2＝1.58m 根数＝构件长度÷间距＋1 (7.8－0.45)÷0.2＋1＝38 根 钢筋重量＝长度×根数×每米重量 1.58×38×0.395＝23.716kg	23.72
		ϕ10@200 (JKL4)	kg	箍筋长度＝构件断面尺寸－保护层＋弯钩长度 (0.25－0.035×2)×2＋(0.6－0.035×2)×2＋10×0.010×2＝1.62m 根数＝构件长度÷间距＋1 (7.8－0.45)÷0.2＋1＝38×2 档＝76 根 钢筋重量＝长度×根数×每米重量 1.62×76×0.617＝75.97kg	75.97
	JKL5(1)×2	2Φ22 (上部贯通筋)	kg	梁钢筋长度＝梁跨净长度＋两边锚固长度 (7.8－0.45)＋35×0.022×2＝8.89m 钢筋重量＝长度×根数×每米重量 8.89×2×2.98＝52.984×2 档＝105.969kg	105.97
		角部支座 4Φ22	kg	梁钢筋长度＝梁跨净长度＋单边锚固长度 (7.8－0.45)÷3＋35×0.022＝3.22m 钢筋重量＝长度×根数×每米重量 3.22×(2×2)2.98×2 档＝76.76kg	76.76
		5Φ20 (底筋)	kg	梁钢筋长度＝梁跨净长度＋两边锚固长度 (7.8－0.45)＋35×0.020×2＝8.75m 钢筋重量＝长度×根数×每米重量 8.75×5×2.47×2 档＝216.125kg	216.13
		ϕ8@200	kg	箍筋长度＝构件断面尺寸－保护层＋弯钩长度 (0.25－0.035×2)×2＋(0.6－0.035×2)×2＋10×0.008×2＝1.58m 根数＝构件长度÷间距＋1 (7.8－0.45)÷0.2＋1＝38×2 档＝76 根 钢筋重量＝长度×根数×每米重量 1.58×76×0.395＝47.432kg	47.432
		吊筋 2Φ18	kg	20×0.018×2＋1.414×0.53×2＋0.35＝2.569m 2.569×2×2×2.0＝20.552kg	20.552
		3ϕ10	kg	1.6m×3×2×0.617×2 档＝11.85kg	11.85
	JL1(1)	4Φ20	kg	梁钢筋长度＝梁跨净长度＋两边锚固长度 (3.6－0.25)＋15×0.02×2＝3.95m 钢筋重量＝长度×根数×每米重量 3.95×4×2.47＝39.03kg	39.03

续表

序号	分部分项工程名称	部位与编号	单位	计 算 式	计算结果
		φ8@200	kg	箍筋长度=构件断面尺寸-保护层+弯钩长度 (0.25-0.035×2)×2+(0.4-0.035×2)×2+10×0.008×2=1.18m 根数=构件长度÷间距+1 (3.6-0.25)÷0.2+1=18根 钢筋重量=长度×根数×每米重量 1.18×18×0.395=8.390kg	8.390
	3.框架柱				
	KZ1×18根	10Φ20	kg	柱子钢筋长度=柱子高度-保护层+锚固长度 (0.9+7.8-0.025+35×0.020+0.02×12)=9.615m 重量=长度×根数×每米重量 9.615×10×2.47×18=4274.83kg	4274.83
		φ8@200	kg	箍筋长度=构件断面尺寸-保护层+弯钩长度 (0.3-0.025×2)×2+(0.45-0.025×2)×2+10×0.008×2=1.46m 根数=(构件长度-加密区长度)÷间距+1 (8.7-4.3)÷0.2+1=23×18=414根 加密箍筋:加密区长度÷间距 (1.5+0.5+0.7+0.5×2+0.6)÷0.1=43×18=774 钢筋重量=长度×根数×每米重量 1.46×(414+774)×0.395=685.12kg 拉筋:(0.3-0.05+10×0.008×2)×(414+774)×0.395=192.4kg	877.52
	KZ2×5根	8Φ18		柱子钢筋长度=柱子高度-保护层+锚固长度 (1.2+5.1-0.025+35×0.018+12×0.018)=7.121m 重量=长度×根数×每米重量 7.121×8×2.0×5=569.68kg	569.68
		φ8@200	kg	箍筋长度=构件断面尺寸-保护层+弯钩长度 (0.3-0.025×2)×2×2+10×0.008×2=1.16m 根数=(构件长度-加密区长度)÷间距+1 (6.3-2.9)÷0.2+1=18×5=90根 加密箍筋:加密区长度÷间距 (1.7+0.5+0.7)÷0.1×5根=145根 钢筋重量=长度×根数×每米重量 1.16×(90+145)×0.395=107.68kg	107.68
	KZ3×2根	10Φ20	kg	柱子钢筋长度=柱子高度-保护层+锚固长度 (0.9+7.8-0.025+35×0.020+0.02×12)=9.615m 重量=长度×根数×每米重量 9.615×10×2.47×2=474.98kg	474.98

续表

序号	分部分项工程名称	部位与编号	单位	计算式	计算结果
		ϕ8@100	kg	箍筋长度＝构件断面尺寸－保护层＋弯钩长度 (0.3－0.025×2)×2＋(0.45－0.025×2)×2＋10×0.008×2＝1.46m 根数＝构件长度÷间距＋1 (0.9＋7.8－0.025)÷0.1＋1＝88×2＝176根 钢筋重量＝长度×根数×每米重量 1.46×176×0.395＝101.45kg 拉筋;(0.3－0.05＋10×0.008×2)×176×0.395＝28.5kg	129.95
	KZ4×2根	10Φ20	kg	柱子钢筋长度＝柱子高度－保护层＋锚固长度 (0.9＋4.5－0.7＋35×0.020×2)＝6.1m 重量＝长度×根数×每米重量 6.1×10×2.47×2＝301.34kg	301.34
		ϕ8@200	kg	箍筋长度＝构件断面尺寸－保护层＋弯钩长度 (0.3－0.025×2)×2＋(0.45－0.025×2)×2＋10×0.008×2＝1.46m 根数＝(构件长度－加密区长度)÷间距＋1 (5.4－2.8)÷0.2＋1＝14×2＝28根 加密箍筋:加密区长度÷间距 (1.6＋0.5＋0.7)÷0.1×2＝56根 钢筋重量＝长度×根数×每米重量 1.46×(28＋56)×0.395＝48.44kg 拉筋;(0.3－0.05＋10×0.008×2)×(28＋56)×0.395＝13.6kg	62.04
	KZ5×4根	10Φ20	kg	柱子钢筋长度＝柱子高度－保护层＋锚固长度 (0.9＋5.1－0.025＋35×0.018＋12×0.018)＝6.821m 重量＝长度×根数×每米重量 6.821×10×2.47×4＝673.91kg	673.91
		ϕ8@200	kg	箍筋长度＝构件断面尺寸－保护层＋弯钩长度 (0.3－0.025×2)×2＋(0.45－0.025×2)×2＋10×0.008×2＝1.46m 根数＝(构件长度－加密区长度)÷间距＋1 (6－2.8)÷0.2＋1＝17×4＝68根 加密箍筋:加密区长度÷间距 (1.6＋0.5＋0.7)÷0.1×4＝56根 1.46×(68＋56)×0.395＝71.51kg 拉筋:(0.3－0.05＋10×0.008×2)×(68＋56)×0.395＝20.08kg	91.59
	4. 框架梁				
	①二层梁				
	KL1(4)×1	4Φ18	kg	梁钢筋长度＝梁跨净长度＋两边锚固长度 (7.2－0.3)＋35×0.018×2＝8.16m 钢筋重量＝长度×根数×每米重量 8.16×4×2.0＝65.28×2档＝130.56kg	130.56

续表

序号	分部分项工程名称	部位与编号	单位	计 算 式	计算结果
		φ8@200	kg	箍筋长度＝构件断面尺寸－保护层＋弯钩长度 (0.3－0.025×2)×2＋(0.4－0.025×2)×2＋10×0.008×2＝1.36m 根数＝(构件长度－加密区长度)÷间距＋1 (3.6－0.3－1.2)÷0.2＋1＝12×4 档＝48 根 加密箍筋:加密区长度÷间距 (1.5×0.4×2)÷0.1＝12×4 档＝48 根 钢筋重量＝长度×根数×每米重量 1.36×96×0.395＝51.57kg	51.57
	KL2(4)×2	6Φ18	kg	梁钢筋长度＝梁跨净长度＋两边锚固长度 (7.2－0.3)＋35×0.018×2＝8.16m 钢筋重量＝长度×根数×每米重量 8.16×6×2.0＝97.92×2 档＝195.84×2 根＝391.680kg	391.680
		φ8@200	kg	箍筋长度＝构件断面尺寸－保护层＋弯钩长度 (0.25－0.025×2)×2＋(0.5－0.025×2)×2＋10×0.008×2＝1.46m 根数＝(构件长度－加密区长度)÷间距＋1 (3.6－0.3－1.5)÷0.2＋1＝15×4 档×2 根＝120 根 加密箍筋:加密区长度÷间距 (1.5×0.5×2)÷0.1＝15×4 档×2 根＝120 根 钢筋重量＝长度×根数×每米重量 1.46×200×0.395＝115.34kg	115.34
	KL3(8)×2	6Φ18	kg	梁钢筋长度＝梁跨净长度＋两边锚固长度 (7.2－0.3)＋35×0.018×2＝8.16m 钢筋重量＝长度×根数×每米重量 8.16×6×2.0＝97.92×4 档＝391.68×2 根＝783.360kg	783.360
		φ8@200	kg	箍筋长度＝构件断面尺寸－保护层＋弯钩长度 (0.3－0.025×2)×2＋(0.5－0.025×2)×2＋10×0.008×2＝1.56m 根数＝(构件长度－加密区长度)÷间距＋1 (3.6－0.3－1.5)÷0.2＋1＝18×8 档×2 根＝288 根 加密箍筋:加密区长度÷间距 (1.5×0.5×2)÷0.1＝15×8 档×2 根＝240 根 钢筋重量＝长度×根数×每米重量 1.56×528×0.395＝325.35kg	325.35
	KL4(2)×5	2Φ22 (上部贯通筋)	kg	梁钢筋长度＝梁跨净长度＋两边锚固长度 (12－0.375)＋35×0.022×2＝13.165m 钢筋重量＝长度×根数×每米重量 13.165×2×2.98＝78.463×5 根＝392.32kg	392.32

续表

序号	分部分项工程名称	部位与编号	单位	计算式	计算结果
		4Φ22 中间、角部上部支座	kg	梁钢筋长度=梁跨净长度+单边锚固长度 (7.8−0.45)÷3+35×0.022=3.22m 钢筋重量=长度×根数×每米重量 3.22×(2×3)×2.98=57.57×5 根=287.87kg	287.87
		2Φ22(A)→(B)底筋	kg	梁钢筋长度=梁跨净长度+两边锚固长度 (4.2−0.375)+35×0.022×2=5.365m 钢筋重量=长度×根数×每米重量 5.365×2×2.98=31.975×5 根=159.88kg	159.88
		6Φ20(B)→(C)底筋	kg	梁钢筋长度=梁跨净长度+两边锚固长度 (7.8−0.45)+35×0.020×2=8.75m 钢筋重量=长度×根数×每米重量 8.75×6×2.47×5 根=648.38kg	648.38
		ϕ8@200 (A)→(B)	kg	箍筋长度=构件断面尺寸−保护层+弯钩长度 (0.25−0.025×2)×2+(0.4−0.025×2)×2+10×0.008×2=1.26m 根数=构件长度÷间距+1 (4.2−0.375−1.2)÷0.2+1=14×5 根=70 根 加密箍筋:(1.5×0.4×2)÷0.1=12×5 根=60 根 钢筋重量=长度×根数×每米重量 1.26×130×0.395=64.7kg	64.7
		ϕ8@200 (B)→(C)	kg	箍筋长度=构件断面尺寸−保护层+弯钩长度 (0.25−0.025×2)×2+(0.7−0.025×2)×2+10×0.008×2=1.86m 根数=构件长度÷间距+1 (7.8−0.45−2.1)÷0.2+1=27×5 根=135 根 加密箍筋:(1.5×0.7×2)÷0.1=21×5 根=105 根 钢筋重量=长度×根数×每米重量 1.86×240×0.395=176.33kg	176.33
	KL5(1)×8	2Φ20	kg	梁钢筋长度=梁跨净长度+两边锚固长度 (7.8−0.45)+35×0.020×2=8.75m 钢筋重量=长度×根数×每米重量 8.75×2×2.47=43.225×8 根=345.800kg	345.800
		4Φ20 角部、上部支座	kg	梁钢筋长度=梁跨净长度+单边锚固长度 (7.8−0.45)÷3+35×0.020=3.15m 钢筋重量=长度×根数×每米重量 3.15×2×2×2.47×8 根=248.98kg	248.98
		6Φ20 底筋	kg	梁钢筋长度=梁跨净长度+两边锚固长度 (7.8−0.45)+35×0.020×2=8.75m 钢筋重量=长度×根数×每米重量 8.75×6×2.47×8 根=1037.400kg	1037.40

续表

序号	分部分项工程名称	部位与编号	单位	计 算 式	计算结果
		ϕ8@200	kg	箍筋长度=构件断面尺寸-保护层+弯钩长度 (0.25-0.025×2)×2+(0.7-0.025×2)×2+10×0.008×2=1.86m 根数=构件长度÷间距+1 (7.8-0.45-2.1)÷0.2+1=27×8 根=216 根 加密箍筋:(1.5×0.7×2)÷0.1=21×8 根=168 根 钢筋重量=长度×根数×每米重量 1.86×384×0.395=282.12kg	282.12
		2Φ18 吊筋	kg	20×0.018×2+1.414×0.63×2+0.35=2.852m 2.852×2×2.0×9 根=102.67kg	102.67
		3ϕ10 箍筋	kg	1.9m×3×2×0.617×9 根=63.30kg	63.30
	L1(6)×1	6Φ18	kg	梁钢筋长度=梁跨净长度+两边锚固长度 (7.2-0.25)+35×0.018×2=8.21m 钢筋重量=长度×根数×每米重量 8.21×6×2.0×3 档=295.56kg	295.56
		ϕ8@200	kg	箍筋长度=构件断面尺寸-保护层+弯钩长度 (0.25-0.025×2)×2+(0.4-0.0235×2)×2+10×0.008×2=1.266m 根数=构件长度÷间距+1 (3.6-0.25)÷0.2+1=18 根 钢筋重量=长度×根数×每米重量 1.266×18×6×0.395=54.01kg	54.01
	L2(1)×1	5Φ18	kg	梁钢筋长度=梁跨净长度+两边锚固长度 (3.6-0.25)+35×0.018×2=4.86m 钢筋重量=长度×根数×每米重量 4.86×5×2.0=48.6kg	48.6
		ϕ8@200	kg	箍筋长度=构件断面尺寸-保护层+弯钩长度 (0.25-0.025×2)×2+(0.4-0.025×2)×2+10×0.008×2=1.26m 根数=构件长度÷间距+1 (3.6-0.25)÷0.2+1=18 根 钢筋重量=长度×根数×每米重量 1.26×18×0.395=8.96kg	8.96
	②屋面结构梁				
	WKL1(8)×2	6Φ18 (贯通筋)	kg	梁钢筋长度=梁跨净长度+两边锚固长度 (32.4-0.3)+35×0.018×2=33.36m 钢筋重量=长度×根数×每米重量 33.36×6×2.0=400.32×2 根=800.32kg	800.32
		ϕ8@200	kg	箍筋长度=构件断面尺寸-保护层+弯钩长度 (0.3-0.025×2)×2+(0.45-0.025×2)×2+10×0.008×2=1.46m 根数=构件长度÷间距+1 (3.6-1.35-0.3)÷0.2+1=11×9×2 根=198 根 加密箍筋:(1.5×0.45×2)÷0.1×9×2=252 根 钢筋重量=长度×根数×每米重量 1.46×450×0.395=259.52kg	259.52

续表

序号	分部分项工程名称	部位与编号	单位	计算式	计算结果
	WKL2(1)×10	2Φ20(上部贯通筋)	kg	梁钢筋长度=梁跨净长度+两边锚固长度 (7.8−0.45)+35×0.020×2=8.75m 钢筋重量=长度×根数×每米重量 8.75×2×2.47=43.225×10 根=432.250kg	432.25
		4Φ20(角部上部支座)	kg	梁钢筋长度=梁跨净长度+单边锚固长度 (7.8−0.45)÷3+35×0.020=3.15m 钢筋重量=长度×根数×每米重量 3.15×2×2×2.47×10 根=311.22kg	311.22
		5Φ20(底部支座)	kg	梁钢筋长度=梁跨净长度+两边锚固长度 (7.8−0.45)+35×0.020×2=8.75m 钢筋重量=长度×根数×每米重量 8.75×5×2.47×10 根=1080.63kg	1080.63
		ϕ8@200	kg	箍筋长度=构件断面尺寸−保护层+弯钩长度 (0.25−0.025×2)×2+(0.6−0.025×2)×2+10×0.008×2=1.66m 根数=构件长度÷间距+1 (7.8−1.8−0.45)÷0.2+1=29 根×10=290 根 加密箍筋:(1.5×0.6×2)÷0.1×10=180 根 钢筋重量=长度×根数×每米重量 1.66×470×0.395=308.18kg	308.18
		2Φ18 吊筋	kg	20×0.018×2+1.414×0.53×2+0.35)=2.57m 2.57×2×9×2.0=92.52kg	92.52
		3ϕ10 箍筋	kg	1.7m×3×2×9×0.617=56.64kg	56.64
	WL1(6)×1	6Φ18	kg	梁钢筋长度=梁跨净长度+两边锚固长度 (7.2−0.25)+35×0.018×2=8.21m 钢筋重量=长度×根数×每米重量 8.21×6×2.0×3 档=295.56kg	295.56
		ϕ8@200	kg	箍筋长度=构件断面尺寸−保护层+弯钩长度 (0.25−0.025×2)×2+(0.4−0.0235×2)×2+10×0.008×2=1.266m 根数=构件长度÷间距+1 (3.6−0.25)÷0.2+1=18 根 钢筋重量=长度×根数×每米重量 1.266×18×6×0.395=54.01kg	54.01
	WL2(1)×1	6Φ18	kg	梁钢筋长度=梁跨净长度+两边锚固长度 (3.6−0.25)+35×0.018×2=4.86m 钢筋重量=长度×根数×每米重量 4.86×6×2.0=58.32kg	58.32
		ϕ8@200	kg	箍筋长度=构件断面尺寸−保护层+弯钩长度 (0.25−0.025×2)×2+(0.4−0.025×2)×2+10×0.008×2=1.26m 根数=构件长度÷间距+1 (3.6−0.25)÷0.2+1=18 根 钢筋重量=长度×根数×每米重量 1.26×18×0.395=8.96kg	8.96
	5. 现浇混凝土板				

续表

序号	分部分项工程名称	部位与编号	单位	计算式	计算结果
	(1)二层现浇板				
	①4.5m现浇板 ①→⑤/ (A)→(B)	ϕ8@150 横向底筋	kg	构件尺寸－保护层＋两头弯钩 (3.6×4＋0.3－0.015×2＋12.5×0.008)＝14.77m 根数＝构件长度÷间距＋1 (4.2÷0.15＋1)＝29根 钢筋重量＝长度×根数×每米重量 14.77×29×0.395＝169.19kg	169.19
	①→⑤/ (B)→(C)	ϕ10@150 横向底筋	kg	构件尺寸－保护层＋两头弯钩 (3.6×4＋0.3－0.015×2＋12.5×0.01)＝14.795m 根数＝构件长度÷间距＋1 (7.8÷0.15＋1)＝53根 钢筋重量＝长度×根数×每米重量 14.795×53×0.617＝483.81kg	483.81
	①→⑤/ (A)→(C)	ϕ8@150 纵向底筋	kg	构件尺寸－保护层＋两头弯钩 (12＋0.25－0.015×2＋12.5×0.008)＝12.32m 根数＝构件长度÷间距＋1 (14.4÷0.15＋1)＝97根 钢筋重量＝长度×根数×每米重量 12.32×97×0.395＝472.04kg	472.04
	①⑤上/ (A)→(B)	ϕ8@150 负筋	kg	构件尺寸－保护层＋两头弯钩 (0.9＋0.09×2)＝1.08m 根数＝构件长度÷间距＋1 (4.2÷0.15＋1)＝29×2档＝58根 钢筋重量＝长度×根数×每米重量 1.08×58×0.395＝24.74kg	24.74
	②③④上/ (A)→(B)	ϕ8@150 负筋	kg	(0.9×2＋0.09×2)×(4.2÷0.15＋1)×3×0.395＝68.04kg	68.04
	(C)上/ ①→⑤	ϕ8@150 负筋	kg	(1＋0.09×2)×(3.6×4÷0.15＋1)×2×0.395＝90.42kg	90.42
	(B)上/ ①→⑤	ϕ8@150 负筋	kg	(2＋0.09×2)×(3.6×4÷0.15＋1)×0.395＝83.53kg	83.53
	①⑤上/ (B)→(C)	ϕ10@150 负筋	kg	(0.9＋0.09×2)×(7.8÷0.15＋1)×2×0.617＝70.63kg	70.63
	②③④上/ (B)→(C)	ϕ10@150 负筋	kg	(0.9×2＋0.09×2)×(7.8÷0.15＋1)×3×0.617＝194.24kg	194.24
	横向	ϕ6@250 分布筋	kg	(3.6×4)×[(1×4)÷0.25]×0.222＝51.15kg (长)　　(根数)	51.15
	纵向	ϕ6@250 分布筋	kg	(12.0)×[(0.9×8)÷0.25＋1]×0.222＝77.26kg (长)　　(根数)	77.26
	②3.6m走道板 ⑥→(12)/ (B)→(1/B)	ϕ10@150 横向底筋	kg	构件尺寸－保护层＋两头弯钩 (3.6×6＋0.3－0.015×2＋12.5×0.010)＝21.995m 根数＝构件长度÷间距＋1 (1.5÷0.15＋1)＝11根 钢筋重量＝长度×根数×每米重量 21.995×11×0.617＝149.28kg	149.28

续表

序号	分部分项工程名称	部位与编号	单位	计算式	计算结果
	⑥→(12)/(B)→(1/B)	ϕ8@150 纵向底筋	kg	构件尺寸－保护层＋两头弯钩 (1.5－0.015×2＋12.5×0.008)＝1.57m 根数＝构件长度÷间距＋1 (3.6×6÷0.15＋1)＝145 根 钢筋重量＝长度×根数×每米重量 1.57×145×0.395×2＝179.84kg	179.84
	⑥(12)上/(B)→(1/B)	ϕ8@150 负筋	kg	(0.5＋0.05×2)×(1.5÷0.15＋1)×2×0.395＝5.21kg	5.21
	⑦→(11)上/(B)→(1/B)	ϕ8@150 负筋	kg	(1.0＋0.05×2)×(1.5÷0.15＋1)×5×0.395＝23.9kg	23.90
	⑥→(12)/(B)→(1/B)	ϕ6@250 分布筋	kg	(3.6×6)×[(1.5÷0.25)＋1]×0.222＝33.57kg （长）（根数）	33.57
	③卫生间板 (12)→(13)/(B)→(C)	ϕ8@150 横向底筋	kg	构件尺寸－保护层＋两头弯钩 (3.6＋0.25－0.015×2＋12.5×0.008)＝3.92m 根数＝构件长度÷间距＋1 (7.8÷0.15＋1)＝53 根 钢筋重量＝长度×根数×每米重量 3.92×53×0.395×2＝164.13kg	164.13
	(12)→(13)/(B)→(C)	ϕ8@150 纵向底筋	kg	构件尺寸－保护层＋两头弯钩 (7.8＋0.25－0.015×2＋12.5×0.008)＝8.12m 根数＝构件长度÷间距＋1 (3.6÷0.15＋1)＝25 根 钢筋重量＝长度×根数×每米重量 8.12×25×0.395×2＝160.37kg	160.37
	(12)(13)上/(B)→(C)	ϕ8@150 负筋	kg	(0.9＋0.09×2)×(7.8÷0.15＋1)×2×0.395×2＝90.44kg	90.44
	(2/B)上/(12)→(13)	ϕ8@150 负筋	kg	(1.15×2＋0.09×2)×(3.6÷0.15＋1)×0.395×2＝48.98kg	48.98
	(C)上/(12)→(13)	ϕ8@150 负筋	kg	(1.15＋0.09×2)×(3.6÷0.15＋1)×0.395×2＝26.27kg	26.27
	(B)上/(12)→(13)	ϕ8@150 负筋	kg	(0.85＋0.09×2)×(3.6÷0.15＋1)×0.395×2＝20.34kg	20.34
	纵向	ϕ6@250 分布筋	kg	(7.8)×[(0.9×2)÷0.25＋1]×0.222＝13.85kg （长）（根数）	13.85
	横向	ϕ6@250 分布筋	kg	(3.6)×[(1.15×3＋0.85)÷0.25＋1]×0.222＝14.39 （长）（根数）	14.39
	④屋面现浇板 ④→(12)/(B)→(C)	ϕ10@150 横向底筋	kg	构件尺寸－保护层＋两头弯钩 (3.6×8＋0.3－0.015×2＋12.5×0.01)＝29.195m 根数＝构件长度÷间距＋1 (7.8÷0.15＋1)＝53 根 钢筋重量＝长度×根数×每米重量 29.195×53×0.617＝954.71kg	954.71

续表

序号	分部分项工程名称	部位与编号	单位	计算式	计算结果
	④→(12)/(B)→(C)	ϕ8@150 纵向底筋	kg	构件尺寸－保护层＋两头弯钩 (7.8＋0.25－0.015×2＋12.5×0.008)＝8.12m 根数＝构件长度÷间距＋1 (3.6×8÷0.15＋1)＝193 根 钢筋重量＝长度×根数×每米重量 8.12×193×0.395＝619.03kg	619.03
	ⒷⒸ上/④→⑤	ϕ8@150 负筋	kg	(1＋0.09×2)×(7.2÷0.15＋1)×2×0.395＝44.75kg	44.75
	(1/B)上/⑥→(12)	ϕ8@150 负筋	kg	(1.5＋1.6＋0.09×2)×(21.6÷0.15＋1)×0.395＝187.86kg	187.86
	Ⓒ上/⑥→(12)	ϕ8@150 负筋	kg	(1＋0.09×2)×(3.6×6÷0.15＋1)×0.395＝67.58kg	67.58
	④→(12)上/Ⓑ→Ⓒ	ϕ10@150 负筋	kg	(0.9＋0.09×2)×(7.8÷0.15＋1)×0.617＝35.32kg	35.32
	⑤→(12)上/Ⓑ→Ⓒ	ϕ10@150 负筋	kg	(1.8＋0.09×2)×(7.8÷0.15＋1)×6×0.617＝388.49kg	388.49
	⑦(12)上/Ⓑ→Ⓒ	ϕ12@150 负筋	kg	(1.8＋0.09×2)×(7.8÷0.15＋1)×2×0.888＝186.37kg	186.37
	纵向	ϕ6@250 分布筋	kg	(3.6×8)×(17)×0.222＝33.57kg (长)　(根数)	33.57
	横向	ϕ6@250 分布筋	kg	(7.8)×(58)×0.222＝100.43kg (长)　(根数)	100.43
	⑤卫生间现浇屋面钢筋同③项	(12)→(13)/(B)→(C)			
	6. 雨篷(YP)				
	①YPL 钢筋	2ϕ12	kg	(3.6＋30×0.012×2)×2×0.888×2＝15.34kg	15.34
		3Φ14	kg	(3.6＋35×0.014×2)×3×1.21＝16.63kg	16.63
		ϕ8@100 箍筋	kg	0.2×2＋0.45×2＋0.16＝1.46×34×0.395＝19.61kg	119.61
	①②板钢筋×3	ϕ10@200	kg	(0.25＋0.45＋0.25＋0.3＋0.25＋1.2＋0.08＋0.06＋0.25＋0.03)＝3.12m×(3.9÷0.2＋1)×3×0.617＝118.39kg	118.39
		5ϕ6＋1ϕ6	kg	(3.9－0.015×2＋12.5×0.006)×6×3×0.222＝15.76kg	15.76
	7. 现浇板带				
		3ϕ12	kg	(3.35＋12.5×0.012)×3×6×0.888＝55.94kg	55.94
		ϕ6@200	kg	(0.24－0.03＋12.5×0.006)＝0.285m×18×6×0.222＝6.83kg	6.83
	8. 现浇楼梯				

续表

序号	分部分项工程名称	部位与编号	单位	计 算 式	计算结果
	DTL	2Φ16	kg	构件尺寸＋两头锚固长度 (3.3＋15×0.016×2)＝3.78m 钢筋重量＝长度×根数×每米重量 3.78×2×4×1.58＝47.78kg	47.78
		2Φ18	kg	构件尺寸＋两头锚固长度 (3.3＋15×0.018×2)＝3.84m 钢筋重量＝长度×根数×每米重量 3.84×2×4×2＝61.44kg	61.44
		φ6@200	kg	(0.2×2＋0.35×2＋0.12)＝1.22m×(3.3÷0.2＋1)×4×0.222＝18.96kg	18.96
	PTL×2	2Φ16×2	kg	(1.8＋15×0.016×2)×1.58×4×2根＝28.82kg	28.82
		φ6@200	kg	(0.2×2＋0.25×2＋0.12)＝1.02m×10×2×0.222＝4.53kg	4.53
	TB×2	φ12@150 底筋	kg	(3.75＋12.5×0.012)×(1.6÷0.15＋1)×2块×0.888＝83.12kg	83.12
		φ12@150 负筋	kg	(1.2＋15×0.012×2＋12.5×0.012)＝1.71m×12×4块×0.888＝72.89kg	72.89
		φ6@200	kg	(1.6－0.03＋12.5×0.006)×19×2×0.222＝13.88	13.88
	PTB(H＝80)	φ6@200	kg	(3.6＋12.5×0.006)×10×0.222＝8.16kg	8.16
		φ8@200	kg	(1.8＋12.5×0.008)×18×0.395＝13.51kg	13.51
		φ6@200	kg	(0.9＋0.05×2)×10×2×0.222＝4.44kg	4.44
		φ8@200	kg	(0.5＋0.05×2)×18×2×0.395＝8.53kg	8.53
		φ6@200 负筋	kg	[3.675×3×2＋1.875×5×2]×0.222＝9.06kg	9.06
	PTB (H＝100)	φ6@200	kg	(3.6＋12.5×0.006)×15×0.222＝12.24kg	12.24
		φ8@150	kg	(2.8＋12.5×0.008)×23×0.395＝26.35kg	26.35
		φ6@200	kg	(0.9＋0.07×2)×15×2×0.222＝6.92kg	6.92
		φ8@150	kg	(0.7＋0.07×2)×23×2×0.395＝15.26kg	15.26
		φ6@200 负筋	kg	[3.675×3×2＋2.9×5×2]×0.222＝11.33kg	11.33
	TZ1	4φ12	kg	(40×0.012×2＋1.2)×4×2×0.888＝15.34kg	15.34
		φ6@200	kg	0.2×4＋0.12＝0.92m×7×2×0.222＝2.86kg	2.86
	TZ2	4φ16	kg	(40×0.016×2＋3)×4×2×1.58＝54.1kg	54.1
		φ6@200	kg	0.2×4＋0.12＝0.92m×16×2×0.222＝6.53kg	6.53
	9. 构造柱(GZ)				
	GZ1(1层)×4	4φ12	kg	{40×0.012×2＋[(4.5－0.7)－(－0.6)]}×4×4×0.888＝76.15kg	76.15
		φ6@200	kg	0.2×4＋0.12＝0.92m×(4.4÷0.2＋1)×4×0.222＝18.79kg	18.79

续表

序号	分部分项工程名称	部位与编号	单位	计 算 式	计算结果
	GZ2(2层)×6	4ϕ12	kg	{40×0.012×2+[(7.2−0.6)−3.6]}×4×6×0.888=84.4kg	84.4
		ϕ6@200	kg	0.2×4+0.12=0.92m×(3÷0.2+1)×6×0.222=3.27kg	3.27
	10. 混凝土压顶				
		3ϕ8	kg	(3.6×3+12+3.6×4+4.2+12.5×0.008×5)×3×0.395=49.65kg(注:4.5m屋面处) (3.6×18+7.8×2+12.5×0.008×4)×3×0.395=95.75kg(注:7.2m屋面处) 49.65+95.75=145.4kg	145.4
		ϕ8@200	kg	(0.32−0.03+12.5×0.008)=0.39m×612×0.222=52.99kg	52.98
	11. 混凝土过梁				
		2ϕ10	kg	(12.5×0.010+1.47)×2×14×0.617=27.55kg	27.55
		2ϕ12	kg	(12.5×0.012+1.47)×2×14×0.888=40.28kg	40.28
		ϕ6@200	kg	0.09×2+0.18×2+0.12=0.66m×8×14×0.222=16.41kg	16.41
		2ϕ10	kg	(12.5×0.010+1.97)×2×19×0.617=49.12kg	49.12
		2ϕ12	kg	(12.5×0.012+1.97)×2×19×0.888=71.53kg	71.53
		ϕ6@200	kg	0.13×2+0.18×2+0.12=0.74m×11×19×0.222=34.33kg	34.33
	12. 墙体拉结筋	2ϕ6	kg	(0.7+0.25+0.7+12.5×0.006)×2×(7+8+2+4×2+6×6+3×2)×0.222=51.32kg	51.32
	13. 预应力空心板		kg	Φ^b4 预应力钢筋	243.40
		YKB3651 YKB3661	kg	块数×每块重量×损耗 60×3.551×1.02=217.32m^3 6×4.262×1.02=26.08m^3 预应力钢筋 Φ^b4 合计重量: 217.32+26.083=243.40kg	
	钢筋及铁件用量汇总				
	A. 现浇构件				
28	ϕ6 钢筋		t	0.199	
29	ϕ8 钢筋		t	6.955	
30	ϕ10 钢筋		t	3.583	
31	ϕ12 钢筋		t	0.677	
32	ϕ14 钢筋		t	0.02	
33	Φ16 钢筋		t	0.131	
34	Φ18 钢筋		t	3.864	
35	Φ20 钢筋		t	11.602	
36	Φ22 钢筋		t	1.868	

续表

序号	分部分项工程名称	部位与编号	单位	计 算 式	计算结果
	B. 预制构件				
37	Φ^b4 钢筋		t	0.243	
38	空心板运输		m^3	以实际体积(考虑损耗)计算	
		YKB3651 YKB3661	m^3	块数×每块体积×损耗 60×0.1342×1.013=8.157m^3 块数×每块体积×损耗 6×0.1592×1.013=0.968m^3 运输空心板体积合计: 8.157+0.968=9.125m^3	9.13
39	空心板安装	YKB3651 YKB3661	m^3	以实际体积(考虑损耗)计算 块数×每块体积×损耗 60×0.1342×1.005=8.092m^3 块数×每块体积×损耗 6×0.1592×1.005=0.96m^3 安装空心板体积合计: 8.092+0.96=9.05m^3	9.05
	第七章　屋面及防水工程				
40	3mm厚再生橡胶沥青防水涂料		m^2	水平投影面积+女儿墙弯起面积 380.91(计算见66项)+(11.75×2+14.15×2+7.55×2+32.15×2)×0.36=428.14m^2	428.14
41	油膏嵌缝		m	以延长米计算 11.75×2+3.95+7.55×8=87.85m	87.85
42	架空隔热层		m^2	以水平投影面积计算 10.55×10.55+3.6×3.6+6.95×32.15=347.71m^2	347.71
43	落水管(8根)		m	以延长米计算:离地200mm (7.2+0.45-0.2)×4+(4.5+0.45-0.2)×4=48.8m	48.8
44	落水口		个	按个计算　8个	8
45	落水斗		个	按个计算　8个	8
46	聚氨脂防水层		m^2	按水平面积+卷起面积(四周上翻150mm高)	83.87
	1. 卫生间		m^2	[3.35×(4.25+3.05)+(3.35×2+7.3×2)×0.15]×2层=55.31m^2	
	2. 厨房		m^2	3.35×7.55+(3.35×2+7.55×2)×0.15=28.56m^2	
		合计	m^2	55.31+28.56=83.87m^2	
	(建筑工程)　第二部分　施工技术措施项目				
	第十章　混凝土、钢筋混凝土模板及支撑工程				
47	现浇钢筋混凝土独立基础模板		m^2	按混凝土与模板接触面的面积,以"m^2"计算 混凝土独立基础接触面积=周长×高×数量	97.02
	DJ1×5		m^2	=(1.0×4)×0.3×5=6.0m^2	
	DJ2×8		m^2	=[(1.4+2.1)×2×0.3+(0.8+1.05)×2×0.3]×8=25.68m^2	

续表

序号	分部分项工程名称	部位与编号	单位	计算式	计算结果
	DJ3×18		m^2	=[(2.4+1.6)×2×0.3+(1.15+0.9)×2×0.3]×18=65.34m^2	
		小计	m^2	6.0+25.68+65.34=97.02m^2	
48	现浇钢筋混凝土带形基础模板		m^2	按混凝土与模板接触面的面积，以"m^2"计算 S=带形基础断面接触周长×带形基础长度×数量	171.2
	(纵向) JKL3×3	①②③上/ (A)→(C)	m^2	[0.4×2×(4.2−0.15−0.525)+0.1×2×0.3+0.6×2×(7.8−0.525×2)+0.3×2×0.3×2]×3=34.02m^2	
	JKL3a×1	⑤上/ (A)→(C)	m^2	=[0.4×2×(4.2−0.15−0.575)+0.1×2×0.35+0.6×2×(7.8−0.575×2)+0.3×2×0.35×2]×1=11.25m^2	
	JKL4、JKL4a、JKL5×5	⑥⑧⑩ (12)(13)上/ (B)→(C)	m^2	=[0.6×2×(7.8−0.575×2)+0.3×2×0.35×2]×5=42m^2	
	(横向) JKL1×1	(A)上/ ①→⑤	m^2	=[0.4×2×(3.6×4−0.15−0.3×3−0.15)]×1=10.56m^2	
	JKL2×2	(B)(C)上/ ①→(13)	m^2	=[0.5×2×(43.2−0.4−0.8×3−0.9×8−0.45)+0.2×2×(0.25+0.5×3+0.6×8+0.3)]×2=70.89m^2	
	JL1×1	(2/B)上/ (12)→(13)	m^2	=[0.4×2×(3.6×4−0.125×2)−0.25×0.4×2]×1=2.48m^2	
		合计	m^2	171.2	
49	现浇混凝土框架矩形柱模板		m^2	按混凝土与模板接触面的面积，以"m^2"计算 S=柱周长×柱高×数量−梁柱接头重叠部分面积	326.08
	KZ1、KZ3×20		m^2	=[(0.3+0.45)×2×(1.5−0.6+7.8)]×20=261	
	KZ2×5		m^2	=[(0.3+0.3)×2×(1.5−0.3+5.1)]×5=37.8	
	KZ4×2		m^2	=[(0.3+0.45)×2×(1.5−0.6+4.5)]×2=16.2	
	KZ5×4		m^2	=[(0.3+0.45)×2×(1.5−0.6+5.1)]×4=36	
		小计	m^2	351	
	梁柱接头重叠部分面积		m^2	以"m^2"计算 S=重叠部分断面面积×数量	
	(1)−1.2m处		m^2	以平方米计算	
		(A)上/ ①→⑤	m^2	(0.25×0.4)×(8+4)=1.2	
		(B)上/ ①→(13)	m^2	0.25×0.2×24+0.25×0.3×9+0.25×0.1×4=1.975	
		(C)上/ ①→(13)	m^2	0.25×0.2×24+0.25×0.3×9=1.875	
	(2)二层梁处		m^2	以"m^2"计算	
		(C)上/ ①→(13)	m^2	0.3×0.4×8+0.3×0.5×16=3.36	

续表

序号	分部分项工程名称	部位与编号	单位	计 算 式	计算结果
		(B)上/①→(13)	m^2	0.25×0.5×8+0.3×0.5×16=3.4	
		(A)上/①→③	m^2	0.3×0.4×8=0.96	
		①→⑤上/(A)→(C)	m^2	[0.25×0.4×2+0.25×0.7×2]×5=2.75	
		⑥→(13)上/(B)→(C)	m^2	[0.25×0.7×2]×8=2.8	
	(3)屋顶梁处		m^2	以“m^2”计算	
		(B)(C)上/④→(13)	m^2	[0.25×0.4×18]×2=3.6	
		①→(13)上/B)→(C)	m^2	[0.25×0.6×2]×10=3.0	
		小计	m^2	24.92	
	框架柱模板	合计	m^2	351−24.92=326.08	
50	柱支撑超高			以“m^2”计算(柱支撑高度超过3.6m以上部分)	11.7
	KZ2×5		m^2	=[(0.3+0.3)×2×(4.5−0.12−3.6)]×5=4.68	
	KZ4×2		m^2	=[(0.3+0.45)×2×(4.5−0.12−3.6))]×2=2.34	
	KZ5×4		m^2	=[(0.3+0.45)×2×(4.5−0.12−3.6)]×4=4.68	
		小计	m^2	11.7	
51	构造柱模板		m^2	按混凝土与模板接触面的面积,以“m^2”计算 S=构造柱周长×柱高×数量(按最宽面计算宽度)	26.34
	一层		m^2	{(0.25+0.06×2)×2×[(4.5−0.7)−(−0.6)]}×4=13.024	
	二层		m^2	{(0.25+0.06×2)×2×[(7.2−0.6)−3.6]}×6=13.32	
		小计	m^2	26.34	
52	有梁板模板		m^2	按混凝土与模板接触面的面积,以“m^2”计算	795.83
	1. 二层有梁板结构框架梁模板		m^2	S=框架梁断面接触周长×长度×数量	
	(A)上/①→⑤	KL1(4)	m^2	(0.3+0.4+0.28)×(3.6−0.3)×4=12.396	
	(B)上/①→⑤	KL2(4)	m^2	(0.25+0.38×2)×(3.6−0.3)×4=13.332	
	(C)上/①→⑤	KL2(4)	m^2	(0.25+0.38×2)×(3.6−0.3)×4=13.332	
	(B)上/⑤→(13)	KL3(8)	m^2	[0.3+0.5+(0.5−0.08)]×(3.6−0.3)×7+[0.3+0.5+(0.5−0.1)]×(3.6−0.3)×2=36.102	
	①→⑤上/(A)→(C)	KL4(2)×5	m^2	[(0.25+0.28×2)×(4.2−0.15−0.225)+(0.25+0.58×2)×(7.8−0.15−0.225)]×5=67.838	
	(12)(13)上/(B)→(C)	KL5(1)×2	m^2	[0.25+(0.7−0.1)+0.7]×(7.8−0.45)×2−0.25×0.3×3=22.854	
	⑥→(11)上/(B)→(1/B)	KL5(1)×6	m^2	[0.25+(0.7−0.08)×2]×(1.5+0.125−0.225)×6−0.25×(0.4−0.08)×11=11.636	
	(1/B)上/⑥→(12)	L1(6)	m^2	[0.25+0.4+0.4−0.08]×(3.6−0.25)×6=19.497	

续表

序号	分部分项工程名称	部位与编号	单位	计 算 式	计算结果
65	垂直运输		m^2	按建筑面积以“m^2”计算	675.16
			m^2	工程量为675.16m^2(计算过程见0项)	
	(装饰装修工程) 第一部分 工程项目				
	第一章 楼地面工程				
66	3∶7灰土		m^3	按净面积乘以设计厚度以“m^3”计算	7.46
			m^3	坡道(300厚):3.9×2.5×0.3×2个=5.85m^3 台阶(80厚): ①平台:[(3.9－0.3)×(1.5－0.3)+3.9×(1.2－0.3)]×0.08=0.626m^3 ②台阶:[(4.5×0.9+0.9×1.2)+(3.9×0.9)+(3.9×0.6)]×1.118×0.08=0.982m^3 小计:7.46m^3	
67	100厚C15垫层台阶平台		m^3	按净斜面积乘以设计厚度以“m^3”计算	0.78
			m^3	台阶平台:[(3.9－0.3)×(1.5－0.3)+3.9×(1.2－0.3)]×0.1=0.783m^3	
68	地面C10混凝土垫层	(80厚)	m^3	按主墙间净面积乘厚度以“m^3”计算 垫层体积=地面主墙间净面积×垫层厚度	29.65
				食堂(地1)=158.71×0.08=12.70m^3(计算见63项) 卫生间(地2)=3.35×(4.25+3.05)×0.08=1.96m^3 机修地3=(7.55×21.35+3.35×7.8)×0.08=14.99m^3 合计:12.70+1.96+14.99=29.65m^3	
69	防滑地砖(块料面层)	地1	m^2	按饰面的净面积计算,门洞开口部分的工程量并入相应的面层内计算	160.95
			m^2	1. 净面积: (7.2－0.25)×(12－0.25)+(3.6－0.25)×(7.8－0.25)×2+(3.6－0.25)×(4.2－0.25)=158.71 2. 门洞开口 1.0×0.25×3(M3)+1.5×0.25(M2)+3.3×0.25(M1)+1.5×0.25(洞口面积)=2.325m^2 3. 扣去柱的面积:0.3×0.3=0.09 合计:158.71+2.325－0.09=160.95	
70	地砖踢脚线	地1	m	按延长米计算,洞口长度不予扣除	111.2
			m	(12－0.25)×6+3.35×8+6.95×2=111.2m	
71	屋面防水找平层		m^2	按主墙间净空面积计算 长度×宽度	380.91
		4.5m处	m^2	(10.8－0.25)×(12－0.25)+3.6×(4.2－0.25)=138.18m^2	

续表

序号	分部分项工程名称	部位与编号	单位	计 算 式	计算结果
		7.2m处	m^2	(32.4－0.25)×(7.8－0.25)＝242.73m^2	
		合计	m^2	138.18＋242.73＝380.91m^2	
72	卫生间C20混凝土找平层(60厚)	地2	m^2	按主墙间净水平面积计算 3.35×(4.25＋3.05)＝24.46m^2	24.46
73	卫生间陶瓷锦砖	地2、楼2	m^2	按图示尺寸以实贴面积计算 24.46×2层＝48.92m^2	48.92
74	机修间地坪混凝土面层C20混凝土	地3	m^2	按主墙间净面积以"m^2"计算 7.55×21.35＋3.35×7.8＝187.32m^2	187.32
75	水泥砂浆踢脚线	地3	m	按延长米计算,洞口长度不予扣除 7.55×2＋21.35×2＋3.55＋7.8×2＝76.95m	76.95
76	地面砖	楼3	m^2	按实贴面积计算 二层:3.35×6.05×6＋1×0.25×6＋1.25×24.95－1.38×1.5＝152.22m^2	152.22
77	地面砖踢脚线	楼3	m	按延长米计算 (3.35×2＋6.05×2)×6＋1.38＋3.6×6＋3.6×7＝160.98m	160.98
78	陶瓷地砖	楼1	m^2	按实贴面积计算 (3.6－0.25)×(7.8－0.25)＋1.0×0.25＝25.54m^2	25.54
79	陶瓷地砖踢脚线	楼1	m	按延长米计算 3.35×2＋7.55×2＝21.8m	21.8
80	水泥砂浆面层	楼梯	m^2	按楼梯水平投影面积计算	23.22
				抹灰面面积＝水平投影面积＝水平长度×宽度 ＝3.35×7.55－1.38×1.5＝23.22m^2	
81	砖砌台阶水泥砂浆面层		m^2	按台阶水平投影面积以"m^2"计算	2.21
		屋面处		面积＝1.6×1.38＝2.21m^2	
82	台阶斩假石面面层(门厅处)		m^2	按台阶水平投影面积以"m^2"计算 3.9×1.5＋0.3×2×1.5＋0.6×4.5＋0.6×3.6＋3.9×1.5＝17.46m^2	37.40
		M-1、M-2处	m^2	台阶与平台连接时,最外沿加300mm计算 面积＝(4.5×0.9＋0.9×1.2)＋(3.9×0.9)＝8.64m^2	
		楼梯入口处	m^2	面积＝3.85×0.3×3＝3.465m^2	
		台阶平台	m^2	(3.9－0.3)×(1.5－0.3)＋3.9×(1.2－0.3)＝7.83m^2	
83	栏杆扶手		m	按扶手长度以"m"计算	12.86
	1. 楼梯间		m	铁栏杆木扶手长度＝楼梯水平长度×1.118系数 ＝3.3×1.118×2＋1.8＝9.18m	

续表

序号	分部分项工程名称	部位与编号	单位	计 算 式	计算结果
	2. 台阶		m	1.6×1.118×2=3.68m	
		小计	m	12.86m	
84	楼梯扶手弯头		个	3	3
	第二章 墙柱面装饰工程				
85	混合砂浆内墙面抹灰		m^2	按内墙净面积以“m^2”计算 内墙面毛面积=长度×楼层净高度 内墙面净面积=内墙面毛面积-门窗洞口面积	1278.94
	一、一层内墙				
	1. 厨房 ①→③/(A)→(C)		m^2	[(3.35×2+3.95×2)×2+(3.35×2+7.55×2)×2]×(4.5-0.12-吊顶高度按0.7考虑+0.1)=275.18m^2	
			m^2	门窗:1.5×2.7×1(M2)+1.5×1.8×3(C1)+1×2.1×5(M3)+7.35×0.9(C2)+1.5×3.68×2面=-40.31m^2	
				门洞:1.5×(4.5-0.7)+7.35×(4.5-0.7-0.9)(售饭窗)=-27.02m^2	
	2. 餐厅		m^2	(6.95×2+11.75×2)×(4.5-0.12-0.7+0.1)=141.37m^2	
			m^2	门窗:1.5×1.8×3(C1)+3.3×2.7(M1)+1×2.1(M3)+7.35×(4.5-0.7-0.9)(售饭窗)=-40.42m^2	
	3. 机修		m^2	(21.35×2+7.55×2+0.1×2×10(柱侧面))×(3.6-0.12)=254.75m^2	
			m^2	门窗:1.5×1.8×10(C1)+2.4×2.7×2(M4)+1×2.1(M3)=-42.06m^2	
	4. 一二楼卫生间×2		m^2	(3.35×4+4.25×2+3.05×2)×(3.6-0.1-吊顶高度0.6+0.1)=84×2=168m^2	
			m^2	门窗:[1.5×1.8×2(C1)+1.0×2.1×3(M3)]×2=-23.4m^2	
	5. 楼梯间墙面		m^2	(3.35+7.8×2)×(7.2-0.12×2)=131.89m^2	
			m^2	门窗 1.5×1.8(C1)+1×2.1+0.9×1.38+1.5×2.78=-10.21m^2	
	二、二层内墙				
	6. 二楼厨房		m^2	(3.35×2+7.55×2)×(2.7-0.12)=56.24m^2	
			m^2	门窗 1.5×1.5×2(C3)=-4.5m^2	
	7. 宿舍		m^2	(3.35×2+6.05×2)×(3.6-0.12)×6=392.54m^2	
			m^2	门窗 1.5×1.8×6(C1)+1×2.1×6(M3)=-28.8m^2	

续表

序号	分部分项工程名称	部位与编号	单位	计算式	计算结果
	8. 走道		m^2	(21.6+1.25+3.6)×3.52=93.10m^2	
			m^2	门窗:1×2.1×7+1.5×1.8=−17.4m^2	
	合计		m^2	1+2+3+4+5+6+7+8=1278.94m^2	
86	混合砂浆独立柱抹灰		m^2	按图示尺寸以"m^2"计算 展开周长×高度	23.79
		一楼独立柱 二楼独立柱	m^2	(0.3×2+0.45×2)×3.68=5.52m^2 (0.3×2+0.45×2)×(3.6−0.08−0.5)×5=22.65m^2 (0.45×2)×(3.6−0.08−0.5)=2.72m^2 扣:0.12×1.1×12=−1.58m^2 22.65+2.72−1.58=23.79m^2	
87	水泥砂浆拦板抹灰		m^2	垂直投影面积×2.2系数 3.3×1.1×6×2.2系数=47.92m^2	47.92
88	卫生间厕浴塑料隔断		m^2	按图示尺寸实铺面积计算 (1.4×4+1×4)×(2.1−0.25)×2层=35.52m^2	35.52
89	混合砂浆外墙抹灰		m^2	按外墙面的垂直投影面积以"m^2"计算	656.51
	1. 标高0.9～5.1m层外墙	Ⓒ上/①→④ Ⓐ上/①→⑤ ①上/Ⓐ→Ⓒ ⑤上/Ⓐ→Ⓑ	m^2	外墙外边线长×高度计算−扣除门窗洞口 [4.2+3.6×4+0.3+12+0.375+3.6×3+柱侧(0.1×5+0.025×9)]×(5.1−0.9)=179.76m^2	
			m^2	门窗:3.3×(2.7−0.9)+1.5×(2.7−0.9)+1.5×1.8×5+7.35×0.9=−28.76m^2	
	2. 标高0.9～7.2m层外墙	Ⓒ上/④→(13) Ⓑ上/⑤→(13) (13)上/Ⓑ→Ⓒ	m^2	(3.6×9+0.3+柱侧0.1×2×9+7.8+0.45+3.6×8+柱侧0.1×2×2)×(7.8−0.9)+柱侧面0.1×2×8×(3.6−0.9)=500.78m^2	
			m^2	门窗洞口: 梯洞　　　　　　M2×2 3.3×(3.6−0.5−0.9)+2.4×(2.7−0.9)×2+1.5 C1　　　　　C3　　　　拦板洞 ×1.8×(13+10)+1.5×1.5×2+(3.6×6−0.3)×(3.6−0.5)=−148.53m^2	
	3. 厨房外墙	(13)上/Ⓑ→Ⓒ Ⓑ上/④→⑤	m^2	(3.6+0.3+柱边0.1×2+7.8+0.45)×(7.8−4.5)=40.76m^2	
	4. 女儿墙、压顶	标高4.5m处女儿墙及压顶	m^2	(3.6×3−0.25+12−0.25+3.6×4−0.25+4.2−0.25)×(0.6+0.32压顶宽)=37.17m^2 柱侧0.1×6×0.6=0.36m^2	
		标高7.2m处女儿墙及压顶		(32.15×2+7.55×2)×(0.6+0.32)=73.05m^2 0.1×16×2×0.6=1.92m^2	
		合计		656.51m^2	

续表

序号	分部分项工程名称	部位与编号	单位	计 算 式	计算结果
90	外墙贴面砖（高900+勒脚450）		m^2	按外墙实贴面积以“m^2”计算	134.43
				外墙面周长 ＝43.2＋0.3＋12＋0.25＋14.4＋0.3＋4.2＋32.4＋7.8＋0.25＝115.1m	
				勒脚毛面积＝外墙面周长×勒脚高度 ＝115.1×(0.90＋0.45)＝155.39m^2	
				应扣除面积包括：	
				①门洞口部分面积：	
				面积＝3.9×0.45(M1台阶平台部分)＋2.1×0.9(M1)＋0.6×0.275(M1台阶)＋3.9×0.45(M2台阶平台部分)＋1.5×0.9(M2)＋3.6×0.45(楼梯口)＋3.6×0.45＋3.3×0.9＋3.9×0.45×2(M4平台)＋2.4×0.9×2(M4)＝－20.96m^2	
		合计		＝155.39－20.96＝134.43m^2	
	第三章　顶棚装饰工程				
91	混合砂浆顶棚抹灰		m^2	按图示尺寸以“m^2”计算	476.41
	(1)室内顶棚：		m^2	一层机修　平顶面积＋梁两侧高度	
			m^2	21.35×7.55＋0.7×2×5×7.55＋(0.4－0.08)×2×(3.6－0.25)×5＝224.76m^2	
			m^2	二层宿舍　　走廊　　走廊梁侧面　　厨房 3.35×6.05×6＋1.25×21.6＋1.25×0.5×2×6＋3.35×7.55＝181.4m^2	
			m^2	二层楼梯顶棚：3.35×7.55＝25.29m^2	
	(2)走道架空上梁	Ⓑ上/⑥→(12)	m^2	侧面3.6×6×0.33＋底口3.3×0.25×6＝12.08m^2	
	(3)楼梯底面		m^2	楼梯底面面积＝楼梯水平投影面积×1.30(系数)＝3.35×7.55×1.3＝32.88m^2	
	合计		m^2	224.76＋181.4＋25.29＋12.08＋32.88＝476.41m^2	
92	水泥砂浆雨篷抹灰		m^2	按展开面积计算 3.9×1.2×3×2面＋(1.2×2＋3.9)×(0.3＋0.17)×3＝36.96m^2	36.96
93	轻钢龙骨吊顶，纸面石膏板	食堂	m^2	按主墙净空面积计算	158.58

续表

序号	分部分项工程名称	部位与编号	单位	计 算 式	计算结果
			m^2	3.35×7.55×2+3.95×3.35×2+6.95×11.75－0.3×0.45(独立柱)＝158.58m^2	
94	石膏角线		m	按延长米计算 3.35×8+7.55×4+3.95×4+6.95×2+11.75×2＝110.2m	110.2
95	卫生间塑料扣板顶		m^2	按主墙净空面积计算 (3.35×4.25+3.35×3.05)×2＝48.91m^2	48.91
96	塑料角线		m	(3.35×4+7.3×2)×2＝56m	56
	第四章　门窗工程				
97	塑钢窗		m^2	按门窗洞口面积计算	86.72
	(见 98ZJ721 图集)	C1 推拉窗带纱×28	m^2	窗面积＝窗宽×窗高×数量 ＝1.50×1.8×28＝75.6m^2	
	(10 扇)推拉窗	C2 窗	m^2	窗面积＝7.35×0.9×1＝6.62m^2	
	双扇推拉窗	C3 窗×2	m^2	窗面积＝1.5×1.5×2＝4.5m^2	
98	售饭窗参 88ZJ512		m^2	按门窗洞口面积计算	20.43
			m^2	窗面积:7.35×2.78＝20.43m^2	
99	铝合金双扇地弹门带上亮侧亮	M1 门×1	m^2	按门窗洞口面积计算 门面积＝3.3×2.7＝8.91m^2	8.91
100	双扇实木门带纱带亮	M2 门×1	m^2	门面积＝1.50×2.7＝4.05m^2	4.05
101	单扇带纱门	M3 门×14	m^2	门面积＝门宽×门高×数量 ＝1.0×2.10×14＝2.1×14＝29.4m^2	29.4
102	车间大门	M4 门×2	m^2	车间大门甲方自定不计算	
103	木门窗运输		m^2	按门窗洞口面积乘 1.36 计算	
				M2+M3＝4.05+29.4＝33.45×1.36＝45.49m^2	45.49
	第五章　油漆、涂料工程				
104	乳胶漆(顶棚和内墙)		m^2	按图示尺寸以"m^2"计算	1961.67
	(1)乳胶漆顶棚面层		m^2	按面积以"m^2"计算	
			m^2	混合砂浆面(91 项)+纸面石膏板(93) ＝476.41+158.58＝634.99m^2	
	(2)内墙乳胶漆		m^2	(85 项内墙抹灰)1278.94+(87 项 1/2 拦板墙抹灰)(47.92÷2＝23.96)＝1302.9m^2	

续表

序号	分部分项工程名称	部位与编号	单位	计　算　式	计算结果
	(3)独立柱面	一楼独立柱 二楼独立柱	m^2	按图示尺寸乘以系数 1.15 以"m^2"计算 (0.3×2+0.45×2)×3.68=5.52m^2 (柱内侧面)(0.3)×(3.6−0.08−0.5)×5=4.53m^2 (0.45)×(3.6−0.08−0.5)=1.359m^2 扣:0.12×1.1×12=−1.58m^2 小计:(5.52+4.53−1.58)×1.15=9.74m^2	
	(4)雨篷		m^2	3.9×1.2×3=14.04m^2	
	合计		m^2	1961.67m^2	
105	外墙涂料		m^2	按图示尺寸以"m^2"计算 1.(90 项外墙抹灰)656.51+(87 项 1/2 砖拦板墙抹灰)23.96+(雨篷底面)14.04=694.51m^2 2. 柱面(外墙):按图示尺寸乘以系数 1.15 计算 [(0.3+0.45×2)×(3.6−0.08−0.5)×5+(0.45)×(3.6−0.08−0.5)]×1.15=22.40m^2 合计:716.91m^2	716.91
106	木门油漆		m^2	按图示尺寸乘以 1.36 以"m^2"计算	45.49
				(M2(100 项)+M3(101 项))×1.36=45.49m^2	
107	木扶手油漆		m	按延长米计算×1.0 系数(不带托板) 12.86×1.0 系数=12.86m	12.86
108	铁栏杆油漆		t	按吨位计算(Φ20,1.3m 长) 楼梯钢筋重量×1.71 系数 (72 根×1.3×2.47)×1.71=395.34kg=0.40t	0.40
109	铁艺油漆		m^2	按铁艺面积计算(工程数量计算见第 113 项) 4.86m^2	4.86
	第七章　脚手架工程				
110	满堂脚手架		m^2	应按室内净面积以"m^2"计算	158.71
			m^2	(7.2−0.25)×(12−0.25)+(3.6−0.25)×(7.8−0.25)×2+(3.6−0.25)×(4.2−0.25)=158.71	
111	内墙、柱面装饰内脚手架		m^2	按墙、柱抹灰饰面面积以"m^2"计算	1288.68
	(1)内墙面		m^2	(85 项)1278.94m^2	
	(2)内柱面		m^2	(见 104 项(3)的计算)9.74m^2	
		合计	m^2	1288.68m^2	
112	顶棚面装饰内脚手架		m^2	按顶棚面抹灰饰面面积以"m^2"计算	490.45
			m^2	混合砂浆顶棚面积(91 项)+雨篷底面积(104 项(4))=476.41+14.04=490.45	、
	补充				
113	金属铁艺栏杆		m^2	按面积计算:长度×高度×数量 =0.9×0.9×6=4.86m^2	4.86

附录3　工程量清单计价实例

总 说 明　　**附表 3-1**

1. 工程概况

本工程建筑层数2层，建筑面积675.16m²，本工程为现浇混凝土框架结构，独立柱基础，加气混凝土砌块，采用细石混凝土楼(地)面和地面砖地面。本工程内墙采用乳胶漆装饰，外墙涂料和面砖饰面。顶棚部分采用纸面石膏板吊顶。施工现场“三通一平”已完成，施工材料和施工机具均能由汽车直接运至施工现场，施工工期12个月。

2. 招标范围：全部建筑工程和装饰工程。

3. 编制依据：《建设工程工程量清单计价规范》、施工设计图纸、施工组织设计、某单位基建与后勤管理处签发的本工程招标文件和本工程投标答疑文件等。

4. 工程质量应达到国家规范规定验收合格标准。

5. 考虑施工中可能发生的设计变更或清单有误，预留金5万元；甲方材料购置费4.5万元。

6. 湖北省2007年4月市场价格信息。

其他说明：

(1)土方外运运距暂按5km考虑。

(2)所有混凝土按商品混凝土考虑。

(3)措施项目费：投标人应根据自行编制的施工方案，结合企业的技术装备，自行报价。

(4)投标报价时必须结合报价具体情况进行简要说明。

单位工程费汇总表　　**附表 3-2**

序　号	项　目　名　称	金　额(元)
1	分部分项工程量清单计价合计	470484.71
2	措施项目清单计价合计	113000.00
3	其他项目清单计价合计	137440.00
4	规费(1+2+3)×5%	36046.24
5	税金(1+2+3+4)×3.41%	25812.71
6	含税工程造价(1+2+3+4+5)	782783.66
7	大写：柒拾捌万贰仟柒佰捌拾叁元陆角陆分	
8	单方造价	1159.40元/m²

分部分项工程量清单计价表　　**附表 3-3**

序号	项目编号	项　目　名　称	计量单位	工程数量	金额(元)	
					综合单价	合价
		A.1　土石方工程				
1	010101001001	平整场地 土壤类别：三类土壤	m²	411.92	1.12	461.35
2	010101003001	挖基础土方 1. 土壤类别：三类土壤 2. 基础类型：独立基础 3. 挖土深度：1.15 4. 弃土运距：5km	m³	139.02	32.50	4518.15

续表

序号	项目编号	项目名称	计量单位	工程数量	金额(元)	
					综合单价	合价
3	010101003002	挖基础土方 1. 土壤类别:三类土壤 2. 垫层底宽、底面积:0.45 3. 挖土深度:0.45	m^3	57.39	35.80	2054.56
4	010103001001	土(石)方回填 1. 土质要求:不含有机物的原土 2. 密实度要求:0.90下 3. 夯填(碾压):一遍拖式双联羊足碾 4. 运输距离:5km	m^3	234.80	11.04	2592.19
		小计	9626.25			
		A.3 砌筑工程				
5	010301001001	砖基础 1. 垫层材料种类、厚度:基础垫层(中砂)C10 2. 砖品种、规格、强度等级:MU10灰砂砖 3. 基础深度:900mm 4. 砂浆强度等级:水泥M5.0	m^3	34.66	341.77	11845.75
6	010302006001	零星砌砖 零星砌体名称,部位:室外台阶	m^2	6.30	257.89	1624.71
7	010304001001	砌块墙	m^3	198.81	245.61	48829.72
		小计	62300.18			
		A.4 混凝土及钢筋混凝土工程				
8	010401002001	独立基础 1. 垫层材料种类、厚度:混凝土(中砂)C10 2. 混凝土强度等级:C20	m^3	36.90	350.32	12926.81
9	010402001001	矩形柱 1. 柱高度:8.7m 2. 柱截面尺寸:300×400 3. 混凝土强度等级:C25	m^3	23.49	305.26	7170.56
10	010402001002	矩形柱 1. 柱高度:6.0m 2. 柱截面尺寸:300×300 3. 混凝土强度等级:C25	m^3	2.84	304.12	863.70
11	010402001003	矩形柱	m^3	1.46	300.13	438.19
12	010402001004	矩形柱	m^3	3.24	300.00	972.00
13	010402001005	矩形柱	m^3	3.14	300.00	942.00
14	010403001001	基础梁 混凝土强度等级:C20	m^3	14.92	312.45	4661.75

续表

序号	项目编号	项目名称	计量单位	工程数量	金额(元)	
					综合单价	合价
15	010403002001	矩形梁 1. 梁底标高:3.07 2. 梁截面:300×500 3. 混凝土强度等级:C25	m^3	3.47	300.00	1041.00
16	010403002002	矩形梁 1. 梁底标高:2.87 2. 梁截面:250×700 3. 混凝土强度等级:C25	m^3	6.25	300.00	1875.00
17	010405001001	有梁板 1. 板厚度:120mm 2. 混凝土强度等级:C25	m^3	102.69	298.00	30601.62
18	010405003001	平板	m^3	0.60	300.00	180.00
19	010405006001	栏板	m^3	2.14	320.00	684.80
20	010405008001	雨篷	m^3	2.08	320.00	665.60
21	010406001001	直形楼梯	m^2	25.21	700.00	17647.00
22	010407001001	混凝土压顶栏板处	m	20.00	10.00	200.00
23	010407001002	混凝土压顶女儿墙处	m	121.35	12.00	1456.20
24	010407002001	坡道	m^2	19.50	68.00	1326.00
25	010407002001	散水	m^2	69.16	35.00	2420.60
26	010410003001	过梁	m^3	3.87	380.00	1470.60
27	010412001001	平板	m^3	12.17	480.00	5841.60
28	010412002001	空心板 混凝土强度等级:C30	m^3	9.14	500.00	4570.00
29	010416001001	现浇混凝土钢筋6.5	t	0.56	3500.00	1960.00
30	010416001002	现浇混凝土钢筋8	t	6.77	3400.00	23001.00
31	010416001003	现浇混凝土钢筋10	t	4.06	3400.00	13817.60
32	010416001004	现浇混凝土钢筋12	t	0.80	3500.00	2803.50
33	010416001005	现浇混凝土钢筋14	t	0.02	3600.00	61.20
34	010416001006	现浇混凝土钢筋16	t	0.13	3400.00	445.40
35	010416001007	现浇混凝土钢筋18	t	4.83	3400.00	16408.40
36	010416001008	现浇混凝土钢筋20	t	11.93	3400.00	40572.20
37	010416001009	现浇混凝土钢筋22	t	1.90	3400.00	6470.20
38	010416005001	先张法预应力钢筋4	t	0.24	3000.00	729.00
		小计	204223.53			
A.6 金属结构工程						

续表

序号	项目编号	项 目 名 称	计量单位	工程数量	金额(元)	
					综合单价	合价
39	010606012001	零星钢构件钢爬梯	t	0.17	4000.00	672.00
40	010606012002	零星钢构件栏板金属装饰物	t	0.16	4000.00	624.00
		小计	1296.00			
A.7 屋面及防水工程						
41	010702001001	屋面卷材防水 卷材品种、规格:3厚再生橡胶沥青	m^2	428.15	20.42	8742.82
42	010702004001	屋面排水管 排水管品种、规格、品牌、颜色:PVC;雨水口;水斗	m	48.80	25.00	1220.00
43	010702003001	屋面刚性防水水泥砂浆 防水层厚度:20mm	m^2	428.15	15.00	6422.25
44	010703002001	涂膜防水 1. 卷材、涂膜品种:聚氨脂 2. 涂膜厚度、遍数、增强材料种类:两遍	m^2	83.87	34.00	2851.58
		小计	19236.65			
A.8 保 温 隔 热						
45	010803001001	保温隔热屋面	m^2	428.15	15.00	6422.25
		小计	6422.25			
B.1 楼地面工程						
46	020101003001	细石混凝土楼地面 1. 垫层材料种类、厚度:混凝土(中砂)C10;80厚 2. 面层厚度、混凝土强度等级:细石混凝土(中砂)厚度30mm C20	m^2	187.32	102.34	19170.33
47	020102002001	块料楼地面防滑地砖	m^2	160.95	70.00	11266.50
48	020102002002	块料楼地面陶瓷锦砖	m^2	24.46	65.00	1589.90
49	020102002003	块料楼地面陶瓷地砖	m^2	25.54	70.00	1787.80
50	020102002004	块料楼地面陶瓷锦砖	m^2	24.46	70.00	1712.20
51	020102002005	块料楼地面地面缸砖	m^2	152.22	70.00	10655.40
52	020105001001	水泥砂浆踢脚线150	m^2	15.34	15.00	230.10
53	020105003001	块料踢脚线防滑地砖	m^2	16.68	90.00	1501.20
54	020105003002	块料踢脚线缸砖	m^2	22.83	90.00	2054.70
55	020106003001	水泥砂浆楼梯面	m^2	25.59	25.00	639.75
56	020107002001	硬木扶手带栏杆、栏板	m	12.86	82.56	1061.72
57	020108005001	剁假石台阶面	m^2	19.94	80.00	1595.20

续表

序号	项目编号	项目名称	计量单位	工程数量	金额（元）	
					综合单价	合价
58	020109004001	水泥砂浆零星项目	m^2	28.45	25.00	711.25
		小计	53976.05			
B.2 墙、柱面工程						
59	020201001001	墙面一般抹灰水泥砂浆	m^2	1278.94	15.00	19184.10
60	020201001002	墙面一般抹灰混合砂浆	m^2	656.51	14.00	9191.14
61	020202001001	柱面一般抹灰混合砂浆	m^2	23.79	18.00	428.22
62	020203001001	零星项目一般抹灰	m^2	58.23	20.00	1164.60
63	020204003001	块料墙面	m^2	134.43	70.00	9410.10
64	020209001001	隔断塑料	m^2	35.52	55.00	1953.60
		小计	41331.76			
B.3 顶棚工程						
65	020301001001	顶棚抹灰混合砂浆	m^2	476.41	10.00	4764.10
66	020302001001	顶棚吊顶 1. 龙骨类型、材料种类：轻钢龙骨 2. 面层材料品种、规格：纸面石膏板	m^2	158.58	66.00	10466.28
67	020302001002	顶棚吊顶 1. 龙骨类型、材料种类：木龙骨 2. 面层材料品种、规格：塑料扣板	m^2	48.91	88.00	4304.08
		小计	19534.46			
B.4 门窗工程						
68	020401001001	镶板木门	樘	1.00	1000.00	1000.00
		门类型：双扇				
69	020401001002	镶板木门 门类型：单扇	樘	14.00	500.00	7000.00
70	020402003001	金属地弹门 扇材质、外围尺寸：铝合金	樘	1.00	3000.00	3000.00
71	020406007001	塑钢窗 框材质、外围尺寸：1.5×1.8	樘	28.00	780.00	21840.00
72	020406007002	塑钢窗	樘	1.00	1800.00	1800.00
73	020406007003	塑钢窗 框材质、外围尺寸：1.5×1.5	樘	2.00	600.00	1200.00
		小计	35840.00			
B.5 油漆、涂料、裱糊工程						
74	020507001001	刷喷涂料内墙 涂料品种、刷喷遍数：乳胶漆；两遍	m^2	1961.74	8.00	15693.92
75	020507001002	刷喷涂料外墙	m^2	71.69	14.00	1003.66
		小计	16697.58			
		合计	470484.71			

工程措施项目清单计价表

附表 3-4

序　号	项　目　名　称	金额(元)
1	安全文明施工	10000.00
2	临时设施	30000.00
3	夜间施工	1000.00
4	二次搬运	5000.00
5	混凝土、钢筋混凝土模板及支架	55000.00
6	脚手架	5000.00
7	垂直运输机械	7000.00
合　计		113000.00

其他项目清单计价表

附表 3-5

序　号	项　目　名　称	金额(元)
1	招标人部分	
1.1	预留金	50000.00
1.2	材料购置费	45000.00
	小计	95000.00
2	投标人部分	
2.1	总承包服务费	15000.00
2.2	零星工作费	27440.00
	小计	42440.00
	合计	137440.00

零星工作项目计价表

附表 3-6

序　号	名　称	计量单位	数　量	金　额(元)	
				综合单价	合价
1	人工				
1.1	人工	工日	200.00	80.00	16000.0
	小计	16000.0			
2	材料				
2.1	零星砌砖	m^3	5.00	280.00	1440.00
	小计	1440.00			
3	机械				
3.1	载重汽车 4t	台班	20.00	500.00	10000.0
	小计	10000.0			
	合计	27440.00			

主要参考文献

[1] 中华人民共和国国家标准. 建筑工程工程量清单计价规范（GB 50500—2003）. 北京：中国计划出版社，2002.
[2] 建设部标准定额研究所. 建筑工程工程量清单计价规范宣惯辅导教材. 北京：中国计划出版社，2002.
[3] 中华人民共和国建设部. 全国统一建筑建筑工程基础定额（土建工程）. 北京：中国计划出版社，1995.
[4] 中华人民共和国建设部. 全国统一建筑建筑工程预算工程量计算规则（土建工程）GJDGZ-101-95. 北京：中国计划出版社，1995.
[5] 湖北省建设工程造价管理总站. 湖北省统一基价表（2000）.
[6] 湖北省建设工程造价管理总站. 湖北省建筑安装工程费用定额（2000）.
[7] 全国造价工程师执业资格考试培训教材编审委员会. 工程造价计价与控制. 北京：中国计划出版社，2003.
[8] 陈国新. 工程计量与造价管理. 上海：同济大学出版社，2001.
[9] 沈杰等. 建筑工程定额与预算（第四版）. 南京：东南大学出版社，2003.
[10] 沈祥华. 建筑工程概预算. 武汉：武汉工业大学出版社，1999.
[11] 刘兆祖. 建筑工程造价与招投标. 南京：东南大学出版社，1998.
[12] 李军红，陈德义. 建筑工程概预算教程. 广州：广东科技出版社，2002.
[13] 徐伟，徐蓉. 建筑工程概预算与招投标. 上海：同济大学出版社，2002.
[14] 卢谦. 建设工程招标投标与合同管理. 北京：中国水利水电出版社，2001.
[15] 全国造价工程师执业资格考试培训教材编审委员会. 工程造价计价与控制. 北京：中国计划出版社，2006.
[16] 湖北省建设工程造价管理总站编. 湖北省建设工程工程量清单编制与计价操作指南. 武汉：武汉出版社，2005.
[17] 车春鹂，杜春艳. 工程造价管理. 北京：：北京大学出版社，2006.
[18] 李玉芬等. 建筑工程概预算. 北京：机械工业出版社，2005.
[19] 刘钟莹. 工程估价. 南京：东南大学出版社，2004.
[20] 沈杰. 工程估价. 南京：东南大学出版社，2005.
[21] 张建平. 工程估价. 北京：科学出版社，2006.